Pirmasis milijonas pi skaitmenų

Redagavo

David E. McAdams

Norėdami gauti daugiau informacijos, žr. http://www.piday.org.
Redaktoriaus svetainė: http://www.demcadams.com.

Ši knyga skirta tik švietimo ir pramogų tikslams. Leidėjas ir autorius neteikia matematinių patarimų.

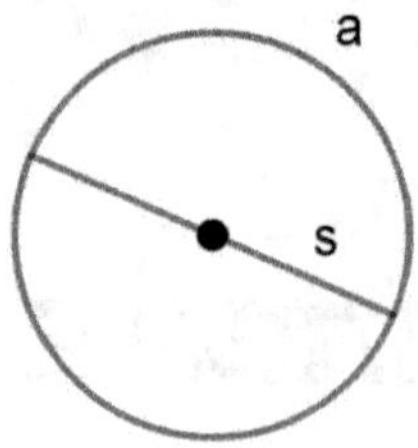

$$\Pi = \frac{a}{s}$$

$$\Pi = \frac{apskritimo\ ilgis}{skersmuo}$$

Π ≈ 3.141592653589793238462643383279502884197169399375105820974944
5923078164062862089986280348253421170679821480865132823066470938 44
6095505822317253594081284811174502841027019385211055596446229489 54
9303819644288109756659334461284756482337867831652712019091456485 66
9234603486104543266482133936072602491412737245870066063155881748 81
5209209628292540917153643678925903600113305305488204665213841469 51
9415116094330572703657595919530921861173819326117931051185480744 62
3799627495673518857527248912279381830119491298336733624406566430 86
0213949463952247371907021798609437027705392171762931767523846748 18
4676694051320005681271452635608277857713427577896091736371787214 68
4409012249534301465495853710507922796892589235420199561121290219 60
8640344181598136297747713099605187072113499999983729780499510597 31
7328160963185950244594553469083026425223082533446850352619311881 71
0100031378387528865875332083814206171776691473035982534904287554 68
7311595628638823537875937519577818577805321712268066130019278766 11
1959092164201989380952572010654858632788659361533818279682303019 52
0353018529689957736225994138912497217752834791315155748572424541 50
6959508295331168617278558890750983817546374649393192550604009277 01
6711390098488240128583616035637076601047101819429555961989467678 37
4494482553797747268471040475346462080466842590694912933136770289 89
1521047521620569660240580381501935112533824300355876402474964732 63
9141992726042699227967823547816360093417216412199245863150302861 82
9745557067498385054945885869269956909272107975093029553211653449 87
2027559602364806654991198818347977535663698074265425278625518184 17
5746728909777727938000816470600161452491921732172147723501414419 73
5685481613611573525521334757418494684385233239073941433345477624 16
8625189835694855620992192221842725502542568876717904946016534668 04
9886272327917860857843838279679766814541009538837863609506800642 25
1252051173929848960841284886269456042419652850222106611863067442 78
6220391949450471237137869609563643719172874677646575739624138908 65
8326459958133904780275900994657640789512694683983525957098258226 20
5224894077267194782684826014769909026401363944374553050682034962 52
4517493996514314298091906592509372216964615157098583874105978859 59
7729754989301617539284681382686838689427741559918559252459539594 31
0499725246808459872736446958486538367362226260991246080512438843 90
4512441365497627807977156914359977001296160894416948685558484063 53
4220722258284886481584560285060168427394522674676788952521385225 49
9546667278239864565961163548862305774564980355936345681743241125 15
0760694794510965960940252288797108931456691368672287489405601015 03
3086179286809208747609178249385890097149096759852613655497818931 29
7848216829989487226588048575640142704775551323796414515237462343 64
5428584447952658678210511413547357395231134271661021359695362314 42
9524849371871101457654035902799344037420073105785390621983874478 08

478489683321445713868751943506430218453191048481005370614680674919
278191197939952061419663428754440643745123718192179998391015919561
814675142691239748940907186494231961567945208095146550225231603881
930142093762137855956638937787083039069792077346722182562599661501
421503068038447734549202605414665925201497442850732518666002132434
088190710486331734649651453905796268561005508106658796998163574736
384052571459102897064140110971206280439039759515677157700420337869
936007230558763176359421873125147120532928191826186125867321579198
414848829164470609575270695722091756711672291098169091528017350671
274858322287183520935396572512108357915136988209144421006751033467
110314126711136990865851639831501970165151168517143765761835155650
884909989859982387345528331635507647918535893226185489632132933089
857064204675259070915481416549859461637180270981994309924488957571
282890592323326097299712084433573265489382391193259746366730583604
142813883032038249037589852437441702913276561809377344403070746921
120191302033038019762110110044929321516084244485963766983895228684
783123552658213144957685726243344189303968642624341077322697802807
318915441101044682325271620105265227211166039666557309254711055785
376346682065310989652691862056476931257058635662018558100729360659
876486117910453348850346113657686753249441668039626579787718556084
552965412665408530614344431858676975145661406800700237877659134401
712749470420562230538994561314071127000407854733269939081454664645
880797270826683063432858785698305235808933065757406795457163775254
202114955761581400250126228594130216471550979259230990796547376125
517656751357517829666454779174501129961489030463994713296210734043
751895735961458901938971311179042978285647503203198691514028708085
990480109412147221317947647772622414254854540332157185306142288137
585043063321751829798662237172159160771669254748738986654949450114
654062843366393790039769265672146385306736096571209180763832716641
627488880078692560290228472104031721186082041900042296617119637792
133757511495950156604963186294726547364252308177036751590673502350
728354056704038674351362222477158915049530984448933309634087807693
259939780541934144737744184263129860809988868741326047215695162396
586457302163159819319516735381297416772947867242292465436680098067
692823828068996400482435403701416314965897940924323789690706977942
236250822168895738379862300159377647165122893578601588161755782973
523344604281512627203734314653197777416031990665541876397929334419
521541341899485444734567383162499341913181480927777103863877343177
207545654532207770921201905166096280490926360197598828161332316663
652861932668633606273567630354477628035045077723554710585954870279
081435624014517180624643626794561275318134078330336254232783944975
382437205835311477119926063813346776879695970309833913077109870408
591337464144282277263465947047458784778720192771528073176790770715
721344473060570073349243693113835049316312840425121925651798069411
352801314701304781643788518529092854520116583934196562134914341595
625865865570552690496520985803385072242648293972858478316305777756
068887644624824685792603953527734803048029005876075825104747091643
961362676044925627420420832085661190625454337213153595845068772460
290161876679524061634252257719542916299193064553779914037340432875
262888963995879475729174642635745525407909145135711136941091193932
519107602082520261879853188770584297259167781314969900901921169717
372784768472686084900337702424291651300500516832336435038951702989
392233451722013812806965011784408745196012122859937162313017114448
464090389064495444006198690754851602632750529834918740786680881833
851022833450850486082503930213321971551843063545500766828294930413
776552793975175461395398468339363830474611996653858153842056853386
218672523340283087112328278921250771262946322956398989893582116745
627010218356462201349671518819097303811980049734072396103685406643
193950979019069963955245300545058068550195673022921913933918568034
490398205955100226353536192041994745538593810234395544959778377902

3742161727111723643435439478221818528624085140066604433258885698670
5431547069657474585503323233421073015459405165537906866273337995851156257843229882737231989875714159578111963583300594087306812160287649628674460477464915995054973742562690104903778198683593814657412680492564879855614537234786733039046883834363465537949864192705638729317487233208376011230299113679386270894387993620162951541337142489283072201269014754668476535761647737946752004907571555278196536213239264061601363581559074220202031872776052772190055614842555187925303435139844253223415762336106425063904975008656271095359194658975141310348227693062474353632569160781547818115284366795706110861533150445212747392454494542368288606134084148637767009612071512491404302725386076482363414334623518975766452164137679690314950191085759844239198629164219399490723623464684411739403265918404437805133389452574239950829659122850855582157250310712570126683024029295252201187267675622041542051618416348475651699981161410100299607838690929160302884002691041407928862150784245167090870006992821206604183718065355672525325675328612910424877618258297651579598470356222629348600341587229805349896502262917487882027342092222453398562647669149055628425039127577102840279980663658254889264880254566101729670266407655904290994568150652653053718294127033693137851786090407086671149655834343476933857817113864558736781230145876871266034891390956200993936103102916161528813843790990423174733639480457593149314052976347574811935670911013775172100803155902485309066920376719220332290943346768514221447737939375170344366199104033751117354719185504644902636551281622882446257591633303910722538374218214088350865739177150968288747826569959957449066175834413752239709683408005355984917541738188399944697486762655165827658483588453142775687900290951702835297163445621296404352311760066510124120065975585127617858382920419748442360800719304576189323492292796501987518721272675079812554709589045563579212210333466974992356302549478024901141952123828153091140790738602515227429958180724716259166854513331239480494707911915326734302824418604142636395480004480026704962482017928964766975831832713142517029692348896276684403232609275249603579964692565049368183609003238092934595889706953653494060340216654437558900456328822505452556405644824651518754711962184439658253375438856909411303150952617937800297412076651479394259029896959469955657612186561967337862362561252163208628692221032748892186543648022967807057656151446320469279068212073883778142335628236089632080682224680122482611771858963814091839036736722208883215137556003727983940041529700287830766709444745601345564172543709069793961225714298946715435784687886144458123145935719849225284716050492212424701412147805734551050080190869960330276347870810817545011930714122339086639383395294257869050764310063835198343893415961318543475464955697810382930971646514384070070736041123735998434522516105070270562352660127648483084076118301305279320542746286540360367453286510570658748822569815793678976697422057505968344086973502014102067235850200724522563265134105592401902742162484391403599895353945909440704691209140938700126456001623742880210927645793106579229552498872758461012648369998922569596881592056001016552563756785667227966198857827948488558343975187445455129656344348039664205579829368043522027709842942325330225763418070394769941597915945300697521482933665556615678736400536665641654732170439035213295435291694145990416087532018683793702348886894791510716378529023452924407736594956305100742108714261349745956151384987137570471017879573104229690666702144986374645952808243694457897723300487647652413390759204340196340391147320233807150952220106825634274716460243354400515212669324934196739770415956837535551667302739007497297363549645332888698440611964961627734495182736955882207573551766515898551909866653935494810688732068599075407923424023009259007017319603622547564789406475483466477604114632339056513433068449539790709030234604614709616968868850140834704054

074295869913829668246818571031887906528703665083243197440477185567
893482308943106828702722809736248093996270607472645539925399442808
113736943388729406307926159599546262462970706259484556903471197299
640908941805953439325123623550813494900436427852713831591256898929
519642728757394691427253436694153236100453730488198551706594121735
246258954873016760029886592578662856124966552353382942878542534048
308330701653722856355915253478445981831341129001999205981352205117
336585640782648494276441137639386692480311836445369858917544264739
988228462184490087776977631279572267265556259628254276531830013407
092233436577916012809317940171859859993384923549564005709955856113
498025249906698423301735035804408116855265311709957089942732870925
848789443646005041089226691783525870785951298344172953519537885534
573742608590290817651557803905946408735061232261120093731080485485
263572282576820341605048466277504500312620080079980492548534694146
977516493270950493463938243222718851597405470214828971117779237612
257887347718819682546298126868581705074027255026332904497627789442
362167411918626943965067151577958675648239939176042601763387045499
017614364120469218237076488783419689686118155815873606293860381017
121585527266830082383404656475880405138080163363887421637140643549
556186896411228214075330265510042410489678352858829024367090488711
819090949453314421828766181031007354770549815968077200947469613436
092861484941785017180779306810854690009445899527942439813921350558
642219648349151263901280383200109773868066287792397180146134324457
264009737425700735921003154150893679300816998053652027600727749674
584002836240534603726341655425902760183484030681138185510597970566
400750942608788573579603732451414678670368809880609716425849759513
806930944940151542222194329130217391253835591503100333032511174915
696917450271494331515588540392216409722910112903552181576282328318
234254832611191280092825256190205263016391147724733148573910777587
442538761174657867116941477642144111126358355387136101102326798775
641024682403226483464176636980663785768134920453022408197278564719
839630878154322116691224641591177673225326433568614618654522268126
887268445968442416107854016768142080885028005414361314623082102594
173756238994207571362751674573189189456283525704413354375857534269
869947254703165661399199968262824727064133622217892390317608542894
373393561889165125042440400895271983787386480584726895462438823437
517885201439560057104811949884239060613695734231559079670346149143
447886360410318235073650277859089757827273130504889398900992391350
337325085598265586708924261242947367019390772713070686917092646254
842324074855036608013604668951184009366860954632500214585293095000
090715105823626729326453738210493872499669933942468551648326113414
611068026744663733437534076429402668297386522093570162638464852851
490362932019919968828517183953669134522244470804592396602817156551
565666111359823112250628905854914509715755390024393153519090210711
945730024388017661503527086260253788179751947806101371500448991721
002220133501310601639154158957803711779277522597874289191791552241
718958536168059474123419339842021874564925644346239253195313510331
147639491199507285843065836193536932969928983791494193940608572486
396883690326556436421664425760791471086998431573374964883529276932
822076294728238153740996154559879825989109371712621828302584811238
901196822142945766758071865380650648702613389282299497257453033283
896381843944770779402284359883410035838542389735424395647555684095
224844554139239410001620769363684677641301781965937997155746854194
633489374843912974239143365936041003523437770658886778113949861647
874714079326385873862473288964564359877466763847946650407411182565
837887845485814896296127399841344272608606187245545236064315371011
274680977870446409475828034876975894832824123929296058294861919667
091895808983320121031843034012849511620353428014412761728583024355
983003204202451207287253558119584014918096925339507577840006746552
603144616705082768277222353419110263416315714740612385042584598841

9907611287258059113935689601431668283176323567325417073420817332230462987992804908514094790368878687894930546955703072619009502076433493359106024545086453628935456862958531315337183868265617862273637169757741830239860065914816164049449650117321313895747062088474802365371031150898427992754426853277974311395143574172219759799359685252285745263796289612691572357986620573408375766873884266405990993505000813375432454635967504844235284874701443545419576258473564216198134073468541117668831186544893776979566517279662326714810338643913751865946730024434500544995399742372328712494834706044063471606325830649829795510109541836235030309453097335834462839476304775645015008507578949548931393944899216125525597701436858943585877526379625597081677643800125436502371412783467926101995585224717220177723700417808419423948725406801556035998390548985723546745642390585850216719031395262944554391316631345308939062046784387785054239390524731362012947691874975191011472315289326772533918146607300089027768963114810902209724520759167297007850580717186381054967973100167870850694207092232908070383263453452038027860990556900134137182368370991949516489600755049341267876436746384902063964019766685592335654639138363185745698147196210841080961884605456039038455343729141446513474940784884423772175154334260306698831768331001133108690421939031080143784334151370924353013677631084913516156422698475074303297167469640666531527035325467112667522460551199581831963763707617991919203579582007595605302346267757943936307463056901080114942714100939136913810725813781357894005599500183542511841721360557275221035268037357265279224173736057511278872181908449006178013889710770822931002797665935838758909395688148560263224393726562472776037890814458837855019702843779362407825052704875816470324581290878395232453237896029841669225489649715606981192186584926770403956481278102179913217416305810554598801300484562997651121241536374515005635070127815926714241342103301566165356024733807843028655257222753049998837015348793008062601809623815161366903341111386538510919367393835229345888322550887064507539473952043968079067086806445096986548801682874343786126453815834280753061845485903798217994599681154419742536344399602902510015888272164745006820704193761584547123183460072629339550548239557137256840232268213012476794522644820910235647752723082081063518899152692889108455571126603965034397896278250016110153235160519655904211844949907789992007329476905868577878720982901352956613978884860509786085957017731298155314951681467176959760994210036183559138777817698458758104466283998806006162298486169353373865787735983361613384133853684211978938900185295691967804554482858483701170967212535338758621582310133103877668272115726949518179589754693992642197915523385766231676275475703546994148929041301863861194391962838870543677743224276809132365449485366768000001065262485473055861598999140170769838548318875014293890899506854530765116803337322265175662207526951791442252808165171667766727930354851542040238174608923283917032754257508676551178593950027933895920576682789677644531840404185540104351348389531201326378369283580827193783126549617459970567450718332065034556644034490453627560011250184335607361222765949278393706478426456763388188075656121689605041611390390639601620221536849410926053876887148379895599991120991646464411918568277004574243434021672276445589330127781586869525069499364610175685060167145354315814801054588605645501332037586454858403240298717093480910556211671546848477803944756979804263180991756422809873998766973237695737015808068229045992123661689025962730430679316531149401764737693873514093361833216142802149763399189835484875625298752423873077559555955465196394401821840998412489826236737714672260616336432964063357281070788758164043814850188411431885988276944901193212968271588841338694346828590066640806314077757725705630729400492940302420498416565479736705485580445865720227637840466823379852827105784319753541795011347273625774080213476826045022851579795797647466

7022840999561601569108903845824502679265942055503958792298185264800
0706837650418365620945554346135134152570065974881916341359556719644
9654032187271602648593049039787489589066127250794828276938953521755
3621850796297785146188432719223223810158744450528665238022532843899
1375273845892384422535472653098171578447834215822327020690287232333
0053862163479885094695472004795231120150432932266282727632177908844
0087861480221475376578105819702226309717495072127248479478169572966
1423658595782090830733233560348465318730293026659645013718375428899
7557971449924654038681799213893469244741985097334626793321072686877
0768062639919361965044099542167627840914669856925715074315740793800
5323925239477557441591845821562518192155233709607483329234921034511
4626437449805596103307994145347784574699992128599999399612281615211
9314888769388022281083001986016549416542616968586788372609587745677
6182507275992950893180521872924610867639958916145855058397274209800
9097817293239301067663868240401113040247007350857828724627134946366
8531815469690466968693925472519413992914652423857762550047485295477
6814795467007050347999588867695016124972282040303995463278830695977
6249361510102436555352230690612949388599015734661023712235478911299
2547696176005047974928060721268039226911027772261025441492215765044
5081206771735712027180242968106203776578837166909109418074487814044
9075517820385653909910477594141321543284406250301802757169650820966
4273484146957263978842560084531214065935809041271135920041975985133
6254796160632288736181367373244506079244117639975974619383584574911
5988097667447093006546342423460634237474666080431701260052055928499
3695941434081468529815053947178900451835755154125223590590687264877
8635752541911288877371766374860276606349603536794702692322971868322
7717393236192007774522126247518698334951510198642698878471719396644
9769070825217423365662725928440620430214113719922785269984698847700
2323823840055655517889087661360130477098438611687052310553149162511
7283732728676007248172987637569816335415074608838663640693470437200
6688651275688266149730788657015685016918647488541679154596507234288
7730699853713904300266530783987763850323818215535597323530686043011
0675760838908627049841888595138091030423595782495143988590113185833
5840667472370297149785084145853085781339156270760356390763947311455
5495832266945702494139831634332378975955680856836297253867913275055
5542524491943589128405045226953812179131914513500993846311774017977
1512283785460116035955402864405902496466930707769055481028850208088
5800878115773817191741776017330738554758006056014337743299012728677
7253043182519757916792969965041460706645712588834697979642931622966
5520168797300035646304579308840327480771811555330909887025505207688
0463034608658165394876951960044084820659673794731680864156456505300
0498816164905788311543454850526600698230931577765003780704661264700
6021457505793270962047825615247145918965223608396645624105195510522
2357239739512881816405978591427914816542632892004281609136937773722
2299983327082082969955737727375667615527113922588055201898876201144
1680054687365580633471603734291703907986396522961312801782679717288
9822936070288069087768660593252746378405397691848082041021944719711
3869256084162451123980620113184541244782050110798760717155683154077
8865439041210873032402010685341947230476666721749869868547076781200
5124736792479193150856444775379853799732234456122785843296846647511
3336573692387201464723679427870042503255589926884349592876124007555
8756946413705625140011797133166207153715436006876477318675587148788
3989081074295309410605969443158477539700943988394914432353668539200
9946879645066533985738887866147629443414010498889931600512076781033
5886116602029611936396821349607501116498327856353161451684576956877
1090029997698412632665023477167286573785790857466460772283415403111
4415294188047825438761770790430001566986776795760909966936075594966
5152736349811896413043311662774712338817406037317439705406703109677
6765748695358789670031925866259410510533584384656023391796749267844
4763708474978333655579007384191473198862713525954625181604342253722

9962863267496824058060296421146386436864224724887283434170441573482
248183330164056695966886676956349141632842641497453334999948000266
998758881593507357815195889900539512085351035726137364034367534714
104836017546488300407846416745216737190483109676711344349481926268
111073994825060739495073503169019731852119552635632584339099822498
624067031076831844660729124874754031617969941139738776589986855417
031884778867592902607004321266617919223520938227878880988633599116
081923535557046463491132085918979613279131975649097600013996234445
535014346426860464495862476909434704829329414041114654092398834443
515913320107739441118407410768498106634724104823935827401944935665
161088463125678529776973468430306146241803585293315973458303845541
033701091676776374276210213701354854450926307190114731848574923318
167207213727935567952844392548156091372812840633303937356242001604
566455741458816605216660873874804724339121295587776390696903707882
852775389405246075849623157436917113176134783882719416860662572103
685132156647800147675231039357860689611125996028183930954870905907
386135191459181951029732787557104972901148717189718004696169777001
791391961379141716270701895846921434369676292745910994006008498356
842520191559370370101104974733949387788598941743303178534870760322
198297057975119144051099423588303454635349234982688362404332726741
554030161950568065418093940998202060999414021689090070821330723089
662119775530665918814119157783627292746156185710372172471009521423
696483086410259288745799932237495519122195190342445230753513380685
680735446499512720317448719540397610730806026990625807602029273145
525207807991418429063884437349968145827337207266391767020118300464
819000241308350884658415214899127610651374153943565721139032857491
876909441370209051703148777346165287984823533829726013611098451484
182380812054099612527458088109948697221612852489742555551607637167
505489617301680961380381191436114399210638005083214098760459930932
485102516829446726066613815174571255975495358023998314698220361338
082849935670557552471290274539776214049318201465800802156653606776
550878380430413431059180460680083459113664083488740800574127258670
479225831912741573908091438313845642415094084913391809684025116399
193685322555733896695374902662092326131885589158083245557194845387
562878612885900410600607374650140262782402734696252821717494158233
174923968353013617865367376064216677813773995100658952887742766263
684183068019080460984980946976366733566228291513235278880615776827
815958866918023894033307644191240341202231636857786035727694154177
882643523813190502808701857504704631293335375728538660588890458311
145077394293520199432197117164223500564404297989208159430716701985
746927384865383343614579463417592257389858800169801475742054299580
124295810545651083104629728293758416116253256251657249807849209989
799062003593650993472158296517413579849104711166079158743698654122
234834188772292944633517865385673196255985202607294767407261676714
557364981210567771689348491766077170527718760119990814411305864557
791052568430481144026193840232247093924980293355073184589035539713
308844617410795916251171486487446861124760542867343670904667846867
027409188101424971114965781772427934707021668829561087779440504843
752844337510882826477197854000650970403302186255614733211777117441
335028160884035178145254196432030957601869464908868154528562134698
835544456024955666843660292219512483091060537720198021831010327041
783866544718126039719068846237085751808003532704718565949947612424
811099928867915896904956394762460842406593094862150769031498702067
353384834955083636601784877106080980426924713241000946401437360326
564518456679245666955100150229833079849607994988249706172367449361
226222961790814311414660941234159359309585407913908720832273354957
208075716517187659944985693795623875551617575438091780528029464200
447215396280746360211329425591600257073562812638733106005891065245
708024474937543184149401482119996276453106800663118382376163966318
093144467129861552759820145141027560068929750246304017351489194576

360789352855505317331416457050499644389093630843874484783961684051
845273288403234520247056851646571647713932377551729479512613239822
960239454857975458651745878771331813875295980941217422730035229650
808917770506825924882232215493804837145478164721397682096332050830
564792048208592047549985732038887639160199524091893894557676874973
085695595801065952650303626615975066222508406742889826590751063756
356996821151094966974458054728869363102036782325018232370845979011
154847208761821247781326633041207621658731297081123075815982124863
980721240786887811450165582513617890307086087019897588980745664395
515741536319319198107057533663373803827215279884935039748001589051
942087971130805123393322190346624991716915094854140187106035460379
464337900589095772118080446574396280618671786101715674096766208029
576657705129120990794430463289294730615951043090222143937184956063
405618934251305726829146578329334052463502892917547087256484260034
962961165413823007731332729830500160256724014185152041890701154288
579920812198449315699905918201181973350012618772803681248199587707
020753240636125931343859554254778196114293516356122349666152261473
539967405158499860355295332924575238881013620234762466905581643896
786309762736550472434864307121849437348530060638764456627218666170
123812771562137974614986132874411771455244470899714452288566294244
023018479120547849857452163469644897389206240194351831008828348024
924908540307786387516591130287395878709810077271827187452901397283
661484214287170553179654307650453432460053636147261818096997693348
626407743519992868632383508875668359509726557481543194019557685043
724800102041374983187225967738715495839971844490727914196584593008
394263702087563539821696205532480321226749891140267852859967340524
203109179789990571882194939132075343170798002373659098537552023891
164346718558290685371189795262623449248339249634244971465684659124
89185566295893299090352392333364743520370770101084388003290759834
217018554228386161721041760301164591878053936744747205998502358289
183369292233732399948043710841965947316265482574809948250999183300
697656936715968936449334886474421350084070066088359723503953234017
958255703601693699098867113210979889707051728075585519126993067309
925070407024556850778679069476612629808225163313639952117098452809
263037592242674257559989289278370474445218936320348941552104459726
188380030067761793138139916205806270165102445886924764924689192461
212531027573139084047000714356136231699237169484813255420091453041
037135453296620639210547982439212517254013231490274058589206321758
949434548906846399313757091034633271415316223280552297297953801880
162859073572955416278867649827418616421878988574107164906919185116
281528548679417363890665388576422915834250067361245384916067413734
017357277995634104332688356950781493137800736235418007061918026732
855119194267609122103598746924117283749312616339500123959924050845
437569850795704622266461900010350049018303415354584283376437811198
855631877779253720116671853954183598443830520376281944076159410682
071697030228515225057312609304689842343315273213136121658280807521
263154773060442377475350595228717440266638914881717308643611138906
942027908814311944879941715404210341219084709408025402393294294549
387864023051292711909751353600092197110541209668311151632870542302
847007312065803262641711616595761327235156666253667271899853419989
523688483099930275741991646384142707798870887422927705389122717248
632202889842512528721782603050099451082478357290569198855546788607
946280537122704246654319214528176074148240382783582971930101788834
567416781139895475044833931468963076339665722672704339321674542182
455706252479721997866854279897799233957905758189062252547358220523
642485078340711014498047872669199018643882293230538231855973286978
092225352959101734140733488476100556401824239219269506208318381454
698392366461363989101210217709597670490830508185470419466437131229
969235889538493013635657618610606222870559942337163102127845744646
398973818856674626087948201864748767272722206267646533809980196688

368099415907577685263986514625333631245053640261056960551318381317
426118442018908885319635698696279503673842431301133175330532980201
668881748134298868158557781034323175306478498321062971842518438553
442762012823457071698853051832617964117857960888815032960229070561
447622091509473903594664691623539680920139457817589108893199211226
007392814916948161527384273626429809823406320024402449589445612916
704950823581248739179964864113348032475777521970893277226234948601
504665268143987705161531702669692970492831628550421289814670619533
197026950721437823047687528028735412616639170824592517001071418085
480063692325946201900227808740985977192180515853214739265325155903
541020928466592529991435379182531454529059841581763705892790690989
691116438118780943537152133226144362531449012745477269573939348154
691631162492887357471882407150399500944673195431619385548520766573
882513963916357672315100555603726339486720820780865373494244011579
966750736071115935133195919712094896471755302453136477094209463569
698222667377520994516845064362382421185353488798939567318780660610
788544000550827657030558744854180577889171920788142335113866292966
717964346876007704799953788338787034871802184243734211227394025571
769081960309201824018842705704609262256417837526526335832424066125
331152942345796556950250681001831090041124537901533296615697052237
921032570693705109083078947999900499939532215362274847660361367769
797856738658467093667958858378879562594646489137665219958828693380
183601193236857855855819555604215625088365020332202451376215820461
810670519533065306060650105488716724537794283133887163139559690583
208341689847606560711834713621812324622725884199028614208728495687
963932546428534307530110528571382964370999035694888528519040295604
734613113826387889755178856042499874831638280404684861893818959054
203988987265069762020199554841265000539442820393012748163815853039
643992547020167275932857436666164411096256633730540921951967514832
873480895747777527834422109107311135182804603634719818565557295714
474768255285786334934285842311874944000322969069775831590385803935
352135886007960034209754739229673331064939560181223781285458431760
556173386112673478074585067606304822940965304111830667108189303110
887172816751957967534718853722930961614320400638132246584111115775
835858113501856904781536893813771847281475199835050478129771859908
470762197460588742325699582889253504193795826061621184236876851141
831606831586799460165205774052942305360178031335726326705479033840
125730591233960188013782542192709476733719198728738524805742124892
118347087662966720727232565056512933312605950577772754247124164831
283298207236175057467387012820957554430596839555568686118839713552
208445285264008125202766555767749596962661260456524568408613923826
576858338469849977872670655519185446869846947849573462260629421962
455708537127277652309895545019303773216664918257815467729200521266
714346320963789185232321501897612603437368406719419303774688099929
687758244104787812326625318184596045385354383911449677531286426092
521153767325886672260404252349108702695809964759580579466397341906
401003636190404203311357933654242630356145700901124480089002080147
805660371015412232889146572239314507607167064355682743774396578906
797268743847307634645167756210309860409271709095128086309029738504
452718289274968921210667008164858339553773591913695015316201890888
748421079870689911480466927065094076204650277252865072890532854856
143316081269300569378541786109696920253886503457718317668688592368
148847527649846882194973972970773718718840041432312763650481453112
285099002074240925585925292610302106736815434701525234878635164397
623586041919412969769040526483234700991115424260127343802208933109
668636789869497799400126016422760926082349304118064382913834735467
972539926233879158299848645927173405922562074910530853153718291168
163721939518870095778818158685046450769934394098743351443162633031
724774748689791820923948083314397084067308407958935810896656477585
990556376952523265361442478023082681183103773588708924061303133647

737101162821461466167940409051861526036009252194721889091810733587
196414214447865489952858234394705007983038853886083103571930600277
119455802191194289992272235345870756624692617766317885514435021828
702668561066500353105021631820601760921798468493686316129372795187
307897263735371715025637873357977180818487845886650433582437700414
771041493492743845758710715973155943942641257027096512510811554824
793940359768118811728247215825010949609662539339538092219559191818
855267806214992317276316321833989693807561685591175299845013206712
939240414459386239880938124045219148483164621014738918251010909677
386906640415897361047643650006807710565671848628149637111883219244
566394581449148616550049567698269030891118568798692947051352481609
174324301538368470729289898284602223730145265567989862776796809146
979837826876431159883210904371561129976652153963546442086919756737
000573876497843768628768179249746943842746525631632300555130417422
734164645512781278457777245752038654375428282567141288583454443513
256205446424101103795546419058116862305964476958705407214198521210
673433241075676757581845699069304604752277016700568454396923404171
108988899341635058515788735343081552081177207188037910404698306957
868547393765643363197978680367187307969392423632144845035477631567
025539006542311792015346497792906624150832885839529054263768766896
880503331722780018588506973623240389470047189761934734430843744375
992503417880797223585913424581314404984770173236169471976571535319
775499716278566311904691260918259124989036765417697990362375528652
637573376352696934435440047306719886890196814742876779086697968852
250163694985673021752313252926537589641517147955953878427849986645
630287883196209983049451987439636907068276265748581043911223261879
405994155406327013198989570376110532360629867480377915376751158304
320849872092028092975264981256916342500052290887264692528466610466
539217148208013050229805263783642695973370705392278915351056888393
811324975707133102950443034671598944878684711643832805069250776627
450012200352620370946602341464899839025258883014867816219677519458
316771876275720050543979441245990077115205154619930509838698254284
640725554092740313257163264079293418334214709041254253352324802193
227707535554679587163835875018159338717423606155117101312352563348
582036514614187004920570437201826173319471570086757853933607862273
955818579758725874410254207710547536129404746010009409544495966288
148691590389907186598056361713769222729076419775517772010427649694
961105622059250242021770426962215495872645398922769766031052498085
575947163107587013320886146326641259114863388122028444069416948826
152957762532501987035987067438046982194205638125583343642194923227
593722128905642094308235254408411086454536940496927149400331978286
131818618881111840825786592875742638445005994422956858646048103301
538891149948693543603022181094346676400002236255057363129462629609
619876056425996394613869233083719626595473923462413459779574852464
783798079569319865081597767535055391899115133525229873611277918274
854200868953965835942196333150286956119201229888988700607999279541
118826902307891310760361763477948943203210277335941690865007193280
401716384064498787175375678118532132840821657110754952829497493621
460821558320568723218557406516109627487437509809223021160998263303
391546949464449100451528092508974507489676032409076898365294065792
019831526541065813682379198409064571246894847020935776119313998024
681340520039478194986620262400890215016616381353838151503773502296
607462795291038406868556907015751662419298724448271942933100485482
445458071889763300323252582158128032746796200281476243182862217105
435289834820827345168018613171959332471107466222850871066611770346
535283957762599774467218571581612641114327179434788599089280848669
491413909771673690027775850268664654056595039486784111079011610400
857274456293842549416759460548711723594642910585090995021495879311
219613590831588262068233215615308683373083817327932819698387508708
348388046388478441884003184712697454370937329836240287519792080232

187874488287284372737801782700805878241074935751488997891173974612
93203510814327032514090304874622629423443275712600866425083331876 8
8650756429271605525289544921537651751492196367181049435317858383 45
386525565664065725136357506435323650893679043170259787817719031486
796384082881020946149007971513771709906195496964007086766710233004
867263147551053723175711432231741141168062286420638890621019235522
354671166213749969326932173704310598722503945657492461697826097025
335947502091383667377289443869640002811034402608471289900074680776
484408871134135250336787731679770937277868216611786534423173226463
784769787514433209534000165069213054647689098505020301504488083426
184520873053097318949291642532293361243151430657826407028389840984
160295030924189712097160164926561341343342229882790992178604267981
245728534580133826099587717811310216734025656274400729683406619848
067661580502169183372368039902793160642043681207990031626444914619
021945822969099212278855394878353830564686488165556229431567312827
439082645061162894280350166133669782405177015521962652272545585073
864058529983037918035043287670380925216790757120406123759632768567
484507915114731344000183257034492090971243580944790046249431345502
890068064870429353403743603262582053579011839564908935434510134296
961754524957396062149028872893279252069653538639644322538832752249
960598697475988232991626354597332444516375533437749292899058117578
635555626937426910947117002165411718219750519831787137106051063 79
555858890556885288798908475091576463907469361988150781468526213325
247383765119299015610918977792200870579339646382749068069876916819
749236562422608715417610043060890437797667851966189140414492527048
088197149880154205778700652159400928977760133075684796699295543365
613984773806039436889588764605498387147896848280538470173087111776
115966350503997934386933911978988710915654170913308260764740630571
141109883938809548143782847452883836807941888434266622207043872288
741394780101772139228191199236540551639589347426395382482960903690
028835932774585506080131798840716244656399794827578365019551422155
133928197822698427863839167971509126241054872570092407004548848569
295044811073808799654748156891393538094347455697212891982717702076
661360248958146811913361412125878389557735719498631721084439890142
394849665925173138817160266326193106536653504147307080441493916936
326237376777709585031325599009576273195730864804246770121232702053
374266705314244820816813030639737873664248367253983748769098060218
278578621651273856351329014890350988327061725893257536399397905572
917516009761545904477169226580631511102803843601737474215247608515
209901615858231257159073342173657626714239047827958728150509563309
280266845893764964977023297364131906098274063353108979246424213458
374090116939196425045912881340349881063540088759682005440836438651
661788055760895689672753153808194207733259791727843762566118431989
102500749182908647514979400316070384554946538594602745244746681231
468794344161099333890899263841184742525704457251745932573898956518
571657596148126602031079762825416559050604247911401695790033835657
486925280074302562341949828646791447632277400552946090394017753633
565547193100017543004750471914489984104001586794617924161001645471
655133707407395026044276953855383439755054887109978520540117516974
758134492607943368954378322117245068734423198987884412854206474280
973562580706698310697993526069339213568588139121480735472846322778
490808700246777630360555123238665629517885371967303463470122293958
160679250915321748903084088651606111901149844341235012464692802880
599613428351188471544977127847336176628506216977871774382436256571
177945006447771837022199910669502165675764404499794076503799995484
500271066598781360380231412683690578319046079276529727769404361302
305178708054651154246939526512710105292707030667302444712597393995
051462840476743136373997825918454117641332790646063658415292701903
027601733947486696034869497654175242930604072700505903950314852292
139257559484507886797792525393176515641619716844352436979444735596

426063339105512682606159572621703669850647328126672452198906054988
0280782881429796336696744124805982192146339565745722102298677599 74
6738126069367069134081559412016115960190237753525556300606247983 26
124988128819293734347686268921923977783391073310658825681377717232
831532908252509273304785072497713944833389255208117560845296659055
394096556854170600117985729381399825831929367910039184409928657560
599359891000296986446097471471847010153128376263114677420914557404
181590880006494323785583930853082830547607679952435739163122188605
754967383224319565065546085288120190236364471270374863442172725787
950342848631294491631847534753143504139209610879605773098720135248
407505763719925365047090858251393686346386336804289176710760211115
982887553994012007601394703366179371539630613986365549221374159790
511908358829009765664730073387931467891318146510931676157582135142
486044229244530411316065270097433008849903467540551864067734260358
340960860553374736276093565885310976099423834738222208729246449768
456057956251676557408841032173134562773585605235823638953203853402
484227337163912397321599544082842166663602329654569470357718487344
203422770665383738750616921276801576618109542009770836360436111059
240911788954033802142652394892968643980892611463541457153519434285
072135345301831587562827573389826889852355779929572764522939156747
756667605108788764845349363606827805056462281359888587925994094644
604170520447004631513797543173718775603981596264750141090665886616
218003826698996196558058720863972117699521946678985701179833244060
181115756580742841829106151939176300591943144346051540477105700543 3
900018245311773371895585760360718286050635647997900413976180895536
366960316219311325022385179167205518065926351803625121457592623836
934822266589557699466049193811248660909979812857182349400661555219
611220720309227764620099931524427358948871057662389469388944649509
396033045434084210246240104872332875008174917987554387938738143989
423801176270083719605309438394006375611645856094312951759771393539
607432279248922126704580818331376416581826956210587289244774003594
700926866265965142205063007859200248829186083974373235384908396432
614700053242354064704208949921025040472678105908364400746638002087
012666420945718170294675227854007450855237772089058168391844659282
941701828823301497155423523591177481862859296760504820386434310877
956289292540563894662194826871104282816389397571175778691543016505
860296521745958198887868040811032843273986719862130620555985526603
640504628215230615459447448990883908199973874745296981077620148713
400012253552224669540931521311533791579802697955571050850747387475
075806876537644578252443263804614304288923593485296105826938210349
800040524840708440356116781717051281337880570564345061611933042444
079826037795119854869455915205196009304127100727784930155503889536
033826192934379708187432094991415959339636811062755729527800425486
306005452383915106899891357882001941178653568214911852820785213012
551851849371150342215954224451190020739353962740020811046553020793
286725474054365271759589350071633607632161472581540764205302004534
018357233829266191530835409512022632916505442612361919705161383935
732669376015691442994494374485680977569630312958871916112929468188
493633864739274760122696415884890096571708616059814720446742866420
876533479985822209061980217321161423041947775499073873856794118982
466091309169177227420723336763503267834058630193019324299639720444
517928812285447821195353089891012534297552472763573022628138209180
743974867145359077863353016082155991131414420509144729353502223081
719366350934686585865631485557586244781862010871188976065296989926
932817870557643514338206014107732926106343152533718224338526352021
773544071528189813769875515757454693972715048846979361950047772097
056179391382898984532742622728864710888327017372325881824465843624
958059256033810521560620615571329915608489206434030339526226345145
428367869828807425142256745180618414956468611163540497189768215422
772247947403357152743681940989205011365340012384671429655186734415

3741615042563256713430247655125219218035780169240326699541746087592409207004669340396510178134857835694440760470232540755557764728450751826890418293966113310160131119077398632462778219023650660374041606724962490137433217246454097412995570529142438208076098364823465973886691349919784013108015581343979194852830436739012482082444814128095443773898320059864909159505322857914576884962578665885999179867520554558099004556461178755249370124553217170194282884617402736649978475508294228020232901221630102309772151569446427909802190826689868834263071609207914085197695235553488657743425277531197247430873043619511396119080030255878387644206085044730631299277888942729189727169890575925244679660189707482960949190648764693702750773866432391919042254290235318923377293166736086996228032557185308919284403805071030064776847863243191000223929785255372375566213644740096760539439838235764606992465260089090624105904215453927904411529580345334500256244101006359530039598864466169595626351878060688513723462707997327233134693971456285542615467650632465676620279245208581347717608521691340946520307673391841147504140168924121319826881568664561485380287539331160232292555618941042995335640095786495340935115266454024418775949316930560448686420862757201172319526405023099774567647838488973464317215980626787671838005247696884084989185086149003432403476742686245952395890358582135006450998178244636087317754378859677672919526111213859194725451400301180503437875277664402762618941017576872680428176623860680477885242887430259145247073950546525135339459598789619778911041890292943818567205070964606263541732944649576612651953495701860015412623962286413897796733329070567376962156498184506842263690367849555970026079867996261019039331263768556968767029295371162528005543100786408728939225714512481135778627664902425161990277471090335933309304948380597856628844787441469841499067123764789582263294904679812089984857163571087831191848630254501620929805829208334813638405421720056121989353669371336733392464416125223196943471206417375491216357008573694397305979709719726666642267431117762176403068681310351899112271339724036887000996862922546465006385288620393800504778276912835603372548255793912985251506829969107754257647488325341412132800626717094009098223529657957997803018282428490221470748111124018607613415150387569830918652780658896682362523937845272634530420418802508442363190383318384550522367992357752929106925043261446950109861088899914658551881873582528164302520939285258077969737620845637482114433988162710031703151334402309526351929588680690821355853680161000213740851154484912685841268695899174149133820578492800698255195740201818105641297250836070356851055331787840829000041552511865779453963317538532092149720526607831260281961164858098684587525129997404092797683176639914655386108937587952214971731728131517932904431121815871023518740757222100123768721944747209349312324107065080618562372526732540733324875754482967573450019321902199119960797989373383673242576103938985349278777473980508080015544764061053522202325409443567718794565430406735896491017610775948364540823486130254718476485189575836674399791508512858020607820554462991723202028222914886959399729974297471155371858924238493855858595407438104882624648788053304271463011941589896328792678327322456103852197011130466587100500083285177311776489735230926661234588873102883515626446023671996644554727608310118788389151149340939344750073025855814756190881398752357812331342279866503522725367171230756861045004548970360079569827626392344107146584895780241408158405229536937499710665594894459246286619963556350652623405339439142111271810691052290024657423604130093691889255865784668461215679554256605416005071276641766056874274200329577160643448606201239821698271723197826816628249938714995449137302051843669076723577400053932662622760323659751718925901801104290384274185507894887438832703063283279963007200698012244365116394086922220745320244624121155804354542064215121585056896157356414313068883443185280853977

5927734433655384188340303517822946253702015782157373265523185763555
4098954033236382319219892171177449469403678296185920803403867575583
4111518824177439145077366384071880489358256868542011645031357633355
5509440319236720348651010561049872726472131986543435450409131859511
3145181276437310438972507004981987052176272494065214619959232142311
4439776546708351714749367986186552791715824080651063799500184295933
8799158350171580759883784962257398512129810326379376218322456594233
6685376799113140108043139732335449090824910499143325843298821033988
4698141715756010829706583065211347076803680695322971990599904451200
9087275776225351040902392888779424630483280319132710495478599180199
6967835321464441189260631526618167443193550817081875477050802654022
5294109218264858213857526688155584113198560022135158887210365696088
7515063187533002942118682221893775546027227291290504292259787710666
7873840000616772154638441292371193521828499824350920891801685572799
8156421858191119749098573057033266764646072875743056537260276898237
3259745084479649545648030771598153955827779139373601717422996027355
3102768719449444917939785144631597314435351850491413941557329382044
8542123508173912549749819308714396615132942045919380106231421774199
9184060180347949887691051557905554806953878540066453375981862846411
9905220452803306263695626490910827627115903856995051246529996062855
5443838330327638599800792922846659503551211245284087516229060262011
1857775313747949362055496401073001348853150735487353905602908933522
6400713274732621960311773433943673385759124508149335736911664541288
1788171454023054750667136518258284898099512139193995633241336556777
7098003081910272040997148687418134667006094051021462690280449159644
6545330107754695413088714165312544813061192407821188690056027781822
4235022696189344352547633573536485619363254417756613981703930632877
2166905722259745209192917262199844409646158269456380239502837121688
6446561785235565164127712826918688615572716201474934052276946595711
2198314943381622114006936307430444173284786101777743837977037231799
5255434107223445512555589998646183876764903972461167959018100035099
8928641204195163551108763204267612979826529425882951141275841262733
2790798807559751851576841264742209479721843309352972665210015662511
4552994745127631550917636730259462132930190402837954246323258550300
1096706922720227074863419005438302650681214142135057154175057508633
9907673946335146209082888934938376439399256900604067311422093312199
5936202982972351163259386772241477911629572780752395056251581603133
3359382311500518626890530658368129988108663263271980611271548858799
8093487912913707498230575929091862939195014721197586067270092547711
8025750337730799397134539532646195269996596385654917590458333585799
9102012713204583903200853878881633637685182083727885131175227769600
9787962142372162545214591281831798216044111311671406914827170981011
5457781939202311563871950805024679725792497605772625913328559726377
1211201905720771409148645074094926718035815157571514050397610963844
6755569298970383547314100223802583468767350129775413279532060971155
4506484212185936490997917766874774481882870632315515865032898164222
8288232746866106592732197907162384642153489852476216789050260998044
5266483929542357287343977680495774091449538391575565485459058976499
5198513801007958010783759945775299196700547602252552034453988712533
8780171960718164078124847847257912407824544361682345239570689514277
2269750431873633263011103053423335821609333191218806608268341428911
0415173247216053355849993224548730778822905252324234861531520976933
8461042582849714963475341837562003014915703279685301868631572488400
1526639835689563634657435321783493199825542117308467745297085839500
7616458229630324424328237737450517028560698067889521768198156710788
1633405266759539424926280756968326107495323390536223090807081455911
9837355377748742029039018142937311529334644468151212945097596534300
6284215319445727118614900017650558177095302468875263250119705209477
6159416768727784472000192789137251841622857783792284439084301181122
1496366424659033634194540657183544771912446621259392656620306888522

005559912123536371822692253178145879259375044144893398160865790087
616502463519704582889548179375668104647461410514249887025213993687
050937230544773411264135489280684105910771667782123833281026218558
775131272117934444820144042574508306394473836379390628300897330624
138061458941422769474793166571762318247216835067807648757342049155
762821758397297513447899069658953254894033561561316740327647246921
250575911625152965456854463349811431767025729566184477548746937846
423373723898192066204851189437886822480727935202250179654534375727
416391079197295295081294292220534771730418447791567399173841831171
036252439571615271466900581470000263301045264354786590329073320546
833887207873544476264792529769017091200787418373673508771337697768
349634425241994995138831507487753743384945825976556099655595431804
092017849718468549737069621208852437701385375768141663272241263442
398215294164537800049250726276515078908507126599703670872669276430
837722968598516912230503746274431085293430527307886528397733524601
746352770320593817912539691562106363762588293757137384075440646896
478310070458061344673127159119460843593582598778283526653115106504
162329532904777217408355934972375855213804830509000964667608830154
061282430874064559443185341375522016630581211103345312074508682433
943215904359443031243122747138584203039010607094031523555617276799
416002039397509989762933532585557562480899669182986422267750236019
325797472674257821111973470940235745722227121252685238429587427350
156366009318804549333898974157149054418255973808087156528143010267
046028431681923039253529779576586241439270154974087927313105163611
913757700892956482332364829826302460797587576774537716010249080462
430185652416175665560016085912153455626760219268998285537787258314
514408265458348440947846317877737479465358016996077940556870119232
860804113090462935087182712593466871276669487389982459852778649956
916546402945893506496433580982476596516514209098675520380830920323
048734270346828875160407154665383461961122301375945157925269674364
253192739003603860823645076269882749761872357547676288995075211480
485252795084503395857083813047693788132112367428131948795022806632
017002246033198967197064916374117585485187848401205484467258885140
156272501982171906696081262778548596481836962141072171421498636191
877475450965030895709947093433785698167446582826791194061195603784
539785583924076127634410576675102430755981455278616781594965706255
975507430652108530159790807334373607943286675789053348366955548680
391343372015649883422089339997164147974693869690548008919306713805
717150585730714881564992071408675825960287605645978242377024246980
532805663278704192676846711626687946348695046450742021937394525926
266861355294062478136120620263649819999949840514386828525895634226
432870766329930489172340072547176418868535137233266787792173834754
148002280339299735793615241275582956927683723123479898944627433045
456679006203242051639628258844308543830720149567210646053323853720
314324211260742448584509458049408182092763914000854042202355626021
856434899414543995041098059181794888262805206644108631900168856815
516922948620301073889718100770929059048074909242714101893354281842
999598816966099383696164438152887721408526808875748829325873580990
567075581701794916190611400190855374488272620093668560447559655747
648567400817738170330738030547697360978654385938218722058390234444
350886749986650604064587434600533182743629617786251808189314436325
120510709469081358644051922951293245007883339878842933934243512634
336520438581291283434529730865290978330067126179813031679438553572
629699874035957045845223085639009891317947594875212639707837594486
113945196028675121056163897600888009274611586080020780334159145179
707303683519697776607637378533301202412011204698860920933908536577
322239241244905153278095095586645947763448226998607481329730263097
502881210351772312446509534965369309001863776409409434983731325132
186208021480992268550294845466181471555744470966953017769043427203
189277060471778452793916047228153437980353967986142437095668322149

1465438014593829277393396032754048009552231816667380357183932757O7
7142046723838624617803976292377131209580789363841447929802588O6552
2129262093623930637313496640186619510811583471173312025805866727 63
9992763579078063818813069156366274125431259589936119647626101405 56
3503399523140323113819656236327198961837254845333702062563464223 95
2766943568376761368711962921818754576081617053031590728828700712 31
3666308722754918661395773730546065997437810987649802414011242142 77
3668082751390959313404155826266789510846776118665957660165998178 08
9414985754976284387856100263796543178313634025135814161151902096 49
9133548733131115022700681930135929595971640197196053625033558479 98
0963488718039111612813595968565478868325856437896173159762002419 62
1552896297904819822199462269487137462444729093456470028537694958 85
9591606789282491054412515996300781368367490209374915732896270028 65
6829344431342347351239298259166739503425995868970697267332582735 90
3121288746660451461487850346142827765991608090398652575717263081 83
3494441820193533385071292345774375579344062178711330063106003324 05
3991693682603746176638565758877580201229366353270267100681261825 17
2914608202541892885935244491070138206211553827793565296914576502 04
8643282865557934707209634807372692141186895467322767751335690190 15
3723669036865389161291688887876407525493494249733427181178892759 93
1596719354758988097924525262363659036320070854440784544797348291 80
2082044926670634420437555325050527522833778887040804033531923407 68
5630109347772125639088640413101073817853338316038135280828119040 83
2564401842053746792992622037698718018061122624490909242641985820 86
1751177113789051609140381575003366424156095216328197122335023167 42
2600567941281406217219641842705784328959802882335059828208196666 24
9035857789940333152274817776952843681630088531769694783690580671 06
4828083598046698841098135158654906933319522394363287923990534810 98
7830274500172065433699066117784554364687723631844464768069142828 00
4551074686645392805399409108754939166095731619715033166968309929 46
6349142798780842257220697148875580637480308862995118473187124777 29
1910070227588893486939456289515802965372150409603107761289831263 58
9964893410247036036645058687287589051406841238124247386385427908 28
2733827973326885504935874303160274749063129572349742611221517417 15
3133618622410913869500688835898962349276317316478340077460886655 59
8733382113829928776911495492184192087771606068472874673681886167 50
7221017261103830671787856694812948785048943063086169948798703160 51
5884108282351274153538513365895332948629494495061868514779105804 69
6039069372662670386512905201137810858616188886947957607413585534 58
5151768051973334433495230120395770739623771316030242887200537320 99
8253008977618973129817881944671731160647231476248457551928732782 82
5127182446807824215216469567819294098238926284943760248852279003 62
0219386696482215628093605373178040863727268426696421929946819214 90
8701707533361094791381804063287387593848269535583077395761447997 27
0003472880182785281389503217986345216111066608839314053226944905 45
5527867894417579202440021450780192099804461382547805858048442416 40
4775031536054906591430078158372430123137511562284015838644270890 71
8284816757527123846782459534334449622010096071051370608461801187 54
3120725491334994247617115633321408934609156561550600317384218701 57
0226103101916603887064661438897736318780940711527528174689576401 58
1047016965247557740891644568677717158500583269943401677202156767 72
4068128366565264122982439465133197359199709403275938502669557470 23
1813203243716420586141033606524536939160050644953060161267822648 94
2437397166717661231048975031885732165554988342121802846912529086 10
1485527815277625623750456375769497734336846015607727035509629049 39
2487088406281067943622418704747008368842671022558302403599841645 95
1122485272633632645114017395248086194635840783753556885622317115 52
0947223065437092606797351000565549381224575483728545711797393615 75
6167641692895805257297522338558611388322171107362265816218842443 17
8857488798109026653793426664216990914056536432249301334867988154 88

66286650523469972355747384248305904236771432787923164224038777643
01926001922847783138376325361210253369358126240868666997382759773
56822279072158324788886423693463961643633087301398142114303060087
06661648036789840913359262934023043249749268878316436026810113095
07161419128306865773235326396536773903176613613159655535849993986
05651559219367599777179330197446881483711032065036931928945214026
09154651843099365534933371834252984336799159394174662239003895276
38133306177476295749438687169784537672194935065908757119177208754
71071899379608947745126547575018711948707387367858902006173733210
56933022163206284320656711920969505857611739616323262177089454262
46098584102378132158177276022227381334954104810030732751077999489
19779638835307344434575329759142637684054422647842160631227696469
71564739990437159033239065607266441164386054048388471619121090087
10191307260710441141432419767968285478855247794764818029597360494
97004795960402927462992035720997619501403483153809477146010563334
69988208221205872815107291829712119178764248803546723169165418522
67292344291871281632325969654135485895771332083399112887759172261
52733790103413620856145779923987783250835507301998184590259583559
92605532996737704917224549353296833000022301815172265757875240588
22490858212800897479093261007625787704286560069961762121768454789
64407050662417102133274867962374302291553582007801411653480656474
82306150033920689837947662550365498228053296628621179306284301704
24023019857199789488368971830438051821744191476604297524372516834
54112170386313794114220952958857980601529387527537990309388716835
20957607152219002793792927863036372687658226812419933848081660216
37221547101430073775377926990695871212892880190520316012858618254
44133538207848834653116326504076424283908701210151942319616522684
20037112304643006734420647477180213530701240988603533991526679238
11017062218658835737812109351797756044256346949997872511254408545
22748109148743072598696020402759411789425812818821599523596589791
11440776533543217575952555361581280011638467203193465072968079907
39637149617743121194020212975731251652537680173591015573381537720
19524445436200718484756634154074423286210609976132434875488474345
96659813387174660930205350702719529839432714253711557666000257844
30310734295515339450604862227649666876240793243531929926392537310
68921353525723210808898193391686682789482811704726245019484097009
57609209837240900747179733407881418251958425980962417476101382526
39551352593118850456362641883003385396524359974169313228947198783
84276004013680747039040972384739458348961865397905941185993103561
84368692194853820557803957738813606795499000851232594425297244866
67668346414021899159445653094234406506678519484177667794704720419
88220432953803263105374948831221803912796784461001397267538921951
91178365876625280836900532490045974109470687729123282143046353372
35199536482743258331191444590178096077828835837301118575436599589
27245319253105881150263075425714939430244539318701799236081666113
54262539958338979429716020703387678150330102801200959972522222808
14235710947603519255444349299867678178910455590630159538097618759
03589373419789623589311259839025983102671933041892151096891562250
96591198283234555030590817307351955037216658702880539921385760370
53771051780212801295668419841403628727256232144287543022109094727
10734741349755141907370433182766261772759968888260272252471336833
34528166927795913288613817663498577289369009657495622871030243625
07724122190943008717556926257580657099120166596224360802428700245
73620363948412559548817272724736534677836472019183039987176270375
57246499222894679323226936191776416146187956139566995677830682903
65896994307673335082349907906241002025061340573443006957454746821
56904416515406365846804636926212742110753990421887161276177870142
88648257752238891845995233762923779155857445494773612955259522265
86364621183775984737003479714082069941455807190802135907322692331
08317595106590191212947954086036407573587502058902087045796700070

526250581142066390745921527330940682364944159089100922029668052332
526619891131184201629163107689408472356436680818216865721968826835
840278550078280404345371018365109695178233574303050485265373807353
107418591770561039739506264035544227515610110726177937063472380499
066692216197119425912044508464174638358993823994651739550900085947
999013602667426149429006646711506717542217703877450767356374215478
290591101261915755587023895700140511782264698994491790830179547587
676016809410013583761357859135692445564776446417866711539195135769
610486492249008344671548638305447791433009768048687834818467273375
843689272431044740680768527862558516509208826381323362314873333671
476452045087662761495038994950480956046098960432912335834885999029
452640028499428087862403981181488476730121675416110662999555366819
312328742570206373835202008686369131173346973174121915363324674532
563087134730279217495622701468732586789173455837996435135880095935
087755635624881049385299900767513551352779241242927748856588856651
324730251471021057535251651181485090275047684551825209633189906852
761443513821366215236889057878669943228881602837748203550601602989
400911971385017987168363374413927597364401700701476370665570350433
812111357641501845182141361982349515960106475271257593518530433287
553778305750956742544268471221961870917856078393614451138333564910
325640573389866717812397223751931643061701385953947436784339267098
671245221118969084023632741149660124348309892994173803058841716661
307304006758838043211155537944060549772170594282151488616567277124
090338772774562909711013488518437411869565544974573684521806698291
104505800429988795389902780438359628240942186055628778842880212755
388480372864001944161425749990427200959520465417059810498996750451
193647117277222043610261407975080968697517660023718774834801612031
023468056711264476612374762785219024120256994353471622666089367521
983311181351114650385489502512065577263614547360442685949807439693
233129712737715734709971395229118265348515558713733662912024271430
250376326950135091161295299378586468130722648600827088133353819370
368259886789332123832705329762585738279009782646054559855513183668
884462826513379849166783940976135376625179825824966345877195012438
404035914084920973375464247448817618407002356958017741017769692507
781489338667255789856458985105689196092439884156928069698335224022
563457049731224526935419383700484318335719651662672157552419340193
309901831930919658292096965624766768365964701959575473934551433741
370876151732367720422738567427917069820454995309591887243493952409
444167899884631984550485239366297207977745281439941825678945779571
255242682608994086331737153889626288962940211210888442737656862452
761213037101730078513571540453304150795944777614359743780374243664
697324713841049212431413890357909241603640631403814983148190525172
093710396402680899483257229795456404270175772290417323479607361878
788991331830584306939482596131871381642346721873084513387721908697
510494284376932502498165667381626061594176825250999374167288395174
406693254965340310145222531618900923537648637848288134420987004809
622717122640748957193900291857330746010436072919094576799461492929
042798168772942648772995285843464777538690695014898413392454039414
468026362540211861431703125111757764282991464453340892097696169909
837265236176874560589470496817013697490952307208268288789073019001
825342580534342170592871393173799314241085264739094828459641809361
413847583113613057610846236683723769591349261582451622155213487924
414504175684806412063652017038633012953277769902311864802006755690
568229501635493199230591424639621702532974757311409422018019936803
502649563695586642590676268568737211033915679383989576556519317788
300024161353956243777784080174881937309502069990089089932808839743
036773659552489130015663329407790713961546453408879151030065132193
448667324827590794680787981942501958262232039513125201410996053126
069655540424867054998678692302174698900954785072567297879476988883
109348746442640071818316033165551153427615562240547447337804924621

495213325852769884733626918264917433898782478927846891882805466998
230368993978341374758702580571634941356843392939606819206177333179
173820856243643363535986349449689078106401967407443658366707158692
452118299789380407713750129085864657890577142683358276897855471768
718442772612050926648610205153564284063236848180728794071712796682
006072755955590404023317874944734645476062818954151213916291844429
765106694796935401686601005519607768733539651161493093757096855455
938151378956903925101495326562814701199832699220006639287537471313
523642158926512620407288771657835840521964605410543544364216656224
456504299901025658692727914275293117208279393775132610605288123537
345106837293989358087124386938593438917571337630072031976081660446
468393772580690923729752348670291691042636926209019960520412102407
764819031601408586355842760953708655816427399534934654631450404019
952853725200495780525465625115410925243799132626271360909940290226
206283675213230506518393405745011209934146491843332364656937172591
448932415900624202061288573292613359680872650004562828455757459659
212053034131011182750130696150983551563200431078460190656549380654
252522916199181995960275232770224985573882489988270746593635576858
256051806896428537685077201222034792099393617926820659014216561592
530673794456894907085326356819683186177226824991147261573203580764
629811624401331673789278868922903259334986179702199498192573961767
307583441709855922217017182571277753449150820527843090461946083521
740200583867284970941102326695392144546106621500641067474020700918
991195137646690448126725369153716229079138540393756007783515337416
774794210038400230895185099454877903934612222086506016050035177626
483161115332558770507354127924990985937347378708119425305512143697
974991495186053592040383023571635272763087469321962219006426088618
367610334600225547747781364101269190656968649501268837629690723396
127628722304114181361006026404403003599698891994582739762411461374
480405969706257676472376606554161857469052722923822827518679915698
339074767114610302277660602006124687647772881909679161335401988140
275799217416767879923160396356949285151363364721954061117176738737
255572852294005436178517650230754469386930787349911035218253292972
604455321079788771144989887091151123725060423875373484125708606406
905205845212275453384800820530245045651766951857691320004281675805
492481178051983264603244579282973012910531838563682120621553128866
856495651261389226136706409395333457052698695969235035309422454386
527867767302754040270224638448355323991475136344104405009233036127
149608135549053153902100229959575658370538126196568314428605795669
662215472169562087001372776853696084070483332513279311223250714863
020695124539500373572334680709465648308920980153487870563349109236
605755405086411152144148143463043727327104502776866195310785832333
485784029716092521532609255893265560067212435946425506599677177038
844539618163287961446081778927217183690888012677820743010642252463
480745430047649288555340906218515365435547412547615276977266776977
277705831580141218568801170502836527554321480348800444297999806215
790456416195721278450892848980642649742709057912906921780729876947
797511244730599140605062994689428093103421641662993561482813099887
074529271604843363081840412646963792584309418544221635908457614607
855856247381493142707826621518554160387020687698046174740080832434
366538235455510944949843109349475994467267366535251766270677219418
319197719637801570216993367508376005716345464367177672338758864340
564487156696432104128259564534984138841289042068204700761559691684
303899934836679354254921032811336318472259230555438305820694167562
999201337317548912203723034907268106853445403599356182357631283776
764063101312533521214199461186935083317658785204711236433122676512
996417132521751355326186768194233879036546890800182713528358488844
411176123410117991870923650718485785622102110400977699445312179502
247957806950653296594038398736990724079767904082679400761872954783
596349279390457697366164340535979221928587057495748169669406233427

261973351813662606373598257555249650980726012366828360592834185584
8026958413772558970883789942910549800331113884603401939166122186669
605849157148573356828614950001909759112521880039641976216355937574
371801148055944229873041819680808564726571354761283162920044988031
5402105530597076666362749328308916880932359290081787411985738317 19
261672883491840242972129043496552694272640255964146352591434840067
5867690350382320572934132981593533044446496829441367323442158380 76
169483121933311981906109614295220153617029857510559432646146850545
268497576480780800922133581137819774927176854507553832876887447459
159373116247060109124460982942484128752022446259447763874949199784
044682925736096853454984326653686284448936570411181779380644161653
122360021491876876946739840751717630751684985635920148689294310594
020245796962292456664488196757629434953532638217161339575779076637
076456957025973880043841580589433613710655185998760075492418721171
488929522173772114608115434498266547987258005667472405112200738345
927157572771521858994694811794064446639943237004429114074721818022
482583773601734668530074498556471542003612359339731291445859152288
740871950870863221883728826282288463184371726190330577714765156414
382230679184738603914768310814135827575585364359772165002827780371
342286968878734979509603110889919614338666406845069742078770028050
936720338723262963785603865321643234881555755701846908907464787912
243637555666867806761054495501726079114293083128576125448194444947
324481909379536900820638463167822506480953181040657025432760438570
350592281891987806586541218429921727372095510324225107971807783304
260908679427342895573555925272380551144043800123904168771644518022
649168164192740110645162243110170005669112173318942340054795968466
980429801736257040673328212996215368488140410219446342464622074557
564396045298531307140908460849965376780379320189914086581466217531
933766597011433060862500982956691763884605676297293146491149370462
446935198403953444913514119366793330193661766365255514917498230798
707228086085962611266050428929696653565251668888557211227680277274
370891738963977225756489053340103885593112567999151658902501648696
142720700591605616615970245198905183296927893555030393468121976158
218398048396056252309146263844738629603984892438618729850777592879
272206855480721049781765328621018747676689724884113956034948037672
703631692100735083407386526168450748249644859742813493648037242611
670426687083192504099761531907685577032742178501000644198412420739
640013960360158381056592841368457411910273642027416372348821452410
134771652960312840865841978795111651152982781462037913985500639996
032659124852530849369031313010079997719136223086601109992914287124
938854161203802041134018888721969347790449752745428807280350930582
875442075513481666092787935356652125562013998824962847872621443236
285367650259145046837763528258765213915648097214192967554938437558
260025316853635673137926247587804944594418342917275698837622626184
636545274349766241113845130548144983631178978448973207671950878415
861887969295581973325069995140260151167552975057543781024223895792
578656212843273120220071673057406928686936393018676595825132649914
595026091706934751940897535746401683081179884645247361895605647942
635807056256328118926966302647953595109712765913623318086692153578
860781275991053717140220450618607537486630635059148391646765672320
571451688617079098469593223672494673758309960704258922048155079913
275208858378111768521426933478692189524062265792104362034885292626
798401395321645879115157905046057971083898337186403802441751134722
647254701079479399695355466961972676325522991465493349966323418595
145036098034409221220671256769872342794070885707047429317332918852
389672197135392449242617864118863779096281448691786946817759171715
066911148002075943201206196963779510322708902956608556222545260261
046073613136886900928172106819861855378098201847115416363032626569
928342415502360097804641710852553761272890533504550613568414377585
442967797701466029438768722511536380119175815402812081825560648541

078793359892106442724489861896162941341800129513068363860929410008
313667337215300835269623573717533073865333820484219030818644918409
372394403340524490955455801640646076158101030176748847501766190869
294609876920169120218168829104087070956095147041692114702741339005
225334083481287035303102391969997859741390859360543359969707560446
013424245368249609877258131102473279856207212657249900346829388687
230489556225320446360263985422525841646432427161141981780248259556
354490721922658386366266375083594431487763515614571074552801615967
704844271419443518327569840755267792641126176525061596523545718795
667317091331935876162825592078308018520689015150471334038610031005
591481785211038475454293338918844412051794396997019411269511952656
491959418997541839323464742429070271887522353439367363366320030723
274703740712398256202466265197409019976245205619855762576000870817
308328834438183107005451449354588542267857855191537229237955549433
341017442016960009069641561273229777022121795186837635908225512881
647002199234886404395915301846400471432118636062252701154112228380
277853891109849020134274101412155976996543887719748537643115822983
853312307175113296190455900793806427669581901484262799122179294798
734890186847167650382732855205908298452980625925035212845192592798
659350613296194679625237397256558415785374456755899803240549218696
288849033256085145534439166022625777551291620077279685262938793753
045418108072928589198971538179734349618723292761474785019261145041
327487324297058340847111233374627461727462658241532427105932250625
530231473875925172478732288149145591560503633457542423377916037495
250249302235148196138116256391141561032684495807250827343176594405
409826976526934457986347970974312449827193311386387315963636121862
349726140955607992062831699942007205481152535339394607685001990988
655386143349578165008996164907967814290114838764568217491407562376
761845377514403147541120676016072646055685925779932207033733339891
636950434669069482843662998003741452762771654762382554617088318981
086880684785370553648046935095881802536052974079353867651119507937
328208314626896007107517552061443378411454995013643244632819334638
905093654571450690086448344018042836339051357815727397333453728426
337217406577577107983051755572103679597690188995849413019599957301
790124019390868135658553966194137179448763207986880037160730322054
742357226689680188212342439188598416897227765219403249322731479366
923400484897605903795809469604175427961378255378122394764614783292
697654516229028170110043784603875654415173943396004891531881757665
050095169740241564477129365661425394936888423051740012992055685428
985389794266995677702708914651373689220610441548166215680421983847
673087178759027920917590069527345668202651337311151800018143412096
260165862982107666352336177400783778342370915264406305407180784335
806107296110555002041513169637304684921335683726540030750982908936
461204789111475303704989395283345782408281738644132271000296831194
020332345642082647327623383029463937899837583655455991934086623509
096796113400486702712317652666371077872511186035403755448741869351
973365662177235922939677646325156202348757011379571209623772343137
021203100496515211197601317641940820343734851285260291333491512508
311980285017785571072537314913921570910513096505988599993156086365
547740355189816673353588004821466509974143376118277772335191074121
757284159258087259131507460602563490377726337391446137703802131834
744730111303267029691733504770163210661622783002726928336558401179
141944780874825336071440329625228577500980859960904093631263562132
816207145340610422411208301000858726425211226248014264751942618432
585338675387405474349107271004975428115946601713612259044015899160
022982780179603519408004651353475269877760952783998436808690898919
783969353217998013913544255271791022539701081063214304851137829149
851138196914304349750018998068164441212327332830719282436240673319
655469267785119315277511344646890550424811336143498460484905125834
568326644152848971397237604032821266025351669391408204994732048602

162775979177123475109750240307893575993771509502175169355582707253
391189233407022383207758580213717477837877839101523413209848942345
961369234049799827930414446316270721479611745697571968123929191374
098292580556195520743424329598289898052923336641541925636738068949
420147124134052507220406179435525255522500874879008656831454283516
775054229480327478304405643858159195266675828292970522612762871104
013480178722480178968405240792436058274246744307672164527031345135
416764966890127478680101029513386269864974821211862904033769156857
624069929637249309720162870720018983542369036414927023696193854737
248032985504511208919287982987446786412915941753167560253343531062
674525450711418148323988060729714023472552071349079839898235526872
395090936566787899238371257897624875599044322889538837731734894112
275707141095979004791930104674075041143538178246463079598955563899
188477378134134707024674736211204898622699188851745625173251934135
203811586335012391305444191007362844756751416105041097350585276204
448919097890198431548528053398577784431393388399431044446566924455
088594631408175122033139068159659251054685801313383815217641821043
342978882611963044311138879625874609022613090084997543039577124323
061690626291940392143974027089477766370248815549932245882597902063
125743691094639325280624164247686849545532493801763937161563684785
982371590238542126584061536722860713170267474013114526106376538339
031592194346981760535838031061288785205154693363924108846763200956
708971836749057816308515813816196688222204757043759061433804072585
386208356517699842677452319582418268369827016023741493836349662935
157685406139734274647089968561817016055110488097155485911861718966
802597354170542398513556001872033507906094642127114399319604652742
405088222535977348151913543857125325854049394601086579379805862014
336607882521971780902581737087091646045272797715350991034073642502
038638671822052287969445838765294795104866071739022932745542678566
977686593992341683412227466301506215532050265534146099524935605085
492175654913483095890653617569381763747364418337897422970070354520
666317092960759198962773242309025239744386101426309868773391388251
868431650102796491149773758288891345034114886594867021549210108432
808078342808941729800898329753694064496990312539986391958160146899
522088066228540841486427478628197554662927881462160717138188018084
057208471586890683691939338186427845453795671927239797236465166759
201105799566396259853551276355876814021340982901629687342985079247
184605687482833138125916196247615690287590107273310329914062386460
833337863825792630239159000355760903247728133888733917809696660146
961503175422675112599331552967421333630022296490648093458200818106
180210022766458040027821333675857301901137175467276305904435313131
903609248909724642792845554991349000518029570708291905255678188991
389962513866231938005361134622429461024895407240485712325662888893
172211643294781619055486805494344103409068071608802822795968695013
364381426825217047287086301013730115523686141690837567574763723976
318575703810944339056456446852418302814810799837691851212720193504
404180460472162693944578837709010597469321972055811407877598977207
200968938224930323683051586265728111463799698313751793762321511125
234973430524062210524423435373290565516340666950616589287821870775
679417608071297378133518711793165003315552382248773065344417945341
539520242444970341012087407218810938826816751204229940494817944947
273289477011157413944122845552182842492224065875268917227278060711
675404697300803703961878779669488255561467438439257011582954666135
867867189766129731126720007297155361302750355616781776544228744211
472988161480270524380681765357327557860250584708401320883793281600
876908130049249147368251703538221961903901499952349538710599735114
347829233949918793660869230137559636853237380670359114424326856151
210940425958263930167801712866923928323105765885171402021119695706
479981403150563304514156441462316376380990440281625691757648914256
971416359843931743327023781233693804301289262637538266779503416933

432360750024817574180875038847509493945489620974048544263563716499
594992098088429479036366629752600324385635294584472894454716620929
749549661687741412088213047702281611645604400723635158114972973921
896673738264720472264222124201656015028497130633279581430251601369
482556701478093579088965713492615816134690180696508955631012121849
180584792272069187169631633004485802010286065785859126997463766174
146393415956953955420331462802651895116793807457331575984608617370
268786760294367778050024467339133243166988035407323238828184750105
164133118953703648842269027047805274249060349208295475505400345716
018407257453693814553117535421072655783561549987444748042732345788
006187314934156604635297977945507535930479568720931672453654720838
168585560604380197703076424608348987610134570939487700294617579206
195254925575710903852517148852526567104534981341980339064152987634
369542025608027761442191431892139390883454313176968510184010384447
234894886952098194353190650655535461733581404554483788475252625394
966586999205841765278012534103389646981864243003414679138061902805
960785488801078970551694621522877309010446746249797999262712095168
477956848258334140226647721084336243759374161053673404195473896419
789542533503630186140095153476696147625565187382329246854735693580
289601153679178730355315937836308224861517777054157757656175935851
201669294311113886358215966761883032610416465171484697938542262168
716140012237821377977413126897726671299202592201740877007695628347
393220108815935628628192856357189338495885060385315817976067947984
087836097596014973342057270460352179060564760328556927627349518220
323614411258418242624771201203577638889597431823282787131460805353
357449429762179678903456816988955351850447832561638070947695169908
624710001974880920500952194363237871976487033922381154036347548862
684595615975519376541011501406700122692747439388858994385973024541
480106123590803627458528849356325158538438324249325266608758890831
870070910023737710657698505643392885433765834259675065371500533351
448990829388773735205145933304962653141514138612443793588507094468
804548697535817021290849078734780681436632332281941582734567135644
317153796781805819585246484008403290998194378171817730231700398973
305049538735611626102399943325978012689343260558471027876490107092
344388463401173555686590358524491937018104162620850429925869743581
709813389404593447193749387762423240985283276226660494238512970945
324558625210360082928664972417491914198896612955807677097959479530
601311915901177394310420904907942444886851308684449370590902600612
064942574471035354765785924270813041061854621988183009063458818703
875585627491158737542106466795134648758677154383801852134828191581
246259933516019893559516796893285220582479942103451271587716334522
299541883968044883552975336128683722593539007920166694133909116875
880398882886921600237325736158820716351627133281051818760210485218
067552664867390890090719513805862673512431221569163790227732870541
084203784152568328871804698795251307326634027851905941733892035854
039567703561132935448258562828761061069822972142096199350933131217
118789107876687204454887608941017479864713788246215395593333327556
200943958043453791978228059039595992743691379377866494096404877784
174833643268402628293240626008190808180439091455635193685606304508
914228964521998779884934747772913279726602765840166789013649050874
114212686196986204412696528298108704547986155954533802120115564697
997678573892018624359932677768945406050821883822790983362716712449
002676117849826437703300208184459000971723520433199470824209877151
444975101705564302954282181967000920251561584417420593365814813490
269311151709387226002645863056132560579256092733226557934628080568
344392137368840565043430739657406101777937014142461549307074136080
544210029560009566358897789926763051771878194370676149821756418659
011616086540863539151303920131680576903417259645369235080641744656
235152392905040947995318407486215121056183385456617665260639371365
880252166622357613220194170137266496607325201077194793126528276330

241380516490717456596485374835466919452358031530196916048099460681
490403781982973236093008713576079862142542209641900436790547904993
007837242158195453541837112936865843055384271762803527912882112930
835157565659994474178843838156514843422985870424559243469329523282
180350833372628379183021659183618155421715744846577842013432998259
456688455826617197901218084948033244878725818377480552226815101137
174536841787028027445244290547451823467491956418855124442133778352
142386597992598820328708510933838682990657199461490629025742768603
885051103263854454041918495886653854504057132362968106914681484786
965916686184275679846004186876229805556296304595322792305161672159
196867584952363529893578850774608153732145464298479231051167635774
949462295256949766035947396243099534331040499420967788382700271447
849406903707324910644415169605325656058677875741747211082743577431
519406075798356362914332639781221894628744779811980722564671466405
485013100965678631488009030374933887536418316513498254669467331611
812336485439764932502617954935720430540218297487125110740401161140
589991109306249231281311634054926257135672181862893278613883371802
853505650359195274140086951092616754147679266803210923746708721360
627833292238641361959412133927803611827632410600474097111104814000
362334271451448333464167546635469973149475664342365949349684588455
152415075637660508663282742479413606287604129064491382851945640264
315322585862404314183866959063324506300039221319264762596269151090
445769530144405461803785750303668621246227863975274666787012100339
298487337501447560032210062235802934377495503203701273846816306102
657030087227546296679688089058712767636106622572235222973920644309
352432722810085997309513252863060110549791564479184500461804676240
892892568091293059296064235702106152464620502324896659398732493396
737695202399176089847457184353193664652912584806448019652016283879
518949933675924148562613699594530728725453246329152911012876377060
557060953137752775186792329213495524513308986796916512907384130216
757323863757582008036357572800275449032795307990079944254110872569
318801466793559583467643286887696661009739574996783659339784634695
994895061049038364740950469522606385804675807306991229047408987916
687211714752764471160440195271816950828973353714853092893704638442
089329977112585684084660833993404568902678751600877546126798801546
585652206121095349079670736553970257619943137663996060606110640695
933082817187642604357342536175694378484849525010826648839515970049
059838081210522111091943323951136051446459834210799058082093716466
452312770402316007213854372346126726099787038565709199850759563461
324846018840985019428768790226873455650051912154654406382925385127
631766392205093834520430077301702994036261543400132276391091298832
786392041230044555168405488980908077917463609243933491264116424009
388074635660726233669584276458369826873481588196105857183576746200
965052606592926354829149904576830721089324585707370166071739819448
502884260396366074603118478622583105658087087030556759586134170074
540296568763477417643105175103673286924555858208237203860178173940
517513043799486882232004437804310317092103426167499800007301609481
458637448877852227307633049538394434538277060876076354209844500830
624763025357278103278346176697054428715531534001649707665719598504
174819908720149087568603778359199471934335277294728553792578768483
230110185936580071729118696761765505377503029303383070644891281141
202550615089641100762382457448865518258105814034532012475472326908
754750707857765973254284445935304499207001453874894822655644222369
636554419422544133821222547749753549462482768053333698328415613869
236344335855386847111143049824839899180316545863828935379913053522
283343013795337295401625762322808113849949187614414132293376710656
349252881452823950620902235787668465011666009738275366040544694165
342223905210831458584703552935221992827276057482126606529138553034
554974455147034493948686342945965843102419078592368022456076393678
416627051855517870290407355730462063969245330779578224594971042018

8043000183881429008173039450507342787013124466860092778581811040911
1511729374873627887874907465285565434748886831064110051023020875 10
776891878152562273525155037953244485778727761700196485370355516765
520911933934376286628461984402629525218367852236747510880978150709
897841308624588152266096355140187449583692691779904712072649490573
726428600521140358123107600669951853612486274675637589622529911649
606687650826173417848478933729505673900787861792535144062104536625
064046372881569823231750059626108092195521115085930295565496753886
261297233991462835847604862762702730973920200143224870758233735491
524608560821032888297418390647886992327369136004883743661522351705
843770554521081551336126214291181561530175888257359489250710887926
212864139244330938379733386780613179523731526677382085802470143352
700924380326695174211950767088432634644274912755890774686358216216
604274131517021245858605623363149316464691394656249747174195835421
860774871105733845843368993964591374060338215935224359475162623918
868530782282176398323730618020424656047752794310479618972429953302
979249748168405289379104494700459086499187272734541350810198388186
467360939257193051196864560185578245021823106588943798652243205067
737996619695547244058592241795300682045179537004347245176289356677
050849021310773662575169733552746230294303120359626095342357439724
965921101065781782610874531887480318743082357369919515634095716270
099244492974910548985151965866474014822510633536794973714251022934
188258511737199449911509758374613010550506419772153192935487537119
163026203032858865852848019350922587577559742527658401172134232364
808402714335636754204637518255252494432965704386138786590196573880
286840189408767281671413703366173265012057865391578070308871426151
907500149257611292767519309672845397116021360630309054224396632067
432358279788933232440577919927848463333977773765590187057480682867
834796562414610289950848739969297075043275302997287229732793444298
864641272534816060377970729829917302929630869580199631241330493935
049332541235507105446118259114111645453471032988104784406778013807
713146540009938630648126661433085820681139583831916954555825942689
576984142889374346708410794631893253910696395578070602124597489829
356461356078898347241997947856436204209461341238761319886535235831
299686226894860840845665560687695450127448663140505473535174687300
980632278046891224682146080672762770840240226615548502400895289165
711761743902033758487784291128962324705919187469104200584832614067
733375102719565399469716251724831223063391932870798380074848572651
612343493327335666447335855643023528088392434827876088616494328939
916639921048830784777704804572849145630335326507002958890626591549
850940797276756712979501009822947622896189159144152003228387877348
513097908101912926722710377889805396415636236416915498576840839846
886168437540706512103906250612810766379904790887967477806973847317
047525344215639038720123880632368803701794930895490077633152306354
837425681665336160664198003018828712376748189833024683637148830925
928337590227894258806008728603885916884973069394802051122176635913
825152427867009440694235512020156837777885182467002565170850924962
374772681369428435006293881442998790530105621737545918267997321773
502936892806521002539626880749809264345801165571588670044350397650
532347828732736884086354000274067678382196352222653929093980736739
136408289872201777674716811819585613372158311905468293608323697611
345028175783020293484598292500089568263027126329586629214765314223
335179309338795135709534637718368409244442209631933129562030557551
734006797374061416210792363342380564685009203716715264255637185388
957141641977238742261059666739699717316816941543509528319355641770
566862221521799115135563970714331289365755384464832620120642433801
695586269856102246064606933079384785881436740700059976970364901927
332882613532936311240365069865216063898725026723808740339674439783
025829689425689674186433613497947524552629142652284241924308338810
358005378702399954217211368655027534136221169314069466951318692810

257479598560514500502171591331775160995786555198188619321128211070
944228724044248115340605589595835581523201218460582056359269930347
885113206862662758877144603599665610843072569650056306448918759946
659677284717153957361210818084154727314266174893313417463266235422
207260014601270120693463952056444554329166298666078308906811879009
081529506362678207561438881578135113469536630387841209234694286873
083932043233387277549680521030282154432472338884521534372725012858
974769146080831440412586818154004918777228786980185345453700652665
564917091542952275670922221747411206272065662298980603289167206874
365494824610869736722554740481288924247185432360575341167285075755
205713115669795458488739874222813588798584078313506054829055148278
529489112190538319562422871948475940785939804790109419407067176443
903273071213588738504999363883820550168340277749607027684488028191
222063688863681104356952930065219552826152699127163727738841899328
713056346468822739828876319864570983630891778648708667618548568004
767255267541474285102814580740315299219781455775684368111018531749
816701642664788409026268282444825802753209454991510451851771654631
180490456798571325752811791365627815811128881656228587603087597496
384943527567661216895926148503078536204527450775295063101248034180
458405943292607985443562009370809182152392037179067812199228049606
973823874331262673030679594396095495718957721791559730058869364684
557667609245090608820221223571925453671519183487258742391941089044
411595993276004450655620646116465566548759424736925233695599303035
509581762617623184956190649483967300203776387436934399982943020914
707361894793269276244518656023955905370512897816345542332011497599
489627842432748378803270141867695262118097500640514975588965029300
486760520801049153788541390942453169171998762894127722112946456829
486028149318156024967788794981377721622935943781100444806079767242
927624951078415344642915084276452000204276947069804177583220909702
029165734725158290463091035903784297757265172087724474095226716630
600546971638794317119687348468873818665675127929857501636341131462
753049901913564682380432997069577015078933772865803571279091376742
080565549362464641260024379684543777339026472512819416320076848736
251764065967540693621758879307855916478777274739272002910342949562
447661308200729250734529170764226621047673037863169954237455117456
522022783324096803524667663190861011206745856287317413511162292078
865132941244815471628182079877168346341322362234117788231027659825
109358892359162055108763298087993165172528938001237817434896832151
590562493347370206832232100118637395770567473867102173212375224325
241626358034376253606808669163571594551527817803921774322823436633
772811186390511893075901666650742952758384008544635419317190531363
659724905158409106582201814734799022359067138146905116051922301269
482316113417439944714833040862484269139502336713412425123864026657
258130943967621939655407386524229897879782198637918299709557924747
320303239116410445906907977862315518349593035305923789817515891457
650408025109479123421758482841881950138546165680301755035580054944
894884871351605375593402345748979516602442338321406030095937105588
457052515704266284600354402823678768550982678161765520375795655481
677896038927498355608791541177749423573400764161093294003899982199
267257086957326068774974224802023307525187650255968420760693229988
587579898896460744381788170081548895226516722834045277219106991415
764639485231126794730865803195076455197675628957428881796812090026
387145257858315277615109088631740243695680567873015235427804793414
266495223833707117511265375503942372098784668049139473446530714079
622597287130503077258714875570502582573466866613802351426056116197
405543436548698005444879295970287590352258409782683598666446586045
694241390729095266249932902973440568160683805726626057277088407073
471496060064561454070734432782514087474275506722304845357006092214
390002992981608211717047917614505191008132670375214930740567853311
106058352912781007391749949197845112915913681107394055175208019630

5393507402485095537725003670546651623304304250874423242624046321150
078997336929985407041656261041976700202415094892411856092409637604
429612002364590706449770627207919019235964807048923636979860198283
087284228564752353162882791324295524814447505521909672046080689545
181712204930321853740627247421519740305769043602686360780792004776
232429551829473522027244376339027721392087767065716241639751785859
254426923428535274328856336850789651962072519416556061870370550218
462845434257850383000095374518292958440464918838685793483961151297
160581665745096703677495836666693121881763679644943617130416037243
050658485131749264055855194018005180908475211868224616976149243238
319486434415908558011073070311201502243416073157929528752936835820
397003389112114170685219366589789459503154389589015303827143001929
589074149943592894083097077078362875914484037045038618966975811201
852319231868659968038583812370329156207578835948780941688205531605
128190152647592807574958154564221341459378167056992868299895611982
353837157880480478704584175394665497690173220310890070303362911767
308448450372145669644401469545173857434157810158618783839278552609
399130570255575559060947051498093487773320072797573038245989466809
680822221348485873822999281794090825665209581655472475244566743697
594474686376332428904269776106791933910983300422310293728298798903
209391092682836306173610173878123679898645149311702437128285882630
486298884492207415640607147059137405524665756971870217355287245439
427714809179364437650637861861324348635797411258520863459927803688
792498354363298457687650165065115345008695721239507544785683173631
557153527046524235259737513408825461609661440746675514226836031959
801072152463551069171871335731685485631280857834435623670959650949
946968820661185118086034202821331801249410991502601435450017432730
793625113070298250499417994284451146479329154599555909587807621636
668591791065435966065253525320273650725989121255686842802077246487
722010996631829559552903393312284364864475973560859840760947298389
542433932623153239918981852264180831296333546356874828863465618504
810632288805596737844562000941465603499280879405115310057587129552
571964111506850340773710604380371259575596985949362058477512026354
947347534748189262254190352671614429284899857536740692165271630086
060654373736823556588626486343689153218095572204456777137368310458
075584529612832832606319629728527966674362974800821318627921869044
284342630735760703999669430789508147269730253817375694922751795354
326156912040594832860949992366412287881226419148504856328072066418
557059520375030322916894489427578306090910852410601400683274205583
969773823150734996108758763704255564964086855071942256344966732430
656259250474581762733281816017019698166542426378763601453035946538
450325476674999737340835665138186025156520283637389171016545414882
674448009105704186162626837971120886141357279611099088292970229692
128180978798951391504270936786444983196420134566833908775943006442
485623012124614511697921939634409508083229281294270436599146482749
984375942113020418297308417178813090379558545603247170819195302771
465794555475544754284434408139388908609776017857389307518661906505
018077165001840744325854024184360501118242990702323417243674525365
349594799063334540754371812699399833719218485418735979845348934592
268515068182662490078029335012658824974226241885352526636702827662
499349829488748331061764208429016923052899608978604130065109028179
805040587107671179041130217482796682353001960220253185576789843317
586806378359968791601538922220236575765581586611409199394861599209
159917553341783033347643131635012705390697079326567812415906434284
721360235218236741214733124499944334155915274315931687477882533155
092770336202901222597794809855392200064527162280855398278906584233
447552821276517650572663267691141075034845871896996434875775138479
148183635100621466818585096348887081456976722020167991199462417776
688907917136865945960726468538810778783002161368276697026223459418
737476733537998884403427046803042551694127158739320398444374604547

816113056625176412759821181939661101850562880555942566060032312116
180994622129301002470913347150682268430458680300904242861682025562
140946087900065191099495570815816505828983340739466084457565780636
690272843462018587328252924796505286681408503538519837523637451925
622795490290557907030283950104854835929834542814487304358047053315
081510503001521428117175393649133166172621235405527863308002083177
055630294963594201654333094094177196326234119387105161570101798053
551679370860291366756986097124120368583812957695307798141365700174
761356966986146068491439699573837631695824602513342108072621713601
943018087209888551415024163818325975259593165531865833117126857941
527206612218422661411825154657484878312610347834546749258308729985
447421206445095233245050877431496166555251797168020991720026409374
921907569936896330281391647208963581771735555848592706524504862516
419540550801343510323389813378302497701822754906381499964723334079
613041469739476372650869273347108415685608430921316240434629863920
841660055904598506491243505264766067600344441618186403670083774114
101094320588955598658670077863671896944089622321374034113597199133
135946553685446692367652589012108413777432482191812747847892287264
892970032371873456157981599834839100412601050746964599430331978810
634913923812490503061433407918328004063907098672596197098311265960
147473725330526853717742146554005873924623727617364905198713368067
723952570781360686683261395014329509474851594724667527201684316586
608807512768584755541184381169011622005552113484488960668259227431
319007963011587084670117654935393046563356225311244727796669005831
190616101972663073970542531439818457379449486780134618217875939076
999602029083965677287846905736401564015047696448993947541474608339
918696889271156942345492651246645507792554028105037622035967530558
601856492056062879090769453339208808849477828894851122154743230191
383245562993881020614490266876010207753210915684977830740859649857
967152617010039475494539917698791323546550106407355816999409756248
149967443278429202762644189793918158394562708173301582160225519659
898769376164019861207466755048861110855726764507052622446130222335
852072273620485057289238815884938754535229186399714380884061757286
220950122506515863104258884134355431973729856217753072022629475552
483044445340434888878581170341345342522354319407877972846760181583
227097745180929342193189815812482832658950040704855206099893783900
341914163044639163880549658786501375046341695655156618298878630705
842306967660254053024811471007899784211830489010464056896539702885
595530925558636052158957375114089564905844156774937105859648014315
874614491250549253191164653821585197370093280194530320572628452658
046046337816631429933076646646530760590548962888724189716060225882
617577539922055131509377200624863085562820493575752724995567089221
634233983602565328731029194007041176919220850015116735670101958971
001797019578120892910969417754369904368202563024054822625401905696
507710581574240721496339560365270283334407305750073674562260584649
886115101689612181119058471714461068719761017456587373796740697137
423238753839030317200200207205928488785123911746471673743737923283
881966201687622191346233893762599527025672138622112458980212130501
407288904300322535504095866818724139369938193069148744717186646183
111942603161664070377316487001864799600243044003242241809402278533
309011509880870678268835317200767522553138008818780431690190072804
831799287414125476123089606833095828377667688287578688683092976001
011974533898331952588619630132917094385816615374171794496319177154
312506959853481285684619377669894277459170918802520012749905559407
289696594793331672243621567896776966708035229039018485730806275670
867658627104769409203565593025352743418965927002227049233186829991
560936413757004988537304596396152734629396974951748062696451793018
719986788537581415975799314806608557232568374305282764175670050288
040489429899580948103534833934144927885925262192415547231997143385
086637320926632728243514933640704589683852345624744361175256766987

7675972234392063575074715529181027626140129924804228839902978799 25
4185174991296302839907296355885798905933177959087690739056460256 23
5335672215522594688382984528829229662751371624221729546786707158 40
9241840841475575825393852409633020513497047406953995678979817278 60
9204622868397357798151118681526598846069497589654813146511503926 26
3777495137615572481951161198772503445647107385134359273555387124 62
3755981938132142384415819290700463897716838872079163617414324970 79
1096581627464297170728717251427458983568970955346268201690853561 08
9448984071005819203021769451207717745887955195104733841847399807 96
3067678858451675757299043069715426423834980098708699336709121083 94
4535062459224323123482785496603746571880148929379451478705406079 24
5759006012196221239287200172155886663457349714095337211516559857 57
9417244198890261670161016115578343150254603287811984240274846085 10
7224066767787608552476177738330895026100643883505502054563243461 67
8594519417956698749685152448838475136181806671083161655642093692 70
5206118985172926171417144346555087063060635510129494003097591677 99
1584260491971209543227026784326542965724032720887143219996453132 02
5871096771651285496699625526986073117637182074988273997706019913 62
0930832307368382064557325637659829125781314922242204279712414416 29
9512659456397927593803838047826231604243253991328511230322470375 61
9423217330478540785762440132917179929792407833907157579814268168 64
6553829468473992058886316559349198678969628404473449680240770928 31
3764081033522552427174041076735654244410044833474401017264410529 54
7872963458986405012036080244511903509949744939736171815752770937 80
2092366681358416362683192634067141827974213425462207054156000509 59
6740456168404517717479527903532549325891204833857465900967817304 16
0005210889346107687540042419778030828851812001733695591271377141 95
0113613044097532791905048915832463991434835316486815485791786329 35
1239255525102111827885736960602769313014696614334496423021143824 83
7056335327938588952676720766889712744358156320881066501495681435 58
7965769098577659027687074536592763649755534496173080781609871032 48
0137951361703677634575949756862080139963745517624251477806287222 65
9714554829067692957136435721526744689878894188207512922257565091 43
5528288746141950978624275278815715664007637210378031940430958442 72
5492699871692343318900221415031139987652606887615667402101972017 19
6023908610829749276395695411530322754601738707956259935797853024 43
4767163995914623179312399899869284379757024923695515872976838540 05
2276514956144471059719628898881571094151717015181147435136438540 05
1162462021311748007919837497001004713634325232815789113554504533 71
9052750682291561850033284695679262262081904424733403625038927920 71
5859600393631533688427243753667996986479347411331983286194414606 53
9227840999031438403545650470567895520248271760118743356436902435 03
0856313095590552503904927316133117349225846446090245350791901844 11
2993216997704518328535864804285568222087372136164905863032563689 13
0841037602156799270200053223554398046531193397754590440450785680 21
3984650096934295473102692499475864660580916699841606846460872939 43
8082743082858174796941728729903110131926755738979840913642534796 94
9434803777033646349584768629825901034707278612186230019866079877 82
6842459338356389195702068535216032116352300649887446002001704130 56
9853651546687520238593751832803728511432748116996836928492204473 80
5706334966187112409478359158696268586435891413598542535776887749 32
7436345147544886408688180303696524317556883002058607732569597160 86
4854158344684324899630770113713446751569302448854820771241335577 32
3069494580672678452359436315078727281579015730700331787968544362 79
5257190236232746142628687327380094977411228562376632149046532940 72
0261975390717404222595392428881645597965700309571413891069368450 36
2682310539867437532400527015347458933256795149418545378088270634 57
2959621690853835353703814181155738163782090325615198697453576464 12
1254980760051561417072980469948135934831505681166427932193352798 22
7147157673401860887215187996693502527007575560997198828630642854 48

128275139280694702750148163289727314347348528529504604883271673978
981563678804780443602109007320727369749344630499731442571560433133
690387618100948873120713482710815889857483265854207510077953118326
861708037070935927614936782530858340482351003632166378957426202550
350116861543407379504516482896755698358935522020173679548075781909
502697981271148703431190363112246128295303820512870430929471974594
690821025634788995431771524379696211281224503426066399268852133079
196370277780448857920573046990800923440186638113252097123096476059
989947925759851008173039606822219975327301606582628527582576695078
547260349382981335825281786706085126560022688717811253597829337347
791412736284188656175920832879447410969703879854736984025458063294
835022359393543587480223989760916296250110473931169449100666907230
634693130169711820632535269244043840093724284428209709364856909468
920087371753252557030543539828727812301139808093867015474885803445
631871319602678548793893316205007675264112044390237583342724298699
654786368534102848857370254725502365663418680919038388670787907208
403619402164670121534837978151832826472578628815207101081499558980
338118961569441756761340717046538512170902123777884333649651872119
905407581877394397528364143953044245913903178813004188791887114553
148267469987055587931040240388884083850687341625071657274185134952
084963670955542450439483948045979156228282483787934152720362263369
561805556371076814888893619275742659935823559431530887933052767558
747512365065843969475604297192002319868024351719937868100361102312
568364256079597410574153628297180046497748573718378639037039015397
374911654685499716453941611216417610717145401765190565052520662277
883129045719693205990241375395983861982603205495839501675552509644
137118222561496014003023035407899209698677507867200038074267970530
307167932296015648622808518403352350170608589512912223246117830253
163628943946073652771336511631646446199099021224922412315168992767
855863736315526002503488487813233001910189399616702731416999626511
945742636761965002434737172729028462209798394871065982270009954918
877696188505432653211802219444282228425152556141187434018041946141
394514712872527592391255964437356833972896331267678234910356332961
294719101515714311579549093390326141191865475237624721531102079369
115848742205822747343201735585077122437969857965491580627950274097
716886114807616315161855306856692457171769220443668433127398933794
111629722451699985468562215702417594711769952916550211685500108985
761934639455908826270775311465775223884634351937653973498480245497
607602440308084489010683878697261237097835782451668011714859836794
055290461982621656691720274262854823933960018254599409254308169691
032978411234022885600190549342750223185294712829609693976813734197
704278121300147328677605719405969979275512461718434956985641712872
481183465420642318714551824152867630567513116267717735061751124546
338799426529127010578995671805721436557918350691777930704075732904
397494995822410623810514917650238504182730096620171750940590805408
957283755406355152219965820757351315707592361539863945921115586400
098809755261053838256899272158478504174606516151133788336097601211
484870055601658124924706825684427204547289630942030665044529864622
359422600855499158914995360649842803457949275700949795945060237877
501947062463239495495782308228306684081880252107663907423097372091
628533717680621644693543231791785530583317142084798863034084657264
269395570026857605753934788858709460058272323051910811751423491268
733658596079989173292891589600181509181633740080603547520005151175
102901229924870961545928026206076169827218102916731554892942374085
196743307916607849905578210193571366243599088361385980851615641747
694605478554008195353067080308969763045294686823321053287823743894
411568517627171163630940147990964945635459295013073900362682100732
637008235615069126964318335171625439030469898931426154426359511363
466057378654951244574752621678954703628904830484996804037722513431
937373441236618586944588064018584073147633792940386340435919419872

3552630156546080518686760680431608451284591604244132698791253856 02
991599672787661951950531764883134693257366894644382558139108486209
663742674579831301222343872583124442203309457145754147047929387585 8
238997738515213523723895596643122356432626286011474890868171592810
668727084008203377186921535235269263472268090825989889840026208152
178282611229313118208660070996860365409818326807558247767069504109
975861436243552161945353029200254667367996485043373133495208210751
199258926638995647569858707901856123791578864374469037871509500112
550210038845311923652965599461900474846620642347942329670060529003
709175578188708193522146871427235277632559898086948721113845980014
123842163827824412736542446748833381679716201128861914154019367129
094789902646666443156098372961501968624228250672306166720943546571 4
251493086424887785986827595887490650772602509518295367651811823686
169447243607837642947624692263194989219646440683169287661615060508
138463194151162025779078630718012311594586038965625265542233462344
545073947886902681594975131168851436945210216883190446168629763325
229863851818850049286935727647668238555646365544964006317648285575
785866610228551564859908820958689444362546986795238226861159699100
563660829267915337538160661122478695313261585318717638859893779291
889029987938798100036973078489592706254104848593158543233956831042
390299070263443797875691855434089764407601308444819786265079476440
830134942435834281885915259293471436317533749589701072873501270788
980481635045676667693207553051840432446100740321676471836083708475
065126930707660849825299000317850305853682139512735038638246056425
103377755809864643398017186208142663074172592226000511091342681074
670129014301654101064933212283790827515001003530015654597508323772
965439697382047741626571065740821649960626227496187953347907065988
974871779564334064841745645747906925170149499810095353413548908754
836327579522407206986291024671703579251441766703886609906985726260
581240825336225218992000418975745765315123000064445715931701771688
635483333051921582055946117357716321132233931965320386199005116178
171334001070576652689919708169202219464704323795356411866063920558
609034457064151797782145054722278852987210197858846070047420028468
873795844228949974333656271877991721137916164492541329715652879529
532639759538535920950138633380507561369530899547584883024261962758
985941513780515805025767540401785795852448831172105089277089227273
431973823884687307168230248788688585510108073522781405371406520758
107270848167263977098731455162646911423286103036932984330300323676
162714264067587806731883971515002798163374779078775038307986759404
591073921034587404219617034925808189907205961291586420202885734009
114955238865107911371495334639763988183948804530075074740372280936
820535430494951948332833470075161979008687285439962981575605891637
624723069162871111137676086480323752459664930411753946136464337804
671165055504670671836221285795048067165630427626711429999113487698
447050370637900181096888629721757951732433802780617470496302042492
916619171886243355599282093243919445711886321556320161654247055375
938696624656334121541014032286990930159132885808831241242882876373
872742838038590710292748633351503090445328052597795658920554562434
297982794134891756382400771612173324736428540160610044337641457220
785921715591401037832020132133833096380778904095723810558829392796
374381660686835195059277019515361601722158904287856784820682919441
698718192862730827044416303962547130532843883379133747687358261221
162583602728961624559041896770247453827583966522993712351630489833
012421417455788591594256059792427721819908556279848605617453684478
923796907975594555154646853163024462325674034895845462256744858202
042457391994253094264224504202689038150152683602412559807597523648
162809304891274615119623154611400822056396780658535407668688227542
650381225999162076017089556747446524234452017661650325945665912966
786324621379919222961458671422482492880647680321086477994100410060
033906792752373625460277429600734788038356687522003482457694908456

862696057715701919174892260635208129738797443835483286136939562450
392976805783223402171676555917766840375723484409461762931288492689
936871389838822271060279037990019045583360079739277410926655739233
147025909233890654388422351324115388018559234956139930223919645050
450369352927011566305153351918641864823442499919272027295345959906
304872360804159576002966812111683172366038110542803591445720248256
456105714055462420821343520948108417158289572445072063546816002305
120140848054358742526171017681853883557558717415424775449772221419
261315525269109175563331932322243218525422182729149159810583689702
503522813002141192486014248068079753699647771939490680468355280834
732761030604940973309169031678309793463661183278453186871646268073
883365670456601042376850580139507443647963922284112697945134773004
924987864965636794909929132712528977651918175427962806084932375520
815361113240339713165504391887960198382138585000773242461778849187
581459642642337889793330819488160040113126525635693244659398400636
890315254722923991414474377069633893576192603918924793631780083102
611419548543605157787160049557886565797066588551042882466363057207
778902266777042512681571979533225107638903681976284402861025880539
233932947467202408854127649238644760216116262082421299166036229918
492378223630098347811952291382184732634228575912097980547828525059
183798336801787411242644746002256241498069140074097972102327853957
561512834580616541111792671042799057939449713494632895045651286884
784187175802050458328387485313736911351025506201027753458094391050
010218339732456504728894768792989259450198750767122363791875864720
121496606115128048709648863056228440839369443872169212084920085155
838125107074195518720809374694245973117281172105192890389637039423
577686212766821093182763664984042124938144097959863114225436483965
499983479084307021764385554351257436828228153032222380834767951113
557014806318200453220723794891863572149106242526993994671015366846
234105153338142684770627585203524099207972086991453730109551641503
317628200196916411546026820723669255275141842996992053985343307306
805737238050416719722112737405078927266340638850686734458560773266
648384578027718911475801323105519878413365218519071460681389868867
103147598264611293795439526672867275994833590259744587868768496462
683484434414135917714587766088077845357183932937193739323640835633
757668846821111799350554102085561884901020160050563954168745108220
603555410817666460524124966224422804545243216032036019464135609792
001959024049792923673298924553990101980112140290868699920575891777
188074146122205024728585715367530747814389730571787268366360157613
610077228631963885264623512553807731945956356796538236249992655180
433079635962110674552852142902629498265675533527310046878865731047
246649332656792733134512295505918623293739332608607745135077530901
574443829487339779605322849358301361837958626480321297368474817516
476913662110360369509106666505171711508278200932788358722598394046
306837631811808904423626219988123682680785795262197216687201745517
472627818032683058548803970977047934831035439855907843552776676033
139884605271503138856332467688927104595851932895139167823857735772
658100479825639355193520055204080028705967824973937478860528356493
591497838037796496000521244583477900175604246586665199807702883943
851638095504304921960324436090340085174660429627430976838715194598
264473594023424821104475729111777958773134155360952759570898612586
771456252399450075938020609355024892008476733229308574222255020645
569023912654366357852427242905605320575403082101451238209021746697
579765347517250146583747884808053773515042222404295760361375432486
199655891939220504699982106293160967565179075132296077785755331026
585842576086686764535520927748275567545177169950878941180593630524
994496701237598006553499873966639539441701705969810151271933311840
767923271853953980976404852784674387231643291002906549530861283330
266400758012961849920702200255597215695758837616878436434679275586
357397225356488413306011928957464280935785808113233143311528748217

976603971257952890036407198923328131611640416937736628013259738222
237426818917648959642270338039059295964969648213311447316676504197
678110849096646942571706945700787126401448652242846948897617256746
535220506162107300101926248314682120355169950152200731638400413203
033324231216708268546893175843663043078435078592810447849266395265
239871864417338008568169232134742975458326940216125333283790096064
862778549412667951367404587741694559614076265662502990069226726787
603658713793279604184883939339346926354341548095183623323317522937
035210291464133127520371171667548720634738923293785107290295144629
274154676194794274716691603049782928896147458702649979707920638724
082502300642554499590401197410853516784440901880646293748354439614
400353523310304041178457228902958180581032123743825898702747370401
068377771592512645357065083009214792583498924751274536220061058545
759973693135297078143742841340551954446721489415057452839171603715
453082525558343202512542416624457524562964457910769717152147095185
055003550543906316882581057850746356562047914667680556984384552027
709969719889807233714869563567031776877637897432734928293439051455
670607446079704769316462781214171381827437856146219708808702106421
105737785147135883737738824076528045191427137488110559744718310093
937519765980210024101251123081368260338474491087716132285766026393
884928495989823656572720426357202637482564949491262914191713064628
059566982549360326132019252804346170439028926027993140436137026582
012131285148815857311178210413103357288871817295262711200081475064
026830464189887697478791731737038139991888242416994212152776045185
956711909418073734793310997092831554681656395271010461137625406644
958618385463898220899677832955011143149959368039822230371363295742
321735744647342109741491743641994731958840052638726959231836423254
918455955045343778467094704509594201202114220864191279049359945213
739248711074323149511380429379365543637217263481907571135312709307
952729522112479531498969908089466574769556512436056114200866399056
099000380302506124236077503293413472890501316772809713162683495963
409292243031195084878867103533520023712730202916592975252657039210
421496349523857085605723434621576956985134068304548331545907536471
146996824209102321431171769227738534770417794076441001301048596092
707211320523185382227444870243327103987811479127546080836115687792
151311310450083663631007517511025900280864277150209627136623974010
752884454683316182115027892643072976355761055112462033248005310599
511150543148482955343295983057427245173788652719300073232173623758
732731489091094553740270481185557199051683938745352067970859211896
407854895041094056996598871598863362077955045219321563361246853031
747054439402941829263552401554523160986825531389701880153970459625
016917966481250155593231148267300563383579726032860177847414960045
697257834956205873287301245145557634523029864814954410090788352980
120701265410952518460666201767420452573679946907719084537874820608
029048251670176619820730618331239219353569004070521549893903446593
880904750772416954365185807506649045944318886297872357160302248135
220460109063521450828063974927551284769435499620339916448879197437
902095718886320024750207910237907307296374632633667459427556378453
569136734552401489712590948036856628232100500394007310663207525728
314711519263328928520696723934717509829526021254947643301953574383
509258283111339115390633766173730772363027988986998579945016592376
906754883798892940060516282614004815046948281403308391643424865093
963545890913280595111633455036563482451915058317949808318272813479
505077271733594966337188214919283787116463903566925779942457394355
473044935559396848032790208614196815082606481092468854338332986639
074547805263629161562798803187828270745163032786390756653362197506
322424864576945975359667320060389826293000076125149479800895671245
256955982758548576901246368659494224227727177151849641751071598416
357207241224371968067203927064789427894217128426413342711831847944
133460647243141150155098551171241466824331235206284065722692606904

747919644729752832274956981963277872816259540120205380732958250049
744593080978240952991296542331849879880077168163198608651208831586
725650659441406184468374963189291374599342160348482288315828973094
216147368925585169927155311558888760072170341024458744020844342827
300467309795555666811501300338889583802314643138290026007632285034
758307808788951803139810207627889851743534782251208467594974300244
378958428956807526632036276962994601808349419949127065591308400058
626563996391104068510412820071532462564263714563557576945284927112
635577196325065896545536482125459263355257292595281499341587877651
569223119151023373440716991656476398200089698462984399775938539811
213321810328198969945792617649358297483733877523528594640351382382
306269453634581003193672502069828073843334117528315731434263989641
634712705303477569915580031181591809113788026883854757697292339888
286032302997704306662886955301210272705763395989768941024996847949
816842011992561348075644040655946238370872368881254894914879487348
086141681055211400184551700844448429484755073273664282722206336582
401745498808291301883914015680905000084954657373000327477972099175
074617859515799532022372852359204007425152256386166756203188398117
618611960221628474319079702503674592828046781785366473935600354038
278281845766947823374571138221219326167295010427069409520265028052
289859093500239449087456262053452217311940957783019536051850385496
140621825306182036518273370621119893902448897538635818099449181578
487833652886543654224830202789241704968965110417275947501781226785
814391748649424357300909171264877160595920974458114629554223100220
085120522589764778114827039426776664278274625939511743807198618722
265586504030028469146927864680031836034638172640570270742262034297
187555809938687124046562233389146465830554301315509528510972630050
805188265272685335372937338569182693717167730316118647494810424215
127915910146065697953331337740959367493264414637024275245393350301
309928336485407069840343991212452492755802997988240920664464042585
966200888741916498773027540372920421581093781471313622628866669454
742124495528490914921933719362340294337125575569988652966236450353
519202677763794248208286056893623152152317885014521313214914698685
483594470686585010981314205892676416115162109405356780736810089734
245872932705210853572676380564228840929665884477795279546710735193
295474713015079220840328232204428944678218396547110902117340725139
724757357008555312743219996751259582568063235880883884366203262266
191414934740436498000247398332092411838667429609269460701418388178
110714282439657796388439864782313715424989472583041145149526872423
618996763058816820846327437441210390552765218710735564525713360114
558045585684558650432859917676519619327114349866540777451450047307
271171479571222757201812886446440777517460328242317338533765298981
0442322240467724632047951798097157602580088576897513405948054826877
288477629384645496040270370508539419092769937066804551719416040376
351180185513657545109524703460226002074174282384948178225490636599
208474903758320574467795910675566064077500934712981700581876940802
799269046059498721176341519148822518670439557310017937100046657292
180372848797971569227888839704198254565706428908985827958625659901
375968750078569853420944399597152366767355991155709006141301885395
600693305082611578831597901882912877765396964067539208084858229047
556190518637549059417647208090848523929966365377746870985680142361
370763704674236180292186795924769777652926292904179839275053432943
384476533398501228283627985150263745427966717714841975733906572871
543054321575235449320534653754238204844850884634590853386677292538
520444984413136863751894117684862613603681937363513393254080685226
921474307329134467625293226408453308449386471515618139413634350364
817794755097633925598827869036963238633034257944529229237752032874
489020040532668139354752855017464531717214599508145561364692526650
227115337381817597855795041988075485811336289154900903908060775415
757361373755988018757307536248737001291223826113438103923437231353

6898891533749493786324984941764281417045284082969399172432328677 25
641504837657731144933521553852300178110827616363037090205259503779
092534110470570046565251977925679331410886632640592623178893126031
528575871642421190333798725775874290129037593626972723431489357257
241883794186276864566775868692027601439805016387143520477673880900
578928363381779738845734410014996643323582225792535171105948560789
182401521998285226946509587631492471279520164467647402704689545435
103069826179991402234072854891546806842095743207506621154487626644
675798636443880232586360886918759442271521429650664161384963815027
972173071265920578266002784718140034209265693070309044570245964675
764901852781393148131509203641049845969060225314474822945707025270
436304061114455142227669366501254252372074394018277525089414329152
151705997454593125946821214351062276330331850433948895127672063729
151249368193570319104693572905276288768782500485054800597323075326
522779255241991315961791152206941968547918734156699781096702562993
993208164507174173490564339865219986639055709352119852439067986150
214486239284387398201876022854712303949459661572587509650320071247
665759381372124801134153550616754720369579105597461067112541711745
369543014719141993731972279716902116135726252431164722893666441426
212438549813623694963571282116036854416071082317751078012983042538
141908922492085953646108213956481132053160737077720760559934981503
424064077512331512158999246297497845474385785595227089267102479199
199645043040166005621762962340149282181611520504643814051201017632
797902693271222701259270816304579408695938850308858577776769880577
120277461858372818585997017721116037109827393241471979376638648431
600084157927253061164085015150016520300200142743376390418788622635
274702258984849469077694747613276391052599405660382382371636943555
470658174827307182474182726362724046239944028444473642458644475104
690299765267497344356985708539057819159958599609675061283091019474
886565075126139713632927641583491304208300950851100414074557443784
927898576072610576974181963369679075518838322017344376439805368296
268732851893953081597213840998753657746635493253113936255978954300
091191426740753859254969015797341918371040169991790094567835962857
322447147907320456964719786315490862841233325174812784828809848761
022100974278347516462790553938519668895696510876062872957459088920
170238672074010602453894151954739328142466223126892362650272056402
643021776903189555520611271146314671703891577339006545286923272080
811157875737499103532444669361653517522124688660805939738054689486
755602588706871030811898922024217495293458219535300991561355360731
590956734699069924874268001953821752462105349862701061321590757260
240804300827868356293198384271052198354727511764233027995892687273
053118355805687527612409197424447633568095687484441045467028352365
141527656270080436309747745376780982087349803849825992488106702977
549495352282995165465598506874283176285208571961393797828505779014
996232139220462341524168238038894466242673730018965433764765036341
251828509512088864856294714398779566559280749164896256218592671541
469217676839605450082164216260561064231444357982306919657804705747
148460072968182372287977560496089158178686729363237902415792047283
646970210313975180097841598550007055364938753212574961674875872583
259925957615074339186228437988301346044540880817809685491194541193
470268965059919860410997653211196581062966550051161836517062029288
087760914984616731644268641970892306484630567545738872024760165257
760852937721093358445387107402729259191524626762353817978693064215
340131633701135735635111098141821129662210736726269615672674830775
248874448416766573702400485083937025583859101226694835806839154547
916601645691486305239359779324467255886717416048550387114903176075
537321944728305822191558078807524536969327446017473605242058646968
697577061218677619720587491045165142715495423853920232526975123495
465463090613294600566507283098728033873735155375223563183570253700
649409263808031737463485403611466000484687624231089472379165007451

797052486284672766337551730368736838564403704980661790920083171078
821049818331552614850537354075035108223939247445630109692042278844
737169688950911185736926890336659718522537770329622016708106551812
675800940852515068477579219138932138092869611953122090503801810765
874883683178827814252786261879667606821977039093260067296151275571
252786437069898354444096139173790354548518040397333137480523587910
955583040481534804539187854038243236907304310274062641777762657301
034703384021129669084818046162496487394734584412155302581522214994
582224994194195472564103175021144228086523028022134240931939327276
781959906081125986239673394589896190716797777802595116314775762640
285882625148158216439944135061960811758904619511585390826133549603
880323713522245169681180597512189590028591797390866524495280407827
130270045377437267855532504850397463757394646098408565893018482234
161498658315034660821862236058019481145549035154742662660612950268
784097547798140726823956931472487609828034508118938340409615343148
630112486764653154787584549465222275318773560890835043837081120882
441759938586466309397048117253004020305813409044745051156377054103
501416686191248525269493348297851018111472329874045396127540222219
095844050872306623268888497042234567000119497518597964940991489713
853622794588740760990432854228127730581830402494510870633698694686
740089481097539710090849476830410711529550638887652490545659994260
773886347394552511448972036104793757254472396602354774812749416069
835101314764023641949146105980556375704465155667123652568282701574
452847602207817539723371640969862649205576687615644577446446649254
773467297255570538828590789231759706768639824966294555601938731527
103627201242931201764252246448031819544683337639946131383614457041
608883422253715587835807016115602717754142472333152781356694009898
004445823899842006407489589238923892752289147329455312404247755208
380523795101239384358587754549990012720682866599985790984293038460
073296238426290797218233372747669464015269204881430422739438838386
988072365034008809524512726001361525704157749789546427459286696216
415427519072078965765676204708762910259298887712834058061317182068
879509627355230802280366588530930270461940061446449186278566424494
208162102038327611169622442138639731157130118991853169915158165025
834281284874149275360507355014927516496556894986881445782807241540
090116176936589862811374592790322578489093397688160867085700299534
572157942098099722053214575142715411220939886987456280116533207925
455196985191038428157268351201092367995242906867995456830838859301
366721852113536417244228370492060364815444971779988618739061970126
506684370640425124459951909006226082179845415139874086156189246593
084402747014710167254716016686017397691997662011119989301553540628
177813282386798739883185480936514175269040502739923269532293931036
045698425205947108776022321016774679279356253076833772206929809952
133275493410764068293696256538097982992215020076190656713323330719
175311095376967431445827047452191856565617305618532166042594645538
561688375993453276738278878122231537281113417355451707355320827604
407745254423078545374811259665463557459604327036854215738696224447
960925936750083098914000685383635881778748642710688257878740799283
418251977140842230489497915517987678274684754084928993864763498391
753924459329312913808073876500505220066666272734384454049896801183
432553499976250119217678755809806723324167826178257089116301798088
195583791075401180509621601093080422570180549297646784115387691430
708824753121723137940372365928771043455446962665999926233933298641
137100126804081160276969402287136507298106445252016551733860468650
406212924578927147227426763861426823676408516411947662651437101393
855680642700778296596804860775179492212156291738671635464988985383
575153249743158354139913221365051551384109030902755433236441202253
007704282111471419181475709618331378229434207254341031555828186693
283866836607269163836967793201021420290468133704915343805924654711
497083540122724100650394974216418866922744736899506252894502777189

8946913296346758587926423521163354647468642605485613157784036114 31

4902695442750564803847888794329565560484433918406020270451468278 24

2315140650702210485195920723120049337176738352370930885652643448 41

9467734538241329688543063024778255435028195957175433268735831728 27

9337741010263471725258000551089980879204274477838536427497206543 09

2247960572140033066159793981569706136609839640552028766999172254 72

4020639606096429945427059154600073536731549880773908300158133516 03

5730111114109280154122806666705878555092703338500983115676285161 64

9242550929283039087709889349460723490286585602054220670371568046 35

0038260527637108239865979318483093676416563607907066052334341113 77

9312161202058809514614377394768353883950472129452834986548086483 78

8501946767694562326701998713318455453483736084512767180056787542 35

8871951058956527978045378344846504681469516775381369518451030832 39

0374965716214330796386015448161449552393511121218944302382695405 78

6011646737366479565206587250815927530571313438356992004899961804 32

5495020521955502061792779930564245836658721675351928175033449923 91

8332562361626502081490355786124405183440403815991358271738433734 04

5297449996405991865666415356124243080016261793375092142965808828 32

2195705784317169794628455133096838246000369899618059298795066037 60

7124327255975365088203863609588090400380017604750786697443325877 23

2154383259983998643950114495415077009728226536958394380850912841 10

4162909663701274249881761634410166742340050683616764823271038894 22

3948202530869672229252434075060265129885763587813750085100568868 74

3282747187323242898477335425815041625895502385448906849676764892 82

9707281158435116760776172604891355851098147895084298498360559365 93

7105320205997904436973534016628764532063718869382189780157321907 62

9981036125683876483872698536012944816073176186580668059683733894 11

9826500873262426696002409088320762261178399915744021058427898450 63

0360141993392836245540276835099897204218596209020162101565192235 84

2119488202091237839275571856055416562054553471969786612350583489 62

8212860820840349731199881077259045458633766108505095823850307512 84

2596428597494715967542592403495586097964340196646672175723723707 07

8518464663837067170299541698329886912472818768027381254962938987 60

7223408465709509894320165487604793394679468513437326303922309331 79

0687303169941800740480006872513659785795859947801994965234272868 89

8871781351617155057783915871386404057895659182321370814005871380 88

3652304716712718220060186088112572603398624035420675212769089210 81

5522603293004441018906372365919571195303028824858684782564883005 25

1812608103542135181224715840046275105924448705837095408353189752 15

2361034204084507641376742347300588220343231604746330435062814232 10

8294872409025947644118910322337404979474085782776220482618219514 28

2179811243726766258468951951069986737402273230026026150597064215 27

4602326999497006158235928282229783286840199729036537816816002884 11

7306733244966283840324353650413975362055091052197490957998605957 26

9413840242675559674863774293085831406648031844531532908153215494 34

5828804429373556800527667018000947887335886091364949458385268927 91

3655943428817418645559410296179299581260809706454746509023426184 03

4501081240335390006107346941209783867162772161370836145151105007 72

0117042140575102955114913702554533502068141165244769178458694354 03

4118791350719472868333896624761011830170049726189561183989816053 90

9200891172772452827329958680838010737813140018760672501269264546 45

0976733747002367678201352356732426247888048234362900999633010976 57

3057107450862132187796828074343989648355242714487573058303218024 94

5210923199120417862983211064561898234504950543971618030395685126 53

8014922516948784795547241863827862758232782129939782074286755471 09

2498218244686147958081408355004668755962615790617175902192718697 23

7845472411298557573179374795351829558429913369281405884804215715 38

0746853113023354946272141844005632397445875377275180714660165706 50

3537500007800054761003678636991113239858621322182246246434350103 63

2239859670172899284252341131543432629303907359534291441393387428 21

872148418613127907162685826684720595466403565113327927292836704215
3333781564897878724347231657710811890588115922053413447767521297774
635506551109801811454708921701244106349239492424226738349439407865
465836386859700260199154168385586155789670127220023220031686195419
70289247574216667668015248082402211156190982909528829342278406490
395339672008649956965447075211846134340977857777364263165869169876
274954188683133247514531590023354409517149140813592731911461920067
757921585633107612547070933961164415088007272939456368492532718589
155168814720960114154056640038921028118648545950411900558007928394
716199676003018770007299166134878103899189799277933082603333383340
579193386012599266354350647100912606346252385743463526847492979065
780017287665968256219468541077987421844550471048251138993654279944
593202443898985134425672669327861329504851702042670416810423988787
766282835019312545495101087037669638120603127617996218893187778305
204501948120474270520457321254873390393028668085392898551453951830
701677372533915679276903907336248590343351476117870517797664710107
502450768161655725395482009480911058631732989175311841603640219503
463573219594755860083208292675123788495516672506492207206097412031
293135743537452185545498302580415651798622780164689374817239713381
123695363735811057393910536917973929343197751880325243525860808275
537409997210154008004697992794342234544768970758031314906549976457
271996996280332692090891558381760321398926448802376910082742090668
080043739925045412236849719409774670467316737887852049416564473707
132543728313954096231813376473848894121827756876058275472115348406
411192866091980614228229552490758852587114072134140163523811998912
747789131397574682809342472823110218984300702443999642906444508447
880276686539463578359786330143574307385522480118057855163003059480
351702305291761937668044897455190062298141740225468793859809142285
837449414294668405678447862996873037366863397510139100798455883197
189398404205851783126255609907516425666609144857660683679374480652
972403709933396292834348332661041368713447259629441715366168325692
987460751934900436754871245012517388228959426432206171837705951665
664903889623415903428365924676238921543162109473965009869257089507
504114157819718945799485168292399767685260590940847692555560320947
301798892618229473834688688478774214747821124629005048761624209757
229517860733959886964186053995691274261105379964864827288214729865
447937270511431036415399504302492489038987190473804812173705725663
713465147154131222056319569952971074484542325785409319607037480624
328873057403741431323821583556267142756875575513618201917633010862
837972585511567417230504719060873616277083262964429580482797563630
823764361615455540616980045819644670667810243347845988069248477274
895298262045169437003711201912953531129197138017595577974532179706
899810786979967116140647258355731385280378144794618645821634745203
985589751231713640797468385145592041450052177212291446699278647652
010036539788997094195677954229000414384548714348852855651763080299
251676444247682186490621512191723425686851600605859780896623668832
012839653122703074654818211999482253881430040168114450362116720244
462048282967776160165637897576349795548725510809105781339420347277
448474876989841921828085630416492602991762303626322504418296296521
543856287607037421868140047386309450159109132542103032561351107575
582873478656260809325645074346337233422408558581633853715306945878
269202052395067272475369001398011496431659458297164868632204841795
219642449832794880631346462010891393287053134556150378876921145927
268505146771355995890632238650764778282690168036013061708569828863
363533982166411661335548040370382100344583808150558303401797120822
493909503856609585571395374634762832404217519342656686392559177433
783255482070386105633012623762876981734728224250946153189070215082
050421810397748940765721499083247852854595100246795973930841106272
522541569649389236827358143460772759803346264312598278889441818491
738026870449603886707186477083156478758911780354308201318656582034

354073422928347455769651498683915039761412613360789480997559164824
906255168553679482474050984649608568188917203699873757964398001165
295270277237226019357555720232631014768692847626362851893048492690
926409854724936481814128316893832831257956621359883554452066740895
840923148625755911051962200050308020425737002899660124136355648802
803399956946560958857632199260300046853975598028765558317107063997
506660476148677763563226116127152242671096736184025291082552446153
885776660277960808983028370687781398492381254517178987577906769165
132460310875518147960012167620168554361388753511114464644596594898
628685003842938167759796191272999045913439604283622782145743849108
066267372039815968331145831327755737193964762139470369487134483796
533672088650760949443106748938628101668608093548762040629531426836
790162232434421625009619198865282501847807500930929896168789351440
485278448521019497293149122933664283836109583591179266973210503286
586371961913064985733208661524319891775175613307253369060628944014
036246735791686124190767973072153896099260914778003921829096605678
051574245394812705158278656086176628088767548528264353457929751091
037432431480490509972013400938712099679922667327456972199757397498
352955663444532434557032626027829313689388962967691490051117916415
739641516223459624143879984997239721062591045242665562829601459679
012861764153524786433047855814962571113956032515036318374506194258
790732974799065403378129323435496477095994159702169181036814733833
330641513877132215173398409381746568333237521245212042635149480179
573706485748255881296241114146469266177478173860156155696776808063
542808133926222268057358604395739162738771435084847701866265316974
888647386824309419601892875891202138727709615384880950656532073442
058984978568214481099344327143794129234072975479326476182962040361
443641127465240436917542835856614059594332610091323144864164204976
494795520171710865170698122416084821707217101649482479807749180166
663180760457163952518386095827183272086570529825589266492312740506
731234877203497799829560941063603051658168190384801114703042390182
045758372731652085922539947510938900121122194266654459086779269137
115495078966657667654609628827777519957055450729792366620852350781
689434003204754374040076217990918813510949939669431342798599215806
292704213826756214353405924672023502064258541096859551282959888016
794748534882762322608988214260279669494883399735380911531026157275
260615166467574723112673113045630210164427562827821914879246698975
320978326529216825843304790854783365426975843307795571952000101207
872401988134949844384367638270411742100369511690111801683269994661
201008605320941579019288976139784035165111599346420444148276820545
506341848306161979946027048964895243897025843417177319031533093214
798054202089619512507592936490162781474077322477257322019135045680
559997856927754305465787984285946840858678413411453824124072065675
598264826257619030338341742518485385403847037100690876508085350864
021762101015672829143567367711035116439783634404283023478073545669
143817704745089458721178783915416653092472697951952686392823300371
685067876207877548178391081973218290478799329139607887417683308186
531819994065979267822132271345963247140952946307619739674998463493
636097580672536615518078598145349535821601480260233176252015063663
993913514287751153532124112251505706572311520853765028432210158406
189825700470439171864907241208917145612024917300437993499942065866
379857873460604806192281194643315629256867108796971234962364061937
388112180207379159818010975908011327225784300250111378803495792043
918992883005162429217600337641079337196813319206758299182607848524
757117752420168349348194140053916463935218273710489150036580479259
761583436513553494384319150921462930819950183591670942530265403298
032496761584396347114353247143703922148617843828261138668855215984
613445058033026369143941743559917537871666881400452968934351987652
723008458465501565659895211301104852881693941568670635178319221855
955305000298648325444774777199550165082658896713964088988056795806

6916065806094048513928010222769761561382608319076033245484652866 14
6494294839667733008070732006751042625141429624471453687509706878 50
6600593940265187786103276547028063257299061968975918873866723051 10
1237949329259764957482625519592739447176400925561852118577244308 88
9458931304570975272586707145565142360341819890315195457218862114 91
7103453059657845082618680743649773583175770086475879964322744548 95
0078096671196162151367695085308923361238666283481102939804607435 53
4272724428104903280756767003377271120949128434487450813568822156 03
3050438835175410814830375344342084122081683605813262345767754279 31
6198604543050444851055580041167943376713205581470587272088253604 73
1064967931847963735278844788520587318286600656334932560235908889 83
5377725079702005054144021055946107207649244091363372278973994663 97
5123411788366312509006141623227657028541048506797449812718146764 30
8414103002375256537304952767275484545999787163325331050619024021 51
8146810014651262851039759839412882369862113183152477649679577744 19
1332394798552871653023199869802398398473198178817133310344339890 83
7958000051319653452338339010909704447143479426502628574031518152 03
5465072823118385198658029362135224379754319380198343291431250275 77
6675431686988860286567701350037258969644586868341764738783906654 44
2181923585773107870023191744542871416003026828372404946436034787 69
0357332618811431010813218855279858973034505344033037227691514045 31
8236187832171998898905508290896624197658559805783414287373064809 85
2907821459411264949921965113612567773076994605802064072391808669 00
2017569564175955272113593375897911604759823155872535644568257143 74
6585668898203737054970452907158469737635558706092801201769780532 93
5796783807950227922001052016768988732541083893192509071742888108 10
7086232075510184800417696968262903923998393811623663847871308193 20
1855592678658980709850229537394942175424696253547043954732413392 47
6485210376117773112313850016187130471064778393248758500636199119 67
7877532680713924689844038826593605108546523692226192724034991210 38
3162262972411440835568680499807460483713592520753901701446937391 64
0928648639190537573932945565367754356329489530854791973561811689 43
4694434436430308714442549106098294828815811595635629933779473922 09
7851104067216644803205310670913037594884345787343984737076537474 04
7930809034382443397058305326958562998479383048081779750890193239 78
8196447472813485486485639973679076903930252128591950959453303137 97
5185298186626201176126095321392633918271825632758305911893721069 15
7764383887227842285290091226125140805231508120272624773706671615 37
2979623651717118309181715228052653759337375581282348642969322667 84
7133869598876915809508115049936337356905900842892007054825254617 68
9541647107780117586071432866240448305523642593775798552448696080 72
6730590765024885140814761891799989629290795406069165098627507033 09
1008866119931836534781106895005532321232310409943156697571284321 10
5892729075626652983068346126881743502763445734873130812787853966 82
5948045024450899453850626222815657206656259080710600907194741580 64
3428961731315157060558113998960765684277239548120624654927922466 44
1086739301705267840652247504105360432350868815254382188405781522 95
1987895606499560698274532892273270385375845209270924294667346895 93
3777896580676951285904490573991307948762539798998946853448670842 76
3284764409804653488551209436064288937383710535155958795075103681 99
9586009247940522051548807777499830613137902641282737157571061281 73
6249783647450207227756195212674327358168549611969888258311261669 50
5222402188114669306257495384708699586574599887892786847387198643 83
7904804637462228161268712763451130947831661759970759508533257460 28
4937400104364503455658044944295034531833812907850888333858378697 71
0849820665102062795707669833445177934527180376911410207557477431 54
2932903262953211497882620351598741254642288439527779549928956475 43
4710589858515900550849005696903693994638054127440782720795881206 10
9501826667505282910042864401159690915602602458721174560455109407 68
4697973682748145979040455219048418011545663478335343808815341403 72

398178819077576306472338368480766171878875254440731865830501186475
632030171398339007898754244110262777492594557872631516087487025048
062038162606284156754299711008457236079436838831775697116071774760
197736299860847092256124190334430386806075160778365027891666283609
317675969553014936812797935466652393898654922082126132776378982029
467995816243987059362391705117507050493924429371228752072100479003
695203530541747026881003131427531174456246407354520013033515441611
612845306363822062031827141203471057333057060956104199977441294378
972333619529368071162946497417467460616194428419577150642124491154
067073122138420641412696715456643891594717779694935195834684336783
221413037431073429174373437635441590737738077683355454522041607558
324500141271289974101494705488647243415899129609228298624074551605
891496310210005958713471920979723983683128011017526431868611183517
017358675406492657915137405821629724201883751029772027692280780173
235365852486610373552463605197417587182349087381977451996041351604
688086082725590610482822257576746358191662903439070547597034809044
004304333317413461423454127456779872589232409091510873059202427900
149673701513477215142571480238781897278909931923211885180400304976
289387311988687633977056903190741451762975055829507905515712897726
034354672225187519472277750347806298881580276408830585887321140899
356256544526325626293042854399332825503295028936990777054902947079
622008390293221444112657382089568543447852253558437312693375479376
599430699100569908215603145081988649438948867959773652023776380526
949555871454270658517474445964682352694105685193373700491448623760
659795743742949313762849542374769629842362040406990322328625482822
335420165228291288443421575127060202153831784521856484115066939436
436446339032946286921500120033173722315945993702440466546440107095
463778627366769045642599775860341423376275925853631264370897307579
552699685031320690918306791326542030640031482455986239265759757317
759128625308946541251662284071633701497902673843253016190101372978
864695403425694557263052203876294232648064996238163085500312651680
544788556819973108967957554426839220485130919026882403377120177863
986046398002560372060692953460153673513009351664904759969041534844
228406494643578396273959796970119995996897055007139802671431539123
914611613581834068087605346672553050422397928096566221091111847789
650335190031281930814047064787403671555521140340703039890722323391
594235126529717112144915912874696964544557092280434733841013858874
280507251493201836765498654426190687675030397956939024213437475259
202844493707032198240950852874392941278159586475430366953365464650
438122955385696018708146303600068102231935356775884221706627177875
228953937497394498460688195899260579042663242818188329768257087830
890164354054641753677975214014916981613499304491042042741729907318
379698513124559586063991996596689961080050494007296397098959517574
634950113152395405436384247715767305796899780935112310127000606831
560134705616884208186210590658438546853522653099408095506864518196
431045500569852864036972272644964072209107280506565175900536331942
571882619016852091109444623049387276226013009665098018150216116189
314991755448664845101939640892424535185862966853588072370252086290
396375135442408416767961062540774535439718720220389829258815048817
462632144019324591263846776453878214900321873605288401615814676934
097243424966959679745512952152475413003838241759677554225154868903
498467584610663159419881211797133452509275307014085614263503015271
473708797902296635683001787990288084193893922491884489117670080380
387588878016977011134533491153480210658508757002551736325688200975
955274871225357182551697875315095569086898546483794843035187061492
313573402963136527912761526230610431409239565352297493261018023574
144940020107575292488958929324580351889348336232266211070472227951
789643113533222151331112813026996570565423666607124273606758337678
351910125109944370304629076346614964495599673032125852284006812886
320601384391535239320911579060473413936297323492759180894233656526

0939483133648102906435863118308259658785978471502344907874767879950
6674248520510401039997571039402206306917347420208969917560052888980
7367593966293674017209821954183371282339328624773171964386256653140
5512699222367766777081986434967998415260451946404590163957896049270
9139291043490275683817268404705229814089067131491526250441754527100
1123578680129893682849339139638336607814229179455434491680970664910
3188453781202579621552321288398882948309602541545158301556456231320
8450317418576979979910789556567996082529165537586122338380700692190
5796394198374261176767691005073575014710412739177835963479441159240
1607409649189238641623144315098433799999574123860845568790650179660
0465904011900931064914597645508744169170936159780546717465899301700
4137539046825444198493069773963033614330040322637044138842456485310
9600091024035914860434195671889198585615655465775089014431777128610
6456862190012845946074216074295710458314004620124639011021019323680
8746231874639063905184609082474661222258683171698906360640254048930
5087506001935383235847779777771841566927112240044551677054193107300
3883694387978890462421759004666609104016362270064506716725632981350
6191695775856133339039827759965225099040387093278986221595494379970
0630648070964941770800581227055933091621184400463589378563243586410
9106154006820478790162140445787717398102952607173000991217971137540
2433348822666186718059345350035979406261016945589487985287382394610
9259273830058657862369012719296382659263937819596877763449192781380
3915273468510317128350116775412896963401763368803347613242500654790
4483551600242312566460801078670258603760993908004517562600906555540
1309840427357430050066877433135282061707299033893705322254670042050
8896404652393614283079185404169666783240709559587709423200941561090
5553433443491385438840861082486242898596197412565717042400678767120
3685935372271091567040606219434726020409941395472013175524491583450
9442749191929135023558344041872069743458860538337018589765720622540
6686389914740617138440911140542444892418125280587378444375990337020
7144323207852046419314755947583142919416971906297697904498821308010
9258759048587570102804989009276466743181741931273879879190866705640
6017414104518365473639211201831272642135299075075316741860411390850
0791740441726580092889664003508561829937247213684341314956929570400
1981300160608754127957466419031797332593924021074167670242353517420
2118285715161832976814222607309029636948713308807785556663239728330
4225270656507307251890309039502297514554508141344442816541436441040
9217506227064362861017571711204836658149705824635780075504562645370
4462805259328415678857985069010580452797562628572208304783543668130
1330317233238135264707525779523301528916639528654318999573174578010
6782672814602226403818995669379948424210982489742008823311140013410
0440951609308313090546550315955515473977480221462406761105271613750
7998628354396966578355245670079360497518767958500434785944448348740
7345525999632392588201044528789576723339110852081379948423471531890
5261281875108905121354654969246066557673451857177405113980900507490
3228007094056920655442879928976809138532882392312742649637907197990
7852490903046095850203281301188191897987538612770509831126796867210
1781006094288603341607408020448532441414457945472105469892916649980
1941599750811708399758552531253479307072377194823738336760655418500
2113337357535711604984088630696264989015115562982779223043334984490
3678391519856268504325200844798554629691262997883130293630646337040
5033155263752040473922415707285777998802963532890069840076781896970
5635402176619429442475372564984572265506787359093405723897937819140
6080319827113924804979411004922981431759499199310328089795747253370
6814606174543313264489248037013462642669263173424435742705177475650
0675563413336005917831376373759203890204265171691865422448413609460
5986362677543332217290972806772121812294501776642327167331091927520
3377242450590808589275655643441154844388895321327028560540600643520
4034011774394263831492694203667677312492334460461527922287117473730
2068207379504077538070248751397369748722080794183627245792671586050

8756843738256966015288450159363605799764879554666897963172764144 58
2671409839302605844437311832195273578242992380530460979253217595 29
4376466967178599565547975260104811160900192559877031603692890535 46
4219693617900985472078551257259753257687803418428239419301167647 12
7802001324490541706871940608748642509924900412437779902567236238 75
2134487546868018057002677165904571741675093585374663278466147170 22
2912775381648935814037542041316317966204626016830058358402780842 50
8470610285632146763492164415596565399512441115272252098855763180 78
8086283744439537336386628913943990459186935629799316913207431084 91
2387826967081737983802760073283523713057038353881201921780745570 53
9213125048219766934063942802345335096980545219196416496966420519 22
3222933252249809906809438298608239338686773954452673632194440159 86
5904066528670206510049409786713024508960506363114749789754318632 73
7637932022795300108771768440261821800385909060770293459786409329 69
5112338532614945655859677117544246194620867417898814347780270237 89
1838654750736725070123164595421042303682530154992729230497065006 88
7445529088936646551481938480563745544703197171864227209658706300 49
8343665718303094585252856298925461326079017237462336013820894764 04
7217671021078363530632839185289426309708352418426880666397245435 19
4987459495272368823511064759383705313614945233262990060613544202 07
9008007844359185142381095406246359288007491747232601428291506647 35
6469491490753130404119487461275842517254229933765619132283441361 59
6884512305097922908093477806100012024307933675460695671886784758 90
2916716281510479109848199687950537574761034383928929818347559135 33
7283428884922853939659501645942296849021635769846036566677068849 79
0614937895866238978513950301955252071159479162430380571339104412 35
1279771742589499718132089939724094576305043817654202377493729292 36
6664085826356304701889428471366217962807794758141064720396869005 73
3588378323839385156436769291095321263095302372341887763775951325 58
5719886841563511434654449213461836258200177391119635659736209174 80
2895107119119312161615049356614001989154067719147406045020084890 07
8521044898407155872491318142412374531473909585928549192619551275 28
1540455554894860530439518305516386529635114358554267895788433224 70
3032239846296940370036386670597551896228216684947215516799401023 72
6052761920617504560496637170762638459530053344438789944328543663 01
4641420751502676529987148414838592420468435150528589264835412959 99
6419063836222550061620298517908079995517161428927433221628069635 12
1629029650503454559800242920380661131224998757487778145433349578 13
6558008300458790545565523759643089947282941565846898062943112725 97
5546930218879127310353002168642276336610318905110863359639860709 74
7374195529341785078013653378687767911514738332525130023719102358 75
8867980393855297049983218303899853337353315103458044340257304227 58
6826097239834223150176408033273176226319675659897729718394229716 52
2776196734085734441374759147793179333989243599405813960322813465 92
4785587565505751594286116131767395528348150808518520715479514392 66
7287510574413867697189020877761195924593592908638396962005768650 99
6293038181454912807341809720403203633667664994439199362641452271 45
0735037059076093857524400009474822971362377215926308360221391588 55
9094614074069763012970865696906676244218618363552047279035331753 09
3607797787984708023902185958744878960745237490562837474189310268 06
2804817433813001982212777060921847008152523271459867234378543104 97
8390436493058607645357560259838281625409849639983181129718814386 39
5426544082800861930572917995688879881825724409230860777086263513 13
6094630976774099702847276682966685429084540520229190030343224718 98
2049938248060751638727945668940849736665162281336948828583395313 50
5021705361118175021010169609373728821746838926180687188721171220 32
0673364983128125457269276310564825879010685752080806339287513648 17
5837581096955969933848419910626922411365611711295479677781238623 93
4934140085470537845837828515123279873088409373572110045860365454 49
4530186810732937611086797828280343661333397805386148635943716350 08

771193119559848021828992677797694091393084926892397161087516259813
646427951911630339179612919001760953221655734911037471209457900418
602899221551175915683036249471608650518632279742956136519830351897
142876022375071605999046852270284824202570096299382791478180154066
416917925969650230616749677247841947414200924297729713888325116655
222730338964447305270490241477275647154092376806641652822611221660
551903510495321695382999570174114651029984898251643905699093945986
820498552583128764456838984342109365894310511407555838492789369974
095013891988212479916209888392435587365554523753623890641072663136
573386887150143766765743928298320734613140394952617095308448965800
565584630952329631871245183661663042774985273620234906785915576936
220534724261112532638914302528937667373926286064609916642583999874
647434141639526777322469333134089892282135236716095628251349234859
268040735518153607196567395027069135357634343767443117249084553776
703266698841449114808884801324930258438177011878566635729353987811
406465883694172838736570843375751044799123597365972434455742718384
733620516409860393102195921211225720343651001396389064945296714205
608908617698288316388283825229707658189611895457298258107339454017
277497834540687764110778004407429296639807958026689312946890891500
618618418921853041643322169492782133921182771902167520208059672627
494630028053887779459621856830743842989256463024089063366760647389
704968736267734714319346437826952783760286146583892789336232361603
686965888599440717090143857650085623703570747288123004277647474703
779463200055437274736584724026183902508185020399413109503970812481
221077612832459563995640730378422829494179041799135365337060929535
804128449019567717436326558733430284401481499075465103281813878210
907214339837454150957218087233216393141184885404882476133156499354
030311313197143885666833802176668360829503236040595136775927155165
679680295859733803613440693078137573011613002657970242655917863431
943626466230186872587963057556366078289969536349814522388660073014
771879198641606614390805777255192448707082910976735549911200612317
536184781317654395572950385452923653669413348562178789261547404561
504523088531184389783350748069944802081583047802929139502742186788
691980176555468181445443074191102292721931864440749790317259939771
362180997111761468900013772407009234849963308320304297321967582789
400084665235071155111834810320144835294744885188632413303960676395
857662392727435386476553325926113916010589720694912160419438436276
922502040836018348118271585534392555374582362825523726253314359699
646366678255933821009175987444402718522512906425157453594796130527
189599488847824353172256275413109599850442774753526388871189264977
071705502201056823253071154389564758303122551162876396883514326272
862981524075588799596209804394659688932951904490105741914199814985
879000053348961206916311175468253485829007683953766264145205273936
078651380572241506897185582776538952151358565897640730148811113373
869245888909822760229733951244135075100387258948206647854453929055
116049254655683017922363526377554626840904947800372684716102649508
826206935748463164396897896270083376303743017561945738907884810424
309285523631029835517451745446606529767081994743205995165291596008
715652115461296735413957327751678443484864598339137584856250554601
750792209883587719338601394896751483376380213903415290428362645376
374580878281537904708544575967614210377236123296196402292022895146
968811447058289309803570015041036948417054728692275197044694697292
034951969766217664143620321098749717299081440003715739281891528408
319742294373367747782587092187172252984069305556935225836786253877
699037108329877979505169169629957607026624877256111532102452287179
703093738005633540592931089018740049575133056457554686458819253443
7222717048411076045834505257242917684423561001394566824566042880004
740729261916575440953365000544583331333348665819727492760012423238
225171846893069408572324615542392813887422027661693797935663441045
037115598236757714312491279623141150164528880440942390051734645637

8036293953277878016360441042759186420251677118235910812494784489 54
8807258551257454960799569180129713172054038424909608736362135131 09
7528620986224262418742435783767729126417918801376752003205633261 89
2410186165130348102440068568086061104811294274090093752748578585 86
8409229731577936688608619964429073615749053303451074679213921393 57
3414693782678405331319923544330346071951552057006610011693010611 46
4556489168050091450055613784940454369313485910618419330189545486 38
5219860080820040286332226857792865947499006936075105780234742015 03
5317737300836494989167289350909354212097520747272504366618800613 34
9590930611407110464599244759717542401996540730654084169735239250 41
5635500390264400292275155191086294136723600026941207127811308763 65
3161522443351622669190123101713629501331698077009767031225923340 99
5423527648984420891092439027564816170040721739272566024295837155 71
0671685414187130035713102305447259377064542064373028381478419102 18
6882184665671383261282637806975309886082906633039669846839624674 76
8851145064913151861552462947924811159873110907977115298058809209 28
5816227706527567771953931120357319433459343473372951899415721472 27
6190367800430879590479992664242819620163009888371488450439801224 46
2455602660408616133199723284978761593171268140040450561896686909 84
7082394137085518132619963768897021241523137818733130015601121995 65
7035414106535356384524396556426727217434505317089708620347654758 67
4128146407197922805744695406849279599459045820901873176586616251 78
7331296935726248763018274805306560029462418101514313186902408749 38
4112421582150837307412833731003222668395769073506988176827548481 77
3049953913103184653278383865626717476001806278875804925400887840 39
2798564649645155278927345020015410031319050962710809628895237689 82
8726513914081945116719591666318188533731279822794780963841863308 12
3249343682732708847168484082306510680498401989966141848682192923 71
2432262932844248302361017983910042699040774479919083761021111239 60
6725071929979313651770673164504798623225519797029925665315101596 60
4596690150887068882982527286405989514250476556464386139713909302 02
5719458558252713927198113277588869554462920605202687675221367966 82
7468775874528760778634491382699563480082544144131825347204948014 21
2654329829678466860543779061338910206076538974678379909041982264 28
2917135698004347246669699301575114953715204374031918107954868943 24
0622909458623262452209667574495285660164657873688424654026560457 69
7329001295837874201711510057426597492533286825866257024583781152 18
2201277576078722787536254417678516818491979949497649100036934909 55
0819450205563811224964796766249650785802327123689446228669796319 71
5390249901099117672053296592010243274158366462851035194005414571 90
7148638824694469038224568838850078244103925016359715374849056945 24
5605312540379176033101653477500199864958058355366142071699741173 31
0552540420552110773185810458946104627355807094714668352878352224 42
4395195109596480193399728225441237291197533523339788200500320948 30
7780662833646063246671001800870666288977157613180394453085177859 97
9679161756236424579913187479952951873675602067243360786278316446 55
0471333425577456220329705837065208461481461803279556572311289137 91
5061078782367241706315742790860275826804832820482530595944865355 30
5335557360894366837877887790883577331658156656404633363117896557 55
3867451359654743792882443277617766529977537884432122626758789612 66
3833068438490058005776137309460432457331415978761655537226301616 42
3353451002374635368298942478242558064807664336180523774156314037 89
3371269990081154608408142405869284464087423891245775193664669946 37
3591584411931779500858480652805204513861789723299109646117709762 97
1698805474148640403588839279500405680966882682526783325875358351 60
0505794585314848377702967618326360649136605647118508049163591118 16
8057356862567675748362796259542314440842686944417808465459001098 30
0832470127327673251862965281011987566742512371854719174196446109 96
3814369225276487686524296433284880267104880448880155910644769829 18
3364432563837983478922499242473473474925585572931518611034534137 33

567227462578276718755128522961571935018632517217599994227794412512
769491665964117645331130767839435875570151126833978807782308932767
292196739065650167909884959899971836201837724669791646815888400401
508326413390170244028639070088310664906834976762880088097131577264
334164705251536471773066139272240563257100139729989909559374773055
963634856006159849612535183107450428280599101135615276461371873230
740548644387095103762391293174413926799644747323618213633118585804
069936583777606558414953328326602877854696894300229268531019343019
873705871735821809800669389125076625708474659506289918468346949911
962050562881006235243400502407512125659762183568345522576684049165
251570758414614413289520970093068729022716370563859061059216969457
351312296992925835675318834452109537570173563261816644245918307191
732592805373518481830987229456262172540444189864039750384513606111
006210718088689290538855653803212319776645007978808922913907197183
215533766071468815888614665937080218118486409491244157801586964737
239095958580311735493963934232398121883858322269062273043691547964
773290362031023158462282118660828589608169094090006189644213461734
468252143386306086410764913030963038606156122694775672705661641983
226612829559405418526700993894418145266998151219653967190513843135
365503213138068242451734889475925031241924841752557403818235113902
616355370936864688471015259866820062966604332671588470284672528273
675136369158934985721514957696957393793129333387868587015586438472
121908813119471337087338232750005623992374477172103479216899958700
150469805895623651885426829398566671272305833174739467989387917984
475726396699725651509335049449623932989411838095115220273859361991
620893155937352131938012702984818829682456924664015891024522408334
073529472376766018719083566257343946835470483622445461993712921994
552160770522653798347510666769463255511566494911680705230528173086
908826823801294125418146730584593435812734334074634710981016973378
451137000361466614777973756676762211878253942360370654923722566475
192700250824888860406223409811545113334223901773684113599153372373
184676634050715689668193810358548079907399613453888826857567243504
591899740069104470411162878652679201061613247199984482371523349978
363752301431351328269553952901086494205818604396159053058259754001
573475299749827230953870577210005396418869704874528973591568792707
994416581049442687939022278200261738842463895922113926387495411419
594330027084671423706812813778229848743892258019606732295576646222
560726500832043734636892069742573101488777832814597005506211252970
943955134820697067809204578900900556359931930300746710425701791847
467995201645098538151015396961735455277804306267757948771097991362
593662234937064837059816841914409008692838417581369607702626526373
984217927518655855340018024947388424795076359369625165815980054901
107970726953244886137434993884408366146859209020138746292972909384
539568930915524703254564948483425584353927500268398089195124385714
727889228818004727979105941649371664175676509443374654097289014406
328130189143863392806334434942400260228810471699972553393957076410
706789505905241632902212917615707202813379630649859882322426710298
264264548227932715480458764992124132126818276723090347559579303115
848248948301417317193431046635619982934226608452419772743000894757
519064436425070401157381317794809599533926915579884005478289536523
956367416572964880463463057367371172158099902098944537332554066492
445556570479772079145812304506188806693477316115492135285980811109
640356420103206503138783298144430856387206579389407056232795868744
608528406980628390128319940403175369817291011930274216487446018619
632159446845380755709872212964758426105804371014414489107488133766
721383545414247871366665387182071284847617070028023077139862001523
285284674980517160094177008483060781630740674129158570458579809143
541609290613494597096889257105679100556752900747504379946338211192
119990091221539655631726332987359358386665001897021037681056553912
581127425650365892142910191935677400796661271382307140818828418649

325456700504789023579983462966520539034526722973679711222964757638
427953370703079415632893117466348996286910518604722726888778758797
953654811330971852577488362549950780896238311682394650511685470862
613640217820445276226218509468771458466676588999479371028457027858
288649455781921024708840980548840494289202758632513512032768369165
509333757568774231103616106683832158080256433346454271722024956218
060593586057783683982546182236449833541991908181754923962168710528
049514224637589120113615979984380345538987436863794164300305130378
895831279248454986839906586006407899335281278519409840167197297270
699322133907184209551782475206802684636165397716512345743403044324
661478177119961085537282430917112635195011915381033226170096078197
922946035526018787669236212486362488512903544283973792325138955506
401423913076654675381145244024706837652806414248720891345137963859
994493516086771074601432747723851028474946663633461941723016077362
976288977251283002580846877265301516820292508730013462199231565387
199041060550741930363390184442397874423384998260696760570205353684
564642727270348943923664845900245979494739486041667113357170281209
226805278156883353132643317590299465385748521847109720477182480567
215619231319966276378282067062797786438225580872740355388755763722
582999050673591541471494743726498397870576633115053342116121745340
896541521554977462478886291183035260403687328220250708935308435234
580815071956958892412605287571839649630550766286009111672617530072
817388845881237359853726929926264266600217297690409322916645780080
286157310501383405996052151802023374674932941095769139999676638521
753746488507214642276836486091831973323639215924903900069678881210
112974635837340525868785445702221462087368587279664145301762633541
558879405907321222539467073782654675608107464960418043395795387211
330646467992861229485713933856329761617850891155827661197902337999
866357704749637968223993509579545082055051118930347793570244303528
304428347024105904612246808113753997074287434351207241798271000829
331913714192887714098986370546271136142170603160388771587341075626
603462603469320575746363265306120596147410967864366328128489246217
276990604400356483137270171843261107628690706296287678248337252181
678495208701873888835266818806885615538210291793846881259759223871
757568737766365217279182935988891248129048499965476445965554595153
192301986734214396269052453374634498603717927205427968168892955587
945755341314658812833102455747928050200866695716939577801534143906
770746884443719972294731420962430984645053185396521906026711006056
621714505652396167629158214100393073338929186256703337144724170924
079448220819579349698115524925573254088088316481951994849251885979
718179165071886497535369431957636602624261722924254800560595721748
153559340925382832433344777942345089465946829548015616400884023550
373234965498786621710766801062510274472340547773872282337063244223
465713099833535636179045129664535920772793879392700954660146105091
802732697555135713654909405170986914333834373538622395662531670508
132212346736878144276185478830585005810785155567880769397324212208
730661826200908305041506079878672078008638748314710467962218043947
575563099086244244382809070751636039213609739671934940819820051893
084634184185137758694213859700251923572103523597814756562837006498
935806194277478376736716568604401242535394254608374734622249608298
272472402187537341510443884271408930329039663170598527274357572249
198043964068936908330704606903363403761135669272008017206016525870
166209246565318321783590348318466849633623177354463039337934892379
583823380148352466207076888417756468257271713619148355289440361157
962468253470999577854148164846673573561133803192065822135496782962
945837948992590906571508585899240368777247095602252060304105945472
235734307619920200387034244022234909496718095119479811812317662161
328126574188879267178040238578005598529232561568824676516359048340
588004483845823024199841762420397502821442033237813646956129181609
088070522692744785023579437156142854961033099970139477214606174500

788247541700679178188133730735538786796010124219243417398732897632
280986762293745343728998117259300822232462437598540018372660873832
647120725544913064336449951001947825445255425611985444689633861923
341088611902366362520061671773407268444876708707863399288518785748
868906955952057560806553597236255486657680659973002696144997913863
949137643343951178186561697245750119555271398766633102419936496159
367342333676593518995108210508545586590240452439501495865709751688
017729800819922259725289161528326432871330191207202622505599302105
520059364272067206743658081959198389468624150753802751656622826042
558448723696342315273704964736012472937470582351894637772876085862
713952359990692232587035991070927536077178731275481509403512701381
707948704002794636433688427716924012826404447538300216806055597399
111532756743042507916896649365346106649030339264547982624507527529
703551170293895493926050261167328050806361911350415038722553548052
495030725922083212991676993938578960521919040226593296893201528053
855848832676736575685837994286855431488484598780431993710784840893
374197790800338636966596327000480075341073313028695828601359287661
350885694130726895270622119444657090135000285078170081732969360699
447808011650899774698383275335446223117890041424456125659236190671
377822188309901262050387138637461107547138243333426066111911249960
431197487300355784675385580931940536564143872408715930702800223362
024034209266924841036541392460325281513910602580690086792469478464
151377425304908113337485925659032521084378705836901803059338532970
010969600087425044814184589259856965345569808272371276255400483792
707641017020870006758524443257752645790361826803605262387899668756
268684575871134948261702787264207740532779178396605930246805376125
287836224216318147642047643334565869242915619461741479293032672745
331987962759051058255643906412796059960516294105583577003536563242
856713972433093599861784854409718181725544777914093209591840501649
984386128073788718816754788756505663196319767304705864894624045949
269766453285109198744337351215664488814513250978299799856828301830
292718126587579974915259421426066384493476182366943613010007783474
504544383940594638253164174696216796375403949152116008355340458730
070341674476885386353724175911919125730296287576998669830602845055
125425577813049196573537081097538898051449828195851720963288792497
596687858557626872836385771428233523466567958926948548919544874241
952228540275810132725725884846046549518516222527214858969727263289
515266100741919597178328836594559768570577262847855954488372407579
162883631484906477914553487265755850111942264869962439109009594842
195050118285457021898741034571838981790486364649082967773150836776
997335515074170081220258053885245195363983453187617781231829233845
161492018946787202174802452815919012422558651698747259021550762497
491226737659456330761660211943484032397991440702488173434330292725
710928657389894240649561810909797654985118424771133900728809299016
301869411421261170343722496674766825988818337774891530013580023146
024260472055275799319899409643161144298528316114869897317486423082
626493416316845278016222869452176524878906995560991510960158794169
103884595635966852936125991245729283769357494996000637454051029331
252353719421156501331547537362809071428157731851185927633100144847
811577305157277411636321762995559710643742787164040829830710463054
191559937148153916125547811264374389039745212073575767777507421150
508298100857375238351838357539933202975989157824880504120705904644
073227688483087435345122645470626940975444513697572570891505730232
425735672721085168470673901113721018280580460322479166007383269145
415931982924325433746486049633965342248172938325475111403759384377
805581002679023593384798958654860787419414168840730434173496904240
691742895829113388157394322771015619624776355190240217127468627824
721979967626629009191769556438105385692640185914761669543194077693
489655590603130341579094455197560296624875454879091117532699370937
126380672256751463060740233445983148205780778552538169343648053568

079452045386888722145805202281371652698201162506165729737974807500
297233921909750122049474941700659392967296028738767195222550630864
385036022864184376624009174719032833908399536747468613101093275450
853701032488164563575489558603679918936112978761908356737312274823
781827018531064263096134724871436054931890377026133291202074118570
203965492336859086327290034787222376598941863189523397575264482623
228467814741678394175878779284134112230198805548371919662085993112
969783033886516758544622791340538447608394235553449033163300012475
799652761685263194532930959627313146726192661819832194566480048912
724042165730413638330422266489785155626456553219711447297326058213
214861528010097276801510402989652020638606860045981614285237499912
085209347292307977350301533905977647834289074748778151734815736268
828728847309608641886645303294760075330935853802770492600732884329
411952086482971131759375253443889588142555483851732952836011377915
329011335759811747590808295590475065765845686049895198699305066250
601709707832987606304681600952109729778751360186320545895578180059
587571719117232350915787137515399125515052606959476059331576350909
179773320833613680719455156407495330357188422563693171183439732516
057365037747321453500563595638262474936382247058368475214260727919
955251074551304244338336405493970033337134880029978594657544942765
183034121119702102998733619911776479300476493264915219099177723625
580527127257799284186221272202594729578364241569518389042618629319
498502398088279018227708670870719353980183576382804721762702614902
491846340252361295645126001797544961312208728483738833193857402018
908281767850298505262156335275083393941014555472125637636854640790
946476538165508050017967373743140990894748416914300650811821039900
941917142905544287434869177808284127163283349333738760189805192382
363730219765007029919984095395364081929393544844337867252570777295
959613871007157921472183707580415005441349860049290749969893790348
810208279250693005742360174677126398250444798794775513836887538882
077572120635319586500300839106544714907549279711557218460901553945
733251863898128582468776959800827417655549925565263787184749887063
291494390803074172603675896802548718373999961968293266122412170677
133971378809252017026230147178208006391621359820529738550555820959
403332647089156195552235663806264125747913463825374925991288014312
614436201171810061047225858418500286341562115688441856620282727660
065536243416531861727054704601829523329536489605733307453064730077
394581740556221801029658695455429623213626808519358450025873573058
666519561744637181113447756361029316422929997712848473992479149975
246975746167652401333988711899350291995072594035417767887842758631
733862021231433122324549995210226464191705902063721563648704410426
983363333138216958848319812093693683591904114931623478727636627592
154568410702417405297925694298191498174063952714478690511842343371
955926123191937579062117858090932058847948363057956121560105651820
752164895293647504997836425968788047609259997018653611113136048448
104343137267327149325176406779591282704180928409930214809574578663
493779227121375537125494983646132191054790119508054816377823175531
880540483447456823482955282130638303595464797553133860371316576407
833408859359457376719674086252518097818178803698601166138834712999
153771123834154528740489956469028260300688542763451896235735546181
582222140719678668431026826557381151949371316182349253043654779188
727730395772916676035989068298497927532644579302056250041982158178
336797583245820167033440163751943613079360668770605961550745818730
074058855418570777129376539546111235520177374526753650277123601026
263711408502493754519972388118497200485295407605375755048633498517
603934340365895296086073448055312295533568821456711805760475884194
205834963384542165377020226288732032814262719241911346980715350623
640604880106101761396430655066646671459774792751275013133465967646
396069944057031186056087812280632896781657653727506296728357626397
482838464729501891798560482491985007991609232399766719647678330126

384650808804283111098502554661296861855650350012361068529743566446
561984920921101266375831195462401126619489300838284386599999928333
379487659821355883933309759653943516874770254203805203373382317893
878282543047736859273772357478886566858736092568691056377446851131
559478673651648492178603892046920573921373965976293426617993875988
610557138473901586953800144003377394259635248692636896090870539526
251096127290887376798222410747678488299026259214172065135443271991
645998333033382050970236703791891297771139000217964645568170138089
418258462959876893635924393798037012604370001954537532094758565668
626186913776932365553855337366401811426040117126345320537251244688
083925045538064254766280934506039108615119488314246477393594536113
462632539790305310615515404757043183580698889116850882783575406260
470081334894277564198811046150339108196697436038560732670871560877
665885891060896072087471582697016905626687199268158483351741024109
506049761333221030468320093162948196664178664108925963354038629241
301524764041519532761824707235278977276957745431491457204054179953
185788374981085050571576711105815852167055220110024031214717157984
645854332489073410987610992956496761565447188062442849337194222747
404498379859647558413348941074260833361521207750192980151294656720
842115507638816459889661764643697603289243245105302982505122426807
037312128083935122022554084151320294799980575137686493365567616784
994713349269562577390784837182482831556792981972877868629036310560
685800990722240215387661471364480196561481124538862716542334288756
197979204855730192999750041758818622035508435269374224183477542357
560534672554956154189883817856029267690850613136595288039173555602
456879717723106032174576049759502322562941963790630937955810449095
876213591677865829539303065765309230704398675706257606714270638526
055475959525321304780063261071076808321621001457946409776926800691
390719372725319228526274289573895041376854774592960335922726252666
683521707031894962827245652845824142546063037280407774797988541294
635397999246474691335524337231830453538489080808931525181357684852
728589173285917464503656120068829470503204716904153768678001929305
063669577855088550542369890122298087791267061052356297358060222018
294315807355521909375865774736264736992888812797829333934998697735
232413759931554636311929820706537274786072589973120693062721040157
239438426087560393263870639290221903085890987772201985593853726881
479322882922369825904643093397881652299859711143887919168112556374
983131611093190611563255289261205865159851493976127055624087676714
060590627593678972863204655894075319271591295117018443755758535236
978206034603081114085616222042904289052870934871938753668199421196
787160344751165632170440416053513413901731366894638873855531386368
243369975985970616457062670413045912643728498914835689045560909348
101158092318073018459984087990904615749310986143133159197840606356
831884195057075962103268508407539511046071367743150631865568117504
568429109859360948634686959367227758077306072883798814246810034268
587441953320342225922259113156871855129884383997718184817757527652
868727478679975609559814433269798023224692517480084804373540267386
844464825094568371986966198330889858783525793232810047849800001659
240729031466028150564724110345203157652765771714505108046030512975
963903369048782270839013310400538514937353749729516134897226397902
119889634448662018819029576929504346472305784526520058067990645390
049554274873960333111513343423239392815392857552418925427533689936
707673603270769534071539778317693299858002902473809122227024700301
497321483099349332418808211182569586232946518575636897541635746895
986602665172871063731782115440732830840958229371768628036856451591
525703290275690368571298831278118747345960741731009788473156283864
948619310435016618122663037695937267645885383809430494530230302680
142109755025038907214842460093398754399153838421377545972464098687
379266027941662047086632843876627366087827215003598927765170744547
706538396196028343102852384091338723785639795368257883705830489472

6634813482131719088833963367241231536397295203799561405420265235 57
3318226053603015161076727016136677534720210899524060190190731071 67
1157213153131399108734604994855887930555732907486675692499177914 77
7762752572153315305919154375764020855624311494453725459568097025 64
7576424442309047407014493872009314855661267386418994254949313631 04
7596189330349094993072843240900986604296477641606362128947695172 65
6741692210412679197620262917558530596160588359815094381398881554 64
7395390022108597871859240596478027678892392428047732324168011508 80
9942907513006728614972737850416001553809727869101165381637602995 60
0199875677105287434179648634948759022843450810248452324285061945 64
6492828833802467453143600766539393253169069347153411102590915595 09
8099960777108192404340081740190904995224169459367084155126335044 68
3742354082912646538035494169538468719159478644821690719718827904 53
7417589786565396354364174964211383323912726608538295677462642204 37
4861375086965603814411544678174631824157801254897625802405672218 16
5190255256466551041784031399315527349701282746407837967734310395 75
0011676435012323921872173693956157256120962946586125817922599712 29
3601560483252932466059000746753828911358876966050230432754644157 72
7204135535343106923020990409588280284249254566092255047367866335 35
9776701147547793789512216395039174883700606920832143131056511403 21
6591497160545033152608756244303975120162704447566549744508291084 49
1427532865125788432014337191619507424345854267127681102600799697 73
2731091087404071388839859302056854770568128370032410609948808912 03
7233751569167712944767701057362851752692267386733249041105761883 63
4334373993174057361935369077705806991870011038755068258651233963 41
9298473309667875732032904837005690335362168372869158682248493164 58
6413099556128076135431583947979650364579844225293998032521346097 28
6226953626724707628997177963276334614112070415414830530440196754 58
1623598606346657273305740334246756825399885570038420395650977199 54
1002683762829751197071569287780588231902617101475800897373783464 99
2100430570761585953225073361087295702715074312297920313721103151 20
5786945818242017418320565151175338128457998173296130009722859113 08
2820909053314760119678185038367530347047000578748360997590909129 63
0344182765505119842942611742125017453108837615277210320916233088 33
5710208577216259509925298643641820689439656908564775124318290301 83
5339510911467513718534246305851770744343216131691304544562072955 77
9149889048547850294942518699230156420482367299678208543277081713 99
3729713647285516236910280943949049809571114798735326336108615449 09
2136210719578627182658984645459587009069249248820523435112868738 62
6912529335695565624401533344756716240947811826571155954756699368 42
3562499979227723332856784786245269498130382957671588368253903484 61
6714968014138599194055597917917858281975784812372478022962734271 32
7380701712131593454022544168614641620641854955622017580271717419 32
9604030724285575914037487524125583648684782653057902112930150460 09
3009791132893911020928422212628874397239879299987221712680244269 57
0436408269175123947288580976631735219034774020783010825008230686 74
8165992916214204378559690700839634317491570400704911133097023046 87
6615857483135080144475992852020727860406246909862458183710566318 25
4920666633928689416422316813978537417455898355023981413476275686 61
6221186367561134540185061230145050641464766200254793727370169115 09
1057005880583855287751553568346135550888143137449856363777369433 47
3077922369202328195126019883348531930841391296921034511566461558 17
1845160918653048971195380110248525749893158647233999267453725219 14
8787799788807562673750638723780564697643526861306774761161564030 88
9810722990061362029138553864683684245835443420724906526943131926 36
3064557919103281746224652305086811453922379034699935761819228384 11
7831112734266093171716054723027485870001047866059835368762042349 09
3563146793544370070867604441608093430388964169122938462935021661 10
0210761640546614532826133025098992955391927596299462782632632116 56
5874319551733594278724799548287227810793149777110353425543816635 05

021820047559845719470764296782715877268483623611180659244515952829
152301818089716722717634965228375068073131741445335093301055862157
197336759105167204885674541572816321725939792701826776592787907269
759586524444798627848766953949146101776057760360711075086603455755
571296234540663775844877314065805021814441457012161388944294254301
272614399603975154880968417538877870997710531568960577955363596700
780699856501195536169958191091853337403661999066186774586536593782
895158619216835838537205517181966990029062252442971964776076579212
083499798148310842533800664605646546284410595975870105383783766951
341441171157658015291972393283182374190724182705562114292481259500
862193482545185655397012584064777459094161077898448667987879836035
943067050826469850650965071424287984166501330336475959713294583569
058759697058365984023752645595142841527430934760028480597374451154
823040085774538194414235491878380929229783184414022384436112322168
850562433541858843251154472064328496208456328119410827058831893542
884543650548453563300884266856935636428902027669230848663361182991
429872638798806829980861239497632951046359133826912525187946694508
941539649332734549729944898362994739917547441647197173177987268394
360240105216610149815265541625403854517795215840024958798797410495
248004753558164544116079649674374767184221183581573767370489681657
618646684473995745738638952849566518957447866597778195075225888298
702478900964065318520474237695238933550121847859966007408965038385
951470180407234577687838560758095616453392168848975425983059917537
610132320635432534424048860000309082261900373063418486886143876373
649417887401204826095051275986339050977024247252980175882639229387
079367325221116705792644140908543740148530459025037169637477458607
191405425694381561170144378884418883091592292719203584129871622866
850532460389435650023073416708375186459536802527582405209237446765
733512706016011703490806822232723412140846959667332516156575806659
024310130320641153751168740775678740603592587886171973634936771114
265430484708113330323186633985509494314397480484078764776783277053
488015967141016984435669780845487805182319957564073978831770271135
643924204452033300760976436796999004095854955620131358480587537494
725693403309091728323941836921932491518687235477393921275611794664
018511800138075010277721713064204253265553611432390788203509453770
750843488923010206936485172849761293833257931632804024023662247707
358488505586196021481895075688961464986471085846445373294965523337
264188383262127117827240693226571570786417557289614533829164489186
520495527295263300281049823109857339430816022566981711150564218030
749436110781361389682204877365185667020919787109427227650347063385
085500842117094040508256992457562828262781375133270805294552322160
845405765437854007179908127688366953749752286406714615345649011269
387426711403621513820477587549428565722785336658487290869174951010
237587497660723016951857365090579491818691542049514818950633136723
233600179192443975940164167719835945106934272172934837133152708252
285878147644954066168266066328173859064681708480980195630954019100
230303837721074832278139011682082582389277936139561206216213391578
640790409627777430623945887116813593241244337109448308742299489657
270496966891909767872956785683749182662280759470730876390942917918
464672898935038166571603238341300482214907355731011475604391076423
070499714171792722498893625118537718445653611243536680334158347109
999781275045931072949201640040438736891084890000220658968949509883
554543303448063469068362642692622526048050382229656658564454638172
578720242239306031674501605397755165542460307432569145384140667700
093348172625337857836954968801819714207583047902504544932943440806
547069667092081966871809574518223790333116866601065885464616222513
680755807281783990499382032540352222147912787357337924050581704793
436111604657520350964992030094306338515155701039654361560042502091
754083680251075696272405400706130739148399782154975269620067771746
125375177474080770421469498072465669210313803655901391446319337852

4956076512895884703956836005240560377322664848897675986472222236870
4572600251314653302789490736683175428527930436416844913090148229 77
944414539776700050476454539441997442534009022064970795065778667625
625790416787951719322821604842790422281457455555258501105051118532
051282481704493408500651110585967966113480543157990100271163704146
255884514695315016137653098634679351398306442172125391421048484018
069955555893386469844709722072920441600174464574485789885219133254
971330254820980219920946867055130885041123215989403060607764070886
215302252839630610614984492974704512812064392509526839331630165354
068929280565187157265787411940217478091727995418741181137373534823
204924028544437285424144786673531720397284099921075338521376852189
920275476375155088032382034514104490336878610551139745556445344133
528058933149507241545365042536863587651146455776385286184222500373
544338608419457202578083624670516135441219360521249265478557979011
265815919933225542147336102522035640035827908575507305278835431594
674179374264974074094794894477957316609623021732397288402601621550
899074510246296718368591603789059816357439266727829502991817957028
068636510124544515441318142965418452451978873052020028802043389552
095212624250682073625164648296888315050959701000226437213534878582
602533578984284992642598493826986555915745522772230447836700451292
620325907284470070718264639429939710579650492402721513090902016322
578929364662069079114189091709554858581709996939845824188862304346
386468537094692019086644250014237049070605479440163636224484204946
141454073340772056136753779947174346418696144163556429471591970959
124572988939233815001041229439585288124290316381893911829364047567
480132005483777642241308322733790168055134561187865263787390846029
832484496777676526714460909842724092219442087290507772474227128491
998627528840954536122442608122367302636241666463676956582340509347
865011435452230172110431829674611812712477267475584183473918296468
924243908358983041077861222164667413927458084410934467091407688908
115480426990464476617903706913186431644872934811624753142709479512
183711895430801606136867423308652068568392614804784456647494574832
329837112783484945756818482357381296729860250944563100213870768049
043011088410435606595632913551363659537905774508634658418379378550
213855073066062032361892026534379655424091388667805176486602355686
801024443819982174081868308063265793445013660695883116352765901963
710912216830217994317817811597562569334811817590163704539548800254
386919502939484296333878802324540268683115920771472660964081472974
256413523770713265586567292609352131356326973863345139232379491272
741604407165332837276663606992078289885158189007406817883560033839
550249105442191369494384025928975768041647987388754419071010073882
502600250529371571205988217997519052515481351289265070350312953887
973951968071463129797393988552240677107478132966112514244409425462
058656056386484117697376509322232005813738988859893022336308095219
342652281506753067731168349920030749784495333173923562877249889011
049829135380994323467387064792939183829847365091741599344224180136
090702185376839482371972551488138816352825082378087561773037185933
102376901551814895668026451066955667635627033163755042821846935526
079312867717163008152297052501399440411109952375878216898707228324
155404378594936488165971060194170111775308197796006102061075809541
843822637717441589308934402454807763589859838646004481913063291821
212522007280634089056273136156282514259729116909696211674082471631
451891747360069596699142308087833837868659015986702232142869157014
142480704589721910542004790420726183894565916757662433748165233431
013197777875062648144789623796854491833393254452263282389839955214
350864723998824618234678333412034969696346523102970980070312729811
300298748758845155628443101315609908946158784058400383614543062750
283843451683679399431155194067233688033261838130190651593168620191
839636438811828697041164945876942211365769814951731860439447681922
394006701455127928254056530324642352419083789115209165207534501147

751337617613160303463500158304324119830345045973111548023529147267
556528539615498251732218702811891475582192510975188147499627018320
123866466554470962703221196735206682568834873759645072512079691451
687396399872950892928615057450939183524898641711515633710772070437
194298978525854106512202087219851152011968200668515495090775699216
193168057612255084107995644735723621151384426059118785236111157667
462461676058949088473218825118818916537294130184756365083622904096
877270759063075951737344653812358167205699861544933744135511580828
599979725070005425695844829042157032963296954183720611253277818507
824353239187267379753901060421898213335680014917629276358973974915
103361029448548755412659458830826273087297415813599878505897081564
293241595652057224388601584207810475042628112904425526350548296613
431983475578851932222671869303645667271026495994005116630866373172
740445456949737487485211033177549364625380611334474310806832630846
622039370773105244279995137450193526614235225514186805510400502143
876778592990110859251867499131314500087258371166936982497699408416
160624284063083328979971618705057651962404924316599951518966497547
503900114739890318968783264557847453725180452235972687766876242850
753816616792488000823409032034807146522890222308061496574270447722
125026619237142356260929122601825058373181197103907517533857713780
776213177245287947915831714843227314735068371778815798520230352800
599998697766693700822670880420433042717610360443602119574053183239
775082537624353359925874480669523131409508267297420082719591871616
960153406545781475710124329470340498901172403145627070070858913555
130659474830501092675331050476766851006872795324432368964938724349
140188685802176697065515885025617415207031509272651458735885771669
074118956676294168134057842406773388665298433582820992092796000256
053731611957486517297171140435836830233310269244755634963018267857
351110563974947335708175806329870766803421309668272612847950604361
526544217036355406583290195474112632161794143686238782446810885100
608798206571969473153168872765582925484100600262887084707264146369
814546760230690648480001950891529208834752002948330118357071474860
460032318036646630113783461481020801040824162464398628580275352540
541481178772578449824401215358088326311157679388344399416742552671
812706870485790500170018827661154025989664563822695284086125700000
312015134146214627435881881137521596235509096186934825303819680850
849675713080265221001754452150438824469635391354522294838227521939
781610063081571394734757164331002885720115617471919226677195436928
312826604396069925463721960291425377797398316744381208097218818831
236226603387075326789425385591691829772833273126155084174849512359
891579860193104630204088365812328283393282877527485978705364732951
561411429853246103430255531301949643011670379286563766956985479637
443740469514404752486274767380255896740849630272538858173832095777
727044265967645023462419588725735933861552680812047751364027860596
714899368123712011862123490548171292454815430238041036501487535674
543111800604500426130787682215885144267302962084048226136949742620
817609999350033446197688418790304159595153926411196546477482084960
353618894576122048571862646143232749719188085841721650249255612284
867044407945280918253914446987618136633194396064637822450816138177
872928278397648591104634556227172221781769229741153867862146057242
015889821754945547494863631767227436470898021546200732501302370572
121626662522005303961351678831013008568016798771386008087441449608
596103041041197485369831113671070824797474197170808243016916661770
771312763331363815453158913375254168398408478643177506675039488466
367772146792112185361223631672188803806610698593702379096318692240
259119146345846149741712192550199254747960048460063345981864608011
593744703731663195351890879205648107281187772402039744024602129739
110134992696648989782233646553651294973293415434068946943373818266
377860503474934332702908375618011054934690179339428739905663796976
347810695528961987646189850722086345874757753558684468723357249179

047654807751039237363961854667533349597089174705010313969438090236
340457990307072485296328514308887866880742498163585636339314194762
523066152520565896307037142091574467866737683351558224442263717555
290549395328823666896153326331493583928128224584932540555941071950
713799703563742340097316130986462139379530870947165361256508033157
850445730000941413946001474525441403816920993360411596583800506303
682545663080628250094880200341800214558417554634801876535677644115
164771043843669008537061169050325303146835437133581809292400768050
958188880313192299660498665119235533344271599513076908208526629 67
740310259473022591776820132591077731585784477312075886450933987756
187266253938362357576251588056203092312138665780721626116181270037
560534462263494983862525666524229234436513969720823782599576261080
998493754227356751224109232447930724282802917623537533863708763873
518155274821112448002459124640511151111499664462619843390057925463 5
394962288892436232521864025248104905959554083650286893574890542000
912533867434313407342265195998144887626448318552732774941228785613
062258218781200116285735213380860436525201235079083015059632454682
818922475989132871694359851422675732581509249821248990518465907278
237639649232119042056438491725564318734416229620060447190161161278
608069159705072338317990240010621164747758439023757467891316957011
822646217702894571191364126858718686358249327174656270672807513674
315975075657747583764063380449448206683521783321333278967763836574
467462017288395723672110981540162132700681687402313661948332501044
648564646036412531741333323796075672937330521229745793335256616855
892004375962513420306383429430609715847409538019741154953001028216
505595925945919485334822732715544487352136534472942394955964530478
805317945586293418901077793490276022180849918514125716531651374508
750314014667742519764762046166931133260453878964516572908438615194
431140161514230702247163939901004379068641034162367907418506463768
256603895503347734896731133431362942854314887603124731335419670980
008452642740142097631369587622585910093111299737936001355335292074
829853672042761269847640066766986610534552072872187381806791058162
907487010767369652166873448787438277199732718649255424806684238330
274106960918550071153548924174440794337042318254560683867024205233
933058031730647788593322929965546621687057128180663158107596988037
954190286710515896821839986172264565237272159212726998561668843085
968396028717153852669414793173289354584495315021859300866891179713
664949241053953017401360785889154713408500397680364538111157208612
956394709645574270823873126874988730970590053373183461689693417093
000008616802780058956741522844366300229652650701385626568435888629
758589271228973122504501939753988019599295859466744488527923464103
724733413533839025948077395517640674147646580145330375512587839152
060027305459805828008341586750878202182980291241797731523538577064
067711668452133686650109064439918466472914384152284355957780524178
692213439026209703590303502527032839798676548711129716415065768915
393509094042163002921262342347128521083954216649117518876848901601
635079499087251459442840907695196996180377128279292330631394632150
965793664885286718536589854282324046387338281784815302092030883156
972673439255833643216320660898884580711362776399966495706481333243
008044307069228179629683286131639498341581788714262196654990514044
999490513227583290203973389028542575136640742837719838951375846035
685933196763654229787959796756828399831018152542366659857278588886
806485189459707162034673703516804567897410832102068776915310505668
766877329334920023893505744369544516023429794578060306718931576795
190895808112827048686785651794949425317989898545584635110166292415
067016117622197572925577322229957957026951427313412587036021325937
476429476772338553939496080349432963081459079933815943114610237436
482609052748926091149978175992425233969728695252416687315009238204
121285426136163532491366251378662874417287369277732668533899905091
442880593169617682577285592777855488912248808866962902222009071053

198672733203501256083276186546860690046121765511410345328312712044
352295100167947903133505342535567838691922343124905213327943612569
046803304540642593143348598935298788225495318574248810376413754148
449982952274890279695089814986469076164438957523435665064979825941
525032426325529441165969405598958665076121533992974864105280830988
791971237287616972907302953015863380954319401820266910469313930352
663628358321962934195022055821562811510082783702191422318615775289
443074012512069822362570413511621279344747937375070858534490402518
946776914742064913902473152404739223757035683312553974447363697759
131016724855642522704985587132991847584382118515249153210866087093
894774655589097681500909155245318437110167970439422720060659347278
649237655946958471716429025786327183436043870606152679931992517807
196060181997889618914413296815327355365655317827878987704548492565
683154048433686635893482791153784996014629433017853591892226871356
021156380668887360245242861517707711106712851439717394625668407770
725858919518657200283026878274880646248625804514333344541330861637
868233257296257953800673509106053396523255759682415048279519619749
459051008217962365670147705645902747898018100630951888962137903769
365337298726812820884788701063082554158504213341014958285427718069
494633813881682451903444805049224355100033141429208942257683134801
951041953956483428383168994699706893612395299336477360596737956301
617803184226182619920816348676196602758664471180876032530070874535
085357549089483316670801325348249711806765228158023607082333904142
811702294135253600330633026112455168649227533897653332750883730873
546591411189798341977081211090804713744235632419974361958142327674
056004446749156949455787149355479222541764298223075736651596039395
678729520830762129957290564633327979056087360196683806841521600534
098228717682054303049482964071437795896778917852651344209014796569
969586033217610283983223252420909187497569528250236244494235687350
103470187419905300293809698609087614945672871126806871959924240064
653277115700461234695506725963015667229090544556889669490363819793
746846586653406795597194462977563164582434386240379348980473005757
098395158216139214440418894226816655348954143282061553926819933381
323414313987908720655644117610051979103079211594464124822986954039
586697896296360224807663263111856093817090755322596581714925458095
004864281930723758653310934741026846088351017655232979279258864296
905772257139082911909071964170853845945443359918962961825813795766
195253377709395930937558695979150585469590600816003435570792205728
418485855996164771561906337685043293655454747429793082284034010421
477940049481806545729224483426104801520489332597893682357594775848
939079653986132009777388783890023066496506731865265056828395821962
580338070209708988714146215856544262375254313938425321275734074533
191162955171187913699270353917235081499866237794428418843345714929
271033322663099327159181177798427378975014789433268497205154307237
560639987729616687253234709907174640540240739876530764999282725555
733397102244685228197440635674154423398952240404254833976955371473
159903911519958160949598512103745365994424396455866218951207314020
177355678185319574500159138619106408997869328313648390096137571062
723478005228242118426427552831612858697601566046431833533610397233
746019991538893157302858826916092049488454130092262588377714048796
551601554359374511078984718088470096060778907622069368407378496336
096342509584708257256336812670064291029822279991576193941230501066
561932438529131227088307156747196820218627201948474469147750995873
774866029631262112393626268432315339171935691378989196606671277097
343228082519847506195406203449333070378426798379941771882384778573
049239862558566116335286152795713435314524810391638351705507787722
297623979208407088711586623991923319336495574109949375410066796880
142650207310666332190372968824698040807054186317885193804782714122
565417999942520847288328203476858489725525747181941141110041741566
799999641975328403240933119063192104713467023378515181682298661343

846179559222892272724792951269711902324963913804404399574050092712
081861325429437494680803495274028786638624393417108857657456509859
476694892184500640546563007857601863379039611427130965704638609176
346038756811696167424770017570120962241599529760603853488570014814
031370011280296945431637235112508802119138585426221056899489951830
180914171906159263693473649530715417590666788072282014882919882051
557077635832956721911220357704249516850618829530889889133774280092
605574823119088319103131939299334559231342822908244952580052392312
035468409591811803767004110412429520600416749760555822753840278557
228994429097079220373479880867350017022354028870748724156877915062
146524891733255247701844863336042379174274985534336281951376593862
764032817426362481472009657057617273393219713701624994376072232561
327874249377778589269330335964016213344136498402711391338427470757
769543778601175664910861942707182917441242654445981363785943440204
322865897546386434827291483675790906124620843234390391923443343496
772773556111421320014394443227320381369085729795736326744778943865
774890385918099259886296977925891374705285779546130320543303677522
033550855052641852468351949293468352432860294168994575328382103070
059714264453901409018029918233366474407788470720216230623856055975
822134483772962995988321194341336945834461478359693702832682714104
848145288290526166403281494081840243768279808314945204633401314793
187522373778064144956575621060530337373631466749971428199074239705
585981535036662090465058448358290370627882179517010954976396032910
465540606926458630212687402703333762870900863607757172312759161950
765391337763291958221560239574342934468871298084612180268971042434
17090833099109858888835254085942276917768288120756179439690119075
663452417006163200810141847533290811300309310975867707303631842545
293345309766615291752366323656474216904228061697515605333059925079
176825022364645999570337747610841475018859988302655204068322532391
058724489413214920420150763661972890004060592720424962760719992999
765156898504788208519098035733115741544655500524131490124398995076
737791147971421276661555365700029980643522358559463340291519655744
773725774525517368467724114822876372680019635844862426037986498657
582130805125486775367180449618700159104473879342430418785461787045
785436649442843850304116481926667184975252670736583993025400618865
946300442593498642188736746677914010289921935190341984732576022585
319484839338206114648070364899786708653140531734815143246518534005
640853019289907636016009140767076874864987866144724164384262549228
598167910812920521882291519447434704103619261982249688650183287881
228655261494487243355986406705534886676421607699601535508232824182
707156181963143431092962804052569380172100643874560935856366533754
096152099368441090064234555949678992586527173749829803717638644155
408339933247328130954900909116944267647099606051366703401744118303
662250489910202822410449800530639392246517643281963200444786431071
064518182924901554707466301366585027750507967666944709231116950742
845792691986465479689769857442471202502619936276904918689385379697
748241302056076304338922473675747538314713417546782974962447706654
093819818294053395278667728983884828299114239277363245716014373375
263048026324942165455657671976751934720546499442516009891508526537
508002510756054326553772723422307196967945272246615973866021741689
039122722547133825915532284525152266946972817303175525367108519113
588765425443579041298241035431744232764343271370654209963215706364
060968713845246245663352691301220789207803854120376020634119553945
346946694930916207958199116593075741982692987786665036590825853102
107170150184413675291384847390819223564708665621950319865198555690
374767109471408761353154871815930278188382078139400086999967045174
005890292947204951246680739095172243055169301048038278147544641937
702694249327243368125202460157153486104406075905633203741788371475
352143957277788274638618416087213432549823690048373821826384009251
021559976282492414832391100246927892536253848077699875241682775157

9814453455921809123520162309235618726203561806371374370501246256 81
2488635116226947566896813619087391386116827810422466418488137749 16
3775823530717510933636515920783202850748781773294567957228802702 92
5330393035629609655090811123459904500640983146260011339766003729 81
3388131614498624607384004103873895233467701560476564767743753091 35
3036027730649485481818157985558458713627831537680464822152484180 50
0243604859204248195328836784036387899563193321631831778397529919 37
5524219659608965065537394044608982289650830886050908902496512647 21
1910969229403866059091378266635979448407832676362544382973826316 12
3851271358831895110725809941985723942638965905949827824178092350 47
5995807282287983383670661002041595376456908759360820905304646456 05
4983510903778477908765197460005749378268569622689236564736896640 02
3761421391404088530228530142292402293423918474607289182440158403 16
1965703700511650374832836121305179276792029495844961075787312193 12
3627924907087747049402772076686395128995958103791825552757370199 03
5639855128240294793513430470149853316341488272414708705113722107 32
6378167707957042443525424026587849103230994421850476571047629262 21
5263799117735029455404147197973618939164136467958250810525362210 09
5673087070599535110232822554068808184242461329055034112463682062 59
5644292917574019200970574675178378709497383462000351520235096582 20
5132349518812880974170138280072774927060738429578676545651223280 69
6018735927938422502982394526545661537689095003761204162565183010 73
5370039070291502047537142778943688059173203027118577899176666342 57
1642695371669593318314176864699203932928731478065454996105563585 87
8580355988938253256278427797527748695905829017843531703864196779 14
0765048129809438387688116335995347497834963258404256655648835230 23
0971526389610852632841399355173700557015792433145571339263506491 26
9103287457433680168470883210198318057258996356417499479991411764 64
0878309858738876012622439291525135127431631142409165957985442311 94
0742639141995737008193686324395428889189215907335571177725165886 95
4494464905156957324223604942910611398818787978145692300825681635 08
9337688536087849150976140767272201765263270063040429882985323604 10
0024040182990715058209534866786585491475231039176530439244445196 65
1342514858865935725306187893317329084163403552216474104154352613 75
8218181879127906528210805664458170081884621209532764188236193739 37
1584541654500461376347557269167252476102557802111982212191616769 24
7994681485102211083546869776047065079702326979179446640582545878 41
2351378391598786857658017471735758400554500216991566248934327757 05
3162343985746512112556697615957941655004309278395806436785620176 10
9369534322744203237277829212641072792733153880542657187195231461 47
6085124120711621453707052346098735285253526398555173759886215228 32
5270623317177105764683442071121848969716263292124906141666241887 60
4178683965335208134039931999745848516368676490886859104526807873 06
2160502149585919378227149265333228609685365050398614037995783932 35
9268091077890548555861088592428224225927744773651178182700198138 85
3160730568033657967627178457774291699979193696296290729972681030 49
7096970617503617848728049157145532340248970086518250571841390970 89
9814432108632743076295346483010602917603173983162988558076971443 39
5677290152947924948925730531036288092988571097742034339038942417 74
9608496785311587575244607210626352217999579448328249649817968808 77
7035604906974060975581511209516205013277091078039134611475100496 98
6771957804672823682217588508555121873788238435502397135356476753 12
8488751114558439441307561669080219404705402509256163887305799593 57
1007095421524240238973866144984302696436156975938350358000865252 06
6344823250934289128159468246881311076706480727153921338085490889 32
1744630597885811274425344881319621755074539046922922607786828636 58
7515668094475047862672273570769537148972648601362808015084422632 65
9722114711872171544581877426158697079388695592310355347744844271 02
7727918126541939125547604844318093436796646334042828332733741850 62
9865499460012090566860910949503520844183899163403069633435199713 72

2340451018393656283949057157411991738814206864491885648968163335551
950660009288433325248067355841713374961715055093426371894023253035
425993843941877187420881455435435616430348910314815205765886944478
270644910995335212843251910491246905432173805106794185988054401289
425123258990996231232405387739821014464058496559741586595232058144
988525103769306549748931350603293607448181499898201118274927781520
113240464303834000930223108054725959755121674670665922944438571075
829356865159801179019948045358247172345030176398914902214494890216
019868415175873791916826610983857384537652804189009337550323487675
887576583508168084898048899461346384675835827589450046648026022470
795960731123470870190122939638421992508876853711199854331293724294
847578836115174083358437533109066594270132580329543981526920681054
804215521024796511454543319711530574099549378383693200170656410239
939685203415131733092513860829839610344837564348547094563741106045
616668328026369760559410786005301485403212528253223272517323249355
788226593959508373340095059845300844861549376083077293236978053902
069489843652286792858078158108085806495326331730564681609178514712
540008807225793713598591960203211769851661813820572666448797145605
056476417427368418914506734245675641604829030981897917595674479970
441848154395604702337843568126761771579873748731652445882100164106
192876715295197730961257950401327995125123044607173765330443488975
837750220067414677801697322800545673449942537241384582367759639957
228554593078385191403950474413617589100741462268192976969498861286
529855178802499331966356382483829419247431923558426763507319858030
301534307486182437832522793357993835685378113275565386473002476743
067237584455570664332239670583789750194011098458453031203974160814
952863365122483951151426513952136199492804776145672284844312856596
154497313827859533076736960149415863707036217565867010430358696114
579171483445820548229597116654702113627728249354079462907060140372
016903577892399326303272607254506004036460502838092961007600067621
093582161548809682798180459087699075582797111496748587103659798177
900559920461992108621883339386436767545357823633698908816193564218
210955951100939837537477554658607786559433062248491278978754508135
580009553618632247789455782167285821565583485741692055782234361503
253551913069451960052894986940468655864528839323919612404399594779
057554351905822581270246825732160269935312376217316256389732475711
628596069997082939495981464546812429119289449321675789363587752365
870831262612976895221403712133337137363657009749611146795473894021
625486684146352498148656843712993256610369032098432452443637457892
832745325401013787354608708578491533913301848796502158881092990371
435011496211919724372703633189011799293100919897206605891949918385
269867800580939230917378195429850851684668129923342594667076177767
558862080126141261464088615606370386756461288814378861816884069210
573731007147127556028255238461049428731994983801419274943751006947
906095976275704074256052792040373513225643720532009690271261787884
195824392343316525246682094254662729793482420950273277702953598156
498247338180616393871547749197535049321791743206684340920620175808
477830518875496124423952011896490704766018606357333213987937346739
149080881235134551377407155868222354558845754468634333775403138713
026260714622401171706024010652254911986468430964157219449244602828
173252536670353723004242498660648053112750195435652322568738263515
606179781774903631475049573203258272282087901580037039472207847114
408535302162674050665051256166950057399083273250689952126975261606
027252472836652446769954693569475947257566855811894258537772576809
839768588064964418575387172908716236658429546000645728360531387581
386362944104313462995374182776271853061591934261217713201031002114
525657669028709745553310907385811128955140392716687522479984987499
178502589268902148245957825905186445482530867096054152463916486748
199695691963759719630398096105803354613278943598184350869745259200
054859003037296168307195762268543536417311817450957993316477690774

640274025905255388091862936860458673952113310468554748440381710725
066369101455731473828250535705756613939175526069518689649250344686
647491465261560855050379139420298199422219947354382317832230368471
373302474855942982638040651298489197127731269793994244683681397971
930894515313010228207176024113229639122806181570953761845202287863
361784261035310734175920397829165437023953430922591085010805655918
772527775548002700192946141441537672275682553321417372014074713478
844343631675916143872255943304949771961233842226616048964396242053
267797041430802411640119680891010920634290380279255156967953244161
928348664108382860544153699643659319691377778700593603048202291302
651459229613455802971827243841968767243708449263675507056334050268
371994493547326526563206627438083699582633516760708235495298561583
433119524392297003987910675268314944224875870597119750135716880807
708801638578432778181513027786831168589194611430108958921839289713
359413928885648854509163725939835974207671570746071497524605986398
966957462315777686048797201480357679564845898219702887616123194701
320955924214488355505762723234434842642601175322306182230356585080
470110118991932525717205499629266412977350428504370262289723585281
626756378963020389847435594806121738739066853543845303929312988193
883304118342377836147805975750584066225413362933578093194781966392
974235039084805932006978991767883396869131974825886474708627997131
325613717273081653340613946256855059072754586450686465652776825553
429721408833837278820102890293240313242102002610635664244369661208
304176869322010489934515597321174663009086712008355724205292251062
850302940669270580504400681819227351425634658435481109593207340127
496949000254472079736037916466970319503383284835516767605831036545
270857655498002823947822313718870396521642078414038632005016875592
892442489164321079620031371107462606935918955818239988365915310970
042358174294600735961247432905721092909762924104106566209235037924
431392689030306220340787058475213684434981400664399682817772883283
068082967474851072684228563950311923967939970227828083290403918794
270125640317319867054809038172901093826770327618187333823329928735
425179121467416968444384160995792173492547541151695503632929460672
187983817798488683627829099798430217204175362522299672743257163080
332626794270088346679931237227789280490726906343593863344827373494
687180880694508882406899726165871343751874071244353589993574950576
391055026023488483193010977628751845555614279728428487603938721304
909025418488426977514011626937613955045856899047300398762225695695
285227027007070022363127827564720918907236614533831506450866015716
672503044253134573076142482529934735508200948111074026427032879613
545589972387692438810975970444457279722559558214831857922116838192
022376660147053550332990566389961139502003559003953143148531999733
956110064596295558214961621580455163249615249846254913386661556613
057471073066064947612592513473986724042947052713945870057114461774
359248919999779853985891554580117570754584198570746444171573528708
831815566490671161372052484212406756883333463263093946744059153928
124346865274150763671083329467993079601213226236297192288906112943
956865890674688582258888398916501883553307523319815790355358685515
578206546821833215907429103474695675663392485415223645371500388621
789026343137853026622744881799998738533234152500505075994452916010
384924296473792314485199676400312042619311018390010745597693245743
996519682211157017225000078018520076909279952748195722352249009245
510210083294350604709038217623401235278483873772731431981235331216
735074162478419546325344615208289122378046922908509386280752677373
364891675275108867186907485731511798719112758973717212220069790268
627015397703337623539168573023532778080515008525981753295550807877
886672815650966691615839112721698699388759112688648485453452898384
500172007531788096127347744030045241675032393038367061707101305504
380587173067566833533745378303685599937759086951306218465528579235
933917419171205417969987256132453266577397569709321705621938004614

8285749989375231643513474707365882098106057788654165147324898178700
0946301385079255922260729715226203881943748439143105940959925843340
4656576817396893261104598701003727543525116377441612272999941018610
9566051421596941206355131448597195452860809748682548745244590362600
4731380648393797344681866249700721554710601935002386483893437562270
6350127925849417326436623720232785535941949304500111524937011476340
6341575426409557473943069445635423620812122411763735769708677763590
3019356383644402889363050783332280366747439432486570798950852508720
7418326835271995157792652719876374997907620843894634721262036078300
8173814280478785549782897862274724417700301632550133970537241768280
1532351617690692199702556999620546424372653577547251024031299435530
8645948314701949401560266849430318378369365546618665662547082586070
4894839728251558916038553495064513847442211882756298620633135692130
4350535417532546229427385701851422160479791812391358185702336381350
4453571127711719432166046614310154741982155492904756210901895720800
6062349088029040678545667463724177248681190074206557848221929501060
5966835352086790875855344900927132510735378131123286004105291883550
0482825682124393180978579666414416419743846503597543167041838521450
9077943357731496484574214860854886745291314574589315184834205058540
2721160275207010530288121820442571850407971773519382644415143034000
0038965083547606952112614351514494096991515178332585172479894740520
4206100459840736384351138298293353702855164153281846898780435921750
8197601110371882601157152121989928035754608388740947375220406391230
3628982806618731953235529204014220009515480880706100745386563972580
9708030327985512405709675299487752503483811914844763960690239980080
5887510116129006008076911943810302609494806598476196904805932178520
1399828659016361397294733342452975784299759023288921228876174536430
4315837531437849574608874737342587958758219901935389814229423917940
1515613153979302514641379860895988767541369432304048702855541978090
2295804469899019290455890684659783833799449251271604941337790706480
6578589496757599405061755763293475680828922029111549186488201592140
6177654499211827254988676568962251706361483219514060308448688429470
4908171412276698952976652846718701072919337792928244353243138285200
6357061580769259282603222119402768779042924083653232321510235407530
4232109476053210171678047889604168510719739693991861879463461896790
7135467867224402905164443964782932669463584918661504011655032137950
8238846403545337067500146824508939635084079633883393164400215576290
4876554514962298494573570455639845828653901031203119955863297898590
9642742416545640221552693117618219340405280497700139581856995045060
2690832184422098580656036039665052040509265294491631122474122439850
4552334593973602158488959564576035601123947226002909110232358183270
0776031819289578931912004228297227192768010578564466733402031860650
7975998976736300451553441212227464921178419210429930233047545934080
1486957338855853118789257243599624701958104940834271300659716364370
5165746371024987053629169290060997979798208147147131128995085184920
0039864046146530250994914143403583695568842161518200066725398585320
0356707875344741018213449970395917873975349621147236777151075064430
4193206709784810139061194681429965659469499803015015050439499165810
9364340617547120060232533051005685661995398852109699179681030651560
6276114001239394412740504065600221709854777964424685874863196946180
9551035133391641195903971893876105442642302464412785966320148479550
2732274340928634620098405982453385763861519336443209833918195749620
9505252717041594110329416055200707970044527426550329106801682918210
5054886572979083065733200566711040393166428946073974276132720699130
7735888776468407672601645037969090673762491231815694613258421465110
2430180886283850187273208293049320534883490802257999620893153820430
4587462062523629681224077557166761470833253074351802801564661524120
3357726665459689501535120964074098799335251124236839325550804077950
3890651359848693148572687489949014085300106254036984402433985738210
2677629454919277281927072710075950541945450379091805163615808362880

870015386724394500702749898432185567647403247143923664843411160620
931019601825031780683539857258391335713344930361449170866597972333
881453092174031811747752032581674338945826496752752520361126273672
109764543134023806587201125134514611723801638359472687522817638356
655896188613216729989394014941251035646583363688776090658837696741
829191920311945646978094249838609041603309637645292794234193002301
740054343225854625094743545517096835436975603565019923851473718492
670597233277579791173815247435316334241172984589412910750455504288
587776273734066330416039180826874172606596159893360778633070199222
318466648889304527152405511746120223016036619219393661579378673696
158162597300582128112825576467959494028146674576045577470673902200
197698318259700293819541492759081133733236058858777871610067258359
623260496001605899148893422047361613271007545230048439431098999163
722188623262572247230711979182304944435140335744766397083610698607
144570069276396639734920292183462976443818601893766880534512777038
481569085406140328036150280386094903353489323035792511739353041584
113326547129056739888443593082228303303222116592985419196559797184
885423887158089140369301617172570015570614836906812742295502793463
522645006869343077482074666368747614762002275018155179697826673741
459504387058872387338963291213957303994663054340289132774681687546
695021614124655037009126591798302903887348417613972343394556935660
083801609435561378553746892071454423377646719631384646526315701017
132358397487466544236302779285419045015666457881859979478971251481
140502377690261728979301308065657163121212079142907054215088898379
545365916435512334174598794809276941751149031174605522455785458135
586702153090077031955655899599746805741613338361641691140099233415
564386836225866442807940336267010522666936192467472371364090542898
520518835100369268187997465647052545068268393626406994422311791299
733364106678173591597162898327417728872302052609804248757771006988
196240372912716284558358478403404924364878183372432037161878814931
836632132424242420147187986601290829544902098739959542872139066776
982756308916794217401688235876539750420302448986418896369096316270
120557681969929154992775142543788129467665083250351267168466448444
547240410124528064217832732227760436916102880783588718437100518084
017958014108352816351636038053463076389194761501869867367060501475
565451912556348547440616202739383503562785615295889468170169994014
332311095287212448270472060546025850066704075791114136827906978686
587117792043561148929968719888032590349546258685078645156073721715
399533910705457420844700489981128289942160212220926244947274540561
035820926425126780398190545265944373751942813217137033612591057551
698992847294695342429807232562902588836268426784470298363132949660
544162538614748828347981673228810978487694132343671883348297513277
555209811183566129984856870217344971594558142051676013631681044749
8709163649431566670016341247315263146664694470222860280711813992815
888751637214266832121415092317205731891117328825980525201560900415
547775952404089135009403651970848700749678332743233588694631268790
098502313172066141132108607604861957063566245230487204929701679457
814582009036192806782139458937433777693126987686811712481640849105
253884239333690894635409235802310817255763499799694364597544489485
664773280449886762357891730215026987964549842771233602523960136788
902639127631673348690099465888102863102237495535995017161877940595
427203256807509917230406040592447593475587819231150708603864364001
669769358844410773687028457703794092834941402822129586407527063935
399304447238508439688527577798355208317581070948268654551492346771
164511885672238076006299878184487827005272031293884799820971943202
275713635203988800756097935496850722217381909642757568466440784384
976235954164378986071667348604995364292157690926961517095282542108
602668881287621322828870123941112135608499848560226167435034883052
115199522213094722311882454739260808544121534421043454311042835336
107232244610950475490308238497623378772397985764670714850727011550

335079176889428553256555785689141110539376812300764172733233555555
695819795161678765161127158802381737058125843376445496393209033630
888423831346474132541575834085328701621478467527366035329814219899
900103996516639857816270835896248137581128520502746831434621865421
002873579845306419721733111903252007346192981287229517898245111770
328323475986403956270619085455073580791658971007776402290351977055
165146315695428841424375579757096894223288731250154465913235682234
856323088186214869175254442042503115517112520932667209352445385328
575930785720519631126771596563353595646066381215699176134271050357
968934692560977592291135575500449546809395941988076919375288865024
897112468591619511911805736623365074921836732839574906693966899486
388125465885588838303308642792235459716140863913280169686706096747
793497025136967094921185182680683710393297681827934909048809926852
979497855733371545681229119082889996496173672758296772254271826642
232866400132724327309242950923056622134697756027497131137749640216
045186933589599433451701314743167166992535535262519182296068551102
552106617693913058993047044013055539478586631684376918286472343532
485938877973370002374344405223057833850423369748670050160028663716
354807214257274236347165982592000599527350286342941390667926697237
987304373539379577587467043870950735671245544966030978961181945541
702455921930096405938055229427692173509881950338542439019622355656
650959811895084955834758326794413719433477706441743068760728732386
031909376467452918921839273405652449125058695651761156206981250039
315388458184406490819305513822068081023933630856535953832850815185
286024907380888193971974192664563416144842651154131695628352519591
124428382628810103084755454897369025403588236483142440595060433363
721723113697973766253778983291481467685475411897102364658779329452
455366084629871709766714521539359362956508416867938874745177684647
019705601206291119659392716942878200104738422691208420374736338838
627479266343817074600861816517701247380026891028324861454672894643
770339434204648424196702561879164897251838674622230416516000185643
129965411759820850056332395241632046675535001335372968491746764631
941349922374424722463302202185954740646378821188234593940899689958
667766370114295285312707935566323783256196678213665709220602831025
653913540119066214292393816411208069617216043809938799300327913519
396160545906725965724244388667309883949480405001995869954087761066
913890684279935646950245990878656104815262619488029162203772854404
310761915233096761345657898664927602310346708078390992627547645000
231115988151525016675637395740190577034126134204163590448083907653
748582777525966628543162988331420747782612095040776043338836635802
430892448403488354102870614733963283464657835796697459258740113463
457623216081042397622251689597347681742851273772134888431264298689
167069631623873420014694898521423020835510710710502557188462778564
403760534154873713405703530471604771067752932007990830085796335058
913648697747150937612256284483514279338752636745707222002567691274
834223794366061319862676094406210515237198485974737929740617724333
077735380254302218943957667695095667279812485008486264258848457967
719356146646462601496495146347149006188672601302167481074660541119
266891840637883531105630441708083578019992232956434743032959791358
894379380097270442582150692797998883144672532976896720924331096787
787043725470404969378268535332779967817629151867127754136572668369
349108729256606562281591526335044669497567922949764583960403124782
609680807632457291796313570638055301817950615589346192005525020421
276892047265235195908441637059762275805273353990572737729245898431
134662089469356846280770879593423614342618357397284121665260195438
481774502442968737870447818458084566985918167574593630071250992994
559021579797126797928681418361794529381147438345911304949490625457
775739657448250418936610501567223911406337904426932767178357282347
840242922904037674700397134683438554640642707102611753009130847612
735756388934449578014367197801389826534243776067204873056592069332

816973770772050673214000573675534498089554053868887867159112407602
402876493610914648563243513922828961692053847422089604660805903823
099659189334258907900622370408006699792029798194409277173502701273
368468208673831027079479355302208227752154460927356207151719553874
896681908468028606626805266261730739559289324327665608205589264922
811457207893258778236808279305050030741774353514258764320918185432
669406906760079190821342039636895309452563340221307302098645862976
896554724865262428461104736657509041771732052323741407565848993239
27086821679426432687569473519121747691115775407999719992668288850
793903934061031042132964682504077064770521769095572432685966471769
863829141153779769760002581927239446920104966004285085470014809180
810817266504567967186688064620584788093007116714190784971339391499
399525524545209494650784349719810361428778184033220570694639515476
946972767747706424864607939235195654366350830702520798246537427425
699694577564626119873862943453280541508276209906622774358444862703
767092488431396731265635680597853428581984460900825022815051063672
691418876039788319773186265729314218073290550935385624444888087051
585120556194413737032854054757221463407137369326552108693222709423
907542994089944254445906867574114322524261672343521912782585438845
595167978299328323642737457452544546052939896806263513733587214850
808820205518659958034081488329701253781235056793050818818568505731
233257555542419605427358319447976432499228822660435558523349606680
905502905216337784746351934749713022329493965510415987839740167516
618593605179338950392466205245511268837311120785257244245799623294
450168341713595140252095179264681156829820313618827396426623321676
441524695487558164084358212585044247670699693803758573003905790110
515414779557179169312729095998221364115981595201458613678920666663
532183944579112942949372746424648239215477975615733670895761840575
322098504748583570891766352727809495354274482525113739382912378335
184147182784881809377625946725543342069023837559765846744498857297
100153365702593838609837888370559661656612261881245463878074036437
755829259340136451738584462455407649029616220229244791778901424327
249245624610572832994427679678314481934670551757083502942567326335
264906514141210237861093296718863103717170461762893116167259029067
712239858836596414924553081207285708410066076168543516663530341382
801133819677912289974126655244951348338934636181282256499053411503
179141167093830767768774232569803429140799802919107611396530776180
407622194451519402604063470356799353883274378588152011080406490885
175270082056238020512864218424823002632432055997998346926232665644
701956357300679539057244150398164239082136235132717714586191210328
112357269933087662553440894151205179902731473868182626644475280406
727464085723801550389418912595893739926501687752743769741533748172
422037707128664490771162603154417119414108348606899529507444772203
362744266818471196563615713772424615456070479650878312900133434911
136292975583609060175949453796861506817908507607566212738100117918
293076118629911635574502602021275654360951138569094815424476722607
340061037334261273608044855312147578890237559057711317455009411859
748652962705885639173897159515988987014175869648654185324863779433
780506989345553880505233124949841887573046444733144459850552473986
539970734623381939800857730435695476169828265893810030602411218665
685980207253371656135335099218859560107881521955992984830737114161
764839950330037898824790345410532502054955693588016154598918936886
572124748963613671862818854644786179243581710112551851317871774504
307353645029761507292301108330802551534951869294849716900991730394
769733378956502295614877878048366582834827540230192303690385819788
534303828558273006721561304247679650997367389863963084595330994467
3660052789535100775106235405180950620729591214778792666263385428792
589775958630580646504484526239133538342627050430867009467036220406
339767252991365187842306583966702262580562122210733541161850293635
641616655779237766395860494693244550805903617986442755741294983021

046969861644931370103702775084860153961665864512853545304815598296
382985981545562592486591863288176301101499737206920153869877418621
655782087885028970856782970192695827695239408257958934666666883918
358815549069436830703532763207934945109365399450972042836730670351
441963155288753214822189325967173707812714051334747386080963694563
512019018439160557338408051663829148862479351379403713197966875856
259482942074632416148196268288849800968875641317790265769105550802
543228031258589984582872083257358894763134926062496271832200731813
542439536437705648192953995700144554383910878449144193680471065163
474031170374482458505185788180686628844170793566042698003163236349
120302919753700996010666193896217318762267071826314852284417279433
406818103101838417534997349697901352604608389864938417085293469279
158345594247787414758186260672246624811772249856862298974404384392
184024560360919123698959782488064463195555559308328167346023120406
670072487747599806326845273202557015621687662840583268894930505193
900504950495870154003485427760246248588466667342385974454567161141
984303835706397426666703855560964523903570201073652328352769206772
213666358574608076159948257589026155644286649673725692080468511746
267024678766860322879651197857616442650025536622079972039998656146
915511996591892609987569195721982755095064759786156264742355786450
113897041993509976406676557120850295842115591494729075235534992741
008512949193855962594032638202524988224921444475588270029003679518
705235762764423558418333071204601246299399154841958135512551467709
344714433092476373215011861279838185602557163141744264421039231841
248615613047098148024733881256960519677269438321490104652409981501
183394145060084222913194160995009964496196330766171680279966145964
908485717408237805713129439661036877272697904349031896749323216657
233190372154146103647188424635680197125709771242045599277189401630
807555791531803886385226329349122868944587124407187398513109807299
600005402969139086326671417923649756297192502128839909708484680439
071763198298386258976031273818102754934261012824458351039724617260
027124726441028393060367775439840384623746557117766042747940447110
253227526070881915259623881035944912100259215675509990359849028736
639465333622278560198785244807812000092267255630431187021878325473
868804409188331048255150339506237035345911575694871584408122253546
614612133683291417713871207911325632996961058630638814550382930706
507642500409597837720091354284328731106694070419993253056831695331
854406218096083461319779933817165917065487955211443993463691039132
585349777380538014249409345036276165813689500309512610570841234456
296013280703948714675890101664115170393932146989030266726605846735
059647527480561780786795393551032684912986766565426312732988529192
700824708774002213743115658696907606589908547798087756486559413089
027045689772974195596550109221935693238497816225875176465524209255
740925717695468860519010003160801289728987052861085422973909396815
077500965971737146008611522092622608527082988364373624387798127745
117082236808061077077413663347955743533547250663440979289899184082
181502006262900581367815452848577595273359535974840872450053882741
039998701952126233169862828034388497269141695862950362027229748868
984900397414716167457511413346027344974235505878072186655258735064
125308324573880356085157662659100847907204770453688975071997435665
063066316758761134751644189050994953044117199851499167397662294269
445166214080877491355367345306518299977582014657530815794081675035
725631308268975276869491317516603141962741227162095782997451259507
368949976478651309830445539167618793163664040969778731171580041226
555288637091406258178846923903643987679438994419596332277331510624
171111117589582042138226824715855862315936615312894321916548928211
959762276658143596743190469318970709546254984802349550186923112936
640292909966700863878400428904420862483661779064302063305933920322
434365160794325702465868466897715343280772170987980118148551579281
644492135430015252996137723601077292108595131459952461659422716415

747632365702571880611706348762926273236008312525699654343218937450
779674452915427894712722894704464813147441242211665900810057217233
044387008737360533164683029287005557200190699431998706454465506242
821727117124592068124294810550504047059241052883574006564845472456
074875624763472596201955416308086991308656786967875539700812791176
866919496838135150988085209582767929487854818158433903895764802898
509257246086253006148886286503065719865793656157955982572991894328
947716189620569354672805441856350184626344267485715560888443376776
775181119587963168418536391233749766123771258705575367714255354528
010236191288246608468567360849341333119579933540423335773588963780
531839093444280492270352162230871494436067300423117979682863905171
951575052097655902730996709989020051300226332647381845202399769112
952460615572933669965418267875614644743693887290887894259922714756
326206666732908094698629295343111076243281643273608630864133864864
668368334034117417243361379086047880568004597543289332721406080344
475032843441146117190967017625398428226686468388170610025364990074
317384700086148176164319642146091993738188776548270699793984153938
974909461030806089521056237233733955299064854565477711132351150583
518723974869707635229334354972561003011215891267832849264645292657
116115146530034496144130407078693714179233116662476964087635487399
017477537102018211428142144824621320489013665523144244134042877529
811835667348556593691796255853153675107980671452796637458994210311
881547454807524651853170218249967058200928170347143305649061103029
660077886218643958620309126219537459319155011169133155954733941172
086135358840520458592736046321982702240715420614033109614862990759
081033133065914757495394365387018430653038342790401430598298810968
662879396068421340105866813687700862550410669655362243076097486920
666744068427555947082594037595454393281264615197860109409221003946
623938100024885780821530539641236263035680445023302479433432134418
808431469281618392368201869189398393330782579391518765988615852658
830313054820647419923861166216919045975656253336318446768950752992
586777308978113220554526893234119637741580704297917296184933765166
937562151464881384172662171532362271080278418137745960978655724521
653492678760880091880707514451795591893207464840761990517355858488
913303280635078797052313167676931577373187959490721237263799259715
349422416504918609591639298051537541530560108354141244266350884117
088954264409770274228232128737818584813773935509749335551140624466
436894204535523793022955699025688892472476482856987927771770439584
369247240062220941325554943292326806265100656067112487799788039988
221458634529591716662481653228741155327526411248966562365362717905
170820153100267353958824702235281639972401534641220320257977808273
135512050193684281552081855499751491511016991412711608445400907620
830051416461882552963462036087371679019058251894683895404682662971
748668008393029512607766929924069435225777438631812759679506943700
156062505627855914341512413394030327712953253107118617480257722349
489292521980974308952122314619576662075923556359726690767986661233
291059527961018343106907702032228716252083611956494811752997132749
730597835528521285785478442861816852571073997916448507379463019479
486010937938364054003035089249948913801089313227030643660409213615
225175033647591255299336234508746206252211615213453346405907315273
240795593956003274879097386942606636143145093479579364252820760576
736682245561277978857985090507465575999523325768019785164732223573
444661249477999064293351032029241706181476957105077280191727166542
272028024548065568292656244457107484434380924735583240595727928137
009317949584280200678166703023483010740547421926860540197880276706
177331169854901005325265807003919332218325517622195004956023295431
880724870989224933073759045534887851895773428251250967651971856799
652910171995101746478143027813335716956422319340757137678346086967
122438121730798969383121704204911241451586221205738198926028132533
616506332709612681127354457645034386271837391993894379695856116712

668383393759855826461542797813317912057829123789989227627725615951
258427540001446320445791065468667324140533658619184280422625821688
273710321538212290016053895557458048149707951428828742756657075814
826054824202210612037688341073437044616953135658473158464995233288
974086138926037436545571031357309787030515797674186488333083334683
061776199649533323434059168678388645247041275531439579402788421613
759684918282328600669289116050761181598098057229676116423560905478
275530999022836011825568757238788125858293421121206435351362342333
545480003763735392284413374664475464899727153248706234324739394940
743678490417272542657426758951827960203343622606184340654829291096
947327758106315005802505689492133983705710619553810369925100616045
006231958956852776338414533870921568787580321274603112849248871469
759238966121654100784516651875999266072990204583456279634204397156
524456500393326975841615274186890528103396227728680145702700318962
787707751372895137492853891601345118147909121245542835114507476620
614502078740552719831064913195084319393794051393560862448712063282
330972563106568067159358712039921409666332251191044508321653543621
993777585843281227230971764972700282533520236033469451608228728472
752281846877737507229883391318768369026382449348885643460614702141
015933553708337592611935438143753258368050686926516021319638590042
494502607779328982929749310257474851915475821236842755637397781015
150277718846739673439741825642715865300921367338800791231126616041
891722846890638267871722469773414700303377094862942467836229172179
125739785889572304938003585912363996896312161385831046483707963766
267992976156682119846593415593391674446886200355689651840618965020
995787949475034213451064682941891357624099495577188337647484493614
890337338736408448766512857990600569180355802175743282237209829640
541398491768614254113578019232843223566220125337569971038210371450
536113521580875443258875177314981234159790077484154852468747186982
843716427756796612188225898363586461233727087316163958782993815527
341580288062228960322744791973151341958948838419529290567529135828
470288997290468242178115881254450027577348975661069369938306002844
248830408556897564911615693828782862045901715920661835559705573502
183092691196050687113637921989163882647003032398559982585297372067
596850212232594796092137013315436900473475800526697316366280876754
686843154412005445181096396331779963270733270078424261594328719836
710018530522110004993585898093472727826132452225547446633652346902
607995201882984865792935643341058619206357658021349497123815423332
633081824963302038636180607430078936284804945727476555968976904796
307725843589609723556268852771769509575485467415631893654443452682
522268733165858336717410453518601689739003705114038721607492565728
669414463434281934220107879944479315289080704416783720859140380787
192020468714895404296577827423277263006754826839257204742895691916
760052052321538211408873240679725588369972297703978174778655445133
936952804673097919875464405405015355984214901764939708993368236817
978618263713774776189924213964754681521802356570084650624621258009
338239375893985352553247370307268761318693261257733337290274919695
015084048179987728373665255064027193614777325988089081494639422730
754621137974252544785730656206162327584566336871604105456555821963
228444258001613092292561169521705856174292971169937298798552686573
679816223076859491733218637615077351715337805336399472531737904670
385755272237382781358856453237660838981202294975179584990141689663
452187860835838411893138472832576864873474621953538997800875424150
586749780156015931136540552070950803525500481212312377181521072980
032310175918378625405659625399485447107620238523408341501421890183
896302766908646062889973158305000605416610521126183324563088749423
761321117383235991026715443333980903010767519215606860915099297579
489847091340484776037253316486633273997745741707870588584989036478
250500607565276677666730181427983462997863115472471904638130827026
950271552434583777132888840113322856123276424758054914145334004307

3513682001671030489674079132204173293655886380819902402504247589799
9061997394494240613938590020437450817126160362783912411472682090085
6905268374225068910991937677220777687371267701529071296822615843753
7149665346296154035289806984981990238158813249007282842031664545865
4518677871817717727792832125269683229766412454967397152787968043477
6589576126533852457391513438137845005187385915329634140536894844397
7225508011960792690281162293670434371158371953865778600341946713097
6653442535523561350392637433355902487780093167585566502026142451757
5202310518037979241601868165327213490744741879263046379357019572547
6568707696490256283113949083065981392587716575343290518298830744227
0931539456267189136509327785275856141886915058431128180621164533837
4614564998610279908878315999233208349703499009644828973619972608417
3030501613834375735033502696791991003945764850313988998040534762077
9799510355628009427119807714138625374689420067112929037940211050997
3128817678635571212882205845259023298827844889728557676433765513207
9837208453651972735662945407520786837748259937695085474585377854407
1518668703212703251083788575535253274224674561655301752946970492867
0349352376631937758153126911215712505456493662840461315754932343617
6114386894155191795521160403279413870405973659682877235554936953677
2492603352744989288822044886844365275158954689558858907183172928917
2923457744284419272505276847550387027063282979975853882599387906787
9963676634726367997091137000500451915150705020857447053203113428377
5303964506837349474651525431616406958839656960477624810076981257627
3240276563247145586781166535633573841332037563285771114579477361177
7589109784495974871345499454050089749431237026691600227796215160167
4431446321556746579869691343020917375379329537363102934825941848517
5313457700649437390976420858957317742314576728829679067502992231527
5732869833026341233526316349020649042970821006326488156767632425447
4687039213337678948960012513626523547256517022255955699862842510887
6689684710787260016733242215625124292721308055932622130721409368647
3549968987874303526768849221231834492419076374715747446252159745767
4663572427527952228915040642776786566115191933191817830567164653047
8138101066673424591568641744576883906241920186541022526697061538907
9990725499842854841956681924545197470930614227531512984453091827577
7151361181673035809321460322584723528118255047060621542622432455147
4689645726938231665552509598950410934253743085999797137004258858347
0304497267109629969763233607776743734798788356730102864713845459287
7916374901454066475193948993522123624743661317478304868846315160367
5922435767627623446665395897964687905529239027020107572189191382147
8316268524904958486754329312418264134662722820936532772839766755727
6728973193812934194305723962072329200718638674667030636460133111117
6425468025122894305331125098538601201236070449699785210958598753297
3032771622679823055107676926800022074188490301650050385344759710187
3016737826819436124165696392522947410357431851765836560341232764337
9009565118632607917338991262772072135161752222552418296124339628257
1823286968625444118623812330640345331556016406957472320383651456637
5574987344116859941616551824960425979839267816131483180902534507167
4666442670262761185976491324768295272780570322383435150636721770667
3763740249030465909628596027197972553780014182019981018139812595047
2348662483440439211364872366629202063939628845314483748901026084037
6148407312006741562291596696366940836032643341496371209854547525017
7736696019714617846451555599416726373970858649598779532421583282187
4109391640528356790706864210780346607571979891481554005420051073007
9627962347272499701122177816567984491943322263341503385675308244677
7341045503274285611574553874214000719284301774473142300983657607517
5512777962810147220530668174203505967941050980466563136377825172477
0914099255524710368126705138246752117200528494295219748862848985277
7878356210600487812711440634990881645924451898010442935708329047227
0160726966046198426077224783107171439093492897379507505647105380297
1618749188699463530135729350187320668731150173153109129679486254977

958151216822075712318919091383383534471023659794480804712338827444
035053467999529133546094139272844651391190836076226579839815642463
829159990441628452768189353279135674740322735150689098775472181557
499848834669462227119434351395727560933187767215742857830330183042
225170496329716122968367527489832947231506974978874140021926700672
065677292131084935729407635928956182812900110978472432830384651974
375857368591230981783603031405282300813026631330413992533992179415
764798534708178636113772001408570838639437703529183497403741835116
223700401731882693932630875054875664529093265665030243944536227279
170800381578513252902365105680962589179424001638714961212169469925
442398674726206005713115387838833883078016537883877521159311944935
956949179394057884886062395944418497289287230849557926072113297712
137238869698636023682916222546471088062109447913239901540667816028
934694282155062721260541798291781738248919973382953016826679061778
013533650471886339784273533585623279185357977922662703802445696829
686254911874868530549785796598918486218623748556393532156304899283
486556154154064951221046610376548180602506765491340332738629416911
776263813834785118364105699966094920204489502629446168466855106066
242088314537401268779478139859577769903987707399417032565319355613
000528143599456061261608322358990324895659567527576985324574403560
761288607968185761977178876556198523752744722359927202060238916718
790814708867068302793989768378023337579683748471679204205611884614
435084238369737859482588497825952141431676898495921319389412875069
596149193271147035874533660814943754697142919529031019389435637183
593749148307423044934029596281116652389958110600093862221622655252
976610650745271358949733447407281673926348622262971347155532936244
457994650823197908769074458525370345709007744081534167863870148099
674124003837808523427397788174691080535330509119443313873040838043
067506030686269532124522901667503856318585859317437769494157410810
572749444384001399152295292401680667458424696605569107697596987310
950784518251857689800093942863712191016698078851710571144669507031
273706962004730035675368235205815249186823908397408809264852704581
680063915340134937352547150923527044161926572110042345848085322398
093081970121586417329130532589871715885516842060650340556996859371
591562193954595558557009347711681179835995842798195564356365309389
050941964641889243417661217711754573714429402729377177659183107443
058151531596094826350633655723861413920813075414610740512741348138
890687520896517547286443489020150187201836613841728079882729582018
977486126338360371109414086804414638189975514419051152014024187628
978688233866528874956474011072459905537992175155647819809184955876
752778280803822629818043941563979561725694090929518577447883651594
478720682678596369454763706238206696202396620665921081278183219127
468081453031421779867353368489380826681896912999835199422321272638
771597576428521321515883717146485428812423122468402839056157796819
989785562510271070628379399431907357979753622873719947845210383168
668521420822019266723155810117372442375609151489386343666526579426
037168289281580693159057152379480256619126870887647506950850111370
257880233381801903021002975975592681821635953507064188571900594974
446797417420252130947246191950277213237247025702961631681464762184
643644651799535877759048091724695567396794553734971032219369455962
778937791938340697253788415502062958387483096195420461546990222684
347461767711319737486600087935443607302433663280865368473350668707
408900184703067698214753133731542862215155131814095414979724670676
343697696458309286795212019941406654043266683440819686918622917654
410364920807857292423388755061809836591222653797288411120130691018
576030498329532694214188425942866214695276880632082571964867134224
698526419419022236241186339130284171844724822755723379969707482002
437580371792180734202080536935740618765664169607739120909813494702
120725197213699642344209305478465069237446490420888732630226156357
919606309236991602782364930003449747123779455951240858239709946570

2753667598133047775050505366345747155165583727731007857817871530 31
6132768489253576078462114788603518040297656960584867175676366593 08
7480160999279507871789131042038494789432860847970515042833265245 71
8864231983999328563422686078834437453092728931460925442990607871 11
7367669598496330621775148848993377878678597852652805705486612173 79
2135521247023953256081906788528038324229680755447174377489501430 23
1501469612254948953383627569448693046741980229225550650874297727 58
0760951068798271091938371422909682687285963219428367272424774439 09
0600368048527845438548199558287433441890955230992659295884828977 71
9675054392057716689385523977360925820906934305789867423572953120 51
4850903846524931400689961737317358162222944554161493578714775062 70
3761924980363844001609136117137295576618089263864679402793656703 85
3057799129885739447837576390926794433365054967707422859638087218 70
3995827147580004402224042140033035903609605480047188473046782868 07
7409898322252624531680320340844351093743194993802990812417921108 95
4239270965425821958485866799241157884478152195574983222583356742 26
7989600980320093548651085494676767134053103434998643497580002152 86
8358357213659782084357326046612605704644092005206437488086840419 99
5854086974773160175053902530649036204494584764408820400538605715 25
1822177935180194147116600865329482810600219159446927834603798292 68
8186777848837827131481606681284808747904302342003771308964647817 85
5994618375106206884413586284506303464419139428937623547427775867 69
0146782289070060926832522503246399533375667289976602542465979519 63
2609027426151574818652781929779836811013313396516257933184194070 26
9649889513869239612612753695920602296900874208347208408331884158 26
8380193833589732243351364122443211749794047668241678096352035664 15
4332541509645019779105414609437498159904457928380288801335624818 14
0726114232759728948241418870259574549342547227469899768771623160 99
3228850420280708381008140918873526333183584207407484465733978384 29
8053471060023742199872117626833349092090738653379590749280892830 30
1072075504724508511833346763047598206617899980044627448033701965 55
0213204413964236745069537087816973799693790616378482011697962707 21
2703584804794885806583089632312886734029638482411287659521853624 11
2569697491990574782803262998612317247930503236377058456987857745 31
6103866706755584406824089105118184290258032985140961573315387563 11
4385477921529836638382158713588240820127783840973623264758443526 30
2816647560799932214839271563212499908370989309463295598599287284 33
5212524274334943790238249494457851649361270326423390945448086200 28
3535262617529818355252978804650281353991128471612811534144603897 03
1654677395258765383844457461103515616418092733462541422179033107 14
7203105992949538959584368857734894952259821038315964206232730714 83
7166917989674445418418903725112728353005929827393747375710992776 52
3563703606473487247848396842037423097589988743878765428415935659 73
5883450609361299244925874676915428045981328158258729991103007806 31
5924817220522132060107714923366010031827100667272664889495509423 36
8979354810557964237715449541371774079951775014666954655741008015 57
9341795983013187154617138382203332872631369978080937562816985753 52
9253902365681143586553982842832417000516419900517643835120057569 33
4304218029315236854114240598680573897377172090328164862383954980 50
0843602353585825546188559424426129289214341478982670941767604522 25
1349298729974353338206276224063310048837745273811887225818199822 19
4282936766660000403799148700185686745544123195735187123793059951 48
2159548677010540478202585390833356406182622252080286486668097631 56
1071376418909023606039541245535703806675356765247266803675176738 45
5646966935960226342580015557208962384036477132142966921934724207 98
7296298616757967460829597127485706790346703915786585811127382574 32
5190397829954457674305752992830286341862425450224962419791639827 34
9043594113958984043489575783324648221652497253318119305558561405 03
1050765485899155255426528862875288955457736787420297703784684756 36
6424947670848543073541328403616349134710744683298589809511102012 42

5448846430712271748865869643672237512574076638075779685938518232 15
8037901388513245670422527853876610135195682865233946040200356733 86
0252055134753079007468945261436163812466020943396881829985725346 54
3552854046361041312149937692163026148315182346942096279115494171 94
6607206655284400443565753266414389342772209055751842369120803473 79
8867079692283986937508881614607383824642000815393674001886257307 36
9534997308367252810149430436456349752135453195195003507648237036 18
4538497563616339744294309886387198988081880867474958317602229846 72
5019591837178700154647194377440245879644193433052737786174502452 49
7071499070005187269292834587178630917484387855063975477813979761 47
1029748052589306922166622252353734490113539862660281419264762937 09
7680131872041406668762554595422292493849462711775501758620213788 76
7600298051574112378095519278181590820663636540356868332445566200 95
1604633752256882558545829200193063815338736565179457437025887562 64
7321077322764662315226993795825381625074119359925754347032075189 63
9279292162309129902590445512172093189661799346949541502186833770 15
2207591130088868902385799152826398678246546088746278526226814247 33
1885885724166512619590003292244047284089619602649237730727930328 69
8350719950917336222069042662113793573787896339821927111179243751 86
8381757621347292227304841109052893127397566546440159910892056359 539
5506226849034817783401638880747758591060473586645607299400942000 63
1204356230811649814551496555130058546117355240521671556660413334 75
8759879204455921756775632837672276901154164921122464223603954033 68
4550113426542474489895459967920364424296652482735068799649501574 04
6214825111674016381288237054926766797280057463290619456179973094 4 4
4872374670630628346193769263728437102506294302398387471804112779 44
5151821086400015584757912846401287399509776297708262263458825052 07
8183457605053081571276816461601267456151310391071769738455787322 41
3300300055347195116690125811352080156303730469080930979273536585 64
9135747113509044127590764902991938820082621739395928612333657297 06
6464102705878385513189346579626859330479560260115450359677101400 57
9933368890040220753848251399308637163433660079237124064576176500 36
4106122054356886881774062530570060230189829110915340711775171244 23
7036436371589022011623171026356501302439912154042701273039166043 48
5289217176780054435379602681447698747940557159937783563996621006 69
2741927146810896204073611163472025898624647440819612040336875208 97
0108806335428443692521801742512119678569911058334944999168309449 46
9847078063675466677678253837230405284892911730548029893106132822 85
2430139744212784010822979922563749918616190953950922923524038726 56
3349624474469034805751356594650462503096250111859963630240365418 78
2445707402458948806050741683907150580324241837558626796044894031 18
4207156184266389930059683519608809915500540819116094261561779964 94
5557389362335095602169384530294074153542201700885059341080215377 44
1689697655239000700113109469280003444356063607661310302728738927 42
2665249899098159012376515704327731921850284488111933201103571057 19
4443871218352322554867726440866734045441353674039901046417928811 41
3277329570523323399878009160267002892904670034550632113551822596 45
4563655802704621531470603214767803873454420398877573153641972943 74
6586782763362311198646746083171624959380516317910160217431600363 72
1351355065556811627671648322879623900371433163480958689243847116 90
4830789651005911049650159928314383120189325251667689558973105180 20
7091561282127947857682315030996548701378014203423508621889445113 09
1741552012125037797657263051175884455791816612431914793499879371 88
9746676777827243329227024826454802849998567554945269468703275037 83
9400366514426856820813090209490578996221008140773669655662797895 87
5993816037392940818983260231197906051459780384494121855073472344 40
4641363331714829781976698669655140051818454197633105563504488497 13
4223603391300589797173467823734723292305173885050046360256819980 62
7282581124555915860150184390904098641809717100754618847739349112 73
5711271075330950790361979461708733446648052417888060677310645588 4

142874312055368645075413123789205016418245598529170285529823491756
815198174953565040453735880040973693100210161974099408857233681398
906852305802152257830798584444988490026722154928888612925028852813
527173780318207628086658198702133918612113360246187362649128598385
704246054788599442082401809197362711751540474656341180486288643987
511052601860076320866403208005880981246682872769158288851453555992
972145134318817716645564502666336275157142261212702829023587031467
862427302335998951338331069080367912289759223209005353398361052808
487974347050510512429799469695877329008120707972879653583923242657
673392144380470361706529595672993234416869309201866257158203504592
227460113349178476867831063630236724355370932562694982307261863131
091050164320612674246086791670377930940669607135447772041240171387
152541478713374566022914274536828100929205588900795084837232678718
659556212837654930431227464459773811156396674092749919903096783157
044379273964166675109789264093117468241878846539287943914280719137
228194506211199604942014167567514155226569328596939900541011164776
752925649440428795835710036845090703458019087499993092734233237906
647410746289811710104027788338214509831606137185058427903895394961
345986945534332173388380442292218684824710117148515834710609975786
976196816012437330230684469271055789326166001295993498597491718450
334461056240840010952490311291513102073536606699142509744167108918
044279263850255766220625664347056888812091343129654781619845396751
548210810244160624449318587351214286010858155871519419397655261062
478092540814247596466270191943785507186983496876926575171350176402
003599383530178302781767102202449288655654620105595674157711590472
858301654225614200548268513719162768982527266000770336835926768927
117466145886443256295441705121686083735716597610278238848606701446
329636821363730331746487176320142788006742493485684457268867825525
550925006154697582885492108122224766822902775116822369502543987324
561861209996738050145752145346770108025915298160421223116328760264
578489208814442541782351787729463684916863787103355988029352879751
316600965034502135008786148165275693425491575825447858789779004210
159280113548097158154932538649021151389857756639270582004783308103
193586172095928503098371977956384664987334554901336566062958993312
667035425517958589534255685222167057206373166820932241554656528706
208202685332600866580058396609069504970302254534936941843479918148
540317521615318893601698982971238272732961881513540418704927348526
265666408136486378871680299743419921840452670036155802038750040963
721886553766105646252585967623112091455580614923744622486559052594
146783412301336488120864513178145054641794164567238577509045217705
499758332360916182468663731199597425637392431936836066334687888366
489399770870992397517694293270431571634050583519899477212598612465
956758031364020077933287978651130119476790122849334559372745446777
306994245626020238875493090223357398303966428565992346239434307543
557661485851861284466173143979975977684470929792773827647093562794
945093757497580940229719554370143859221216058081004239743853304543
467119143871226627091401261538446277366108865182715566402048997387
185384279740871780398587857487216892636293407937055160183714050877
149628160787383362335559788371360809666315218932287510522740371018
412548297128568954164194927943850639454838617154528632987007434474
646146503414460256193649389255719342320962385728409362207205517646
982530400643228756038069773146999660101861018409083474528089280983
391290914925830365117302996765473925151845027724484495376804763886
401906348729677479902124856127316639984427361862308855173182399678
817158183206309699648514729573723694647944254825014483727864303542
669964431539815277168679844685777773176724214993063597651813595392
768068710323045802519156036464184552722886148251459740929971994529
105998334724104185420272085136054307357487622738407920016763466151
090614719108133008769243989050542838285871745960020088457644825190
313755480860179403410944189883726523194071831370537998352344375954

898132153424084287482442809898880471971054529233998476551717751441
096350331443841574283608079013413016396157944559087366278909144275
984522976305439340866678264314016375717056188134506536372888736845
773001897543538641536393817376290182296333049441891940659730575385
121339862756462498470327918415111491211352501046851190089611707902
188891880624882538422836411906558748088381207312323141344233353144
433609656271921082476403927206088886262852588519928301333058905765
272829571426194979164995894363177324749580959841491639960872405594
058974095185184537010842391107823544795389772207975226175997379931
801766025841678345852154531357858420969913069952099187860988612444
010607411986374471530993510334286163756809485035927570474426589679
566193382876884746673876270357798755596549401466289989209986971648
540723033988839367611013303784045113078379970433116053326219954425
770307103968439752796919730812802511262236007775400051308597498304
645404951309704803426138354091344540564134101462193716056552804448
400880453039649492973826865022745282299484577467343378675502800997
560510091528866646587902625776895712418793158394872973887714835384
248129311916831606013543029978483686352773120290302971077830277473
895813465194275616066742843607020400238768610459207769656762678781
970656061203397304722965481373446191321988589232186743912322415257
741929078225709141401815695728457383362291885079486832949330533593
193572091676364595581367992386963556749298651132482713946073162855
012413231173726487739829651492342674132247288632846021041366966644
267728104149594302767238763428606644807904842677191598564512608618
704025727442774514307901736151561773151575005988399640141880497306
997550669101292407530374958155784627683114837351610082642105686878
635684085892011926825243703903525176669009238408264675261709260269
710407047148153102057397997681579182981289235304146491987593615632
212451682746172277968157330253255735223022968339827799416034826498
569382639736059056232139294855074276485329426710589699458926421441
196000845353331145040686537313195714843485415041517234706871596658
893468794776160506525205325518877942762000677929174286295148036393
715562492149219289945067840972054346001956298474409674862465363711
302087381417548333816616561518511191134684732365538248531987858181
814501053869413158042894105310850262582815712311114555123885490445
347986700257077621741380291892762345238939140280529309686455602087
074750296305685666872397749985911356208348594264702238540331396655
512294052067722982107716988749068312321865667889253484373928939824
303927063104601678559287530601787022213306811299142564872664971680
328549439089540115982149377017032767620929876361529476102296386400
390994665174286052716065117214013250959270559294839736129981798102
567138533177106675033131782787325121501327837748650207033135506227
558130481080029460517179886418646938301427222915794350397991778016
490528277130295624570910278494445900502500126475623251401612039820
325502752696951967074235168421191098209014734553452473851605450203
448865261194845794673910324946017546065949133473564878481268188018
707352591838083903679072721987136512691128737953771599527413426674
052986058267277760841997469706419659029959562956055600022176378828
180964658424294431160434101540324161837112411833413369086040738182
186785929660060152609792043026905143222568143657469655420071610492
607105516213629879300555912132665254334472375154831796125640786777
424307070087662202918140655021360191663843859998861232751529035298
703495321075289690611404016598021882803768053487149020830871917804
775313608584141065967519604324017985891535324434233629910033903677
261899140466810276148578721543032757524359320503117165170343024273
760823271009896214950638496910029025774167136585044898207551353446
944194185199121456681506843573075876541271316654235668122273722233
387587767393622874603410636815651866493228134230424204001730539139
580450340596804482575134055549046416335784381605886860227991791515
677699184838574581978981362012970538786726606889518850722007442610

2970737128356942669779338208780912705267402281903448878106828 04959
5910794308881004695618358720934323233044096976123771968962982 11991
6878709833961134526201769594003458673833978234147321913824997 49914
0658967734474340283580315374798489967619249699851822401768193 05210
0224551085786038469056876636412890897515543665065616506192218 18558
6063952563520434789459161679812323605749683748234389055596433 50429
2754772607193219830825380715538852177309242994131441902635580 21105
3579886653626415101464607119855982928954907551481369440936071 76494
2629103403817182161439604176985281732820882103690612597704683 14059
8765898142685317003106627425740828091023311681597595865485617 81614
6064344765193028717343009218001005873954834544037627646013824 27634
0532946558088847737466836256169083430972700699748178242457419 42626
0777097989142290035008433211923977359095594574681566469478110 10103
6963569468678903093375711027620866070878210655553779260881641 33752
9391559615391062381538131481317662760323198880497921677961104 91023
8832275063964710076965247441460982262594476729758448101388084 10145
2159329887353851807306981009460126167868930860243784986072082 80266
9244510981539169597360182132879440792230675841298484903656303 43690
8701425831419899105413985226930754669501999027720119934380998 09657
1948285919876724145591715959557500060243914734649999094962280 73208
9018531774166215707333892838863916441375939741779799619064527 74096
5797692825365348782886469722536557545252280316884710392694299 44017
7441505654108392481853809722462655146890300020782127549450527 91543
6981754966618751347831918657412558355397407737334160156114452 81501
7161751179996399406119110086304704795713409531582791149697550 61425
2596618790194047452875733438892990800297698778930869873399027 32472
2936187651932972809463921588010581209173303560696088255232179 70057
6000415904488179392298445358037974607129470760820065151683365 64512
4128112940020791146082742431095203360028505785103178129690111 96732
0860994900367426065788332367599890317467841882737621128226150 43735
7826128239235832602350621502538812050380876107577923411020066 38835
9646169318157504286066212124025308127579700257872538449057874 02407
6775176118282802205700768033173143733222497208953222317699148 30922
9185252467490518771658719283391451272224391076880381467647768 25605
1991624289946664158685700335897100581727461170013131727201526 45395
7506701723887331443852719496997537245850451851121245323760092 43047
2399543989332763258474199660212612529805661849768230504120572 68302
7889590129847903701012363477732672039081071163930328926896985 89802
7604285309812579195732408053145359995068028164763767861620499 08722
0505717926326447013802103274475785095981537692794373539955990 69201
1086845727615873747414978132199221009794636168368837698006801 93267
2463563313936198022844660290825749708876116126193917988989141 47203
6055993690883893058053593693391145031666583767906825338101549 46336
8505270216052865898969422570963534549240879532449834501523023 10368
3349308340823516829151896416671575047629019534676550504543318 91572
6570514987763841490791267283803179053794039065513432425793133 04132
4948076088104697312495453454578562643292457539754436311066043 65289
4034438429341310299218563861969039536229361901016399352853501 05729
9327718394468786490277192411969477667967432169166174018371906 56046
3900076521196114835072075559291017853787705695420746007253475 46329
8759180083020271502977497891528398945332554071951666575323092 64951
3942114255404511537786456966234680050010557665686222565597532 00069
4853643862230379848569368223874903195490049166578339743669860 91833
9199872371947258845288725401284645056630547236271099264278570 24582
9223730422001039892514376074181197679980049611584889031365744 04814
7277693497933519690791241286804950501774453583056740426732857 89757
2640251681129144017289388939060078622033980666196507858085348 24907
9437151059318692320640496738656353128130407910722221357665482 18780
5198585300198832071946026351214279937006940708565595872468136 55434
1671216007026774829236204014529850560212224418548337825954164 19100

110698441606111936134157284385573768224370273680210549049859651658
297294455519182415160406551183970720272020846402043930729863001390
554348608057272087118125877938449849043705292103749701001663998151
949476294999864284937367525363175218833130871088807978839241770462
788936077376914701380205788950494781158875639904502685755056174160
558994625034600921021093521309476759343508224228736527388837423211
347106010920493956173174885378022731466288416038867881534237539156
003774078668328693984834808067071923600158571920292311134173510221
745594119959835444561375619179631107040180474480380943839754826744
551977505936659329500786951398347929873388781017794560817544738135
591808299812498231500373506626543377645218316617295923566550503629
887119356012041679383725200771593141903519272458016944939389396886
129000119117055885151579807832197586364396223411559124784518708290
402202070552688856767767572084330196215790085294712798233970767046
678343101904313793909567418493179487559919905514096196893922557331
938718224016540438942429761659128259606455657678962695006754576610
574970349472098549641722192264151810279891105903306539154665967022
021495454292522568011997322331862993012889772600548883051801907365
617848724489615573216482574547538161434670840182571136375339420168
400511442960030308232427627244024934395610559393307378279093954401
080585108538114412665516154280952868117050960782891078997195299893
421677946200201699898496514405533694909314415663747898278927807417
117097798317152252276910176290637536782986869272805898815004823069
790734921618995536707907033479375433604945307207964877016335038661
247716798894046172089012433709581716007094122493621549649575492391
338905213792848132560065407087219295204117451146578362108110624285
418078166194941845801094848226063578640095318038055317525908824674
419440837169751263837722218999035166081850378401036964191489110716
279202497884078503577014056163478742264000063558174689957745981617
176542473582133634390557463367004182631314361141816033296676296760
016799420553340364035181666054990897216378910193314935297881620939
541968206581906428364266241323705903925680464546366588202705763264
918291587136360468736384505449748883936255634469025847997339724378
268667920048942544022238694891720046655825732880233249943539810894
646629386210678261585278995737113648254919496669990046514833047867
362138961073979915734993372656791738205067948903357851703480156848
711905733150307323648157543719277078267888498830184864653982118322
884774599068233974621561258538266237228319698602520433786277355751
555072010160597871217465069736999774885058236861823974059628238990
617184581682396699394042340380271521493416458066506094255166330604
931071671973308360331180912226728261653649177815454713336139513693
578970790381291008172086749705669639627505283727439791628764864557
681076979043877788536898437300360143129486649262310772749037059562
142587514293266878284788078762847818624595678168662583026820364459
788509829508925259441721135355859411423995153512414886100581148133
714476205748937224169221906391313782811620178787608643888605065870
832408698639465194511688837952774635359778005996422511881275601601
791590224752139769106798632092833840600861021846713981186612051037
717967858647158891191978082065110498720927329367444664555227833315
561279846519883483619760801583131790674551241002086775238220655461
455939748978692163232155531192906025885276633670028108500403677602
024625577852652669770340069592157761564764259634743356471602185512
767526489221675998015472591183530177901102148470226732507958525275
484231626158929674912801498005754149289437240746443811161096891279
255334866504394777647016689704662497021733473368079477321086193443
422642160858013035024637111089416681026503673752140328243429336919
373726378916898338751375557910265452952313728785719567272503523272
501149088524011122123152239535668141756360827968894201993232452749
115000568066190671007305621131256401829504993342817836112004413870
830454117779908282985239103165217553221739083863377240702608516018

650975472284511975391203976275960199053838294949822684160694237074
685285118596668768797229864602757184502991246920648994694897748305
050135197459222778942804945888936266175575585016684911380345406553
384045092547795648368531413220672805295322177576799732975000077209
030258510443246399340674510943312435873235986285879361322862400827
815076560815539481580746263592719106228645291219548991273889934768
984063069350153058083956513944024323250666224298765923968269410311
308341511967555361378398542211792194114495619165388491859795707643
267369745935938106687751104593905615875963496617956775816312907314
395200211716241602363878096329901332470378593865529140518948540202
1747774349411807469378036532613139946208945557490603976970949550080
264968790833922207730630331527199447948997819818289566397872623599
650538450840226160712887069191795534834127291556345078392909554962
176378094144760392676202991209797852610126161587127075355867886070
133229374148009805349019787651172350139260320282831938137530461743
861854870731522878960438016260215193217278125010153660955395939482
662978500964721476963041420928560836755369714576744658251377926893
003498187673095366561540940181812138145157189348521141376323974759
124935970455118111351262638521822684142229057616723362217416385969
594285558415266032581735696873478715282538546866170831715678979869
207966857938520386732793631311097017509091536397157747854669238984
188000859849849311591372836081341437393598408772681388157631645299
040033170061435515871321048490860408630995545829324985126941508965
889662019644103033569857578797191371874747941989023985576445427531
759127821820679194009597944889802165519947491076702194965961007134
306836058843980625029333392918050437874958457839559752191849939915
665684207644401577026373497360798043894373233710357794629495956975
286424169076671625974311702801304335272139209895910162931503144061
676033044871310888930329252095324604243871580713741133334967521894
678420435201200510171558881014072790337090139060829623257365434902
251585715973438396432549682824253927771242235747636514746268630421
600367373905728097415180263325364778806297783650316962478876630494
658904139814536834964837676379724030131546539880841739693614258671
793819140481431262211849010477107002065136340198655824595491518936
088602077543374425879392350378338502501167727052720609919380261179
501593818710043945478642611784251461725602723804763286997966113116
147174598788554203789603048511936947192108774950855386289958503777
799044798797681917449414290009803597502443144572163879873259333474
843304573940812551247937720838298860465524871445206812031443287202
182491713332412389413032203595572780514404956058136514098616007905
100746445574326539394539164730244554090449359189950093007018061723
337167982022317326195486552606537659624069393912796408926084161148
803306464994054074645973148240396568634321593129943937077821600270
955871259263938062653090637227159030214454082789035367016709815238
983270423840016348101274986996593833187719507936973083569436728856
506110250945352047041905954246820198982796106997322621366281673631
229890562473777629237557610116540065593852372739150669064576794639
205897165228649774345022841403508880830934461816836667371572514163
826056268400920108841378388920760123000864027233105874037792368077
723633760999633454914229514026340740695000357192016355410390524035
290727326982389146458549806071219716833951774684572732705783001650
434385226732890660418884113825083413613799619810169705273677247197
959326117762234453981953204724407339455212937548499646212828779894
759263556471124809844788635485768440400796454086534311784469866699
631550715355346753318278942174905295408470023651559371913007076532
061016462428460575445913627408024944264302474203872311368140350116
491673880339796281288237086263147773710950925211669667728400056696
523553312357273447122505849334210006543804671533515249182317846165
102580881801644604999405884890852354086151838940436071934067129236
726069448064599978077724922090290386244074458697014205902219888068

460965151709482306000964657014364407668066372796875694071351567827
990649079063277209044524503248575792807082252032623968335485158606
931459783852836169456336186314956895751252054275834084337654387735
755811332332244587416913044623332885304034168185327650796295332567
196803046626222693929242338176147406217694381301816446836250602887
868826388486228440768649870505438229258065848704040355625732567495
201114319375477540770919620795371814882506166306925483188887162368
525155484810807574535347566506910899890257900674711653610446354848
625845329601116605524812366581334844340230338387669473085311468229
529009285203397072972478459503263973047096928772755667410787921270
676969147191629646778484264375541857569851081658718271514749550361
565003713207380545212738607371349328329950679483810466721696131667
455649838641066553851957114779798978040531315313046953559560125012
230730135122823590308974131531872460657676506927312075405356228053
969566709404554331001699200934016030151096700708703308962865869548
111711644722242956459262470228438373631682761826381454527381901157
150895220166955589525546220679207427677769230811522647511068244339
134165002524040693302585989456339270364194407539781200821821358504
554735215748043870509653774461478113468716565558883519727921318504
550683553943076050369009362962387836408667012944398938544441878508
815883750876290001144469012888129558556775237521659868493432422064
333126591574887295399533862251753806821534505112447440946911045116
323995851505755123125829401236747715157902678546634378329976843751
816713246639546430207887683845141331311200438362720947289667797439
488890340393339347714916556098784406261235812235129549256259585831
916362448449112395365765871050788073967088109766912105133672021088
490924983481410808514719793119832560149134071181692653771766948863
256773850811309929392427973112696774583490608959014679711219754532
868794910038496940607005645672377105349189064450652802955744757018
578593533302534373141442053035818947250256597419922390085503338479
296623707672334636290375995008754307502579639741502039884959037585
768291001734410030163901748485633064220117520177885798427457959125
026072781470357311880310825407223370561840398146430866701326413991
073500244188772556351318020125185808148975409736973081487305408871
737347442840919291643424402102449642639287357398240381058420037345
869531070327979850229309466268069017927241787098062523829754926742
717401093133908440060317715039883971756517156642506614086351975457
345974732854603525770816379080538731580692280533069866107176170472
318941722385413267567686410850693619772850880899912059322947870172
365995791125474049023042173561164395489353844038661966783227383630
991110052858370782496250614551882569385163576399303075590707409177
917689600909421662686399459309871665187527628061216776559917910290
6097798876029113129385895535018018282284251271767414232794377249
083446842157094679010491342939738156593513336070619125183966348987
890494708726441344580810241396525389714439089177752252411780220168
874982430162373290165423895888029875750062831044553948727701249308
315249497974712676481104179236903256497908621475914072338569985684
899320722812683150370989919313076022276809177596019419663136065337
542651454170789726564216949912776720193565187129742389742007742270
600818331468689266029409808583955345298132643374294839713715782663
489388817585285996432152468492022170504236438629715317037861202578
285472396855010947264868652733936132705317091849608428679730630043
616542134626766101017003598757979069986223205488026418532486292510
961687965980769538976545361454574455400165223914248148929729381427
906255885970122387283489024057385524642344391199345027206577171521
049912790899211699242640970409416207231803949694168898542656153032
807224682554245811114270095732327190155988537895755711619245963123
390013892387272152786124203816814896467821416667587669182854585244
394137306771464037343309404136447692935783257567547224604923772545
306631226140550175638115999431970278836561469974535618662519921774

758789668022046667762597743833899566039040362829861482702138619053
606636684579151451491296624149189690080815398786558385378115703426
603443048225501319786604767627111519141329606396129679567514855605
359664271764873387754842166807326793446827374535661080150860574339
919862152957878761118559244723527131690090072760229277857204073949
284081028003889856654021555633375622291458982640581718488090352195
923229845591916946392957967530091549871090141039887383479249362893
105797115046206176901054689301366912564960764551910533627317915600
645964827476548057231889471398410986013028648665616266629576250098
178394457435203937949163186162324508410436164555398170233396828075
408160676789235051027647052040995697148193078321599322556225791336
901779370937542504178257657070596223970542412067164187424641557566
178175183211009184626487177650911903345723077873178804849377654425
394524714942409147933707351348787631457698510024967498296725718389
578378464947863985440231214546407023160932103605559461954760831841
078154975855244947322143893205233734975829477293697854244733192165
853383175552249465848759397461203136817692491287900551784037075161
061508632843344567384956658915034942405200789741383221214924671798
085284634286820447027578369882865730447370179875498833918216443632
043836027526113090044610037477990279490761245993811240516191996059
651390077909634293583119034305624356715734095056163628748278205876
154899881362284006319511195201780809674906704976589428203193245913
242559617114164316694416180155240661886331173995068796437781553809
722292974598686743643437724460225008217013149369918140245420915767
683955013168181074034283041126865254986803264579323184502950977452
013898055358194141019131984833867985554819940171661584883611814850
491864675639177286330583746651251909951762786218221778373921604284
381236585503598776831679887691766786403769600339672806404573452597
520193285403903843278475185561475310226363733593846397999451197734
568566544674283895819110350875024475420750117547265579343040641644
816400018548961723573698765002091463124400680506656182113202933685
956754722666466024686854200803926074056629829966228278866733064506
550328841629388295625887554096946807070658121980508578924056678207
301913200670603642168364916525631353776254830895948420536098722955
582752459315009433419009078154671122572710798521222737556158326103
023920531679278861411832982264597557653404542346104902957223958753
311957961950228946050308356974031984824793750389739827953899206897
189129627097026816017999488236851544102490634503793304638505980500
689368850921596092493454617018696647022532619388193016821226484368
777952396181368777350178398760142879720848366410773287642886925358
714697839726188810338450333711815171148471575357282911137713631319
778212024568460969777492196379684737496910945644214623527467527261
285301800789573543032753550589002760724171082427797722732735900626
663866696013522302560850972996315375782433792507162172074406333137
963875171443926623811455393900438867851842471758753790306636660932
688831931210323207235140907033605416575082209060337201668113885031
468464451916950436558866152125950693828434458152870871228293140727
555933699681210990351591016421256071107576563443063511705673167435
289581947549521611425193110025890413452890075077583181812267074861
693705113747405144794546197953017476006106793453483773940552135929
988183465458679825875860431734040554601182336493553306359083224391
666806121029285929309962757245031274894390964296332087307746715007
773300833934315885963701244337695776945482607716097670861548166679
423891035060904614604413039687136894886799835087804068064381621772
406347917811916200629577770139937093439443217249722182319521253794
132602753367456855860884410590851123027060655379689486119033343118
293391087619618565414570968938743695706123428019773355738962407681
631584433584877073360720706401263672416841255098300951381957688615
124648660191044190004053873335671201528782626114531444001949050115
641718014623553003346080217675891561479950371467332745815027281127

211826466922555444131883985950933419623985945561184947674786532207
1492014140435873483891207105258163644906920398813879272899285398884
6067946999733862878432225100374328066659264199306084693616756774844
7179955538224978574655672505567489493096000388111650259900059937400
1738666047062621238852848170109467101387683522002537004909446671044
7557900086274869986075801005598973977527485320741834661939937899977
6107539930251144261568920485519723078407582278483831235864781682866
3472397050703377015510803721686394150717589120252352003093644538166
1000890881305020391693411591082327549299699784135448332296718754244
1822465520037962279043106977024167654829394976164049500283098389399
4260224304616904843558047477224038717866934915392885786302298924311
4368417304703015701090230606750370244720033264134872856010032197233
6565201590949293414826212299982317332073064879601203797276473155633
6303760929383734234682091833203420880375831996892409927493635290733
5649847239275179648356460381131807445271846223458597944972284318055
2740625000578442004830052382387510848554266486618405878804641206811
0359198983960987271311506410818454904555799276094354218400671764533
5486151052824756829626859818060293772829879244252943870854120731022
5294049832789179127749003152175521488252603471416018195384541767111
8062521836875819415407036768156157661817204779986923314640336138033
3465204018426158039026418253618572246844860612887368699927202741622
6806376662112069290346196954581136434474159871401892116604662265822
6615905420697639435931236620455287560342165003473601194342256149144
0320157941711851715427563965172568645384670954524837130594898582555
9745277564378372093903737606448757805380896666613991839630554346355
1531548185886779262912725363426288985256854464698144974618924149588
6366367198140065068588860860224267337988127687969406497029915452455
2721325754281953249173115066208586652077490952965100753404049227355
6548282957025690629358881690414651069717772420955446130258543817866
3048508060589906373809054306950261384242227053753545985909932669677
3321651519481725345327473336027447258527245394785787049054847586333
1157183663323591323475882593406415210390728719363267963759284733133
1612339781549856507745957426301925013613442181778657326845949803922
5741969699998764598249567094095595490645143192997532969902929018111
3346849189397316733740473761021534979028013172233791279986391471011
0573645808824964037793669144260225224329182203596947965229632415044
6259303763664328408656160231216109902717797940482442374377242175455
3274369030749262617258880652233261410603381653209323202669910870844
7586819856399049857501176199636905969925410436875329181907200415755
9826234546672701573697113335704140320937934512660607079906558687966
1615799849341095409032124365443108731615863757273748174501786655733
7939848669229117599204342247600648597600549782806294187391474966455
6601976892636165982896565574458040991426890947249706735220470116199
1536009452736325306664402010023201873227819761486866348989132734700
1444820324293117841009152833330376911197051252511890297082942974888
3981371499778052781649343705604326005352698106918986588689816108899
9269920434547815535740465293822554757923965125781698498673421821855
3124073431152960821411209199994061601015821912737301650176958118611
9036689779275690467857101810593937314388119291474944356522189626022
8632586636519017453659212186387681077742091583646909091651827398077
5310306649980624484927747561884529732947271391489972684077858977866
8656048723305752422857172473443666741818123270841591791478616819788
0032875242194648011931593793515239417409041909841257809909038894077
7942046727049153450002486042745530730683647222075893082199445234722
1452184282562092914376814387802139693639978602212632210982207735711
4412941264065376526428543482970693655116806728306148155350067799277
3428746717408366660205372922048484087025230125857179145696657952399
6359686270645903720726805879439813400667670141176581252233481048388
6867717405879736896155996217846549730739340954660431458601540495611
5776456167344721264274687461408302063879359804284966224722325504666

0952317681724586362611284833874076507582889567745895887361095197420
0723212623335561519338247176021818683895300679750212076904388381280
3562581450125007119027156514434627064814950590196996139040560790670
3726072411292447199477028384835318633298176199947312833144915968770
7504290327977034761938062955123840138422910035767692969859590544390
8289266660878010344059670559052076683702101595219513945447731187410
0723527945608443549466760792882681935676466658916136214042478564270
9268156254485063166852683275246560027477652412794270534193482805460
2670281599245391248739375580940125919778346533655735625937668087690
9752574602702166964925299837753819693846254708518861510475226475130
6489188335738189169712195832681004195765377021192118272566508896680
2467504866699659885042041191615332089885672380926018142811762344790
5582942880858136988607372754974912130687437421943014866766259691690
5195368856911749382319697559557940217938873722515159971405447289700
8395510365486662819650368486846610392745568414363590177744038756510
2080771456364877728443833156357249683675631481039438968092119282330
7414507618630565777737794145333025782078879337135523281930667781030
4744878814533022767115982463014677391318064699017145323181957296400
1713829934458665281042390292044042050301085037228897072266732041640
0758383521162554729354209770671865262076294672043633643273505663200
4112521287225894149976280468914855507597361465051176412579302836970
4532036046506156923811972132510561806134521343817681732762841418100
2164413417024917558436568114547977751958280662844249750379174772360
2042042450573630609111548402426995643360035301436665975118280328030
9534210540491910305673142107541302357934877234239073959389300436890
1328148546882197053482680640613344760357465909065646098009717176990
5752043755635452168504422439082780834807215680031213805137447557380
6633580661289825695253557232663073951954063697946913927391950929700
9929134880148676072714978516827026905071076789657653044046336262680
8872262742931202875173849755421431504998907456461215695542535701520
0147462658735882915448693671682109726387703669298762703332692676400
5112356591787736324770461161187528378640880382801363490414508513180
2955873803365715923755404374036600943126624937447350183694088350120
3180570255108941846936668830380623604361689986818150462814543993700
8439467237952819530328860609963154780541105397983173910481917987930
3763099182400716369535925678358669990852568283461799920448492158280
6825542660666948065905588375476747789006303076397732011916264419310
2313733282236418119343830505865855449829986899114668131171194218910
6017937360257596321853210486874992047347029942678712761333423766830
4282256575650157489720280343180320624484957230973900571509314538910
8434494382839737345157998051562591643226270141862062369447593021410
0508502812036049109939053684780560216627046368552572741329060422890
9563510252284751907030825327384995555330449578033090259275316352210
8098898826291159803371125701721767669045456806492230515747468915570
1710175672403541893506112888730240431443198695865218667607330385490
0360277460963545019525296534070301597032409851150252930588656719010
1250832847149680648943813007837186239244681790216217356912288723940
8021648464737751768189421222071035655596507979484499008271935528140
7914340403713871720817609031988564587461081099105936917743794712870
9368950324774186485806481967995614643670824870899368395131507203050
6530300788685982036072066991673761641475665428771935359104452116910
6769281639636456297834073706478827406183405435707741216138320287370
8790378585893274553614956446125505055478266874544550908868894692710
8598894942344950748382185018434130323620046680700191750459262840830
8505364312676869803402681158070981034589860413084173550995694415170
9917543233480633073261339139979788000382109132766014549611157042850
8028160675162338135386305242956383309503201928781641324922300476110
7953582495605914530004246447880621302468978655969262925763574028790
9401356921167553904002699664556025682972369504959099602717097381660
6168678004832729299059428102968161574696306060610106226717021253960

674795138938137485389535175783294513642600693613777440005669930017
402011366773178770446945060129226074969110615762076378933450413733
651195600329078352359646532657474974352867211162980756758510838501
606998969358671522596463057009139087628741649254170816909684730954
886023329828880010165296280897698772319690742102700934888093445551
218818833651978431853559606747635072216117872873563946565543427614
068559412425912141707811630308010192587621993809895894305093968251
827713033033492664885329561879526644631906349389649279747796305818
237760658035402279669108180932267251426142876850855023403639597056
214125151376204672244428979978554541319013720560029456706340382429
917807512572448446357715258934722336845268000504905794076592611834
046276469983532198933127117327105112938774627200813172632086712472
478310369532505711668466933919993838341653013309247729429358470743
882634240070132171320972827494796116356678261507156628250212520627
638975156658513406045529010926112638166224236689927106490418862700
144211287359239399825005658006432506075094589358500721807293223082
461082581858746713340673344326805154756527611229009421546556183103
412687017228654162269075744666374025785058198390337266853912834251
138897761037015547059697842843812110416674964236193689840635613876
227959545215146892881328239439636612945013878167659092925089753247
166912368348275154607827280445182434537596550492568064853230999281
451475345509275552779627941424557440525521882532395562508572117996
353019567581177443676255097319751155651484513728542407490483808199
558809151611793921910426190928485781613905148231474455310151615917
841459994712239051659694410397272957411583397459390620500775807095
967658989249614373434878156377442083749991461834513411785721356576
510028821653437883890697229988629462268685195628832320570537894217
895936784489997283808225129585737429565314870430403219543301647220
458139790574528802074728588103114085879874721186328648984473405311
460440048001118964742165719993115889037205900314664181261792091194
088785006677801099918546190934892669185091189985328175801561496344
252727420213230832626253782975374780849648620574737729805950490214
555010896934806451097433300599798555320331318269175191591950065584
884365516563352350794974414869955459346826667617498419319232391985
849314290703397249074104335315507161857712844527045561514872082178
790107580994599078190340768484559080348525612112446388323887760077
256405950585761450617292910176342106201632276313357086984161133384
335191595521993423910456556597310082316994799784563195983411430563
705888413585723243945999371608451544322473332574743269029321113405
536052609072416883753354361412870234237825270895382357658516596417
328110042367022479426589489542002462779779309893450760213624171370
310651327597596134899242700470471725333264227742623475663202251798
424952498212765595113945681412700766231548515825735963353826717922
669936333918066855094802896639701633580306357779206151292995868181
602332782682875613869534898338580784048677565029162328102232126286
237036471167259091116220744994447033715467171935579603406495721839
913243157175868905635782011935622777763421623672475667687617220610
152133894288442755463803914298293409706376846651169968454977492484
216234549879019005901223071102488058804992082026734152133452619482
271804045246592288442955419081544921458089045704939272983216883413
429953682586746410836728468331328743219812300745130314440076835740
244627809770130021421871235118844390781428645714867130316274381405
338857603885294690507769112439640284427539211601124684855885908711
120433136983355129831770447543952735118094562627365072134238675487
816235096639875898907810584333722039754420498618992145343945700107
669930233340450706235582283219793912107163390447845740649596837368
359996102705598109343275457182265819162737640832649194463392541412
570472789300121814099502881776632184985453085666790070376265770583
827317495612091752324760127284885442229898679988266283950867894577
143881580967550580114816329510134178454949532484743502461668260490

8605434986260707695220684576930888101993638860205690810166450518721
81500574347274692400456628013524424290432379684768326499597859954
187679609888240649742665229584406972977619146264897831510287400669
792362033206040445354794419819989475253195717052085531617779164107
727646139215711774029913555501516709796619652406222291416099722702
986540871469079193291110174604012065208119033479335074093396733543
810667764425162109106409782774039347240922697139986419324018336762
578795166166921148570844034731109857718604143806570305811408965227
990337070679277771732401960636690599023966006174759660274364772334
171321125640695730430073871896976082625377840761689045650369641210
172605511050631805878307177104571678917209315551005131262488507497
125708827760818462973515666064138131857756923219422161698198183386
159109111212964068347645414987489259676939155208899974348348251097
717173347748490424157044765736574577528870313708739190721825057729
931772042125966177890946278107374893967275333669497759775761401339
096400599495991247742405822602276743479140436597750071174906872762
693456375287627915386103348098692957428984900870413755216037594678
764398436269591372899723772007314533667335269968366292608565705839
038823593831189614763613317043665297644360749401649697173956600232
484753127826135116274516934985914972842578011566354011257488383449
578205475651348675253533930949298777856682473832247136341278156638
245905023073398325360830038730248396399541840286629808766899600543
606746374781759738593200109703840094329084825214860785580072030283
926248148421073567689436508478291723943135377307833828620452560793
714347989024775448000157389116577894911436600367935436393206776263
021105215210135921546945449970588876283657933406061323911023381234
789116513396064823273430276115853432570782259674566926399445065492
819990540278815070629903621350504523173250136706243941061807667613
786614145637857660442074924229269770349845012651492167176963310516
767267848837295490056786572397844276311347324977198906007618759140
896073066582151384491345615555711510845132159738291100111428738959
946162393850583603232344208288145043391507378081863193720783803113
641758373487519765079335205354261064839646800228318032347662678243
897034382828567674099388012245584182825061658871841917739713484249
557535536154283510624483282114107566096796995104825227942158706931
518686822890659905445428976768340784284686635169507359290059446525
171865184120454432711637452459124940510317749743271643304786104252
035794032712103848084464363330137152901498842752377949834574799875
281511965159434402988721491706555591849396373620235346368882181314
372081349365898041885261814616685646389742839150595583703947123832
173452734821361569612832630851650382152956508420824710834855636841
528927797777756366598286215650221250746116759032116542096541470122
942838545756721417389929799800524641816847334818021732521988211950
351846705828084292711592599970153750974790079509303318805655801013
980812298456546816187153857992812861037660068440830849839727976370
041660306524614826604283117793289355874205593451881326476050299179
833827163739598602358878513460926732319515887297292466770976350989
467701402822922459093649319251931742859694152366564659951119254685
886480010377793163073879444378711516343580868385509803616734117746
795525054156963255517565930011098710343833359200752031771871321169
429737366650481616228139743691943602197933189113714775792846048510
574542832874817932872278710961589682604151910321603588677947479259
298850999499049216484971385441255339167379832698374244874127454709
620633713904740483607941575293633639044817954141117349362026048512
012305360554368887938629144807879100525559893282527733543592470673
999726922739927756533972566967152409677307351761299221420255506531
429549087426170533585033317774602589152893788654307666139718694743
502046969668750567663782500133665443412014978039533409484305880408
087138695315898917544323055761484459929712872562076470023808833082
557863754480673545385987638085847636506952673628098611990040267981

1302046101019445980359274353057449296242273773395520169158005332O6
6975513019731133703912561191330543297941699192948293905572679579 52
8177269687932911425777320500214760199698152202061524517942389845 81
8526827978979744054165648056210083302860547301031605032014574051 88
876198453502969999264657956500190448278241738609540179103702546381
436244525088702922663923366404351967800356654544364250362507952964
892139065648414018273697145021452643164662100373809950418558874896
308246574073342630025309949781559142128751970527100115710171637749
883378795656865393442661195440774144399248742320604226615977147800
654896433496235839622113531257289820135598481565702045748210917373
786628025393070446554368897474906584779494095981224478743221866015
300973454802469617267129477879519441513440173011883236744872044780
623663700352425861765683808485736885690237092290882122272083417008
979129256543541940782689930557315191699011807050189588596474048139
046260970734195449422706775403353710296483606203275561731021591434
684415539095659097465499279153763329473599602008980264079468292536
127789832058536058561861189451406113222427128611166867250257033634
886315857173971160328821238663749187456626042953189852087917692798
532059687082732060772049087562497623985063918737880636107372115907
573362989705665746883773515985230620783485667267399450197245706160
417028656143126685079755716895080673861961335761307793385665294261
178995576128220396278616303669765729274631760052262488130026201593
446959933230130444390851414406961294909514351132404372818037803052
701614745966697318233961655755091009447720112313016992708211043728
483536465802279843531764876043952080736225958640787345819153105945
582524031075377215743214571344778184309844749991891988572348815392
190452015661719255542998753345400238110974852027005371147123897974
701015854753862680281323170286201290386585144236448649286552358171
372029388017529410102252028569118718607964501087652984253297163117
441865075201876929274642106131317620308506790665882560616162451232
983338560212251996132072858164070209062312718344848223007894040924
391632745240874566781367355700397551427807392003435331321282287328
689542061881883291418904239295829349293059481391941921015430324356
744769924306848954952023954564550306504709712589530864100115696873
272805753462888209289499803769427671523724690745276874941173761124
890701919879296423247494837186391329220403340476272852904805702005
887722635976788174715798214217641766434900548515322233513050200474
266084260275811143081158773578536814136568366713391740316070565037
908528432267821646435930151920709912343384447619748970136375189516
849863063347124393571993453325119243402486722685096712244422809548
620967064207146038923593401068440047536963864975135973583310937832
600190925157443192037612293770890557454362847738453351375649811641
233689229522888668519991591629961786720819183717347307006822812701
860650275302983390146699957479446107026716111602787170650023445485
265531804615279803013588943109664382224754397716230467646353180281
996449375662371151160519787587083429214674980001529714109167257057
969361548756157178235831117710135901253539556871274579972017592606
546190059379608978461902722181450723587954842714991331503962030512
411091650441966975582513218186178356942755406145597270535238267357
110231808197208539486018220548268986636028695668183486685245446144
084069521826332804876044469190082669676296454907545722369233274416
649131955648643994588993387758700988054331863998554049323067761591
828592874389605780464098420897405506832961139723922222697903646977
678755173039666447415747265846547806596395648953581955700357971668
912269469927151284486477227398117418148866331928994659470600892113
189894296771965704861852768613423688150000417238002829767005277922
765540848554333486168898497387186788618987323238004240096386406798
435171625112697259246586787211070538015319495771649485062981579894
694171428204216416558665990728619849384917548026958461964229477931
498122383641538557038089789007613901032349717969632547196564912274

558263541323414243643574594749297927856960776359148472801212182057
123722912544332455660534074849518144676905895980695200349230012498
661937621085005123644254782643573382132966096697316535354256247308
090288177611337397206298364305054086194062218385024498547566872126
006763397437315325783835487482440978097393361487310202390453380947
415977664560313768110629892140901661232700390050502294761351885912
410647065603129801460888994927862354781233707563735243212718006105
308551717034053603307376301871136693532176984282601761121860063584
896534143606709141997792464097211427449546989146355548286434011040
147223008474005897193942555677557844039936570126377009233040177201
570971402261897254902499639625668908485897750415713042927159289338
014627628178042451243346115672917087218116986695871312610665581097
155155569633481984422493772789984900169133406501392255837452536445
871131537749642845154005364042185976909329790072008362962024673223
965883741317529058662626944673521044260379193152110356061561327177
958332423894101137830862454629514095817189416538188260985813625507
028147207441010322838569770121266793214647280115968243771101640588
292038122298228255056488502000903159908409669801425015995974256102
202631836172557111491392144361101853384556828607031576644860576825
091946215850695082849408530180664499120714286759898668841279064653
948357153197916296821916428762691256721694722877436722690746310853
419544061133608487163008322078153715481543546458370259485036167470
707302758499672313280960162936123357408505167586704703228598724739
808647326794039491393791308497363241413902943928457663835198421867
634664301808689606921433831960422100947209843976665228225443683042
220547014325651194268703971992934248063911831147159679288276590160
658481161372294419943326376901682224343559260799088203400234350990
585913929771576049472707702830957584270709136977043713575902026722
712135534497330430506741037054407734595843092276937484039563820488
592647043863621119935422550000256114497085052705009162892960498473
983059770893141204198377018700063858078442617736127875809955159503
846662074848157250182123540825433798202752568074574177955302589468
194577646065374993269932888205395151847408514744363568210924250171
052586349534579159028715221299536595915807697373406864938135614834
686259397425293493723922991126095352789014741520946191693752339607
918005888183785066885788221740893022376707892649055901783573302904
986104756624088404630174420916460792765924033500521369750536665803
340501312807124279897000627372915259070166674643724566787432560019
555424209445336334393919567680459087133098344796212966325811637654
664808900711247402815156434346310814453273397154323345449268619307
448373532903424290227063234450908155379512377571610492712179818535
358509941553871821944942708611496926208222831105450526017646944214
984796916249383350864389979794372572585034947332112364201564544595
832321025867338212082720110236171813291628134769361336231630005551
854169945123703087471769347530638094914882823181146014847359176501
968305714704713971680541712076085415277906148408154352770547111386
61935519182555496737687537655901891589207674352614885293763210787
312387572064840823737530328846402348829287586745751741196425955473
254712998878441337697174478289514806062975015981041096517924873725
424158606070926343451122180515157680503952320798390703844559080248
976751242811186831122353594495362332805156428450911638253284682769
037798940560973049659821677479429060522906427115409075963049075004
578669480644240791416042498973639622383553426568824892490309401353
227598292267618021399446801899603206758034293979479500581123563398
697279023670197762898407331986142970899455340903726057682234474886
920102976488719461875862934213170932727776916518710024989966658550
838113356789617481139240080692044146256653829452233915516045948248
702775240265603080241608406335831049915931308539474269073234720884
119182024847075732911507212454468985268553115998511179393810802097
734738174933999888973856536994038759525336217482394715478348005894

603936659188928996217521047163046603844441237345091038293248389456
001298364934173204224321656427582862696462987054943708647463427711
852938248043935821601986070062171196591832591807574493655660319057
421033069753707322301404429391360729974231482186205712797240843229
742225306478470222877289889172044541364168301862059266947810650015
772730346839982955110599642751983442090994298239413615583265388406
852983750196100267432796083226766089824373992304583819359944552036
471095908251899166291593196398638609984425245591944423740980765055
611750578961464359199255642675963119627783751287465379652386652568
169570032696428785072018471660573792272520952321099076112702419491
396280748169651494320431930648996967523523778013360171535579415272
267440438354774783461541713610807197104730886023745031213890081325
624317204976886802282925502433493959917827467695941155443098503616
431316394425732596746141758066342449250604023220280294698737518293
127065541377829886195848109350266364520750931961525082015023951281
069618830208378779175314247378006661366107125561380956875490976302
248182547336957774425013633346505272962419515030700162982343399091
000615550249467371288432197235339945293806722341962170161634329247
937574459146657715626682851107920980138236027790852490861406132382
047029603361421239678916949923423217152888329799391129466525384726
864053187319793226777027601787151571127131902216836416945329045195
204615033553473446978714152244708770708456141208314980110666716520
746555367187872873746904987162762468053085758352280419199560732766
591756957730028792070628730635622829071093172254124410289965621943
930339359793127298249018850599820753028058182687345362620769884288
389289635517726997755270892807119838327126416498135850566092974668
194143322037636016031702386454010380419337568874559351238398276056
529937969463111573623676580351575643680207979098069735892895033363
102750947847813570006470316765317984374893859319928446797050501465
842227782696067591977743142284898346229638095752245329234359223513
044120345909610127448589140505827476775911036197187481126259602724
586676557147275493941205551336228916904263820835739952061572394645
174449899129702110657095944985564756710539101364046559061659117790
624364595739346071857771170611184517001545450809988500405931558750
951206165545631462007387394433274391565408222265516671149813613507
373995489339174808637419664809327817100263955025914047775193472052
693611721552919289489112851231256310527709723493867708930988562479
735893275980846342321851624985305036273164555086002448011287948708
902187528734539294131614662088148268086141620159155491220419860259
848860991001008935521986004274340573101214273402947594356726977628
542777276759795406783215499987080260583813286902818386210006100337
642379198001944237044206333199893214651697433457699128223182611409
070898614415408199147374743368164498243252660816669669733619695332
127776912977263579843015097108158562779524101403121972539950098548
370069915726381749334231984170867848596330912936697738356288707840
800239223578231036122923133431387087137560726479553068785676787614
086797853884183975085046835092841447196834356692453914539697267038
657031729624183897923545368707062910535840958625288172928169247104
639591376543397751033038618690541627854067967188564523146253468346
430020306636243007728041839150504839977463906523527004766822033701
569158523770139905412638347648466384117910763416394509626576134524
834091389875379348887108440822515024794471987688839920035737926073
657685493015534302684384838893140272196682038727684904065078641498
395483862399144327100354841428571466367581410868575684974964249205
885698437459468657448018493422802795823563775643882682326241877622
162260709045198459326773477350182854360693935241658960117450737611
406406895988292994464538186860664747288899190982296017892978047357
912479632186915368703655952944433499542516058090830492735940881012
512804591065050476649626758222413393315802709420923435482413754573
059087156567567670109209505467111783773210475976697943635702499917

247764099099618422342259389668469915441887720946530070344371831157
287057320673987595782140794073633423608496383233591790227712682 63
0327694877532004680184757705394343007951196667752439615916630827 80
8395905383229511272338207550744153078897776286771662518810911875 35
1973300986377174786188154764116022239030319559678981537333332582 98
3600451889734131385796009297774588061424010459150147820679739436 36
2919935582276023675103478275564866271218825552853178253586010351 08
2258145026112047470924017186025646900684617317679905734901100727 28
7689261945275883358758221947384320834578633052807557454938289523 90
0598456827291413464323488171485846067830594826014535968762159670 81
2495532305763781564934456525782552293824962657511707494988668765 44
1038270533740898921040368677365604542858451695031402232363375702 64
1796577852081754489246557099240813236655786985264535388801118891 93
2862519259222135566768155760927630615575930662647392608983278347 68
0214605557131593915751341973623814379444978888581196334372829321 96
6320335780126113077010857215989820280124527014194405510821109126 28
2616707080627427106208073756237473911790188063039151918982517186 66
1375757275971038981146281320941182432120115782881787555919083128 41
6589810129599397245828288503470905302829222517897243132948789737 43
2150734138953199236450940330089444177994978550611469561529485655 31
1222946235263060515601499246416469416535817179065975346477474751 89
4490338863769454910133847537957012434353283214492982757320649460 05
7035879741372847308556850024140578069949444209656454542067040671 26
9177034205589354592147513994658656379532449893948072963453595989 77
3250352242536697552026259661902239113744647015156377494681734403 79
4532885953949267776387559086479724780886800681723558531314356329 75
4317660439253838540575689974298509517127782488540660920326559828 12
7019571356428139254066130983872519138828743230385070066019921570 68
8871565313698645866717928365735525658627188144014431714367937481 05
9691370932121680624247162372966171539343995336805414569867938971 78
4889101598603095412935298746169109192523809742944551488558318499 49
8594795902426366425548655563314934689356150341488374884631294653 00
5659807467697736019455981528630627612626766355773597675811384216 12
3733145970872986047138417401248888918797133273636262511311334676 53
7629299840890377895200008539399763584744281979857678072104896345 99
0778015426697174567542617238402203277336476397551754916653384472 73
3685352496691562976924834362650474619882335945593854238873901364 17
7046945395798118752712159776844251179958071694546686174982003891 41
3675742529519923536302864099584773808066759416971558083354262399 66
7913719181197456509501421574144502465594282308668548345475504175 32
8090492439697577338340692003659626982380632105842116831153608063 96
0003029834869862501418951961597709853098934159069182644746212429 83
6075434644624346418375891269938235380143849573643323589088034003 65
0356294509895717318211938753606040337502573311825257046693447027 57
5665724602024343580517617980430500157661220685910711916447836787 75
5287555765149553864629003147784335242018223228186288983604995567 10
0947130736251175046568288749334511080043705700857207322750831967 36
8410921087264603086269870121760440904028069794911183964366052184 31
4923073516315889044454805679783225559628577325030639073862370333 13
3937948649073559546851796504296661825531052645982451735375632502 83
7394355101805927205309010514290924335273127869001515130558740539 55
3595264903028131275892668785026838027753980878419695424447075982 65
2771476368013445122704646965861601405000598135542660045553041256 45
3856489931603128055964697097277176477513623793186953564285143044 56
3012761042826494036797480293301901344399860928405868810026888328 77
8606907005752229163788459542951127123641629041724925928703351812 17
7724572063474441407104579870116834865389408608793464288581405323 72
2052203338827824916065507514284988950267304733868941466577151917 06
7007154628493341305459532617825762474557786052890705568120939213 63
6020794840019045348227175019919985035172181982915553739405244748 81

608401142868298542198154173994615194467566539911086257026617289157
211616708612807864422596878065405524084076980926229798908974388648
718812412152858621071441713146827394151245402315271846416021045875
096948375943180736202192937400119027475027176567343594247367066180
398677673056064018589905357512300230660837087116869147579133638408
623253843492671860661390466843378796516790070950960770044545355631
362405135816161738439970087207800572797374766973300019518157166514
482156340621818656955569523059973209613527960436084916464544009853
402960861674533438096899823943693824949550947169541670641283942451
714126019162473827086697693118069609710155725814785319462574614535
039762605546512543502145241434329824924138121771320340323718671520
627359281633744103154710463963111770834535015448259457608665977571
739145766095877536672498405172457008259582124548521961643789313109
882481700384223320632885004325420849215944237347069301246933339188
876395624142540683244296139656862403164128403058782564652342818336
566518958550369909432595309425060808246841425531437037390665109896
765398087358749937703345895301949519517021752264520732036027546394
131113711611622289900457080284754036140638147708904136189639814679 3
609058294820541858067653745684521520114145135847400424917141834979
108526755786923646084051029640568547162911479605166051298601164218
923584706774478369791634369220302198889638490152417264835108736731
345839534421502246261553366336148347864323356138053007496676208428
757530744847676122129520464026842561574021989849634090361092184760
431288829692663808182477416243214918051745760516527671485956723605
854481485440213290753231193378970542137669259894146244375806251615
321799734696371796455473353549249001405607436631064741766799857256
986302528399444346379930518242598412579835864959062789069536518549
591816028252311296488624546624741498780234896199049347281966658307
147577253201586835547077836728257562399243554639377454477973382960
292239539101363924842457990895204656398045121789111868368461117367
495659523732158831922247696642959496940073685050284037768906265808
500246717295897639915288552871279469207921220672013205280939645226
322708682212314758006603178586184106934504552579097773956618012334
187417941362215786050078339034591252524540485754363277089363734813
762506583880204845701532917287753658510284304303738094645827944631
703476961344868288054938747420783607209181966956077978078659557407
096044302978609309079720730749607010815586850159480975343530527293
411617148317473396610051752170023014799010869034522977048775984057
286298941810215296900745556597243348361850377715055086033011150531
761641696187723661381272278710986517345203857378730216612722258062
394563423895118271063899938281939468089089171426867874887032369742
369825435588883246084582028402348362623588364349326648017559046034
282151721956396349530430084841662178271514494595409011794488525950
494726556911945792036793654037611386749376191352883897654886121318
115303047160619686704364428843498822552331296875029163545865426866
088946046929370596495128448974048567800358527040399356260489828221
525557199699352579454526174074327085989113001429067140022594327469
021898299517955344274871811164211742934346618581259577501754135341
180155914001252399483939017661752161192300632039269350307440800556
485321736481168158330203170589764678232920238182476764490923997157
484669006626848707926979745436105026659791718725654581872259956718
471895396896356398273911694540082867722083973564852019605960672645
551934292523068186375946771657471639851037580102664513149058946532
011702593902980926721553261881121687059584164729322719691537323315
514987881303473988948962542717046310852002030893497607474809695231
438144859523362875963931570347642900052519090875253165740792449294
631761411281605006043323678149217024471810409000252357290745094008
754190944850132342773779028203768777598838891022428946586307188578
363258401140040295820151572777505522049767174180652296812814453596
307746839919743615077556084901483048815266226168875496803462833040

684967248845831448961089841116418534724679049542984233687929502850
535622738086930362906434961063890273423981644437129896752462213499
807179098325385375182451431822981701498047147440520820677173482930
757424460717784725245946185748904930509650979539054225306921236070
170383791085714698302257724852517384591456079105588537047066293052
686115149625701677756605098715221893119931908608040958932727146520
031599118043637406495544985222116311079240253084120858743275083025
736046735590502428762009605821782540707253588194242748229061261156
506709906900009646228666919350261335698044849903060697708791796420
344947066473435831304985932397059589076521205938976976179995460990
255750129252950517564633281937784817982728921626883979150390284154
892848405010183293430169393085976918820760983272888921135516982344
564447333253072962398579235645767684446557407881847532800320620409
124850379079033696967998575698548117548118386688492826248933731346
365620962364360176047562884825574687983523166892032758120831192672
738707762830879194416406020746280318221576402945658339747608798691
752555031704962919619171215072124527733136375472863049900375024593
485960032115144992840662158257436742274475501063912224218890391206
885714990281250332229301019625987938312748207951457466369086901110
213105305738750610287625824804729782975970378866527021744112460837
370072764091503713333614971740090516021354287018659906055371259092
989698875726878000679158690910845740780273990101872583402502706752
349279084556458472338387936948393212193705663102735811096309442346
293573358743954610171509748417603259483536217516712490048287878693
443178634077789561343147653044727101587308359186544227533506094500
454270943829595234500617950815499122260677053695403470872316703773
580038588820185360607740785920309100130736686153320514309483297128
610836602524555926973266001032976141119174374276782789747510302954
650308104060484212662927492258713195804378325583814279728206104671
644545396678275066337611956154718081141066372890445086071121650660
339892385555376753205387993468505034921858653621561162560773785078
336813948450925056970346054311689014345656230772431780451284414990
211879930904828898966619644774295261486897574573204681701313930905
117056129681336246565767032752997884256367261046845139557876174554
261407949927885159419323455730645855363767666277904565194687523590
507070290264235937689217411258335714398554727179693347166990452457
385765734636323402095801122354476444172330199688759484111588591938
802652082412625415775923953557139009940619257885762438343967082535
985086771745203064771259716871629271981108722640716731620311995057
495353350785579058055228056768709400358862145084193945110212966418
030102507190041435180262583918416963342871083924470112172842730327
747013437984117330124469137759748817280837808632835848060410924220
865767728752209963240080429944929304986884989845824998371385891669
131411594805379770420015970689347111831573389010474647987808156521
926441124175366266821681770769432381466336419486790863825847134143
907867852662542025507987500598344208643353203403385407169700485895
423819416463202364499218696935197625148758953644751634449406416198
941671134104435014824843798746391600097858007148865413513572346046
623479297272831424155920800251034678954542752194241325704026306976
946540161354854687985714429486803039101844108638904144811237544371
285330823993732836681962313029569185695856627411377033885853664622
747193167250336110407331565700765207124240797569995015171682190064
511788702874635229298088187710072903397299225664211305601375775977
190139941236326728084538940031909615421499319261336411225553601183
662732783852674019875478187635393573394928471029582528710380997565
439732567129487558224783626807452739034903745390658115194195726455
858788269618859947491839526549635447571365041228605931178327747043
171702175554273381131644612205777914607365779146307623015698777942
799470800066693339080866312852037258042871394552756934418643828321
630754249357674340668984292481754076245634843585997894799507358408

972112726010980185913187269858204360215449353734228209983215127996
754771510867255688821989769067943231991850034564659754689420908586
518688541565005301770434777447943867270393095250807174811438806676
944040880337002762289229403949546456869467365627651215744427275561
854727297092316077100833032761204644001950108825543666118384017506
433079878960184957256409227026453638384878282644377846764678894521
861373535543656377606476678170898450543551146912314274141648367976
459749610075175159580739164799319511126936601648584829390733187973
916908788195618674358831373515539061314098627551521295444877104580
897721910582763398947484910278339169952254377681439407418668237567
124423323514823465867649964519452476330870536440687141456832606639
769454801930943710086795751239891190608598079561897702861704671402
026390040755211696790396797200717133559771467791845713611149407966
712462922999331477634216541227783574825862753499006792111978060307
885749546973284196464487248154923884504168748844032656277470952960
677481195278592514810702849070915018652287534294183631406112370858
732629402433909819838680897918601274620818939502098874883195920209
202041991431102432886184043867214698447218058827477611885531433454
775949915708112154724304881109826753085018792712236067265424722554
951167783499513760704930313675989221645767417615608894882995093114
276568187950445739072603866015581213816955577135842043549347895364
202338974649549276685353620131752865705505880944097716682618778503
565693248837006191686881325769898892153770164294154770352800561194
842247298518748777495354659986473128376681023168478386420803571506
610437608027590099241762684102073191041168647523492506036456386777
296180495366105618145387474536473562955760076828385002653903382204
235925539829328419394494205000899887248918062112870490391300294855
651474954344575244822871583406545423074678494274930963470015143263
124161298211097657797808646208963643472088059155364232264831264515
021605196502658472066706130120493386969922060721205507484698313250
445679036197937511451056109940597227061024553164341842315931353905
307277364315636726458013226763772668618633479296099412432700177449
539823043204002544985446412582181492056014921887888485004281841829
538377471703679191289376308701042720721052793407615909556056902878
841543593704129448706773764271263821528379114630861459968813851549
589693494777530091090895645062887987494998791897733005539554996967
223113032996223735743856778002884728964213358326697472583460615280
371262743221724325293392575924924474115450585976031425395401902732
717953482453447118183267533772568831319357002083161783185793469555
062509874148085073837262014483584640035336912705562119589062989355
562779178399088576495624037971430883909711102642258974629317668967
223404012789249994400301464679220203830421619880771734664735164681
098205658445677184987499742916295695277744170956312845961026901454
223339536443247908988275294511632099275307499379381898314756794441
245959637262578848779824592170128005575802716147579216877302876772
414278390459073912739294267884385771923968052299403405334707357333
451836725155426582639619999309836730795037244868646114937304957612
941570707066203289181107238915527538336663817080430330556707275261
677419463060608701555657445230874655839612405030148057910614581630
901314898861882107938274751304764124868278016019084967844218901110
183925596780158884405085393976838736014191230960600868884840958759
093979887545712509890277211540144019262217279654656498959921437569
114290202041111579248731265080755959728472786996827891626827869491
152476745851922811086526770098192794353379135535005146898579382371
388273535727171789383014221648571714102900699728235323288484621928
112894081707974024421905443693038017492997032084340110873321114536
842359999320908951566908596491522776672296396942242423418831803521
099116402806434847354437983200003628081909768558492561175239297741
658204184481090895126836470846247411739612714881019329455867381943
250861265358837368559920259078153960821287907306065333544905988347

470101680869637317737325829139402014992329209692706783167596814766
966752080774826807111167849293584619841862617211092532216068525388
159185598806277687216438183516049553852793642109031310360781624389
147125433165370049295435731311918042841965032161578090425201331248
560532036085914481767170549766907392764895140552152060925413291657
024918171664437203666136857876733251108285903819215447665286225246
359219175013034284393319549122972792697639531748622320787892026844
508352041249612609478597647640505134461645779957974192093941387311
276724057940541046207559701574182718191565611832096658777408146769
169774837664183860817525478596851524694807752817906293992706525231
293089486645014790454710761515539979963895457354995616420964604747
459853772405194520424469515511057601494221445985078562898005200150
144217236030394428342444870888738111756954845868810158847305082029
360514301370104506990268158198945951504537485723487980716132368998
892862049934134778445964826238868934495641306886939680162402256960
972590583690359144783046409691845826547581534945007765160758195664
124007433611728666605780640979068506843839086550136603417156612177
413653524666292403852731631584292475107182073761997425700526636287
342485276970912414632604391164682571938447497652741279128833276475
340045879787567219728508025158776549056558922047149620525210401201
669876445381749387615396217620998186695643493775204078670455027574
954208283438265272799066404046308555601579354158018388708877140523
005777747910133607583463708160374140335816621710523779547780310828
789311389894479586116939228137724820976622315374165551870724300378
446838734446101858764966248302353552906856208893670501291450337471
297708298592055240518783105621652132246122880034754732559325711750
916176594166482394972913352370543886272408483705528170029629809058
650804794954624582240135714158490067330844573881811967445142911521
434279392699655622571986439196067753038374686672221703556890842503
483294766784150367836819897475626360760561739594959045378728870880
119654187892476530782025541234215275554653752784851164219300210400
696015444285500717437035400703359356505398651785707006582099804195
744951235876447812486104147556590450055377874542573276631373882502
017264896961612910104812793263745673134738711663877099845420670270
029601117226376272726745210181186559105258614533881970128991196384
735029017400070680631462301308053975457760287247409909750691788261
928319716472128495873791803549559085450061798813211982114298258375
305635097899123594054486017902486260767194835184423490587190753372
944339592409185352802957201038394209623342775620874772317011752756
872410122453028153879584509634857983910451921318634956903039125641
139059641254019436292949491921353071715344840968420710642282289811
864026763507160796935047021002318781098561356791065930660078977625
531978982500663151562983354439164449258057007801061628032102201957
047579865658116809332423000560664896736948762426172410119907596206
943468594040616410905711553454537680923271287235399907443591953983
973721101334949165692714299302802031477456050544661845753230590170
786156443038197017914956765394045943560606605070173938931321346258
503810731950386744835560194918228051677305768502688432549589089560
814199507525651893554022636610084816146203865446477107121879516306
983362021407461243273856073300741729085341371467646620823326530075
778457801275507872627830161825087008428187745332078797789429648585
975819284204996482962042735407338531005469939541254619473472170399
527022703577938585129683664406788983746565636135444780666838466976
517661499961854398962350237176711027408909193995831451468723612871
384972420690809504422367855102876286804251881635840261629851807211
528332237580970905745356917840193816002439654325782504544519694034
884092434085789998277191512303094738055403082315560818607161583433
955617281063733110606015264964148156840431946235604363017431750920
771304908868560472738551730953808475014486517604975677360783315447
229253433596384563021521710498738592531020397895814333663841559299

2550894460278070179622745210555067119131632626527993669635989238300
0609698160016708813443002039117719163070163778003830037112641824144
6014987041714805662603384977517560384954919157914179295368495970622
8632971745221494526436400040116851275873879434866688375722889961344
2993866402364058944824529124282016580047816694184780636604784838177
6185651558401746037289782158565908314893065117791985723171647647244
1893043153199908815499713774207210118331968619684944051847134805100
3762448875818172772334427215708740008524939194933981030831999522888
5426263085181455141049674896425768172031457741976055401166514371933
3763721881865065248544503999376609226777707479399801422580866214988
7191247013874698956765809816342407951357037334868399460740014838188
8091091227850498742256394710285890361789248694551999049171162317099
2974081951721636250623714208252611907131791876380037382099894155166
7362903105494029053725379895773700088178658870490439209102611278111
1129355194227781921470074363737351900832947336873223965494763299288
2753183518126240071189203456588554680950302630425192198797773744322
6372609289111090052198687553722810530557641476148246398586371897722
7977619373087670426497044115114128900621261138853060373672295958166
1170213950300741417661128483328860167367167320358804701580247848644
6398079995767647079233106445662603373073615899226178752674260135366
0072952785114473129927914524506233402909639717592321979580111914666
9928396066090546200798237452122450360169104115632219532972695445555
1518284094539550786740409371853236603877962805143126766274036439822
3983188176059785281346639469560555811845893980705011357516820680699
4894385529135088285447348281517609715423859522132730861322041292333
0776565586927909570047843039556819940159642233595945502281056543777
9954708624485590800370695015608019307214648972673163938925538159955
8617022059139730270900638588414953461627642604428373891251918478199
8500254982630358510063410344376334073346990312703558308011243548155
8661164679904704099547923812878971867801098152049788060504766682033
6629672509369396073136693374720367243003189666204997506525201754711
3578657346438364676379268501958461510696765363902447489954321997233
1906116932962287789461226566830643518956163899574507722109451279911
8853244493764877890405442242334709795872652176937776370796040732788
9702455829538696164126324657549210448122380893363807649499671963488
6155406090914159497678087746191227708286844605325727180192324631999
9466767892603035979578118279000471394092171939987407600099970695811
6344792336051061664600778755939545785813561911797348472427564395444
4690018537030388994721998308058834058367204730105933716458537773333
7382618819978607406745090629225548899083443584470718683462839079299
4708011696863948511850811643813460281234771266500937086434980810611
1925116998390691124112788492250107404670010024987554980352405636733
7156440483483522461021967504033422680901960919183676975391844888988
1030769313603684649075185192089980796748495206425281503988219929455
0163122444192907905821755002124641564387801147363534860323181769766
9925688623422436511614137835848603457291845645973101458014423391033
4366190912117514143224004338147146495702803681747815733992552787677
5813633597536055953938401768676743047462011227916421387901627178299
3633202573540649829431595005547141144066372802259064990772972153188
4835396210592075094818702230994825467297018483782461121232263919433
5007317776200669540599603740376544106287192417866624208821464827822
7943811361974467588435956400543384035329212785957488140007374970833
2504832785755627877386652839778888430937242195945555354368165329377
1988636343681790751801961273509345804109446551725884968026121015344
6697273811614985607135933184212517820869764413662803131959266299800
0800499938017991534491839141860014917652009555057429439030632354055
1291327228528953318386128009002420185920683012455768851599860366700
8821440361799497576930101581684048963695057071941618192298699854611
8110664316242154343885744834338880719947667423092554142522046461322
6333021925412332655422517900396237001187722488012189973986745402322

783101115581388876253275234665649792845609117583939724769569229581
647917057753460630170075274314017131409347082620758055636513836577
977785668667231433899715854051283817539517288672679243351932427944
640427484557220427137038338428243358563142551037569101814745835641
467895345086856290184867609167706199880065923053443639571728250888
425996639289712477574013093554392473324079182045553817663723533222
093512540132481590298902642974259278789454750065499469212124666206
626082143493200208055224057223984383044936328281922845488932895874
022579320820777499212636085911890296466098389588810029238820492462
297133229297037751993136100980352670524486853226374478046384325646
301000814486291219945715644790099446084293682847965274461276533324
488110332420251747386222344906972367553788033995966640307214375360
233103696573323152377229874426905668961779628232189871890962510009
667381607994856169911256164664511017559716379949948745173586586770
840471684474770849909769979447071072216462801394627545923362533618
584457602386869037340402342997958662188971415880457537565078504261
021206974369709692144094113468994263087437856931812699404387145948
959983500248233904352960214104347987103068353429770829833207751807
152848088283370145995157366923408952207467531109020004087766773452
083041072554159390052576034609120814028417742037713070084243715867
293605934806649256089060062140073524622034669434043776297371417295
657738443594005475357783364787173858831995725380639809960264540532
720562873151122978157160862957374684566542360082900430576533154127
168989746228513385107670664275111061263511316160924243466569700709
329952178094757112910514811469846816362099491211915737590934654666
176085925249964296490499530084958760781963600471026739400740732084
362442003461449470324239517678532424534809937752802805259240486576
284671412186729974077030839307426174014500322104972620715170167184
912813438981955969766521920190813700036727820825480844407705488949
773529007409396411521592813098524327606824759522533080282483140911
455034964805588336314363788086926850984022754356109530387770701212
000289803251790104923250778850259083263414354851687722009982947719
960230524388558044873833160358617226920300671018787426069417860407
069990250750049323362692993214094658099646531428589402950507599383
742467138926990433088969689317122152250932961528322314040152247200
696225193121876948328674200291736644356806635821053328041767261515
623021242888554325019347747162804383419392847933486122205735240128
775008941153319230976508281811189635502495846710684529264484555742
771213474285886128655316929049767845662596418247266927783440026607
279474144408370664575851237670920004831219403483729208560022902779
773086485414746185881115702402873149042337471022051225421059966070
353839506482334592609712442501847780809771726739247319401655039607
867012304739576533280658508348412526008894658467311915729174574224
177949335497989190078206213086108038655162237581246483554065072432
929291154509266713185929676930903243805005047057980295747163465461
868596663348164737563758253029528629237343678949466010883529136131
466638328071198371749145500064298208172745061751153316431785068605
599580414470505145134434661354349132377733690004775758504046993549
528650821231068855209618997124393434111680987953962481708529338557
609002702279497412417974047571783589151301019483114208868324943314
817802337650953324299552859443683435519727318517804946558350991943
093702256819318024684488318677087309347278038059155250231204064223
609470988530160758370543677837414644116053421760045932648901251010
943688839493750108078235517849509082358995407264746204374288810508
396455884266548692765048403283121820919225254911472664063622030793
455066039883857248600510852807898750922954152053685929261987791689
221592205220551985320147926147108591884318686574115963789931121609
989761109796335654449027343590983289478678839749661090310579656789
884814633779378097206339058401025151480018804012308861312975542072
153696492705801455275021614678086913660749812251621634354851006334

434910353420533934694524974769550862656936276212610915726891851277
303763839795715936693067949298648386633844544863127608551005181894
581104146470845401536291458227457290153410579881693540552831867360
382508835230473920214607034933191067272651277179914138372267050300
428895154913480292363239288242207957730865773544300787149940796063
032576958992623920596601385554180341966989324367028510494283621790
242444777381925654599726442141645880183324265738561878678959852363
478423536809059927119995597854014483596606215632951638907300427568
254001923588832030019113497523286130065109787692945531139668955583
476437080703315692464770566831708735818394804538875307517147833711
950768797640772884648664979182318450231538105517587340718962538798
537621437172436820710468814205249239365508704489135541655626666713
154192176366666445461341970658844048039586284011613603368548134550
509359031416572525760552586987870305119319075536363454402515452339
582336587160381608528218500714103549936084662784075061236838764462
145891921779142593006497312418546365599567512958502030822784103261
371511351983906124159646333982390087897387993371672887203567894869
612784691802988400077024046141684357096461162379484580024369153446
231929702763704581054668618648920064818578844704613762942820614210
703480363084411167800614815023913690139665758030939659044159125120
969529735812730979032583292747939969282438314920625902933092860103
323917403838342745711351398457747832024488386021968076716331653498
673034745401399921598221116711151254425853760916734327699904005844
974347590556420630769469347283565064991077767958926507983234810840
182244891170749665104061875918474857697210367432681514842019569722
074734482208792869960836293587631653890478390048742747935151528419
727078614321965828417069390496815772568280501220207510923634655176
931515723238105018022585517518247822341364317881652068506613942262
653446972893597805755792607832166738898066125192388000169534325226
200528899561086132879950759573554749552474243083287019180305647708
273670143445393759376315501750935185158798505069463905231958292523
097514074052545956314007436631365318598857577378878419026141186895
445650421603370647862526272470854341759779500692649026951120275026
309543674058016472131592679453794369497526101844660858000783127191
316021235091382970425870233641604644846128470918634315198653654660
902676182247471801225355996813235223866795597369258068959753037126
480244820458137018203432869086371659833775710858330103687434657741
106218143176556339621006385831674674809188717077376535589866220294
998738274442554792411634654679406036502474602456189525909349966735
951227127320524011111391852302706761427723092229472881013319296333
997818550318293443263220646980101295170455704300632501562504315083
657628326741230020495063971736784188910051425253052496886256738738
477796628662164973624028836930961735437337313667758358357017944714
574708124906980229776815688257225708949890899120660554025206080132
245048251208137567437661986796426412986059431128300054088818812331
334729747312126744443118675943209106681841781026557335326213877374
737553457827904151159313218518285887774417722966204691386602093496
942560536450662133317325961987682588594298794267093801141054153993
918960836361924874187916930646357844807215658399312037940118324480
201556714142859863727859846970740475543618234815879601141366235245
480672034561475693978012289565852162256169671298369008539004383451
036299591188765554858501038242000728257383191539907527071272412720
139581995535663735512890906976251070304892027945259155650048553046
678249437412341710845111272716022109419314554015799975257597062357
119650920779653514558284969464124712726275202638568898807683516345
882147443822121862964661262708267422635057195047392386350754121166
483026200971276710048982671613245191035278362070128544446701113052
325226930150870306338451974189270634069245458809137680372957533468
067793504686478745877073762192530528748136198511385757845429291076
654292834071343502250882818892915244527783987472190081314380720430

207245467931758778466626656846528861507688403122321218733296072442
684943391394823440048794731810015672345261770257670886790779488435
759761351817722330324699911665759663561548880404973201297560095265
988234960223329496042355117872785529240802858776678063370228800022
181033547073381937382622675719292593356370954061572778057244148311
164042802001173781045377356971226702822063493126905454981671849950
281156890107968802900112565891790555923454722921378528723282181212
503451820595480967722776607131017786034388295733182064235872369934
100981061723496382468683009133256534492346840680693901747353201504
440611383475519042887754060775819161781154130039925740378644359130
190784611315598122874333833098537839728020727286892320298943973394
819817757139247491694646666789612342910937033879325123377397138802
549835070664655016435659685314582650756107057247029983740904860172
437641981422704314803738452936874360053639126726507615680781314200
412241195949403929770163428124078720808521666306459230567032070981
617225290269602306308129260227978177435716138102919298062250972902
342140272119169380327132983200837285066796162815923582866865760999
044159915872039418368224730903669496907177457012177714467268351119
457992357643789469356535420860629730104673071982276607743930230946
886154828109515202159705255023615647835579419688175556091385778521
922259647769941023057003836674762355069788231896556982414650286786
318921131224060618093860488326451730840169501420821573260642922288
691115250254993602180051041932609690738474883239140241558533260115
285070430660932244424825241441746074448844534185528241403762246430
116084929486645829985520542671517405454420206280703433294106933727
264297066891081535848401490945693824621684799297070687378774062892
832545134226040883718721990383555267472209412312676596338155725024
484611269592746975238144932164044468989516224006928370958627380688
833629163724004187595864552046374627569583050798453815347152306641
100725692362934927639367109131351270403054576969966845535847145591
819283771246258352141244581202749660784771810569945704336050816850
958945374630795183950034717251948443599494854468526812973590190690
653598903356956031006447968263120457319101154449655511226841732515
227738630308135975821722905976613762764176616347690912507016199955
375964321155753439662168827108403675119299960008862463219998754180
943600530874133962692998207629668015488090523558718680761698556060
434175392524049679996465176000269269165516987526525067739508513040
805388445060926010964368810894202685615907389985099082501549463918
220970064845536636689968589228638215971107671797678975011542808723
039128878869961867893071982867549919743262709341000268510325929632
688185241489579124432764872180145298218574977142929436668937836438
222965859111417940518494207357064528325988459122593949274445571466
776515114569290313952537580463375857964158116362187227661518982412
205351322422488256167742459676541254033178449883841113760735007720
085697277626487365278338916361424964210630883493089033208487794286
440497222682861859946689343794851334855905828206964612394649757412
236283139773381908745580331675172722386647360336322942216531277635
847730631534297372774923149739427339168139875171650178103261317455
063776577097886959767574221493716352884568741975606953600393373320
206516493697081492295834331163103727409098662574705051470227230962
962287676893693773871239020465167295592539637570422968270137215978
496180362348043379063970358558242210882352987239496885357705045182
895099193763474732035193828111442092546739336782292584965322008001
526318029140864688824845131277306267980815595476482850417271139264
031553850405835488218720632498225683083781144749672788833200028717
670034369690112633377140681492485609922237095518547384457179054176
873927917178516593198682887564181867768768410191491807939961128907
075158854552469947650821767567721164663642768199852241009652130504
650834072757448496619761614608405906074102214449762236679944848377
775461200772349048346804799553637492002228711271851356066168229123

239218005582781418581599044062405262546367710924438317339847632851
470653500079783184915824011759565900535027064038408707123341254904
300589255268336910947101885680630974863894076607300957659146215650
501976073448899217067459599010087108436183443327787653682587723082
233443454329275264503508275103688527876967792475290543516348471778
306004342306802510416927098404294232615492831376121879256159805549
617993488223404322283765653188612575026407804515295419719419547797
740615546242676714336470510868155403216644525162310712260123089371
047550682508603240463908671443690773244134398492841467882847147933
299621527265676834010400353802720252754184352253722834489706581156
085710599336667745198566047220084160190860000788059526818266913138
417341819905590105823592902013540514610372925984089244405799629261
209829819631751214535332103905565185435755015506330230393983217424
163887658141828375495738248135795353764156486001991020976353392075
484934838869281611240904286051688972415625937579583189895007292459
604679885544190931123329852718446233567773599333480407470372053280
347069763700271572820230730576961414871966420425572750491950366323
004651395418140725108930709443978312110733276687592803776507172513
608755719376485636744855888825788766133918449302119188229270901950
014684234363699275319954611567138685704507441432163390407802999234
905814465652044962335154357201055418206044026298913181811835652148
013865548465039391744227689983209599473453261485153380908818440673
726935784293194085081800541112501203457445303331397380446948852770
989980569600051914114142279477629690392241524461598136812557513984
940301589089128390396906823715967622826543755905616030020457274561
527945965191825007133487156545101752772344850870016671622088134714
559577331251876805648529105407392802221120032862781056402439800380
701905697739652978779098800316200668984037215519624334297992810095
608616020149108819115097937929003694499120621765377482371955324580
636150130098086504424252934783569851494288463384019650862826192681
818133145352271022161786885639796180425572709401969041952782218972
371157604600163990908887257182510468842834618913181202969641334893
176005480461049509279897517631114740226421967576451984887245324003
253302518248307749123252566884756169542393488977846191575794422770
855820578541006163487982613985550919249337634419693864702415434328
232827684568414269943837235402540939373073804634343828207196553140
326715847016941483313914996741090812530998431631207310850501690632
931910182110539558556703982419629169520765719992723071763730813642
389401482326265470550903841961663957458368747626735252558119907191
836237358436871834305909221799544996922233003428708226933056544676
836776755877960837571832810682555956854316804574768968447920124443
974874700573757245740874921782756424733258593382718360118550637271
168238142462458904590760296921428081805778560188655269099927922154
712708959240179476507844514414645517172724548476941607662478326065
735413894461988583756749847678053698392957632660226472399204136521
623736361466640323155185415154811185810844339855150436734807098016
306252475101971504669545974914141011308661681636860421033880745651
994932458611604871116486279983802481253941899013637727311133834266
778532592324533344853759664716208338537412263555308937443901951541
575679942453238033408307216841994789968124268884616597060833397337
177144364986798767187972512615063197288554063191512610386496203137
400515441345721044904467051945156922739366732497685739160310543114
816892225159257668780953462048818191351201284162581472102780965979
991944160344384182326231448081673218912379946597469447371994734475
461447290698588542010162523064196805972372284233732451140654028375
526303970784269804597321019493457002525055959469814542210702836906
765111338008271970430451924780925117856272910352627916974258068402
627307584190214628440917898442561629867390910053700297885506985823
190928855440993457717507878492547917137854322631465566615358702116
916043172098426523231396606548893085383019683401924136867142069727

633671975814778723614330172612555205583002475666557171155769559720
731113661647649212410007432536721117181902698647349658130101367113
732229307682146982330958626017552721672584247759443215834483251667
717953813744964440656738138326645751744905748004650568402111858982
706460025498422293207274982206974769806226082660110961848556935211
806622929940380157261010384282960889874606563046798502292990209291
932461771606160384801422508869123734248586441731267184746634512149
080855321275811894748251785940175844722914259381996647903390875103
666661541646865470072022022545975348098423501364848574947885547459
213375096376782165427914135474670062812767442222991188279981357269
073785469091101556810429717305778842476385374026797415237094624639
434605121639245148210507976032685986609400873234156423535667666375
312276348010107704548905103240579565966741308311579279748096695434
726072474106920153392090933458277744733961650093575247112417075063
503208867717412193495146667638712637372846116040877063015837600111
533649212190203318068500324666379221737979268046636376195583620471
957455881725511200080419911461363395552011300394239159753566741136
702232551901934176455731469482202225229548333297745560513730774251
770977444659807607594546606593103127348715553264389083383702773822
074314568944586437175412106604933774542490470014903959465745943771
237897280058429396210552675039566321492376729814066350061202360793
595072500261188229881702440932306066540097229824335376524377994159
185149339041722501469974253353780504362141093577235490088186907390
269514016697214836261672332385111763897273755722811689919980399572
937460322172819284534093325844116963040623830035426887429021182429
856451245795207347984627346195104552425613736299433014983937291110
870529969519183533650534844242848046310476522083420859365173096584
496130285833654819543598186756220294161384321163257685982562967201
828906781124186868784597313387140418729700711919867701293106293096
949899354813921875928804839845138740758643027656157147335183544073
506255312343664960053109148813032384462652043513629026265933306812
051158885104358569945649938869570706111923572757110294196928994187
655436884256928063861435130310638444334313396196979733561523242666
417066390240362365593574944251038356824938543066369565628381349757
831909024277049909445141111241230206043422328892597491438231575907
984423517784541128724259493533330985710978755386839817548252121751
810308218176505155563452429948453904577562674465785517591489162251
178070532881170459740597598645830080056103223325384300750981134310
120450833190422865468587799440122965616563890815959223940343922260
010197221765736217116359902575752900033866022749259421935596129475
518513699393249692786635065238826768941167638908982314619095968338
612311858671495757270575686399745427113036591818384717808180841752
010065566213047632675249466820599746393688064999076413425808930820
409023632383517830632217617206433632011040344099409158405146878326
260477568040712615484260346833880268094044793089193734239036386440
254924481157390763168026646799679017556718706413633240288705087457
165871395916429253614402597840290871343774441758956655811307376296
889347527173711313779000310082729387122487986914124280084502725122
546352721992018762423508027844796784337023680736143992859048111112
541931101350959312727661124888954689194535563621879329974884586783
481448626980470399009162895288368911374616731561702410045157757001
603778370339572539261354053250114657419224801218243169853035363945
988575041132622240054109705194916292574379281916876204926756847774
860345138396946799094353055861500427944483112063090593443247000937
536710056044926556034727477807907836395045187624483926979873135352
843484638881332304397927748022015296192355486000473427309507867806
253076736433322824196132427056557794522660656950161892625626948238
005695033649150471162428579689682908969058363758278283892895520363
223930960420462287810637658111782742762532340505564585343287393682
881055582302015544340256660561199160833124527637674938321952334956

317862584221341665748262887744717933870329083625039959451591113255
050506004055193310678540221401392893077471031783341055948291837130
769245697952206414022795846705868857757846872528947007508518500453
068757078397466638450736019535737073785356700362585582066737243338
623835066357323527255029874737157104957827619393563501675928367423
085383857351276128826173200948780873129781099401372087532187962176
750723431042040983005430754543089347560999967053006260089395875398
030047816817127195093934191068331792429451595438511210909172267321
832118162279570595447822536126829509548622172312363166507257218634
531741072397650382647261206586272339002819509088574096005768787459
135373146151589768102894467346086010997367803156129155718923796941
378351231627407516945694908680544178759792003655469263444618177373
227167003444266776046094924812058797064658497352880792415315639324
344125789177935725901786375825693806342504430545882795813741075602
287584447810965427651767062223706972419791802152291454833956256228
460783866292668106052637667735843824873378258642885012123329247207
096075960682756058028935698068009042477941448052246140801929827445
359142613006731539974220398080445375011953972619448484495199114028
190660032628026970954487165779231879915526503112323553639686684530
243015961973492262352274323053604223375606417777316238560718050405
591823508941421612604389373200349753263396931768396397408340876148
966053467650020180180950179015247573815905144668404233204625195859
647960289531559077547204187516804221048827397952482737496742588221
229084184267327354050629747395625186097845807013227661151733251592
801250066103078456552279339066119554676984670693114454341653858729
999117725534075836267307205981923186415819683344077561735876011585
410628859025148597066302566272781881934320443544059426417472874446
384970887538924365482695425677051955005030485739671925936918313224
995238290395190787500747741928834128339315143605456554992740034000
514752860117649136881975405835181301064281918542772397988891155654
420613295214834039746559537469317679712605932622735788936943952814
037155498125622918360289709884483519995909272476142927384761134273
942707646596586099675123050324376092528374535447598558719279745135
456040928446312383889192976387224509486946643316458586117087884072
595663446488772838981448069759334634892092084747933664114769169483
043759599830298448510466971167611803157567043074868319135015108662
681481108066267644488187637341191046301486433951333169438648671912
530511977122226051292720662888283651460221944708196954631978248180
623064295919343803191070756728911303416669390683766514373340098291
769177833502351137723780700801344937512480505007321973812385162506
320810496669536517392868858139774907719078245297941956168869722316
752104506671379192086538936749986314866410170044457629958945321955
986639580917941851056008686137283520554464203327542845960428433290
425439861323590988961610491104037053812955077468163875576813162991
902508157027190764907757843602169772279041728321524831115467377986
753486330097098407188529177293638378968670454493802201715742430599
092277663302429744170450074589944751500765742782902593896377634935
315947832002254243267251842300506882020825497212921405633725581581
127104741570185389317829398787712798274886567150463224664385555348
488786876641355612761048582420589186519723435336395723609948081681
739740311903093045100043961806912344770855514924729667850895219861
090165524898357700496192037386165583736313265234598245319951059160
583790003979969517770697952469522983676074314990085485641433272200
349890338404285312421123402100498162429185892422243495753608082603
067624015469578806472961926684527511160095905378548316367124548486
778820172520546398558650035823500202150851642366350078776071519856
145256264951591055507477278537981540632716819511175410228892983782
225453367566519025121682301691819839425989997594117695875215092794
637661963360871925094446859022136218571040722049966386358712990530
555270284104677262021274466745452154577237082364445335706452251497

567870517194800500802567824607818185487583892258881641762049036112
904312816748320766934852285776067934846458657669095206610087879064
301681675339162115205681084467894159123374146368211388337577326140
274624666451509892104406381808305608040137010089074171937662958444
216912279089328319826772333212792007680916610268387238432454420686
797560394826736582067345155042676308818158558039319161732754429557
643651620151664466855759372594097115187836921732999384157882766022
670925291474618234186636721931122698423608685452041883128019978033
487875658827105870237096130274799132348225813769612170462274224961
016733754788010634085514866228699569152716263350178980339827364487
742823153814829001343256788832287607165110115958718714501057834762
975288743392745818276860004527757177247880209896564385294238817387
999187471297587411654133239155651089087752576862866168071921090343
265030146354274920447493124652014732319757703612045011747939862821
525354972026717908950519508590979562153891218056487899678573068849
963903277813229401520730505202096076546883252517526410135506514502
980213435336587555916168367494289441214804865998225611198797208669
302128499501664795238170649564273515525846846289200141881385743510
670806803934006493980278204084501559743111297779680235822043997189
182740819520245230161759947970828058600328892886741062471328690946
946684390420120577410669946215723851109156923759278558684493977360
688001922934914717580163165254747272854041117825003154049416495321
147450754966548023101855184474204933682149867867387892495751470690
246623904739663020066157810935792046362771350394697843435917414264
377803119021954752269208954796887825485645707135566698502327546123
988230278689013175732191716784930163650138955291315901174224896073
749460202948512798559245077379356908133386974703741573965582588573
741349035827814340746255423551643968904607795838664996649445074756
579699351493513597320013303372081166289167650986948072944032991761
290723011140465891138242727263296851760942841879398026052395654066
459330078965741576697086719209294525393155274373528280048234575091
448533542404918205830211736693760497384227215913483552040425761699
280642854714019368556141102765828085704034232587586569465009202308
498308267843272774869277955040661110043597647686786538495502722558
854224986136573631739614809989360847409717649547154334062370732658
697527645921337429714124207051122564494990791441924448328393791380
420636238002970028206239318075619226485397394933083251970873138458
119857017100249136525227198684083184047846936429025111292751766993
988620343878917517267572217442145385761100283487432190524333293992
809488390615294064110187937539411343031719168526355316735298536398
677616350661196822472348640340968103858504606729601476131074024007
426534024368037921068446153419708080881220768071106438905886342157
852825822877436754701408310031138429853493528249358504036234592392
668831144807754671059106940654723734658778941924873236437024020240
175175970468295402550796773098444317986354134645953902276574320351
884311155975463523304523550552928506363115240811767846454714132798
134065927467320835452822766343059530547343093817503778723176464890
964910442558796940411705277662970232569524636717758458788220284605
305305466181722096550981839675444011935670278272108335560644665752
280980586287033307578738210821129210210389616523122848792032803766
538720195820518561825014424096283660984633225284110157417361488234
146028737749849149845904629889032849256083957399140591024120684557
624803459047235953688392746190063530060252868443454660057857456872
500288797407812699501435969649476414931850496255521694445285574529
480723243302773655574561042966088356974253073611130310823800031585
387362868849210917491803390548285054627864100013169471998948894209
530864465026796100715048439262063311711860861208187157327345513700
141867686921967048859010362423315167760172717422330504953061585247
919628896759444213462356519312219428440714309789550559858862442017
362826073505116384635711187846834715883490623342588343614274793829

548341263417416882602888735547816653238321540768359096812054884548
171892692062036709653605640898759284508157427478621941367169943229
458693304953537229679978004871910203478247394917971719767262538849
528173051360089227052430855648745041216033551514931039641863808926
595190343501979503662299371070610980328347286934541513596718150629
766374430994932369570495349591419352727151418737658694512236367107
938011524216624494119800446557212597535804639991023932797708387184
753479985436030661774685481674302535091141422536356338388354354468
600110863848021479276315847935107106227221232890003040085551034607
680665195521686567189181334850680693770039068701376254055246684976
710144599349618422468980417018602351019649901337786508323436869443
782163920218850859965813111265889482917734897361101747392459963978
823770846435932564640554466354564506278165078910000603578958471411
788114001470455657924684793389859044356095193955983048411907085968
390826969646301033129195405483566334707548255971622409572456078995
227513743172920432944214571757021119664927329504589243511542249892
841829309680162790999014391000651606646547657233038464624395113830
677701241619910309399289403981160616742076033829175930656604400871
622422948641209276800548402635460460212864312968617604867685458733
245904904458154468976001291767593717828778157463447497443174722457
141782495933265895990123263165431809785578257753550495717798199024
612577728494463535252170334339313436451383042589815147736236791994
181688328599187157217228765199470314248248787596411631008191276660
288566473109611646667671189367634721290963008692396234207088629338
631255612873406534679097419938288166385060278732800485054491820199
337871130829493390254440845445283110790671755781580093867536003860
355768063981064235751099733184028068507709966620139938302157057490
439491154383090561583001130141099139583290325869583767619707448919
113263121640981843472560087662111596951333890462589050402103971688
752976341156530163761401724174127541567757338515633409689244301406
179749753717442566473493454579246967993011026194337636448667537561
087691613043613748330479441225952612415148981699807681018481895780
038325763387804353118569719951740840404292157320717893877089593155
702274272826581614974080133206343384008689023889391833314200451596
140089861121562924364169472543135617018117920055959285439183334369
451919451431715413500742006390506071676581905824216202897696844090
552454470012818868581435495454205566898387862448320752121741094873
647410915786040991025855586394013091551756002797658653840756823639
735834723364825533520524772296088193054082105328131130488092625504
406239557590391944317141526527540808952986572630716340732243950379
987148815126244606312813852410741435979408576657852516943899274655
621805886920662325044937029212885127459270213767483429277774127189
221554062683300828600901792187538294862915016245407247778866998890
070980505692506985818373901350763943654187232930311836581686333644
779329007078574510611399148091109971279294384939136701584241896910
938623802725764521667814022361322904680977248778268641881228779934
329767071638705695119901896323092458999902179757131345174259360325
136902088395860854675047773229290628464817203195072814911800959505
125813447571570554678484436237769148191799840529066771547929117426
693348858567088139473448486214381111595475449852804057422506951464
720084246244722993215792264672178814520648208302769361192173852367
856740962791085234229560906326667104802881922637139090737684448093
184449896992931060368700953087272410262136788706972698569734002280
363504755236880049558697359039020691931283070710617913556767421587
725759822191294318645745477205132894587827375775210307119425545175
288583633445935800552400893120991882570655486639231448086237441459
530559003065809529244042617675254206771033553684955246546435770101
789796416313038674952396108289032577244899186229965198423278274995
958934083103129326766102724108073795462818807634269861761703310093
468008306518347713287054254996232603250116192827302129934934139799

634261512648506347348327591363178682472894449321466061847965057304
067187482841519147416841690897229561606700728197766108311410618692
743573355356462725414379409813463832286243364133478978890912641531
873040605317247738103537082669410654440622661293766233632590613838
197631940130398985582094820953918602481990989664862713566498757014
979534006764478586820491076270969775705491508796197691944139015941
256832679426395790182782545568969968032231781589778225657613871677
013214802115527276731117341653118922038451473699023164776475938806
016075537483382328545825950629102393600165447353942982876682073712
192752999073697440811342372020131423404505259316972775590585657003
132022465479086657583451266545682630554619314754718739127923972118
469217783762006326246681456322496877656028010455006968281528657542
598234834009264710128328430643025697652644694135027062145831911049
179319414349301770348702633346016871029183608374125327587763154022
303956288776844723280302142987294946474939503146491804133514202393
881524875937371592838326600354064289535416985061992235303829218610
486918255269025574988931977847206199198050179722622476371814459796
413713846207982090839588211870480155631852081343051685237415842174
781458011563058311767877089770942569153607878091136284354824022828
394565804195220130311977227965959838840936358355901185742704482665
056343842162536049834085438904028543049268993066135302956244002028
267343672871926207940297350617969254101291753762660825396822180621
641812462173118967334743094220887670606305467169963141821559029243
513784364350632262093120680143169163849781012271071502167924720562
634687067390887567539442448270838250878826535655819744166357784924
176318814836216441222232363549938942990784092165099611235325120110
314233835506549388909275961105369398083023861037130475667626055583
092784943578519785639053474326745056049094077085918865106554530081
982644525281740877465478991615116348753930674193023342758365049641
568635388344929702698830212838507501173072253194741218860306066086
656547714244902618109150955830742760829485811035201107033030587092
579512353389221572474247856716767883589737676177211751305869343355
367649036743738817044405436987385939266494471535038152596325055300
204906764624458522605213931219629970578255032704577980448589560702
099021534466953706842845217821445238667104694081075061673174785697
189794278788716052834504290221224398343390694767646413145818070481
842165818603669376409894336493814267999197179815233510841570647616
502760453863299952244303389384486986948796492541509969476646546897
692164861423923568275318509654088133533236031501845430918115897953
009608823801822954836466507308346158753739094675311255426108040965
927527145627225527350121765782432201282217368454018834091125636960
586741735441883030291042295409312139163251665271628121402003934852
462926770253355678013212110007468751049272921506773328246340543305
146411016945801523928106487165119374849628471452059228602216430922
707329113148505514626087654910369689708578112513994774893832884265
980561212183161153030419155186977220696407051706558307454295568020
558606479198561137208320213973371589718010093419529924086318041862
299694415900148445348986206796450530773611839913611440073059304205
749678639537317291277835848215629148003084298917636403425821977585
909988615422915064881854893919464924424427073460653662824110438068
746346424452489217270080026988968400977049906879061899434905998791
232993931686542977873405363741086041168212232803214430184507966819
142023711524639482201770931427298845543362729864739836067619735520
646544148606206582731163150571772420887655624872226829266602037148
511214624414964999515202973569634689579349118486138732356737272362
867229569307022272826189362420914468343426468002660771995022165093
651912429912989094967348869160997557084153856326697999287231066968
120038735043570013902925124556125259003322197307426285577090519268
291420781601592068468518949602680324164502321797845493500368685311
200743998786753531880447347851395431773960600553611144063536421618

126021263865730946905932559063972194920380562876788287430919096154
068691521231893627892498701245388290743083816074862738967877453782
363709467889116034175404550891697540592273940492666239120406468558
191112089876130221444569725686254529501304112171998091066911541574
687485849599866199083983781712633106815336413320408361685895059251
501682768475240163473441553578291894992138591091122483181871721948
688386571304048294777424440601099690156383523782761290959674815107
225829181329982874270549873596774842208562067520671599421809118851
021464388153607962345415092134034300612997868682579602938497659187
127068051527071418619605739031888512824338726837664102076717571266
109274582233522905129948528281613592546990669160185027594016816244
982303860880138242498830699639176230939613485459945178006710782255
193242050873901267954978440156989887507912316527747212894791531731
284579690612883700197518951091669085067985676051658730747998414456
849249212797902881242410088408847783731591936132045482630356747492
775654138559987303215905407629514363788522298669818514967083486052
744652644981763753211029230625903686358567994891492488089604126511
073389096634435933844124958326982682427601020989659454604773652398
711801751865136733933944944267677542321191082309423728968680220347
439593248623769437410866602820174765563194951087225889202215249803
245839271724279586677378380658016613729297771184466502501152581240
730709630180406940749655684993087263042183001570412013792245678731
940258213109454610936997492226185837465197323220368127821679785482
540385357995868520967119563235803556744705872326862792820603648717
936660559441175390180898377902808434422479687088565952716127883634
043276080005804509481613762417573420339477986303223673828425719406
058354743783890446415406579099993185608124308463533967991722881263
788799160033833788588455471982316793889336283777320641146617025954
208508851805129008431630715043310753954554199079646509023164428834
474068719718935466735649456812354304961298884537609297708931994214
630482207660235398243215761625487612842541210616113313364882245413
244897545356626534914240822491340206617500721126943061249663413321
878554680294591249172174641038186713621514571649507321984896957276
872688364311053604427157154289136681571274428332133397633430005081
273956718748263504621039314324319975491958090961365625700243201665
807095188730589919787067936829524404853420238652758845077629278714
634221930150056380457251317594012285611355436854201081823715869013
394106131783292979204109913274541054713071745330047233839565461871
634457034018556047181381578089815947036849425786821926363634477428
221860596424745794721701500258173333022732047386573215346948938772
327005556946006475062041487331611568622852690741688093499017469127
606927198938505564840024337032655975293686023874269601591645095650
888549020898484988762500950696676359381231697790345117805540667349
228798064769733991389207356808640524705632218673824785071644611430
980954948809247373180071966058926964767438019702682241032886561113
658492748669631268073768413367434448435491569475817285335944010063
322752305783993875303255072167800795954106798161051287012353251890
481593561721703239862529923914117857155601316674495414313623225134
309093811713897244019512308210327892658362850240295904940492941532
776864235979783872458059395139056795560489022429600734317792826184
751933955564593715046875619975797431690153572144066875808686554524
850048273571308531731244135792320993581940084780355302666178999034
001645004709491013833401772294629926564233454788104605647714030170
786181447811161624796255323924406800969011790922851352731479550364
501613013003828067884533563391135173141024267843977071244855993926
430774456327190903208839351852366033052369976131317334834526825772
849605743916715539515852956333008194184226563499761732066839099307
221655802854054586971189012219660240669460829422781432154324365761
017502059129601843671261833291453458847496239270976581693940402863
874677684859859221382070348649830522504843916857753454819551137494

718952124618141523990215336585113352535414111656440333991014817160
305596064373428680323910031407094111326232632399839699537619227136
973500148398583884971448168151714974590795901774492774451113062728
420131635843764179209332924316744005546123114291616263976070663560
386006560837140438303004134347463989548459451126970333775832905533
641222535927524973455348333723258625709633843342035966408972856443
178958761351810094275452037400888010727884818895951672312621189125
001920873733861336501373434886404252252001770462072668820070446561
847389682355647147107826826300452149043241055363554525591842135419
686511373978866630975008142564319847403775914587895906098457426078
857863202314402576460524637248392024315470427111900318904204033381
700098642286434180747777779834425559893089229069745701872020468182
941675249134855996061980098948447489166287604198006025970012736569
393629754093208594546675623408046150135458215508632072266038934013
767305762534065551698152777855992998824194642665167687761191736222
702092278336052507704807075907180343633570756382836596813995390760
727068181365657591986683751054611521808378119196475540967095824956
017828245672736856312185020980470362464176198682717748478222463490
327810885463141517371814329792883256249937115629715737390115836310
870448602510300496946914258386937065120377046630824216489443358000
596868730214852492879538242286100073642036496791486942425477306447
281042550872919341960667052564506409608790024404064247311413566099
006514678880932791384938464806546101789056276456355644526787973176
600856459859045759450452936327322914034062409343851631402526002102
085325002803141809837523389639583076237367334254811893427718926930
339828412036495177176010034675192081583382936321282066313108914560
201482252304552882944291740051438913118279809819848432290298386962
825148739445820391094065328018875407720949074786117915770017190387
912806376236617440144045207022924523204540576280696579308502039812
183784020672025012026675295531308349435347193634177273406360262579
603136511978554856693728464042046848927715778043458677610085289607
369314413346487377352501592452119765975459087695020605617578193591
077403625835765360080893765328137084369439022722986532221828843740
013882581116297155345756740321498609755428688657987436900949705097
986093770278357223388331453980493989210171433582618967400312252799
730336457106160728496826402668234770455830154585574827171372435847
099486137265871302549402449573855889966053537090338925114540555812
456929413788827165199000437610796725728059987482047989567855938858
499483469651949308978149972776347330585707179027093568227576306393
049702296633955287633799130785859314207811335111432012102601987304
216706260143575841179770790458083808849808816662618535883559242006
305302464346289923082030708064941073041567597710077523985586867594
573174476709455684268903853112849498801814477456650509614898991517
629924164287800047413850804520329530539184097689946319969559127867
694931959273366205430918120556692462152740786651432352659207070867
879558641686045277535750207487671433377060119129403158574310767777
795213590261308082898324883948320949988456830767241759299430340209
439932270827548357388507419917136940049879858619423446279608414447
356652037928295317016335118153029312723025435629105545863957777802
211658866611269335740729443614557490563720071282544811355783402901
604851760524329698135502747147052635429352648136623886958489819516
790476124747446800847725887139455273671088784750842568825983963683
066764766451330823429953840637149396551260259641269166395532942221
627797607874955291748568842182486374632474778324492983235440257156
760792867425952849433898967643436575482307575478403350369653768736
549802239878011920354404912882683594195397184364725540905314210556
663207320463884838276837926105500380573953794021513641366249674935
373241044043486238233624920495354428579053065452772650722034659290
443202201716324235831378351252109576415274124465776261675436094709
743356400769041436221806829935515109138556573734119489032184562204

4387715270048211012761208140782452649886361038326508480852529514952
2635542646067184454304265338266686100665577169517144295655590542368
1933938717532038641155224288474087963872655996503545316017872842
995906248975694314657253297995656442753810259566672558761130308635
459508684842081702309037760107313710623429337807454750823785605494
798769021390566558589286009199045602603206378272907615539703831101
800844901121481192777967483910272882057559782053508834615002190348
376576463110568401425042106378331650979093472594994266170452072326
910171868068931598950080623997586948389705241612230171728940390466
998494272133929568126161004650902845621267573941439279503195865023
504811047168563578354042648572127540263881287194620920381325464811
617031358676710643658766055165513311331702271823215687736219584821
685646528460697066190543954014065106309733365138119633316594903039
216427085354228049798026714911895636425174891344121426361554780892
145283670822169402598711263211438852993916963048048178929629882011
238074901305294249294801611435330239008067065721378167971985686130
290301299399445124984690100198919360598279169730514759434649602883
328969660815056345056609378129236133490585780550945642103530907360
195844637121650731982015642422013268456687741832331024731921868515
643412032717030573066078517538509706917170791725285511743627871301
600952208920242405030575640215372736959266799747810707279372391235
577709346828475601076301279131199539176281861594303820778398243261
731966313336206379349676875089524023642469231904541673862358360482
837439278866547759485902892040201939593770656732119490991043352855
179871403502030760557820191483882880946496482084241766992456758312
262478070390557653141263260242922436203719532918554718091596443185
685205788235010309107612806044570442514799758960888028125997862387
743549659904929673220844972443458243503689780365184909951214229401
566917453416838309035284779643067608611599763678720495505795636516
693834521021205712467189023635837908339119080206899596896990188122
321855252869348573651888630160452941028179736080689549524036066488
944683485357371170607994305471921648759431314126975952516610252290
957537550950933718544900072907676126346765291664645580371533060205
534741620555668380872331011456706082197136019911669601177265351241
440510936203601001758405334468987565349002447580184990285112905603
628154372796762883123816577437517662456404578370496485690904281846
741434107660754984114657421533437962825237739351775877039942552131
816901739901861642141354392779733470876597369481710103318186376892
728376366023019205919792959179148224416394031804147790028285712517
764484105931564467536330924157970212626481304280838933770672398228
654341731736481424562966180793136953250911287546949801550317994516
691228413844646308741027987820955877346176667793320063616141299836
112387852698449676224949460162224198481882844175972508965043238838
826776211538694490722314080038640966747955659603365865500834501574
668100371549812154559177082855269058782746268018954840985480647767
322593083364643266678951981323034384780554257118933244880337102766
080664261976800040145768192614123421421090837882603488039871589674
691868127595035419040689672781395132198842118325610948747352764866
436713359368373719071671361534428920725273057077805616065916154423
589107846465547369563439707372217818591230109443692313952203010113
674073457059526133029367437932120406159970890681203507862354127805
416826582353742593856966435762710973540865230333395749249771995346
662569428121211926674888665256315169706607240021939626684282515447
561496357933365845237724099687357953227591900979741551721334845333
578681422873993851902093678274021559991420456446438381600099906505
371881484938160865503572270641774386629751678966655499987889572179
026230908454480646518569309255696453172241089451645426796761819728
832958413935133844596041672854573991415080495944661353439845014276
180542209659848671099440825081513239252136069510626733736792233221
425995230222936409047664596154505594842048813114413172046469267049

7597490599351169204390276051574466773968708032478040634377784167250219888494354098282116000727729150507598693656847220169410461894445826185511600415494510628158872485140345190055563466615244737496076611357787483740038862938848861019502812807817927450349584057529284529838909157649132473101056333147813464026504626291567537790921372478289700319632596891251330215246561205435837622686092820307774168700459043526358174946367245517897849317506753904640416033638472405464980750039300245766107146606057194951091402482327352669122149601607089722072205462881003873076229689062152629711142892734633921437857583816799570965129751212882470762293756572134890623618601418995950002939343301174633003329729078340263825278379605300004735592754684871892997206561365337515374779219624955179692200855731479445742882259242287677732128859806537046540246199387296499359435632302131108482424950180067571893986118972621824307783178334458570361181609413976344651627256582886168782130134255890738184057342227527909440150796335069630683158584259597583441339316667997304805147104205162135621754090487773302273969806564959009456956985365843208356206159345292542418929161730522209793524657122706640054135392126209537416070259881312679566674617093237174052362963196089365298444250743022804976641640382829257137163603061762596724995717615369585248664493172010960853457234236254503854441441271638476726283333081895855936476006163524985906328874450325511377681813053346646699501547749324209856865935049010621141299141773099804599788653998555997208865272973882165087748001986686031630561230114449331935784076334183313859772732345270212652657729626488462044050323775092702644091599212652486267716599659132457154139254001538116996614014497922059852865463119881458741918733755185509581187101969241766429242389375494516315947724531101984145080087615562644078821720935112593426184468303521073794000418382893605854407065172644916885787285452650728104911722412941522346848448989734965331556939326855402116655944907515310397083246234459570196856432675680385445193586873351496819597696008201253799008400105463352336418912796054468763570371065141356837155124483618491925094994141446246321784596766719116487767444895994644315839584871818846627420278441899928803275124496669648679345894132986023303482928876260637136445807371340101726992400314099962898759328239973248787138226525474190348822177498195455707963780042780145879194411890770714358011030266245429362515054346165151986079342385623906645515459086899700987275783385647691033468638899428963619169533138310635144431946929978952150427343027450548912822404656751683738409173741484373181971188226411967029514001048449736868836048926288540745371246015784688794778131708392027701850083959940135078751064535614615484503534678749015340275140901834645675419760454833086921693902489806750922992294071550692377787826669912301589909380813372850555299059934716784235078673905803655389520181114771552751613837266566870550325145683158295906535700608065726990227214337914923752422195825551552739047664151524230841309327935561940500532444145395061094916327038715303701528100887540809332947909865917839654089741191987143734113651271643824052441584288769757149771141471427950829588702992792468332133705152675643942311350262877689034464663632184445921715758792411319963298754131201832522267869678996413293411317636653889683205119163622399637364006506242186919822306441981351532197319859101563625698621817485470888837822021617101491243249216532386557690852747254785968298124948068606644449351918303748366550817554225733526851403898786503007040289933438197230196147340864828347612607301982226861441179898436755838915900846999131405413831939181656430884349788299151717429748649096383896734306517121736027545375783431135217215018269592914932278747374257245721360256626384138952626279302130009966196300323252201313821884482221538525312767676304855187006831468403992681854876538405638483192100247223191661009134395076785551383704821428491510169897533907897563233992177890388

763368137484651689226357162307184064156632492410866923967601216010
814456092321337429145784488061247863773882641020861802495130573388
369415850878231970981515867117095173880286795801510678804493390248
068909905291953284466968288254552920787080905016614853675330813369
070048013388285854616540641332025069383559631742436588406472615757
600993478411408406299823664823574855435335905053612627428200187848
052953044769863226366278296327416370115311182340817867398766107281
273257785139211380768154189444041763294630490061864780759891264283
257299873528716127741833680517563794195244023212888549117741506531
116818362269895319004959229250837626080500331743338563784867495822
310586318894073980761449692017917513933532988588534336449979130016
571286809999515576368835796903449984723426041943185991220465827495
644137636777021611431270014347716120164648321329271182571328791058
413578619311893745953236310239127088901391290916652719237745868641
703648012032953287516120129170609592709077735616740193911744124471
246014178496797282493661458990725500824349970890968096364168915696
208984519256267193430471714563044323998155688693543372623026149800
352837166513591216931783823097964852220628541884734869393594384325
299875376511924923350991966689310683934309929177429112608797283043
316638758402370220112172394561144733654127633402705845417785774852
48631649991704854769484320531209292739986610752631319764337653802
952214163742360237221850677911388725805767775543742535744238997963
358197140322779356139744707119461141651761515123882362790564886358
947268605733447972830925709439137795165630585389041681689876925808
365068825009361192610789112427098812226934685319851706637174204680
963766557289364171324938644334052887352790255086899509376151204649
845093084820946460641779407759272735187506149345281817675171084502
365204423677681513267431932510951920058767491849302776955965409812
253963577116946711260602360694394572136480764649901663784374841097
357300987497338721557269597603311371288315838030624903238330486195
211498262358667333635943608153309620435231806990586725316679671989
775739671985056332039162769296127845043250930278493655757046636650
050423538070002104337905436545267691563211623070815386679328752803
991810222879667549274141381460065654850877794899447855050889491480
528826587688444566272939081961440068398308052403725695064114389933
181166377016307519304450021566160912397787650073874339861213776763
163799499160358002942539415093611828779256489019970636115118334377
322878051378170068546189397707800275450470574657440961151865016887
216781580801618548641080898632223340991247492258081118532699879573
620303636012024863397052946712401923986888626998354310920045622791
699844169883212018095594550534885326175425495363851506311896253092
176652916582431590045834969397068765865424328194564764785373552515
306898910979666887810025698390687113192142541988664192866687545377
244317614463541566576287140553536428785180176621964712668996243194
827310093974171042590552437496873330365968721460188999669280258230
500025049474319578873617743981181941294800460295054273686692310079
383355277975003835915620816472862995161814151182430486495587047642
038715770645275872367708081805904084235237757757540088468775611166
581392511935673190940209614289011096489957150397207159050424785782
964191398186464569806900388364679836798101237694632288836091585443
010494261487603503799034417768599956759933050225323476525468899552
580628931781172182316379508778459343728786415144638730344373009824
804924955400332234343780588846442656516711172540890242516568074345
760295714812822409478460558543210753456382184804837562589157517060
137146819642168971776054953019924695302390199614826260170628481879
635799123969700159444146867753185645831272547174394450082162982830
493756959752133974391203106521261696229281178721499149753725472129
306870385087565061502752264203373041216162349639788099435270804166
933227218359322427911165736309254664967124992961439907500009763571
020509135217210267487838180045968331069999559077825546489128367433

945158247815280574610341511343563810566377035487980940326526654845
824868458290675564358632459180753460775801695839975806488137704343
413010596884392991793174174742867125143313255177595667391206113546
736483115197935420861547222832758560401773389173211141862365202764
491763082599430939167130160355550663966400637699177448238398404527
277641720112291229061185595127506650649835460296102965747543759069
555507510185935075883789469234080884424210404435178451018449469776
602243257275763372138266732831848510419137225727990030230195198814
570212171657227651891902737558032398085602854179108696330380502830
582541552079221546755099881660712637966690626696222880410521943755
535993478632239333088074294403163633929743184574294796453048481266
724296055477893724165925475425727294818303585240798970601383390192
188164731155785052643281067107830425382786255073575144178094379451
520876964418039294505337106958002880600959261554240429538493922366
928251865457871541550543768172161949416243980236697017645851682241
848234949856122612205259406946868433558288000423604267164920519830
030400639082160494841822317937800187897147326541391659694146628544
607201166338527550831900032819349165007915757425415726422107319213
142403345326076600054088324224303953642851701019071959689962221685
724205827008044884586616008524685471176644033745417169725731664357
129934938871819929175946631813286486618479719449399756737688968894
218741250518128652265436890284789523945318907597818378429373869271
123324522402704855011368071301499127539063765677619504082472945779
516147251783340582936314389374727744967896513648114070023132746198
982924674668855898433555455760427757376276091205804848027199984955
395267234262697175122246216969012780081098444425535915175083609503
915428095603229402450125344480013590713294374264407657156719414139
579192271365410090161702991031998657052584092579984341415907909404
761270738304781789551094730906625750499363514227862650746766596040
918727372254779472975212156735685726097885664645754101381930184782
123365156997722636151699971162308147353868744559534540138665599995
625362468346296316834097975504564050102772610837878518203493705332
792138943408370417286053516274318097196418515813346386178640580852
899326162674792028229007798061487378774117335830276131207960256078
488189046862289627843902049983703685368810277112776491648078939944
439040925075904833289087283241424493352364630816798184071019847693
663055389540287367449033739847490758595035606072003587845043016881
102144264988472971774495941058452003823012531660787088599066303712
804121528907855153422131215471139478438631378025693727576221585767
928915212630006697169938472634430828463068278319532124797579764030
143681437346152646919895021034218176259365978453266760250667448846
712460966866173009706625245017692278852056906735900843160412459284
748056689469781827677947558847010378813457163188174944289989298716
727868572546655367737283112444617673040875235065054391728319619830
505638090014071189077122132920908376622049304967945786678841810035
863738342709135352809394255181980793497854644802496427368668433552
167080896583682049543336741086899344362297041444343961098861270196
212361682942389358044719702097389199208230232314642350567106499113
603577319563884719181976988071005806703870572501530190615358555901
464126696691923629059503854868733761219137217442714461555526745228
257400058034707483503081485510715399389168383731109275020581701951
231311776778518448777687268042139392860342132389958185132776669365
598180645571558540380121592971267768643842853718880917909957308068
010225411651642985479859780120053032532225752499741035431088380198 4
322002357567408273306083966425559365951758305161534971344382636799
028771794289082660425974949114770714229702525112586060390052960240
254582624832575575756121613127958128121568538408559162780570929372
466124367205888681576790769303505178957563934003111259297972535777
544200569966402202138347356603769169544131890619160614468251813160
176609861677232066349745604650972882659512753972733368694175508487

217889388640618398460037168689685091852298344657755164156298149054
346762684211445248399413123038525805184868019570889226188325223553
643687364583479146903567872259825575975596021681452229949197379268
978806572774996020618312361912598422999744591793191907004469955405
843606932673167089261261701339842671888934212498755699024305950595
367665402753307550309490689335933765557321753833566489041072878037
317426730961814074515620721259831472457483012110660947978796294904
381332427061165526973317981222046734271212266413819291473278943660
918278788827641461469764222050291144484184413818492376352771491469
069743360808145042927657615875421705249394092838637329473577842342
407795488209531262353402755035057102890394313368148199515356610924
477427046999116723789895516390463749839660324274199311394429039057
605907415555332506554821517929225476425450871896221311351669933045
431200007471829800650638738989262564890543973968667943212705493923
274442799571733635910633348441851469534298128089686874083237540802
626059432986205629181754412222900184021005925843557050011626334138
911164722410329354306799246863155390027951392329972227662129951309
940979505302073905595811915124333040407885249710925372417474301388
303179701844108570451357681512915362442949250375261611011837321004
651896146782697244426178043464984407081819464885701556647291249400
18323157474892122721505485676173310551732867555551372752572280701
584444306909116842079448527192751675238846945201405843654124419006
882995745900543574308056155946524228819312720329234092490339765471
465181113145925190572580493515112436689165402260062755458017611743
528143148949991614671893523814433684640427672953871675260813395098
759620778572778924985598283482328917720811777733834663342418849227
919805296830926375673184709704872233707624758369814717742114804321
363094148725478149263087466784789524555610053498907888898459211841
022359782737316521280197485413419869770543953887497390145741221190
480539008552547517769182706070979677126597248844196823381058259943
529823826723631734242671557829646010506831004613792748906560307636
325981027936611235706225460930384592230956994474648995943528035957
281220735900214846748760962849701879898071617087186011317039698435
437109684351766492479554420274224706377160003575229427613743288102
773742437633846548182324254585865229937019088847477674002680010096
731972668495586454467670798787717513539808839832073277017804624993
278618880767133092543389284289547339980467826791459819674690198306
839892263439290357185733095966285388450311226586325701495178443681
391853583920429643375838949238481221756550210355406710582772688757
513784359797904449145269179059270350881467187781681401490099155462
169014256978035035958724739149761619033480456499169804389482848716
057330970807205046654803487557123331222248624733016399867137951278
867986438102554256042535792751624131624549552973102364591993011349
614295221853169829571040685148038221398883769639075814255195711993
591711187550877596254773775135923387032299401391763658037067844008
595624687639951401471457224685434012807858564304393947069971219759
406459214429010712931914057426533471341641286645107585645881239511
401177955080732163678101603734337601573155634925565939373671656193
550045881073223355930244825696996555838830534131866761689980856668
282771323568706812262548462982103131760771801239058725534724204741
520016176660218058824619496648746064563878996315071244291538840423
245075603214047762425803652609205191482910102715774592414262871044
559729269995650112860668854627487571876650669697796028230413811084
693087871684835790925462780349442642545861204599719960800316630347
958992894563255312542534431739985369459805836028674518508105331304
764752853762874570977767541307714243002325347404093030694218291116
816439039165574700321658811000624207185247579746980527651709727451
530250946186599372850401168149577814259636124014780968378688851125
147127622317915331487044871205793776550304016642970150767388550477
383288817873121246007452761235417666576881701011494289925734910123

564667639625806511271339649842282450273056693708923735816460953561
164343750565029963151679745340938235328999702562718021656243625511
798697216249832309565871968296025466806500004671622240239665382418
550573065814460635905595549641982011396965284439301573931052062830
891492180634287155353700590035047086460963541097884106096566034365
354449061700707899583180561453390650477052743156641760972151791948
928336481286604608353071881948053442177304236040841191576164461309
136759315286399233963870540720547988479579886169962180644201535353
179004476525582272767064593635057287804275734855898768296689233572
428808680624632489791895841694457900295928632288829382800916032460
635320238223124737736787406179409010413815330576102830088488649415
922557543809460630258626769891731846156393679957705382514934153048
349312243480633331688402699767024473274906189736334543327828082077
440266709778178207831208572634456094708554852142658489101849573503
186642174822985673406328525642088746642534053395045023102754493429
019160008441503984952021532560016392766936647780958412656042906452
568061709558520418712814813474344515393746475496344220538926109954
944289146367538957876055842484190258311817288502158858378806898930
594521539281374654088777536100423510149310846076543290946086796910
018840384162250090888837411244830646123775233176545420148684333531
525807526673468582177646255479877158003780737152412484086925690704
928900666781140279791636537433395145161411107226456176282259912478
849099284872988870529808306524599355173740824113367757972723356826
803378116357549983476669908238378145543916215512856385576818804480
343213210293942162408135480262308822241912311925661205255016134989
977537211303331839809636216624718633004541360033833053057938607902
112932032887174995145272045062395800542689317348183540808487347093
887388619010213621756502595911351442127021011648093093037494167291
593624568786003466022400339535225142449151606042997647942423498377
961134986659102717829299312465284256303982440607897986973420603951
700753187578630616126471450010032081159416960435788247184765644413
513385091862089785746218053947270574914758885846342665182414683879
858080482488208055020192887763490205355158562400189346433242686366
341174030312234237172519433745140146909287147290589015061523895622
846152031461702617566758586209515477682835625450643162643745807607
141785780027587608048332596758878853180959596581481600806521298179
195843985925295184458469272466477076091516851746385647187622149193
215623010127131052844507481070026502446417858724356779922130399652
183827914184826528162510461472116304790782242023484217623506439141
529823005543625701476369958878450144051305748180118673087237596524
652046435093431303966655856293925156810381694666620313639439917344
896713982981562741198826272351095251221821704750686253399267537797
846680999542042149911343540701022056926819994042516658933928498565
667347332579493437311852048961480398907491103503139468334077786693
687354754911077611269470298782112564765681491566691909552936732055
957727929512982090715157730091788477963374300214580360314477890620
077155490476480542427051316776689353266943735909722400831594023758
388314763542140440860421299577016536729659902048363057779854577067
028190587186483061382527527860075879070243587438121184097439290836
223989125389316731842659559659548495881455735273119107469179828345
743767858841443980936994532326065725996975882421929358791454369349
104390422637817675573224987314756957013416041498872979606838574148
390973894482340813010956583016594628071917844798263328455536359745
121872603325357817924068700106861650620278236810634292874145081373
060954890892474450662277330838526810902090813243131511849533596968
989039103170864371432842682490648126662406926704213367160470574265
531382424342208560979350065014126838867933302418654622307472025320
717893805031719917873491122677621899708478236081116007980195606821
356266409245951405941919888659605278045961898798897812460445075204
391195108742576253503374285344359966802548772112938561910122074296

5112088842954685544392519090409345969976232251366844939593914310 58
2200549776165119323633557844773870072751670887701833608973105333 06
1674009407487608485728705025403965220624984387807914212329203806 18
8310481723210930017201914851255372112309151571901612713740653683 54
6403459090175169190773763122126257226586645496449591237496183719 39
5515196650457314903486981404538174573697589822751137745630786723 56
2169766825239245298159046756218528584558914530148222658405359526 39
0985393717661971015878387327823837558472442882536372621081866574 07
4402013077213982940343245984550348898469160893504606046029720752 43
0522250508848409813445599990758681315475222046561457662331404526 32
6965352792923797929373929190374869671964630718060724784747396550 51
7097475096606260234290376468444505822472220213238638855714513234 74
9820349966040662117777729786064434146736621110648053316143070546 51
6482946603376435620929127032409021043510275954039706547299792721 08
9618396731508470303622049840208056686992252465953583737496013314 17
9003537005246456058694776746889730944136910107442020272238575142 05
2254708190896349914219443174041123748517288954308018457409103199 94
6112805564334422622895793405173650295313360283143297024936562201 18
8073837965968669385630403655424493757197421024937405701936945138 48
2569860019532151625689714018351165254960063601103120281995349670 46
1609746208291773657299785645713069651650016222777885273834072598 355
9673970824046315259176738042297431785283156494449545036956401109 36
9855817985115027211915917638004829658130789859470397312065378020 32
2760344162973296980120590668246901430294939952501589890477105080 25
3835157158428051781526426400657458402791703655628341155199917788 49
9516885789808814050968676482560815758716892137852614348240198670 08
5959491834379968727493803924399001240892926764545234221922075784 13
7853342487883353547493246859780197430738916781429610504444966285 79
7198684931704497491550675521279111615838057069681965725948152986 67
2133352580867678999596495159606109888930622886966132631217557575 86
4832627968571141533502647214079502359859585276482031363986556281 37
4476129381484774020225044508591218250956247790738896549452650203 70
7851005311569656220298499374750861361904397629959903131190080431 97
5245809400009145582174545266258052740399813169325700182768421722 31
8051406820050230929661772701854460037043301432345251646866456105 21
7206929060367202733353961577082848882372881358894045344902269945 38
7687846572485781928755820170263348795417825355455575490682500699 79
7395059504613420534309269819057255312303387133029128503192281356 96
3960128385345521159435691409774601581987774123819889586672711142 72
9583108270898639204621803453794556243397185624971271409579259619 23
0781884045355529797774221068893673388554858810722367687848593822 51
5403544099482252905928348478013601350091515811453292144235396298 75
5483068015588531659665633944781862223936580697312612851200242204 74
1143375961776991063339146375805203581547030622952772170351482123 85
3049326570584461131965622545238528606444933091816747127236972720 29
5002626694938676067390723574413268607147813063279625225213583451 46
1753197073528090113543146777394534710240060895178155583075721182 15
0799500558837744547319261292538304998174304023070223890981607615 31
1099288865287256021794988663396420618209213160431768011778154296 63
6735078724191834058059780194136413801628579298183208684244469747 60
9594675465935139271920270860666700964469126425789697600503752819 09
6615375661855458062643522949216579083498437925743197158770646868 20
0181823204868998256456334050138496655764029708344806187866968931 21
6351339668783136235117749794199305482289866190400647154359595792 27
5442777794396672633729746627797753573196084347249181190210119294 39
2590380260264841748444782005168568430346614412500612254411855360 36
6968299480657213953513340788692453270591291498280174112107188413 42
6878788829800210711931841547690632321330356647042801998341625726 10
5167041311684938677002775094988441085136931695644486075931708354 67
6736901777389429731545511459227701110360843055771824121223403292 82

298744398644640191956092300014394993453060442579969384917723978161
494511312042048686379167525306349006652395804402898435392555784845
807220033202925034659744813261401733733484152208726498583672364880
564331283046930530487353905968489776941066248996816465510182556276
908923306543747477325157482346420761826937202001112884908374084156
663787904917715791626174472533569211027963136363961933383031690960
585634786515836410409521854218925393845365190009456821882351219678
534912907472733457619087952770071453429642885777891979700517737331
894256474677870595141670950151254363254585850590927777223574413690
610705925417965794073644894013368462125974037769436292671078648069
165694144947649627554797526997506112392906590555602998061827757923
211986904515905942490767601449443302144753811078861683941736268247
379536204857866736619434018375399507887357076956973633489060966234
152033032736644168409155972675060681869195428972955496780074208880
873199984229331801642263918301140795970491267195672661938762353423
067783745037399215560497316196545379184136237601366609873437405615
646163459852384782852331973079137019825090585326929428640128896615
562366533668086796762690219338587009470620408502701789450516817868
277031934278430701645193131391148579096169684416066209283732083338
786764148839135298925848184530866997588412889658670242875568773123
590034961649957608292377522689365557076354134082655772488902435754
853975257909113420179830261153474517489394228238827710449742344359
228203662147297399136740367101215970943082487534476980106697699031
419407850208010006384516220354274895328569552580166987140127909455
465844685317297663885922327228023922957255162170439537798680918870
851195550148345006535420589588172819071594632777061363476090473165
184177320017762749668619298300484784222251662526812410603171436519
456728348892810958904469510765410361898853483266943402184793134763
806133555152023602176365618271131545325315248318501600255035300235
099811874568401397841324504129248995106356188398860593998518606626
698374306821560893536408037221056922170621065402903346895715239006
679969843981971994494884736379926562713791440855451262773768033692
487909647451106309430481047440825975290276493019099618286720668008
381247708280425348545154944826733517709915865139720744453559629062
029789651482279964382284624100494925380966317158494746496877324294
171486011775792546480922293925634847344849734476876789725518676844
578041930104358838478744984719157546612527742106519834036887682177
098564798974966417963758532760889483399378980386935905003885915004
182247692621391632221151170732974075729995059216141953417954539564
825806957558191410105474085836697638897485443567038088777622534237
252366858625286860701112073766444177034759239022054029211833635920
768287468191635734436212258468551849117378281498933173294328687866
734127709419506140678430955963466118300937723559315500840818820429
901112536254951586587987779332016060230253996395820888578524640683
893060314881551188185106339280138068829477553386857687006287381871
755096202301678908295772993703948123553225117730651413774797053438
937964519477623368044456610377282423774640653174719122855087525701
248555303495842547755111923104174126089604176453047384486184959876
882445549497422370796274252261378595615081527071735522514060924714
662877076575923280000636236617818518201466129968973204506701938791
223390280196792848576421517536050324280495374126017027574030305342
271641863949578600006459952392766917288951034783250731781367442373
727643857425217753618604996157784516405621251200757112686925439127
054804174130629085265480196487981111437341575547549991708223661965
071527972205089698520513649053554727844829720710781457451456846086
111572956596317579388647484246331637656494481161619216046287370290
404097536728861306625138090935098491430915201368594034990362979313
644033125901186964880120878666141208928978105070175592631593289475
933353555853961535737486473277884692900514837562696456927138301087
192984228256114413262879693085543514821959294806708059222682459066

959870498056520226321886000458133848213383801071401193705031999865
589124946066131408979946504502916697723288306019518497855653243552
234794761767925765445820526605167994476072270550260402538069305498
861065092174655658888730178883841289599959659159322793045738084143
789823577978122166391540010741213360957168963667005748458952054792
616196173666179668924730031816330776842912398177400293806904648200
505930567210970470723585762765597152866857405809911535605869057244
722420834985942707651457804339879341679576813796362083390395083293
449558059536376048546223113625167923643813542477484194804358933214
598819421360579294167412261599983610855016724402649352902692947624
134258256387230319743507861606461769510121854106322030817166112414
886764403388729757658443952202219610073743454148508916871337442678
359527056131521252620738693321830593565893062103049292095355381454
951160121464198439793903718964398693487841589092209093907042757821
905935709430767237024389005345312096700350896192224298816087686432
982939714882496041244651328082112489224188331444749268803634239182
966671662822415678183967524379665967458116991492813690145022797801
359769313865394554720684577771745913853617847926695371036950896377
227906128123654791570888690766768908193749340610368410673860054110
026278700874705947106586451439196980559706950556505015123393666589
057173313364476421307065675731991903938811893825307521088285951614
750680946883924574001113547027478698216862127432149766518830031960
333456223553442141736811700595766349367622329069184880323734519243
491246566532971823841739691986587133313412071051707368341724123447
237186724941510842704961554950379550152873822486053846067672039287
586862626169843822805601587578668309251223040159989753848922836009
598075215949025807471715773537480669005001534985359036976722971043
715921098469391204905426246339608550824918232865843934026293826856
371525962389474471783369996618020115478824991332365221595665340485
701123258277081886215013071577934600274395168927524355182396240839
150123473924668651002227673515415339817443806293681884318702195394
674578806838733045026699348204740930850952940088706951818632548354
824966260706650249956468194106470407122731100421544185549123163407
340196180907498723670338997499343924399165880651283667905641695736
521605028224488521757361133174294735635774830847833098492957430573
060450412840297114897365523337025293332859341544883137400581072624
246477515535611897734274294259684019406813333814161074909164044307
805277729770093827687366826928083628346772591003284128128935787611
886533037994391571099173130876841482981473167438924150708123330466
386665268851715228773495808650709021102713080114880705251086164181
615255674817104786219400105612800134647100048960081618136339861314
375953783573446347009738022397066733317884712174216623797833950508
494584056480430059112018417300502241962981137643255508625993667297
921212396833626254330792019745755537985778603339936113973147973585
880467482663190555031714751074082657545538452600524391171639479854
543854640477445274442320820115805894011041094538330920475598313012
780340587673381134517847042396208849358293399476294892749263076151
959475808635230500390635269755089737196321432027975808869585297731
621983594425668946663498655664182852784053071039460383705531953070
578143320616548372087637305421510498196398231622394615554016244819
227488988991548181616101412911142233274248071051202784972384904402
642968076980344031601013659880856422960754069569557133508005356595
188841456265319836545998149354703533396578804947612732090048553113
590869747145353689015718969841577548117779410760419019145652728884
040518827950849008264536013242915228888937975199955998596828893608
911271091030997306757062186597296734639843061928429550429210546691
609154182803517832368415521818655679634071112430643855154156248975
176397718812620984087360982992383637303027505941877062626357378481
368868368293339698892774446869696629499689660276916003698605968904
718417160001971841236265199793012787419139272279869802272459522940

152432208404817539812400825763713606703033447765411404274369962054
125145048270021051517411890882549260977472146205536677900755200879
989232346535925261273772769545671215444999501484526854325974087574
445023559503175888094678670624279504968122317381953193469955615100
420921536083260321530691857272259929860039539254734318064647706444
154409630859833209894281173897950682749552487066282732805364792474
107235461194594426537978749869795964322144950143520616632736083387
789574626900889609416213734426382002676575339103418924761056359888
170083539644955852192240769813052521731950132374196453428976165813
540733130263030285478022485192552078323237454832679632890712562747
524612292929641409424850290594741557599275124250850699663473537642
940738391820741909162541609728445916256144727217059082938576767130
454384335990826160862846719632875160286080403534720853621937494941
366551991508536892373512748507429481445196541693822917931530918037
820472872238945587726485845658358368883541761056472125564386401518
568769577988275174222434711115526234369721170763345046653272476633
423782119587911761578339722874708451279886599245183279164144598280
214437270189462668035792333375174806410499318521884550682118360856
897563251181387504609424195574432639719843107892775247235667228839
552735523606622598788598539632877284454683694923676064844122735368
292191324554704074421666820674612656707964301200553515990474170854
616373362027038659522738064231262187406268909039981671086150219582
650064497781735731850521577151608476313142971006824824913916249289
255612638476738621823334522830285701381554374765057846569058839482
531341998139629573625019198571058084667923649110592908805506833821
771837094406269993826919706824470532005794540835186100366116156094
508242398650419987316238383574666454521887359026121934531604858339
212666377250620851905462362373373281142581664384249889798596679541
759200369130045370371962753606871830137648121274105614824487959863
510850054873490298447752975753493966553071505515441039093865374166
652159183354997382566893264526862082359621402396340971224268268700
253395582693224380599832426908453047814199149893110710157169474955
576352194587457686296301838990582420127878675579693472318503074461
060348391459879497794871139135462902548628222497438944743868266164
360683181248859872326879107661623053800860292158338144328453224074
623554187998881747238128535968382895006202252464635731610826636036
431485635531605049915414413088721541443317452537321065139611973306
948781391309687331861366696193940257200499308099995348219427655878
113235218778124571834239764680697306979340608138301890778537922762
154846640882312642981642123941745697135666153982555543529498172239
014522235919257419431464218266477688866772502171232941522897844616
291056628542007145388341678148913456674450692912906319135618469153
315855813507648754132185945574577015648665261674662085801070023556
816875810595967699890198547270641753128848749413907086642080806276
944501319670197033551810041719242513644274485219781537035777096179
780365547150100641818050275407358363121007584869042036045306374303
438876152382898355737285260279010965811358399008202510641500684886
037785145170399362693832261888230189959127100087907541662874832239
445228502391848679138156920568635432170416335863703532435303860313
824517889442520080485301480423264006520996296009664177693761308208
068702013088347209999166455805747029726506424859031007184698953106
901743228378475715367509849704348348205993122322475198548535455451
980842281450746416932517417116603293266776227819083489722751003080
897525205030246649351264612784890874118303858779985696639063450520
022123934526686579920442386148475724289010511432888381458370014867
822833301640727611403694136211573716998560584173544560803368889069
252435338105397159315045259209401288682676195785113132383976361566
212857648264097235668922065045948831798586410105643818698894289927
631481613114119783948514389640201616144702822217564827342006461530
161701567304518618437705212706257342258715062895985488617620522961

688656521583778424714947986648770706732481799084249744141303077278
1221727570393898531076626569482761976332874465960455935018021232 31
3616829469105165367996131496561881423079790028197020753072041377 44
9667453062511078456579246380038273856860224589540614393614994048 48
4286969806483262108464380743336558398688089988471514295701014512 05
4966842896674866101866876512973139628321441026834165860359911438 93
1807625644344609274750282537324722439635823144186618983533732369 16
8086950292204814362372048123472392174822684291066611784943531672 59
2385041053779311049081572958008218904109965374052294046201984820 59
4719565468430076822037328399061467920788031306210807428878267456 52
2279510397530185492450108066714356522034098520971712751588390486 13
1129466673396409924349264716231223460568160044054572146286566256 16
8928699746838216339043317628637080958285081909697417621207405508 51
1001815330208171813671768543487272089172606743181038687549909642 87
4280410652857444783139948749789244343537320188375097795346044005 28
1197852692754424896325741629879428825506076395165108387117664673 76
6387526975088379398903288357402112295635432087437414162494910515 76
8227117417711932232945391974092136590860000476202432818881161163 64
4928715559908299814543584037170956530527567900610385822005025774 22
4292569773732296609385467336929449681543260568582340850739091504 59
2315081322676781063632505958627455148922828565406945222105635580 28
6224167640557695260322183356239637398808014246118755054609555094 12
2720020016673290789780007096384828312446295596545022120743326436 57
1869713451446896888922951080200162568079951218413160983309702178 27
6860244871443361314459232060147349748148691320774245973643394920 07
3088574820672241184792682405330459869275458970721315458415404772 32
2220839208036324127217631162891881643394036869317135582680006351 73
2097450524378305263342982051585729293729065144082252093140038334 42
8600943717769650829294111897120873707840935527547594667607700739 58
2996325838861067374507926180433067251405352116133767896036538579 85
0322184508372345725893974482449203287338602799204201279950628458 61
7692934934748645046491968635338391449569329353499139922453664188 10
0631030710950568773445423096458954361418630876241494447419866698 34
7713405300957797872079291462389626390884639299690639310163833638 32
1319539379304280498487596279495977933648358480037841610186331741 49
8133643427387980302577970218308865036418106221571029282021587181 44
5626643551912892390746449491042735969276652311469566584458181144 76
3773752350128593126592576075055650198433567754320917506901135878 67
1619549365520291390943771733201558080722733319100177931651968154 22
8088370576507598837597021754117738087137985338962896830262981628 05
5301107555775897853482385481298281050149628858871823221804888260182
7461644879029172841840002936746970665260086282843883088133563358 02
4351057763528593351544438010102449942174781896553188470873781552 23
6440714542829548321311895375408182160748659797776227910230823364 84
3617233660291719339926167882868980057891191156961286113730404222 99
6244445645228811797471536635791461504943812179699911719553392915 46
7985888569082819110314718381129967865651453059679813190800422182 70
9005693044807483008345642515023609363752556383193517427034362926 84
0234776413899039043362351851350263930095966444898776041743786038 17
2342060790714371194447539522843551677888570909340590984262800755 50
0248725830650557511259353896315171826065846001289326829742161791 30
8116878212721039217579698337007055600479265997432364952544755986 23
4844740409617147566288275325091737591546032508096011443270411987 31
5969680079689360407597750180374094171469981885046628982630503406 28
1730282319799125530918362807799251133065557772589580549721937547 68
5450346607218411557053096747424723286992072949541768648905189668 75
0773621842979151157585159066981543346997356951876553230061572819 95
7408798433268786548387703704838867969634471044881036662552958628 34
3438480462678122147642516601976422702036294508798790923068997762 62
2023363411771182015399050173071493996115548403715228268577998385 10

9384004528263675761260563984391352940873945574277648499241414685824291385791775623295402016824786676002102151382666411013004217800623443217919523686177696138805006592509070252900155749948752601372319426962837691739012328002602992780683106302734901011003140670779004579276982793136849451630895091829048302965001908928336498837214396180793208742328768068649099204449507359860528957211699519040408338984083563306643854128890071475438665670708501846953790032571643627157135734722510592958651109840684568971565825455725633355594576577747618020156837852364031497853809831566253185809425785105813904615465248072719832909577295805530088357643935465714579135927674664325448384545582730913986167177799594349945503174771436597966834564542345782349530220337939230896227344286671746679865568253732514537743009223721202753169385665977610782359801886307507560408367712741871458966983457027538487036030425842802127788310713511327727774992046483037340486427902258367600773900836561591221966284269036366602985432353631799451470339639496138687167177630565460918856551844344516890334624584682912414317535865749891247595560896040292155393977446428877279516223061246477930882654235748010717809152774016548710468265535703098981310831043094866753941511631676658281403700866865547643833977042757125044749221422969080622787608544404858813995712747561301902637515073878311885144100537103141831634743367511749232053176825839150342354505860226305868702779243229691617545953440457447399711712119207789915812180624709441550694727351401234550204629067783378176214191890146908807079818100673485939679726693487696523832201910820873136965799813776062143345608391307991994916188426151766201151633013365240268650603921725403434552867518082580104629058208364681107351833729751961456122525371356771188784251994023543962242477517373345353389150726288232132196100844063151547998599521588884711599783751001062597243954442905647837242827112768861308729717667450387784470605049817926326301121793285779630213417290584506938423127857447098281990368933332322524565878486499097175032022167285214998827754658306559015958435161855520548978267361357962795749330522011191610842080236996138900439932835066345181640768389987922413230641588672500479862191487276091383655534567175784547455676041291332244609551483125353611287145210743043635547898213697720092793013726170489082803939099983557408289800561303263280487840702588019085387730318818712730746136642050910874961241901769134499707745752836339783231561103564821247090359536816103938413756883377157827938294135462391627057605602271779835321108182513441990267728610496870350607337208935530864008142659916508722359726946248604836665891130395850751047449472699392645264605522665189249764530807213109352096231576084883113826036479166824680084142235887774104611556932270788793268743612837957576853818407467782098467762736724469111891654655430484797104215239779289206763896635896383566418058944214745396226231753265579725268146631176978012993711098245340522927093300399629513714438319513505731788056663961042122577872528013252838483308299728818250749885183147176842056425852484751295545343386763129354644077734050007219968380140522695947091991189551884053700772316581952105304731149144913758587914656238871946479845265284802689647131727151501040126023071212228792246888113632874334667237820558111794202721647922565370422448776329697012927691315004252022598108009997988559023568904329023147853873872402094744838539417783679432332561309381772050173430979624532495103390555419373115567810960057360469040879350621298748824052849743939646946584677743623702801414300304401661790116579760269790511369309091941300404399250566495624246838020340508948029000263762200578640552156227401553880280034689559175431276218613147605255689989509498932383472879082539984234639757912004701170765647978008566264746119214932018152685676334858437821473311767753820642489458096582004134726957162370383720779356597620052278022518225296320032536927653198445965838103755079283425278582591745643500

062608434416311297019553754748518566661090821301768897917608118 67
452945298815710766128602140319019653862395629151313915405878496630
720194218580207054805464477547695567872089601597179073617241406114
197727650252901385992813531379709256036120684983888215192251813217
998093335978213175107048380602194223577108994591747051824708603819
575788002816155616116658533162847263728589024423372208724629332702
835317492841004434726304179900869416928737222783808028826637801392
053292867729280423656591256451489454928932008400609684183178390593
490237620500022433912426191828329180108477069574155867364119280128
349645820683311575462623391664181390619885224573436830677398361010
464231646413313553235227375266445338203004095510321928897610402878
825716543401817838874101554129489492109750777460955977152478691288
112448292842571974688204885654909561576851286105935267802656143938
335859217886735660059653009853654620642543463791062988857389831835
436967921926477578037976099151997763156973019113881696777038313617
431644537854570073193605219700151735410076686960130543727588160704
998778936501742224661743819326919286242930106198425416346048533061
312244441005381190421705295021020394928499328022918752088000318240
833795363864223783182669354546763785703606403992213306997783815919
525955558878191552733115500131708794901667727284263034494974713 56
587672814394265492052630061908000591094495621854521757908484182984
669384194955881207470010603768356344103320545001615165724072012529
860495889470797218342597016438475984865828098086905490367726146202
153986362941637717930476272183136596809685002918031141079704311381
186418491415869758498660224546492765131028727586293867040021300059
517816358644077874811780652256850653071350734245894460268346208345
803133921453542233875444863038607087278502777777508677629920222402
710743245913400402892872090265865447356210842527192228663131418011
220286876581195927271283513242150881645019120899669021973736772018
155467098939927354219911627316526245069499200284852366347161921013
531794460181932739607212488739815750393461817020822302795639335431
676555278850293516327345947265795104011499734482377420658757303463
602505161561392726898206604832108554232208407202400309137515825417
460421057455961533919845890027397157437538022426415567778759307934
804245360144550080463441240544089726593996633007997972592129223109
419470783842041830759662553943244560963589541422566136737969285423
713764749526337556977162602199226734913942723609178467619658720575
970336763996591575636399342505878894376683014289164175738503388810
078600218625038800881754282047678427259567196048406057121007965616
492691699693920855774499424977562114141333243237951509364096641 34
080844752861415797124250850592580508106462051245722168848201979344
115322991552482048598975130100755988479695867649524880279423231241
980738873590666649649151139629244887105704564341997817437109316921
664762069094056656347912220876673531620143957944457621663868466016
550053394793158087747107647644547839610999272348900285145797974434
466044051117604558617700843387605314800885367357021156503610454879
928403753217591482018829939970865269064553815917395418408308262969
421422960361926568803854599914531553195305193918345501858845493495
578823746509856082129842400795180417637267312953711599532987137948
096818664554688514436258350366624408525585930624414700201882122046
421925917234593398961925790163177529238655519765624923716284656853
893447270690882441102813258419107757550548159667543119569943978415
163324068894070439266081121561861902530322071390646769773268368150
661123769280024896835575713723112884258276892878231095678118996696
977409489348724146614973972794941266107636940295823628303482422371
763319971843239990398128493939858682724464605407169925940845181835
718891094351264176846914779092252837837532395601947453490905510164
233807811599663448262071415872381354203240493175757533707935096946
134828527465137714683420562623632197172961999170866638304381504998
872606717267657248389966739493478186405997311990052966003532994139

326485263280930082210836770501971287076699002478130085130527296684
406061016437823071913630704942204938341960095350999398713515879252
197394280615135656431340816156888490174782485783660680040392675996
290863093790311150672767194187688246283075188795068973905489798893
999883626631762238054216550097343843607589214242046806810224873073
877809478772352739016455743067898417558609780598011596558666081808
783531930027125973791335895789733400876344311886148697683788112151
087712667757231018332511139198516665079680964485325566384175831166
949388592161416674567555538237860442445571263339667721462244674158
690129562054565276810473636826097898649630056827907376919863156012
916142569306478100698919702022653867416260304963399712736676795742
895556631401488118461544582007593167883566826708991945569858024090
677654274445079856845354905475878108274277202197966003820209978659
519699449293354316949164917055441294482092967609251479903225889004
953954995722993018062179262112407110162209578552704888605381928423
608529570140657674221348313326026342177054373095357010890780730221
354982636285288782655869156856346625947313258519565913846892446244
583440227704967066534993872354752090977064881709000110639125571874
068247047136722570921712228672111917253220469145969221561229752437
455506882056173695494066627332526041370446290865446151044256007632
917948614510692258879443748157789125088591113417223303156749738192
086397220651352015828008698246876537375323344666978377328101114526
195995886665010821688159759495666029035275833214937286435874599676
476525820860555244733912117129797672981403798909728650697649203220
992792404020662929795608333348370973437110383136407411648476005069
852015674472277835899960842557884272473530611705160202186456818014
842377128587661659119901186881409516094024580682619905112961121275
457411927534638229399475349910748595614107959401047161296588915916
567992554444225077969298705769705847914304011825454535611172427337
139999943267212771932319339130006890262678523004204477598136728474
379012867170965176478255946009076012677038666595545097404684858912
713323990972933798358653508097267094853161645453079087157352995507
516924250275201254820633988339034478284894862532638437039404450543
436312024049568194850386290285693371915547792962898845325057659768
207643446294689814524433420558044994658582375053659570536224403818
429935935441506813507092057744497999051667690538020962176636560683
578158732037923102676052862595077654529057952721042041385246156860
576562821874755389025205785080074069337294298773746305792569937750
402685661586616804076154221619388979463853633831125958244187970971
954952240747959539519422976858251390076954836547899338635688061829
056793407651975802467421791025033221696437760044128207799049032330
812317611237997257214692833121847175212958011916642273935144376698
375199845306457873664077738069965291870312319459500416451412022582
697246981461488184628904987272836192381272041977916155713134479968
757570339354019325461289360256544031228921782203409543443883693546
040895445802479018084762970341979623021602945161124769165018600598
116417274382667307289529784092440165695776572555572957613024253354
790950676198191970142415166593574460395967361853255106100792443466
532944181807012147646030124862963997533347247459834339008685160467
240225216136263343752004066323425499308421418588260982094361574324
084564710825443101883090772625857025112104655164462007203915374647
393215292063379797098517074773038060536283898151196954606442017113
929566885311883280626433431701717020517026485281318412516343924730
717133554950605158671361101058050469783588061150722926127576939521
408030298283970431417265709132950829112534317694308075468655132922
242764990417404748134107636819495739774643796865183044465668398318
484194824417605986382138378235313730452285949831010176224943940539
018649427132324272489432022720850526670401611065492980272688629950
320140783550068178326612442947337934708704036933947444883640146301
430766548886919995190654063116647678194049730100375198570541672527

647023085919922739984234149334998390978640343907692242729337668926
604934944169471569715547059904217421925882575342592999565986426768
451410612384687880654457917717504027762823606330079437584074366948
131901830157091267666207989331700172020539549068640945149774097741
094373452109428596847172702340645067100714287458635586867823699633
907994488074376088353368203121137324451571040418642925879449637775
145772351175866088174938782675387764130377951906050406476302680647
426906879414474482693519539380970178496731946452891438922238632801
012183431411809807504797024389919357272570527060547047281474647446
208222454074714169406520696951676001055917701364897132278420170033
566432055511462217933132322217119327373477715778865837696990791171
131728353740193571986318244470476154481845770252344124845509681281
166649709060432274718336680981167836515700468018768170956889324184
407362310602566274757479697637472090635484029491734727487308120195
052709637583607462545479352954234171272681981339902641902576337361
165697385508744130241104699836432221001267728682180949890762368689
263384417518856262832129659941213751796989052092475199878946684512
057837358450431489084456881613840158803969872920098540862969471322
598632313171273219428914135494323359122937242309660154616499698557
962763275554577984454403223040904934659346663308857369596023285750
180268502120007127142076555657726407983020729194806512936021776113
609391135939353081217736284318944173962135545360500246138787960676
040805316930025093441825713421613614440119152289530653007779053972
003396628941794659641777983559253422287774656400034393526477351783
515933055719947159812125038017559547577745951520713908433610011537
904901507890705670881844574114508830512299700209969611309712189372
853308359428809904927007467960128096971829283941281989605213233610
705214431760149950199589535897183369078283138634236857956796563419
293049769815209974528878312145973684607567476636060039687917435421
385034895326295820544748769241330366118328689112778317546029127912
955676007418733225542908244759673043008045896634533781987536994863
350537722445159010541656658870698989013753888024327585151411858454
353652987491572718865356408268327225110147009098986271677224152877
689862267703698396995978281655794088825371837645374022181884118744
813382879471964454937570020723469625336015922182028081797260491282
924207267129800242376002246485008798898857231588422146946147491027
891554652123059424861027260471269813241493814990176735748960941182
680504771730131645894682345409075051861661015410701795541759759828
042293862715551077779967459122466163847477146011178964858677219186
104417530731906039973098127182191067244244194814711527834303920653
681221424655022693020656758812764754343855734742632815492770562660
066546711848765207267335654731669662177069833645835826830207766337
778647489587312552194785990526293246984363824685738723284277789839
925737597904038285297787397684663809624175477591483096429915528145
165803728244231957520927726582693230597524612450564355755914053401
429767508244334746624398583437614879389964144402514113002468869371
952157830448693443840734559086690946448138235353204219253479168899
801439178623237601755214594654274459179747606361665240186206188847
558648738058308937960029471475549016794959042815618428725158529398
298363206691979956738947880019958798034828312599253297599105020735
073626602542431051328629403495541763991094763294485429044481026891
525958952145732012266399103321680006863504862007357034858961061790
277660718167706817936631804538237919125956198438857609518028943215
796521205657611093989915496884031377549393540856953449908009012703
840172626180182046673795994682954369719423257922064747097589525107
002037741719426389346496757154272504046938718835727756344487694459
508498638877616835505884970028685726928054212917958581319142283803
871372827552868306454333148688092151697237876013755279811045966988
291777962410970709137037883930450645012459886785895788637091048216
529811520583322780817799156082638433465541976031504888419198608484

06264900399587816932942706196229745312713653269444151463625697342 7
52416087344026979787900214636269626201203775338836775496915720824 1
54639242413505757494323179537955463238524199308940605113410985187 8
05588409273559116716167018711815535058236609856919392270006468228 8
35899448657522671480046316567521942019661830703452163928231825112 7
78342832895414247217260081014787580302122947515344037127233216708 6
57243418108047795784144265189977886011402027123294823762338268920 9
64111163011032217548508094335350434077628341593003000533913418044 6
42352624003807395109513701115850953473248223743803508935289352165 8
77809760032571212835419531225508204126987603541890077136511086047 1
81941080884311107425363917138988135975319323346515798647750468457 5
86989391963118824114415430357040008264012677795384110666509640790 4
98752217172264156490434959626706563289904578376011368513262468346 0
21348455756462607773521883602166221683273267524660090778680934843 3
87919815646612082484867805064429695846021029304537246334876025996 2
24270099370735871074599684633237610502937874080790673626883143222 4
00263425418349464974943378764251078629404943559708895096801337624 0
24819095581134913297913613799767020614698043501490706733150637876 2
40206623907027183279048028514829560611547406959972561949296683021 0
21193050250622682638808965406298455619793389128419758811358200725 7
43561685767723665936577518536374076870100824867273258270559473587 5
94991527183547659915630391378571672985440402751717388265873849917 7
46309881277693341113336407022766678610507168850450924177681798125 0
76910950909144115833703031224085067230545812454372712593920137937 1
29895049768896410465834850748194540118577023591724690129665114821 5
00743422992828122279978737566992007129628455472834859249657682030 7
88467950647021947309801494977443099497791041466285009066700904219 6
02986633110301100111327823018058898455589663934608753728519074360 0
22842303896215171619564180656270009999560134896928557393262657251 6
36400204079984714123360388867468340872957614697626597150757397051 4
52167403880838542015319849409356208349418084482165184390718645485 7
93541198865262240327191774938527578225038226935970540054945456324 8
66881669370213670549848865275526796375925429531152739433899621680 1
55290688351370329024845825815071276360054835685965429410651704196 3
03896699098713022758534590416511750974861330271136043531703717184 1
68098731418195850315648707721494788546280039262775184566504309126 0
34142218423042101331402856915028903541775090965422814083329824732 5
95632824701886813189069773412240098245720477810212442578679419621 7
97082454947151657388079121305594255798293659101859295214588919897 3
64105748908948877461306386842597756423252686346343967798383912119 2
84815590463257268442980690380184893738786626776014667556930214317 5
29099268057699957897317628916600923519338328859418224344448373374 5
85706226750497682736139292125659038855909391789629362867921956985 6
72207711451676871151703638400990180301892877956685297391770541609 6
14530699375915962278339171127981012984300277489093587489453981173 5
33815768461395084185638045832986728493628692878012754723986638924 1
35282045057803538853648470973275449256800942755965160291034577512 4
51359419321526895090145445952416961136980647081102315333882766622
98702841007248866052876037540430218578429642231635313350340680402 7
84441475200826890037863547841565363689567311688395043354563178010 1
66155103643844886149827139560795729139057900864661298244152281347 7
86442264533490158637174488626108777428373375862772081968306963831 8
05881107893895728376778301186999700894336560624571898381501767465 5
12480893494477000837345306194820022438725236049547571173946629136 1
82524460576260094886690256581329311350674437793232025038020543501 8
52994980778105259985304488755072493125506510038857190824854783899 3
26602860337393568736445574675696601191916014388077529876643945135 7
94760714470988893277660530741163115301391104923282193110588097367 0
47432344058908828564002679759435346427421078414906154092962408338 7
91081565789909498815712690236620043280215289589615775222060621457 9

882840491823383657351254312693680379872686847552369200777721381179
649240036159023457700349411534068335573824873913135391914758158527
625413375899842036188795513807317346224477123585367279053008355143
691747085161009147544822406092245575761039860966356788289455003336
043337208465567251648946232727869309895094558630983011437878258832
122990671329181939765220257245584008140241309321334209506896941907
787020261535758021821051232908135283195091572599255500671987968751
463023457131529536331288669612988751046150859356338391507026224045
056795116886946051109466276723760723750528845553323504747748998015
828804575300504609169021596452383038262921063032258517321567528089
135848835485487124126532742471657522015793560433819846488377660552
702655267847083560102435686088326611788097703136061377909360911308
723407720961810239015785329203547127196910567479470441464331213143
956096751662611289444050366388193402864204850380728609879198298048
731334990048455219406573465415553780146623057839211851143279665124
261860447837066569424651096974621110662557267176417196320000606794
615444473830095878493631232523528518998571980916000681419191861683
890151812480464347190128400070704117380054024841599367102849240755
930396348724030137535199115751180444162615222008808978968333324522
000440429731261225161765569424603020753595893240208528924924352707
396565138857291831649476344881044603214390876483265516729876219997
368370945854939343383325884620594015729844642978627786282332906904
492327659329244991240461338339690152475856010196827612372034305510
897923175286777387820132668450988071802682039220280484921574342425
680467306971771218734560857152035670621700838936982753619171973710
794073999060368395206127922854971386002256544673985627696756447769
925630094957092701311919298249557757637508594236914490683476345460
439443713186795630258838268179289757907386757743819735208131268068
528419443653155109713356812574828346979017890143182775261808833136
399736028295990100005197243770152558648191061236176764114583236934
795506473752503406099278972307195082778497001196031316247555100872
885217381291856087677478561960638935124092507858062866821553712362
464896932592034892191306713471710997703373628959597835095325235982
712896491987110448156130108291858127392922110179269486428196832862
469292108464389599692881655076958228987337238615783294284880756219
323095740630838089146283641381169292290832336756904067876535761639
617542666459380243601974719954034836508568871288552924293518679946
556844513208663020748995316987888798390898954565467592320605819226
177883766122253354733863709677295930239911805566228092649500449877
527733462521733263893894949146540382124321807361584536114046021555
259753667202239198810502846810737704377232931215975362275051572387
645294363483879135289887879058215501111042335845183102276113343358
047897141497715251577898482989361644918289793177903264672287494186
754532691836408798282666191059531425286630926707017324059507062273
866705792873388271849518797606853228061480881864659328799427797461
245295409526712496904410461310739091921123969406835184469699304716
866174240505192229767529852966848673483681162576635255457522440318
439224623325561652251410423592327320188833636089013605047263374962
058237061848468952998652674663630219587161369367867248353561099403
738139969890044051538895903910328279457281511397587762747445318429
305366136379516981727460520885464692320417591143500135039507534848
961569249509002075560557543841702901460781818699249239391194382411
002570518213882300980354585878116400455303112771792666147437748373
662374602020735384034823096876778936230561678938067317856631371635
387047158740172890527249125208271689304373982296588377632265870582
768134735329947863858277438165477936098561315677934180002014758042
455937737830360395631349135763401350303484073992757865953439127551
6020
753086523653852745037888597124866716500398774192653741450111604950
710018649301535827573069553026842287584834032104779305348522095490

792573563977027573732045507991015818436798097731303516449897806847
700924124658901717949986390152345242314464073314623970454745260504
301874212994382125706449150735469297093206380290377591188187390157
910382794684926286064935577057927535699984474878454484558005063460
310194327718272203125080977502995191976880246589639811415337135068
436100113109962982510923400768862681738142858204141106078957011495
068943086279652602887953539761168458073043529965627122092196855252
288491697344907527823409037934366431756882408319294978354314731449
399148449444634289657179655332850400946759399635949907338642665621
874810726324787243040629049467920253848591539802660863028206837106
819258636756161674883003149343012810529959988806188629972368964165
204568060779510100917746573081454691925813273129673025592058716565
880420339131539744159172871948757014262221471927891106602750761289
442732242913669946659270657251041936310238598175490798699438924388
900893934634121382813621947180798111450300020433901579204393125539
951922260908899971256309233027142912501440398187050042025960878087
081358686649017724447369521944670349065022384096930518259399680394
210385832160164007694778919242121489543593744009993796437285613036
289431167437089467447379716761820864159316835618424004845427076218
560664395978802142164316651900960728174606413768465552889186181960
348825852074845556619089693189055115991626908725698821763884637459
550647377739141580667407665009778341493484216184403838831093760153
938893631063154871345972529048370368834150168607515857990254115319
535607077038149712274469609689409530526009808174927009219332674213
887448974859582609816278112393479338277056197406663789713662110111
506206417832730909438642104434100156848794624469675999352470493084
992705731112482397592335989864528277041548277629085165037960815057
835098230275874215779597790045920608880043548743473529828147036766
578453926047834167045941769174894680825377283621606685686911351945
238338908918911109127985145874140765028525906720911115279925914212
843554397575899852207175909946241446928463268626340215826602498292
115869480107657666054916190877864527586671942368344343143419381233
500212897771314250005292249716731077710017168511888229988920847294
675210622424553471607991208322047262682159688664508167350961643933
992447751146236967030823020942646253674913470340742458766524088261
910336251980464113711612273934979644756701454581288427010677196263
293691784822862791205618498280909007323886154644578857828584097096
047744112659161889517766291662527168721718762516513631708979617646
484309698655020383274990369013956616772453347773594284105079107689
335238793554981878467812308125958197651326354256394023461702890360
708166424177501440151789871339407195406803684014377753823023274168
651273314467179277067541525937370934213197597040931481491994889872
286782267469651931566305291459571361839749552474801943392794936563
511497990843542657131020197144345952011778759458037507874625180499
505221398981478459503317862578489997751009183675879921922826055038
028507810017854415807312470071381244813199018918287915172974806315
354184027249731986676050304698921400122077849186541670628894614373
987362169714665740339540354657042071325868663336279283212156148810
545073264464398983800241706849219912974800942850816694356492957834
344123652616984823031940948633410216606988284623109833870141892807
820737483205430749541642896324813950945589933704491826186642654150
819005827072358841898280998019151035177063881643966427934704377364
802695785368103679866531939037687765826608503687181035728366643365
057717227866672879309080997221922188813671309348050105257264157381
340641178162104806787143023891668115663107287605369457537784780650
585029952691170323330371671960112352344407475268128928355868286840
263257160569745001944449517018066181081906441054552466219974605510
837665828858129814451526749038022695678115007030523761609761607516
474358393341040779805577229347759913433136721597866105507342278371
167761831994859302758572613970586584709868667953396094629188678055

717113687861007855007438818571064126920509669914928942274974254510
850292688489395447482286306749939427340324868374491455647358303787
886059847569183700454233012866275857927095106789690533359734293614
200328824671488045835314413863079762659740489308711076885123230786
079342451220171545580184169216407608957713287564519943138023272075
005128755637620339753300605391520811588010542944317855589339824635
645831046924158286611788490100463414076094998214465414603928375102
473505894407349196495403702722453457220124463687003138483398423091
832402490157951865933785992829470159857959196859838685981944905441
298097484199553689636996354717206181813585525926232995399169375917
092428613664218558467667720623054441488582625370532082454374482290
302780270657510380017108817832818651459865583258719554645852534197
577697821772923612071333641240281634970014373150088552712917589196
082897388980202176082104877545001333613191713197620856414914813796
406630406540354290848751446093045428797888157247969800565660799594
388364820283160338946679044511365530731423327605787108207926760439
535354664225367818502682922884743863930395837400973858701426510863
446204705175847605499045727257503150850585856819746842929041706716
614133188504384698079735601777104811768366410779396794362026848191
177314824089976925551288263145278012643813913756963948911084647998
499767790629954544951573178700804071248028333711170264272301544239
136020661853406307113082815207497537193146840097106225037195921638
658242822894083649272628245596051552523505912078414670760567587367
336189411174276167915553017199436756847928532673226578045593297864
425666944433892545689917122537729840428963254728255533679890350772
231031642222559368662240293289707900774962130957134962928964929387
875975644766633100100120853804913657780486947710046538421970875553
324956543022798404918623196790625317699314735845280277782058867692
232477965323935598599179926338256860793129715306595539487832777388
807136981497464050662517514314106466975480788825062108036930301495
236024766871701778304594493982135466681201891555895109323779106639
743217171528610129007333518011331114135668468007910399622453150596
207162070402855157026143358103007802778165023775172009678562401690
788151274926741016063023195786733309667419533263179154869008772125
173072357898092522530225632265419023399141038030993435384580270680
334442716519277258234253690592492756444995993189337302024156133921
728688211168862565852709987290601656571088073894875836169521706209
563268246090399618378897872018226870237853568344181001214934617230
676752863599011280889100896473779245979568825007398502380775095912
981555306692489535737276413238566846781778140576387723487604032512
946764713594366594134553106314069585626346336897310651638074355343
126100690967453765014405198118349235318871940799399909553892895779
875047727780327084660936154885596579969702595623280284617474416482
632048724128298949478102988228377461856185823233466718586883495818
421919438832220412925662182136162779449004102238014024216582366043
639132312295443465694982722206790823288070241513735241623122747757
303256124704268544338532247012797778599783518199543021487594778160
761885270838202084834997471275528202579694699665538193959379828961
377844300795301854003696616611576286812079579716153560662027357626
724712099348262911458725856610030202616546006848143871460837279792
596145993239211017039733769873495439047451665419547377441161880916
700728524973472353480092459473691441023228343634384103720771001346
205794664067075309824085550357688699700784814367551040154533652214
918883832021327917374952250859104094126462615872664616191769631733
141663374449384885148595135867901870079581736475850407096563444530
063108651340154568645460985779376822846423033101732799271214469555
313966505481727640197265790621953881325350963250947445989891087859
016969225819860487325161631487225332086811525038778390309210963973
140870146326277487361999251603690351640181322863841015778913834548
208695394911416541921224410372588235373528329662254040539599551254

188046955347016927965818084221691146779495770903181471995224200489
058855937464416153490934682109527381906924934012585401621298388823
606711299047278538251093221267600863567887299111060647443854063130
702691579329114716835748930860734176203484242255797432510010038643
688160552466827732801481669787349633209963417237792378830351660548
716717928740011191447262456712470024976224582240273977070270235032
377124169131491308448027264009944972595720923593023069927300052249
073651419777811827203052590605053664793101848708283976243597654102
454719021296462440721878685429130719911560221343598109261278099244
929883532142115168804430524223133517203668759109206121817157215013
230491503852431276016026780710277905987836302849099513323332565542
428323312697082604828410911646293553079701347159992856426889889700
767442334648965004511482489448843811905203162023956125155080114293
455938402258904452354916067705752641775197360904402044833678818915
689702778936604499831675503334609974345390667968123798331363984458
622049182698598018506280836505817585632828672397021647037926115754
368783456640465906078885859361572607337647947362839418949283576050
483364494011349865491208210048132550683756281970256869699549187621
976397204502790044667563951193761315600645448648552507497994208500
289544449953357450468366227668720824831641359948030706016118223091
561752595284900289952934287376173510267424188159371599489096979222
577214401390912722461788838743608051967515303147911414335732073658
590493042773379844712919544464543044009597518309741823376186337811
529128015178663600901647697454495895732314679554993893375139495643
626014549592646737347216021885313265446860088537207722134527510310
595262530711102355378856916499591169220838887707805173543839856786
701509637808868647575766982532354044245428400882687477770328538261
997625425819929342059121797780827787051185845230897298563876865112
750727634100359941466012227948957495592036099460378048483855259599
108171236282744204017849802110317627877887503036302263616097666758
010603955547997874569981579733423399742444758845313933453664591755
258134755046344267161094890817996895922670464402169176805100590718
447352631235416442486477743878776517385347897501402520406932991135
325561481360435329683129289912953561529040275913176773412777046365
308522132575486307933547882996383406999371515422494380882406473326
312335046138821594795169175925450984809791108923311377895396640746
083457300976511706075241436288346609180038490635692685329640055165
359978579130606640474557190848662504146276335720442508766033207641
200276837147202583957757254830817635228170657759415327083266255391
096897305850456225936898498975622702158265265280620025184416489819
196909558212078989726717646133800839566487722019320463671881723954
70493020927986610411846957048684700496386412595306737666038942176
189387542375224018745815972284425229079773722925510180886739908398
854921449138635625388637891615918884240512998193651713692591695779
199884949414977115194315755826307059948575863534749639756855970386
267805400720089745025270519397969812529688311916459045209756305283
373094860238329627213225690073767533911168294719812770574262437522
137582503200873637532046450005738917934659235577083622041452850139
079464067246673601827537985447814076921256085694481054166195675264
750745239025451705310940662636682474575734607040652757535777432010
239133411381357750332256114390097609946952139817702841461088413608
565918393299393135808195270706927092760772171777909876385463446024
051690499497747577482873009339789406414736945719850482990513484286
707099150933044579663919535589147801094434509827017367724097904948
059288384657526908214068409367522488842466125605269509780101260577
282287359937984997704573176117586941984674742904864012319967446222
686363326007641107029348897236012621498459684160318742453158435205
489185904535694196446063337988493153116954758361115749766774070315
448057897817050457319225881549431143902579345049989550037270423618
264568041589970013697709364618431829666069073135476364512034680880

448544639479881054680984967013179549428668138827658444650585179771
236814267458547557138229072663460316438137501465429194535993436082
062827907253188657517973424574661225027443019092242962776936653158
716809444242786249840749466556352680450276843578211362734069435616
425153792322466645823710793214590444611109221070397604565101012869
760593556579799723039393868396179918986917991593869470863242416010
161030988737854395677314829723489659476714272134128400437621066020
055056620233395195755864512830241771428237157769328767978452275710
423728172468445461622447270366618640546724925014467120456547835726
921447053879805427443650665491900369785230070372006141837257113091
116810217228672125895948574600435329503311469579656490062446226953
912511252868037826375208346201091939205299406735316501758378263276
410048994464890719508214784102083666996441555489973118544459531232
788198843519364669075619174436387489862636276503027206860925188097
236088479380162529503922552102831859119520952160308797092230631824
304905136125178526678309896484076261871121193856452332588015635845
663256815365974140063516653852783302799332761818731642928434366351
615663255280877405476696700018814831299264949756061744994556048405
651692066062944190747116474057556195518345387406404646634465233320
351037784476758856666609017287520982244711564504556724311091957346
662677919503511119124849140645554352577254965663926785221917623854
753819710831983228483946922294953737493172577554258096479498589102
686359453576135514660375139149684512296745547842471779306074999924
871503917371133105984182400457742575917866712195051742896119673898
889045793126077836316129782569411368450788843444978664044958957817
797753763317503868656921432845659076387703508545492288177459213464
479036409671937884800156599085262761750977394016437406423215378834
130050262017131975912486458792300685002533813548915131998471093397
988436544604827289154971076037317445126097171706215491523093558078
456283921799509366499044096091569942149387112429146631205469132238
606335268740464186976497513460031842898257475120258445983103982014
060948468707691618383086238789106146824197283200526150385110681990
583517695632365696941423626101521553817250369391988202927136854440
106294367264512033344244808295285077865022358866847987292336334526
758265461364764488099277633165502130074494529895433961752661174901
691213005810955424491226738528512234383695983978048397524645101205
882674283063999608907655734436344801490488298357189816409645101192
898539876088229692264354208244568412368752332589778385243845422759
205676092607958467279386639764013337529817410380083971366987501792
518889005096162725302906385122448156294734866718079216757439502335
418797146370341359507068879603101501646447422392328672923717256538
429014706590688672940694842542715905205340933901432108131385458259
704348580931485506339418705437548201917022688231751090132941361718
770058091133457961642203012598022043107382966864907037504453868442
844087909458071383896209544920759961553665571306844046952712994878
309713450788275724844899897349703962246511049877700417937126319866
550424826450427132291612309324616413533039167689451483585692702166
031906568999303527296694254093298585047142854083867108892734431087
363457002691119243249637729822940094402075202466206644738391720442
575483401453940803546273409990964069072075622907374684131198586578
798855914252147080351784967358936933535007544672324613125258268704
637563439646390594790703928961259764866705690718158460299360428566
416523782711376077456210903179808657173199934312817969129429620455
695201243315446083595765650783244672112585007760996890714299062146
372250183703199851692200508139102053789839156229925006468735679795
406627829502247459266561768688629321162565605008454294559032917372
009820858817353746878318206447022686127649760906343394156649026426
219449599972627879887420686537748400124027120252747334436166813022
720475458702704640986434675736414944556040180469025649085325167271
670951279005239342170274303288614132330961696475560201838621599787

236096212275704210996873700071225799429518696300412954188779628724
093278461798048647907699890577733886055838249114228316374869287853
814814314622428398496233785577350860511010509261293230994924741892
675131618818620753257403868480696490469827999122161138665663820326
019135968402515649247906443983330031807895236961651840561410338434
799376178182100474351909070654806403205691171664322099215471240461
694247104315222205104885366382704720835222072281792307724378621462
986066830039443184031897119593875880719811504839775086249284520537
660993570351138469597842959544064857515050620849712281233606395414
804523183037590392304193129358047025322396391151279375936015140870
535146062989951940745755354886861982269324695538210219472021248849
044263655395305394353300405061335996832016669879477207952586691433
189909211865226058496088149626836546723498404814381094319857403683
774663709365806373392945879466445168261148333459808948132301423449
736300081770030290154167401795744361620184220760535776542316284564
276440937556897155378728695987224574072558628891627542274001393924
890937205554561607842415395618839990558247974029707414788143572707
914922104355774546093490057376815968281968019771590645796605754942
541814453299247981996657119645518856556568121513349098046580376847
618266013737175683727413061704644380829243916537132963826165307231
060682333889999510255307327441209426994137920110104663208749715410
587445826115995906877240942869787594626942988054778607764580052294
075703084063851604360593125556585533123116554638655410300726993447
731181690786628011955322480995617127881556393519012560771128846947
322636357783025965642326973847446967479381719183498441201028423519
219594794118886452077960231343063217174354069248862375881350795013
019542125685389606693125427932944450460414399751105930683075898666
312089709178673814431062673285729135247335737334139964981622560564
197417879844156021330123029600421489114784857526438625181429619136
898382227494155863957874082378090383414087929764451188880233720098
864012236174176430506370381076927834118901729401329462385639308531
532244222768818571728893885168650075904844157097366365393941138141
433007084179831172343974321289826930882817908454608352276168839236
706701819377906387518688982678985926122487707255370774680909173812
195568154246781758249863590845775282210873370947100534470431626453
265098754187048260408504943289449671151155640450375992218315315062
189417680797400402678059163735949230580218910561624590130191307342
309220118774890541763475234787205095750830124580097608944902014228
321517081786382971517875410232779377854072683639518037227273990724
613281166726202385362958044768744894558935561294166787711514445952
150728011245289783898892439805792611339511716337272476322035613413
766554936091076077542886394153750911283550953891017569927348105802
052447498860656941406880598157145534961021164041299207119157382239
649687900615771795957511675590848192969043559344490289369648619008
661184836408445470922988082018696435010241658928067289346189212883
998058867547233822662874674898276007213969179081994180723645143829
894301735530322511478911846799356943769256545351140882462644178781
754058520462752091194551715071532232290031783786392997264579504136
224307388747429588420386537963008878284974910153671404487270605223
983274654434529356528076960477221503024060329960820144287406646309
024369558220175148190212769591948548065002515966276672115626582703
870721458114744697943698506765768823503506327908552602752457845213
931189712195956022277801052170563123963444611270021258672357370900
902467406949257666965304797371427626570535957448790876199299797549
154709567456866266693317816026949924563786133450401286482682564546
781442573431384860066826797672708278086896403276259416788405714594
114804629164881285200102610561984527854316767343019418002873928094
615194818546866310990795150448813365012546122141354279122839130369
472625897800273316800303122198079222723393023339699024932381363017
812136011313683103886773390012252524103762883920011468747397830196

815162344845844170847115405630671221502524006009566845020996544235
778554788006584453063354586519748517271104686923708210374238344516
214463591642683264697674851191611783934195142162634345728069393696
716440345231117981331367472558103023300335647091931311841549327154
187214539550089621519955776480953224728170568462835256462754305762
000017214990289645138438331171165858417764510618582508210472454698
908552605715433473640776605980218446223023035764928698353547722866
911672550929264234953591129778086706764009141760472511018422954289
469724271931395782511177137364661288610993859615446366855566406324
240965511527124487408138633958403290683016637505159378894470032446
794442050062323805678075861405161794915675878485475379803613320458
867201313746842227773933830101592787382664035207938573727331878722
116006978868491056887673735468207179344205169186912073390602304035
953144024848275524988496686390561518129135491333068919805095831954
745243476885587738310414344539933978264379056007932577903268772389
335970408929063798623591326882769120482353226853311130949276614545
789111470718167829879548739779664939334049995804451114426378780550
061812019428565801151160496597514709360848244784071510165688191515
476308537089917774950031546779199405543023845556843295871228070339
303655080520359026902225743269417733783302077850881645997749984355
147030418993109278863628555954986664521514608322432702939865354711
714611209786446464432561800235200048641692809012519555879677770712
014158540324292727965139982142625427852383618248974400837646571991
833956603365094970785232889745881493347730994863973831820193244687
919192275981928705919005907540673571852348118683464347785054157828
224490798584087005861205284471633587772330438082709137396889505684
555352326182211102373127136881420583983854747049000536093865761777
730487830785597217538818617272005256836873008672176915441262877549
503239222116487221786152262091124259237746705501612558235461544208
744584214964776025595727402918471645315888525882788428685588949650
8427039429899354427475578488840925342436759646126543810920255629982
051541480193747004803579667745874100884131811872582385785448488816
682771330320509148049902706338669469099351248792271005092774614149
529146261051764859906929923817599024416187949702356571809514425854
995765179296210567446002214133673754807986035969594685698337977267
285287592506044418464357782403623776670298728323706045274425550681
518095558886835891475330457011692173081904136821961979244460426499
343848452732374619113711082446433501694801550253284184628733492266
134568944139002470663355470788141605485679668656432669813031783621
646465882083005036445481292288496446164101250237576828218945511845
805957320909394620648677509380243791289601800827940474817422063327
914712842095137010561943271762928685790909493218055568979066286289
154737548673198693738466419585618899770827990016924649425190347377
703988630149201118352837232791996507771558163406176196984072223186
782701235403499438429168556505151743837735392032256115992975687965
574856371399849841889818723863447747735515013535079191081808269895
360125247825470432140977846932329438014725512584376086099814602199
698631548473576292080996702231230779999766892614937094813131176126
725029020251125017695385831757933248237475871601959893096899542945
715238027789223568504876418241391023269149165574444845124608305145
787417507387176744173551101307645537897887522221852058613301075912
720128415816099012918291185666715739299809291799149161000466033329
225776086756566635965341818542256059884318442721810942318109063106
059677332784039505960669772102777361411827206434298538442465877284
718517883633752819325425830054996146148373504141918616198629106706
387911951762050556410548148530782364372016539996520950423890411674
976436029024341956762244685142089456568032327777818280402353171727
161613847452643425617030040388071688888421475795728132416306939771
904869321017748493439522088977977460641321606591235428730663498564
951384299151193754156826880464034407400319164875242281289908496049

108875248189766295443946375362198306085302662976776229728237088410
640306798395704550798642556241329569706903126069372722704973858490
635481194665353366026431535545612762002245436501409287070103845024
942299682469894819311063805848963834966842315468958573941781004780
274310243436170639373226671414047645055320685254527772713379959897
191293351095335218376237814482821238983318392269540362944194447793
933862947820856539160276865474221602197454162503479486573308748696
362146050796657211558568264712564019832368722180162737027408546123
315314874653193936261343872784984098267899861969122026697545901203
347487171527203423784853201997739410893991832399353436083831944835
040717016050019719407955692916944124826846029055460248055663749256
769023585654963056305499094738338682002253272751014765382015718968
917643861760384669147127050209010166793143538898179926138949582056
843152542717333984584967784219554228496937753821419875398362804151
385327095150706778317618492686749245187887825652388078755933987418
992394106466084284159517680029189967446045623476841746284361490524
099614609132990782507767172994873799300497060952190291591878815655
029486924994826388639682384956086850057999208125916980957625006325
227429775722353244646312991916029527828387808637437948487816007986
691844944952033890911819968400143601937093305472219047178616199521
1092911279170019766720202163966918422224134953526405415034347849373
009481075000992303709153882015508200330120076040367400475028238121
723533105469837101009657554881166142817419714224111146539649408810
687135316799674897427937226351358103899882545160553672510213641692
900321073122343007239955691422524643012627356668178228590169033995
255886470851754284397934232749253399892584039232079835993252157435
842523037436661389938632000800645747508807093799846274709665708094
369299361070027345381568480143981800226497961654983924247214953855
166490613388699479448764070625660160551717891131051578981248406744
154043863432180804960357763693369650750249675465965351715008599750
764000455954263701196268335042396940932473254073217465365771218978
633545568241703910378182426567244157818438494538256203497811749471
046589508232140820478205399922170830963792471914357052689273788296
301720459841639676597939924684512021673155759406108501108401501493
958481324314326483170638352293389835732862962500645396532323409016
634553497614539777543545510180022729878166610572423124306235039912
669272559398387044682244056902175272089059731403171949939375760651
704430817843584689023226409067025582563156527103991987874499600566
965311694201789033319307912876404500245292607775735544830851499121
604626040796635700429294141521078517939512489293113108723403687549
333211997169415582242253234526991651484270807496498243209108709130
271922073605282398890333776482440248216436744892838932717872463012
952137775840656766503422548447952734389296263521706924829572233723
726052121486755901243751068863616862068481075325255190808700823937
566799300052564004105686873213457742011004302127479640462677207960
288680754533284461163963670296167636106120956409159039226759772561
277082336910179793240276009477905049390594990355097623285524569201
492338038955511453694537989642439077531543866107961725493579716448
034461266623538041455573676426251445905719258022229306403304943177
399110774599480518484341690301247105284001145301170159264176031004
668798434006763661357541593810739490233845959978566490063310019258
076179659274890217308818654512491561008456492191733984184936400789
242534005288512740978260728184499362334439677783416430328617074655
574470958871066122859798438328988827786089949825934445706255208466
693362073645613299517534649909660709934312563597490296567184680351
887876443719273432284967575348743806058683938732087107123411960330
893060235219350237964753015141593728621182295259067018575855904869
810336131061953704410772086023300066943559822989972003894205071241
309633012473989889865016134460416369764129918551398564133480244010
903820420980509818816370765602535422885206425047489586808991794668

611719325033248230241059805584766380455213789323057235020097155747
602593772076776087468148213452253163020878882398535566840846201887
763338893823940059693823475558119660440536601708515543140928633570
921594481160175329658341333471773027110597090517811589017086602990
160512479450702430123230670262179701141510682002268139997507258321
303561667949126100542012864532298006726890009482097075854102198848
852954596019747306361328429698553852265238161308896659145091248868
131259535362960576603197504295041188439397247053605789479862831714
003968480764211909414275681202732454233195931119523950562906226110
099643989483816464487458668307548577853287408199375727485219741371
809429677774117222393641356033211909334407556787838113045199845148
628980006084838694206218527192801877804248668080299512897034732944
631709460038595125453386835579689058465172300670448889684061086304
061213515520387421392844962022257546585820866986406049865542588590
814553099484349384273384217864505139854273974290958570085614625618
349527002281417325367653979469127529747013170063835415965446342449
683526350594853447447210780561078108296494264788100259793187756392
390432917853276342037522975657527434082950845479470152452608993138
857831239117512692255667572885133404397696254039311749337139944952
935680106037969445956859752498772673480790732676182452335521216214
968023449292542886551457337565576594555709239533428142462903172781
540399834155641983771801898211247608559555189995062073007140345208
155033298149750702442677264360338737539731484313740709266544922952
042319900734594639311996535056807332981486584110919944394627232845
367711284847362246063313602859105963523719387163459869636443906854
053223193152413546932487576730463381703029447983522602051814944458
504961203269092337527162355133526234320721943009358815033935989744
933526957874572783140396703969100170734149325310220632630169252370
180120244226884929098195551171956120838155014485836571665102690866
487173238190148609924699131546082001992705047305688761418932981083
102352648281081024854502208757221283441343794849997279202583543417
204425984693274091417821439492801799745659873698287428268267484421
213715468232751128534165237031653070432582833721123713760969593993
754953622322221974659619332529074042487602513819524269739101756371
975343004479617825043115331506758256273534347625253914251527570478
784376788524187196634624199270080257610839274976226365490018653206
454995155802908398513272627321967284783025385221904792786893895387
803686993188466031043633524373271546998988111864436701140284262026
150473882358997472814933432570654746370224518872890612550302737919
026403965774176068989769834566464705204716359214483070995843064717
275076337180207145974456525141885050371637738189029696852844092581
931744100555760898502923271016008982572238173945436985296547694901
873840464656437307131959011407613174282203883313602970852614512349
073071476245340502454237636666855757401206040598869556301144154431
416969860740322078860031327905539178696741635552402507676530856322
427378471497460377840646093468129918719028927597630701598408877817
451926901476910300302349794585110001808866062162868011109151161040
983273088089954337551187183173786558776487358854490366879074169182
538313306362338205820154885449827883821742437580549238159729640619
631058215167091903263187309338138501130913327709303425112210972155
056104913870504262198052602476116075059710379436647715293534917186
125066116367383304995648787793656979112931958782777740601075333724
327900097324072560703888008711373096596344570960411750894447911916
217455169709648447620461741281545361284226015513015895258628069570
639244435478023905168613385498619266567622760358234985569192248906
901164598660961567955415492157581283540920253931708073781465078832
035266513457070655368569928112426567084480177864614974045492118431
227621845224410884715075701908834950224375698850494542410572662460
945832095962572872030994776540107398558069966198019534500506514501
054924018861089134173060759238439461246569861605609094541772907364

009391321956768364333299619997965424348026569406836986706175874131
676505060271358825744337072164588195226133970545205234412809231730
650519899545028585383522873787286982917275807824209826106060901509
252110908989964389297862943014111400676287749920781723794746209168
998389618948630773060274910267038839433524742434212367121770246101
160240611185716870508244049162389434350470250813649155155104327250
747941024737478192265205933551362553018121964249924882129926017740
801037198842125474472160296950027742685077521758669179938013625842
241739856076699165432757061230452867280707631894705895440618842131
571380033984874086809414461845854230344951448521053991248932455486
659305335584578277144237743385339208241277632165967538326650643063
880695569156202622259469414290079987698344209146999897956832667090
414139806863332515652569687878992257432796139643702654314463933379
900081985753079788176133743609483928302233803279732038653646242498
055114022469226478931592944918040382983649034888638697564414855608
560537177228737148228236864278113657203947496906937239915610036828
075141178473782562212775995916775814038532986888513655232313938431
742258535628070191544007763016347647781261324380248421865669855274
007641051190109545289838256348407045580809052214769722042873822020
644511165580202158137220466347663335175617990500897780885600932081
454176443903235241939731547218920920202474270405857913543792600976
807636298756614782644338926121213456594456801042227616524183764018
673453391488079001363603528432174780401683146726188067936493046865
873646311483282698049202278762554540178509177497728294675692935451
666098641948145836444789096038304582853698956080665666190360310045
304720024222639388157206867469006192987308224849001681634892125543
754447580388736158658859248597558742783859992954170991722511534025
422229692234366177781929653313496747757220978430193818445059850750
805649483189679220583434147890510257617490997582001234724410285079
412318437601471421378295110218735899391708168680559881335469913794
537831377114135491971243465810931127833266217592227589369934770498
435251921073517573702005457345130587313221438462087602775184053489
371323766290711205526949053003888228042048082108519287610767728145
489279440322723628412479431926441924307968137038294820058697420150
132353198720519920353877314215882211485974318238790989199325393415
037876899596958043272517776898661258893954420139171306418862951066
526896062414520844803403474113314880043138647317158446815754836531
670512601746640760728095967213272942245361042667928094697735836383
498228114766916959695573277028279120997926086381701765421015111581
109268328748595064626236299259249694378182229169234325485361604152
514206369252147745980941988926814776443905376111917463026074170414
492241949800170623866816946607989247516971850009428744446624100586
380355863065063609572709797349307096488907606301907923346170197456
656248712884986738267854626894512094622905482754233025173213282785
316517586934054111845715104834632832008101152525413119367954561261
216103197427832103879548253917431409877065257006037671968383047869
291003267483442066840667351508858609166297657227799692600386827334
964187583321180809168618517134591156850893149404481996107250233789
677989918872582686705377574351246508137986281348350664313246627092
452365469835174070426513698824143308835526319454754253248458840939
937846318673381336610310058114645515187730501413081566601806113226
835296397114624010498314846460439520061637354258469826052125453859
150536462014165930615241377433037246441039759850015689210279093786
786031851767240469599157234052900381676072424770169781521486151947
462705461422112569127225381590502039583051468585003602420054909455
026826185095875426210973991322095029548958289174232981343154069257
570588015736545351789274152712894131431826947690258885478659919689
883599904388542274846947311875197488771215019159190888581326376998
121590808969182335059079714874613336803970635003695553942259073453
693326389696162384254104794629483793746381324612408253069026914650

215171965524256788471272297526679202803841296615750218468110886939
399252687943950326728700875818861049300859750196928095204823757138
945438844241621756626373518033643277401734125942745582026754402788
121409286880412030002270631808259318676648149044725799446704594238
281114878611771247129940234353193476389778948446256041745478020529
553081502542980157090392382147214574805502696844438096038016443726
195300440399081842658748795326360174773439634741333029275581820008
464886098183291707862124370345940428150160414770581856441322231887
793921639889612736992400225160535128293723655737319319389834175384
397083090358533308571836931136503700819056545043298422099381490045
445400448618221405506052871683134142627896441695333980296879517536
667847550967256739077347181693399759001189891113962465206160718856
491192664269401606959061610443780149866699828433246525760882571010
899195911118083503036507974281230709395198402548016944626205923636
351071990148156774400012313072541025605601593168405328169973390707
153720880901326541540840848694648513376227482849916127474705322255
057918337197829980217375914243447148663438084599101392554944659667
423730119121569104847330698050817129727313806629229678493165707003
108305567889791232981303751031746783401120813530914660733675118762
187223247896837038279501239544495396758853738446641347202470015885
201761312154814372133479265672244691795625863300306994583628910381
264895233888076384381880921180739792768314123086880946917176552671
971341129027158146752944276252132950154301153369038922138410133788
327539359202090519420939389794128938076595308702735507730422191143
004325668462407228903402171151273168905339467851873822784851582247
048412773926828056517260376445844006828466737354482592496916214239
033889318117011389131501922285410738181452292592185148575252476183
848077583829866667556762888310086015263589358635712742177728951544
583129347098008471782896727341290370760715970897838993427926255738
188956319405072752087325999456545608586855358263133708493406413934
913749179077218228531160094982703667927892358788431608491838953362
361576576833422289592702393915386811958152996066452081886184389697
200189356785489494221651236101718473760460603829616442733117304025
869985215372164775363206607206123292932396240780047428067808124542
992795093505143976021192911303780217039508295099069944393911955003
407215741480177592299719328271630397133938003492679133416508911394
642479661320947250898195723750491133129166984273711489586628649336
133970303624716301283210070841520262768996306818969526666944051675
113293786905003412004284173942954144584447541246771850871030194976
373064645661863494065661595559022203881357136176823477846310988547
480314160751831305440342811270350719599014203058814923214884129356
944529643170313190357793773919016569125771780698512180115203637847
182328949534446551462678468202630396663019906922610623240862574936
674402658139719248013316060412804309403011781839533845697347778755
496505226719892039806465088098765959904026835458290840488743590121
024857071905695585182299648163245701570374833507162561778784026024
807954364314277409752046296007705952321593783926560584763183164539
460869129139029707529324575283112206316530779455997093588019101795
478468222029813794967339008709934835236592521531747809149296359576
803641645315741984082949704240390235340265922135259853080332431785
857740605690039517496624783114615470747101524109270990190694605559
239683056148077265373998499618880204526136957223089073682258369725
346732930434907962315838626126344424086314103499740365508692160500
462809793942595737077522421277559627928584177313693090364594363844
939823392918548955367647356087898997197780703866209274631851985085
192685262453825870249573805010993816323870820228564474021890350370
205158682457112552023153087809016194370538717681644829394491186589
768122858228286305889861029605283254438604524159887904370477377371
368502135393822653949023421710889783710051749817597020686825702725
971239990477731332089067421121200821839867778705656294246938200423

781349130666302875875209256477327316746369664746257061200346715640
903478963148186821345980612729682565455767498591972867379753810674
217385801948693932923297854556100790005472533051670818549550829573
316453038966728057387828058258833867439567213201612236427190239990
318506978094847298037705172000913056269672052843166496490463110313
400903781521749243406714466245262478844479703267080920479660215253
622977798413035291824916677547333861097577175208925700627095398419
276724681021271464465163618290386785573635507001183672415428954047
748343284348374756430452744506808442943288003263534813266047601721
422694003496285639702572562837188280089547602386663065497470453498
437664038598946458144805319509199259451498233613653904412316740712
966326187042419884078656034688944098073565111719088416213133703832
847527158014023337408746055090197337083604720090201650957663760378
637218832003863900863187002521159432783932847926470562069061394036
488309455202394372760011556448767844754083561603998488513772923034
323530097939678336983009127779979497170462853141004353493338226748
496581775235312719601590617282846213714010305334392027034513019491
070344617456577179219132414373649693969048965732825756691327645310
834456871594499005092022404757994214851413924545725326078271647130
569958137234896227241015135814633935985739176240573446271578414318
958068767448800803490104731595819072414641729115982896970259377776
750067320383367599920898141111989857577054569008806673510534703721 3
293489055455497205353010557324696610538066099500702754752262676383
165272527915483314536193916719551030251519417178123912448276111453
221886677717673417406452378993015037104211023223884776937314255347
983888883741324601694849452299051071089558793216205632208515653007
407950559249445974351034919044113379156636661772461772342505771351
604426630343126850879654103973473927452905140551241030298362589336
235834267865532047780753909090946014043806764382911478302964651821
538618920140071149455186269299132473757299220611525247829166545756
956638325114786725256097578274064438046070715424617738733768071930
679719130310725974717095148873747469503491520242571874386619420798
287288310571028157936402714634532798473494139024208229738660143735
485609080295713469226533118264067965254434989996978086293470385536
157001037969986461806802893285729725290142829019704050111709396040
179940077279073005957406453592391666388114459764187426920093782970
522564055698299485145116253966586742236308393508148778211469714515
626421839723245197256393926186481618297743853241064349252541686264
352270431372380466259855686036939297507794006992109272687025326458
806166692255729635224420485867181204509342716663189051926245014908
460068805223509444346582740225829051295030497996140166077255644874
614627097868897325672101929230098245476543800864374001097572366609
241372318680077447626862945263917248970267674567927348695426329629
330779938306069517425895653753303319825137466974625871617196767115
785959129389464190051959423116255426558903604042611724998909306405
095319996461071997051693828158842491614923639600111384532591716540
276495476617295659031279164951736029421362818726459267776782768960 2
966497224763374234588532554323573191763216539724350146857623916565
043387680021015694435823608634845735010253174638070912058156818796
838583945104236795876705668608026594829523255942029210268875291154
369222894717898363306284089773039313699219114714816289438323424291
014432554651237764299212082763929737715940641397405209230530964078
416316554355424023706082178182299215828215654017676697661208991448
060059529906543762363612026305988951007723575565165921971451678367
435512908451113629555953087586708377800191996181655683100455702282
789191613024036183516412231627090454293979674128235084330945220216
062668426891971808149654830769221468092724377218327397092955067524
792981311566988231593310969899391225434479357745606611269046429656
407405419288226478547979797445592299821353002931553127176172218631
970898223531161069406848815755289481620820918166724813128908104623

769907013229353284450081408941518931109879654072146182757480558580
243538161513918772004445850657984792025456944114779663992297905320
277130234997864403442182496163201891811804326478311151594681114816
472645477617634978713086688756952976260303166684121463430262440794
686978285987418395031713942900135590877225577053738582054889531696
018068632325879151070588932716859422071560763890785976077655084303
731907717669314552391351862236311427116085445804084750002479987582
300587088265491462207872672680636374537598067416479448481497389238
754728459343875279286766443272564795561569831372462510454288850073
348951302504367500924192903435436010856692082942618503883972921380
359209785263348133849959272530132582108608715627994119122426533013
518546830147588361727164882181498350287788557539659788906106832228
618619529827640257722566057247446559340325286581601438651853736161
141630755729703799944665114114054079427147537781111425513397283496
115287533038864432816081165190097196055850403199345652798222234280
729918171305432277487592302825294802655057174086199252370629681498
124204263776859881953959968475068012031703913507600700194920848368
879638514240583538606896803775442070642716519419088448177490953805
258104482473913499622829643783561309374571147615093589594579265351
844458244073484489100939557560229105606244845612560043821227900342
790703931871075238085638921136403935835401058207371156598072563030
772823585173136193707794908570998474013366850020841298191122359596
968222596454588321433935711948347789268345889740076030693945402135
727476634284866657596679093779764676816301584881677064603897065832
759236308140929955039458378138514377201135323628926420377834841213
595082140727120895337331687881000034208405761803890377556602679235
794264582504634285826405824664704136419947470546611833543879107633
145242000537808999550347417398247970896323065778806615087882093271
595756544842616883205894028796721171980537283624065611890799913802
883209434331124691268141432182067023539066525496563617615132401567
956891035488079558258253280000374072431650591530590694165524402644
222655346570827097143842841856265032262749319629589024754165345761
282409353540627014400709114820954833364938657662856625027302154425
979845382948191301499938168390326408029823488774147168249587848181
800555206691015613702532736823984640258918801203376500920647729115
868497705912814253936463325614938138098819347295892191223730295843
415750510217738760027425700671307213271558502718326316567322974165
569938789693238288866660475346398736332850561625487738543568830057
262497407546851550544779206649515963229258022932661722962213907725
474952264621797546086820993904542065712223201937656293829780886180
306195284931320849673872332603947486973079385678500759409394786742
549882024204154706671982406807377080366075125464173710459356950619
561033855527322098109391227546654430715285653966082482186099201307
482570769885348946915431971656972247661616176670651988734448966245
862862515222538429015608740899543421769517541033533634037347503819
645696162086050486414145849222445318556939210460917094993512309706
812433674499298196274387393132097040166953757317336392406620673366
066435460951047803390531981705875771238273780252473499031335004611
778877727476072034257314815970711634540909184231751982744277637794
025829492137246161424412299249358946143400880938914467003203465218
983727289742397437971531983072961242850269656158846639448405567776
686058195053148337097686851718630667649597890678887068315052510880
215627001700423292565257755357147488071703303840646594213132225602
881837518818002778199301674099864410627199825274556959680616423014
905837129420328352608681346582068661120881999425608719239598657559
906884794479895728471897115760112663523321187199746658400358021813
404365355789510224096323064467036239649691027401415384026186040025
210407010782659915044971893946376538974233959444780941259644679388
105954017706171034931790601028584817942869277680251606346981864876
158623370152516023637181787999034379595511508651454025879726423200

572504444194331712013746825419070853107215208512693984662801771110
264244563807915882495667434928755342215336739800701841459689064069
363816415346937335804134862168236281248551962820737251711644710048
433926771290470954498217712459973537949895925018192667009919231981
513968720392407813173328822740618348993689159625882779434181259782
237468233565569661617070377394245553860213043349364007531953398491
086996333561330849820046220523794212611273864697734352984061412029
335747698542837985073142302960860064583902032668329710664748592802
807062228941198468523711846288178252337801817573627386563385765251
145897691425173865797681334553312596108921679675992162004777773660
173969815700518930556320934768057520823924709307505648653540147096
925863324475352400235795142080886099352369049792716495297330731217
627022775828058433099277819938043921726811176593651677463485868115
239136038172399380436191370870417832458368707326879275915124213279
306924936806725671640937958115437410084474318079847981845622953378
315920943705859879306743149584212809177146937159988393383659676333
285508452144871734987298280228722459721110033706788519570863646932
674715906123201811286192207037816689825406153183076538439839566907
198048513952994033311865280881232170777351327009709343772864506905
524832018864054459121311179044127994901780460651193462138351820079
194171186947790208647877508811872244776343972876005334911972357654
068682019368086771886415436808009906851236046326960994085099039694
836217157071869815680859943192755078361763106352286244358297577723
971617124439000785272578744254553882651665801545049441516401692449
890426834573456261734020571401179382531553966917865085328616022779
776182844821286729462937149110911635104493201078007237074496349256
912189049313573617672737075794898819870814803294560802701424574027
992891569507497718776325901218558321168332456383246354264136630474
420695339068746180487426957308252892854977557044655307253726535449
091655058544905009080736081330077728805917621134078127022071577217
991846919996476476550010097766017279646966552244526699337699312900
316835211790528327287495447512981340250629138109549668572838779529
050442889661515542282376017449137351386273975389837428783645708577
787917772282941837862509262813945141402838181071249937085703496006
797685633696864767208107940134332689922920321079715285432230936878
389824978469977558977758416212889666118309718939561805589888734788
223858629836061482819706388537663870236997190568879142001500589327
815766795541265615324077751183701666268023336345078784136697950895
864028584925040484933796171180328045570796932170830887117625919959
435644139714952826220987117939305641225493818743814308084727553083
891726934629489967863754936115462433363099267699468701922308814839
034814606660954452470388376120831651420100763183375893493999620082
480099860462830624324904927573357191805826053249355127411073586030
225305769820499460021459863975785058321391016158208938102536640432
838562215605048187456596545074877137045502581458868787094158414236
369582539050044102606727943451061502477228062235096633157361251426
679434140746652063534546583922261146323557839399370970262019162213
473885624539830201655471462084762972652574642687233863623153135535
568166360519035718952446642375866198041144802521990130259589349990
701834644312706805990043256138711210450689055750679076762563050384
262622513729065225654942654827321349984841605395004718249856560184
731449074269196457452658113570265107162387733468833725899778643672
591741155701655292484206315218737915952464483195251598063394603742
186735024198039034291728820585693526786658158201195876069825239649
292348914679443084786574974508366962329607901893079624458748437251
749229859571678125574842331673035806137323872079009336336925742457
891953867586676113412582471603070894316874964912571672763444303055
435879439672798391605502135148333240544829591240121878313403045929
441621292750499845016709464849534409152471837782557600293979425014
893421463386758834589638702611272977948184530344423147131244078498

214846735862732653628625501039736030179463212553543423298346504287
82992697952507621176604162749698363594996032434957912103000462 1920
146211722288584413301742909151997456174122142548151012748826300946
974835123007217022380251636265424573166829154744421810027776127607
297892368258611620666702210658425698166382179841203878410264487735
566199629191877992434897623591813120793421262858085245471431809776
763721364584043359927672555158766872926818986466457737181567137271
273270691744607683702302787924243821403830439878125470062137965560
074412906471083531304202892912152146345225675356683968136278189995
449676285459172951332462312686271207307031686740866015957099166315
864652238874562344964515990749792099459034313921494067984830272254
572430514353045490785504685756559850314186308483486501057512449287
567182899127645724607259255296433846454729452076411844381790283425
846409298456812175616938935965975740429295571529150768297078020239
789169692521995691674357951072811013584487803476120458651798666327
827480150636490227523192057452153557288024819586565693666305469970
629511442206125550456869148032744860281726828102742488640261601893
418136540881702751903632798220382703820898351245577903536165344698
442851334548386435254810831284998328941817291612083907139068486878
921381010367965044352512042221465614364722014989420021438344201240
970146623634385827269296108625255251189212907148360456679559516865
330531054510197832165741762682855934691871492472425479123271529093
087674353283875056316259536391996859258022570941304541646785723973
762668711162282093474137383953097453856228395401248478081748766221
827151570135695466014514527686148821945134110598019590863768978510
290474547665743821518113451025024651282130788257311518251357320827
342206955041620563142444929775785418104799619444293639466973981359
366911184515777799264350643544477890786688566763655567510133020392
064109944674869723800189018577123739333851891151761529179033570357
835979595544489785949895424664715432770670827265189437837948064033
422143377240478678694063066207205650277370025852374393455794943717
575948222394848213090905392311698664096483735068307724944504687929
063370538796371011704409037520385264029625703004417508984780077854
740069098315941092887358718953394735828847351202477751441528641433
301523760202571654663931351516958028866473153834042344370579637648
669804291749897294330983715121568619296541976790875435900658851911
949101426075596946536884456188099014507149283559365332865878073446
563488103298867967164678135738438860393567548126731638346326081522
267743361034256279904458071024372908605563941984409751355348193689
894438585629536549986258860485713492088747953260910977030346501294
040228602836133422350547868311753104804378870682882815000408270466
690072446076608132834861647163816967844605155176165371188763515235
927858975553158127353916830280196887220255186609054347841455916346
645871317346752404232051378466514548485210827433728001348672450682
567941253261976165988765239668887392524079984935281412709665420506
976947910909196918431017573132250706433908790786086732900306398353
516515980007405308268960241703702326706976447029760260469815761395
292209643118412199081244329745349697140355250428613898420598735576
265543534721231099641807557394304984758358977867534082777525594534
690720294929013861369117193813173601646476625497435511923723190337
566403995542447783944298351828774246412327916622487261166153119556
515318379303744830710564919086376924643039253332818232102651629843
824798894081615315260981783582054204757574239190790661089061726333
635275358836728525323566999568627018308121674052801800025536899293
369386788116744077729916542788044678413562009362975545691518076713
312963755314816579909072931041379628475994177907248909988399465812
988705098836726884172624560065468114480637174295084587982931253382
289570642635558951957479210047487800990674713490817711659702787400
484855846184436218804559755361397818771100160012097380658520602274
673984321980195069095331623045898291761625860113602182893530594673

628712855570420487403580738017522416010536449207270031358736274465
470777935266484464080671832023727942014344723474168049821435321906
618542992546902783902394693675658550471520114175000886374437528098
633553566630531447427801085599461612399029562865316383085174797943
117702616621107506672591136795657312610790687425271321020893420430
686442656219088980102687881677586333919879360681779680015207386458
111864332223002760660979237284918816522192627682090188547803894435
603204243307256873460617370232452680436617589619974446116911030486
059055319970563600863393574676825493273026102929726522199970137847
456683369278196032684120538725039677338741009430233106594985975756
289440887494502324471045141157592838543190436560997944177869456505
908673727940501810358913300780225183670471294785839325894520337371
154096525172614324582136510949286496372790675667757029078810824521
987372794038199950249285273634074361722349146013133741882615777539
449981758244493738170620495051672294242853747166776178806443475674
224096592080380341627847256942682902292521252384858533734791367159
246949973608350100908415999161378048415807766179309191594718856909
961023256006367965097758829543573818629851803285928477041372436648
951461450501920694469100554517531628065330522640076777089331089867
475923631142492119647379838595425577854479230575068063861269020901
325063079395192221338609185950651259496621115675247703172613236327
036342371720466923617527296437171794845104623856042582227382057466
941639979217811594135596464692984830670920142577974238009352953076
421311879630325003384984642860363407249831285559398096274868244319
578185903888755009025913675504375891472026058362137766642009090107
059305338719095934833833029991281661449330234883242862780945037445
941996227719259121297396187159202084731553469808229179455741106929
562277074646829225064076988440475901917347741466498926352361347170
216506656059047328036496824398368514816737296969861572310728805030
865542054653459983217996813769385218793864713741529934848299188089
577576066975496074257348997204999445924747765506558813098857791532
212534825426618429008335815330042553324053214212483604361281922172
957838444800154600298950501182389646309785607091078801026493793765
650947187932258338844608895546152946266400196083891130912856890749
524410992955918508708629877492462935098430541631892065189010221083
687385076860449558367008844971994147118076441320231950290439872981
974058817957555924943246941547994050095786346491078935958277278660
074156011277589271569746691856720880461585956897392923464608651825
973480987627803273578312282423971491807934995218964891498748911954
466018464859793933432798169521734810473007464831253068075519706380
791066795589876645300045068524334584450141943807605732159724289332
940953577690289281327309503733441374448424049652672649123074576028
003390297467260071906965178930568460857048624192192189552950120649
938297904522189071154499699379144340897775117026140825840144415357
391257526878211204779567643328875396972624473187903295250147526864
259374561435487996402355502556241286564188871149563905477942768587
250411279911978525278635555326054907754163728187879421667567485785
614162304336382407650378801560198809577238048798808776868188531550
715521356754582486210745365289042299172215641243296548596040476034
010896079300019701881603401870668767349301168067625375834101944939
599597517992945290138196724876429435303494038404548902069081145170
358019381915900539925385499042811644320959810429725600989398297814
280181586790336160128834089182426560769657275476319967224533077566
356514988924033280178529096715912155922079660592005166471511308401
574719857331559508149313274438609677728968456286694798136503135660
944529386858762164723841947266752648279780364616646165460093843200
963866510587938358408749636141970634373244074406175963950405430230
842045311689261869054774551230814292867131454787249367226271401948
058072089560729540266035730001659184622869442970735359279779135141
545723636680561351033735941605798693509445930764592536435012949183

407465682210680243295447211988604208897044877259785222935514414359
586661710840576191296480249689572963361908106473429291580124923341
595072790860874734729777928310221170360078554576950931364786905913
019289750813682069374766244097973906085819570369479562173390922423
568787195448887076554041753864894947001250532659549065911585793127
048165934568764771061383451657286356567308144810722413625202977151
230115216366436175554153777313531260736738451161060841513583749649
991446718312384781726612783229101190230569342678897476884530592788
790534903105077614255429962938754841751963997912067148771056699673
222538913932234015644585015038358971663177969650337608726334162566
515216857077375304022479440398754569309976118475950363021128888392
344959267003790422257102806512980545469553211495375827664971867066
319707916922605079089218874076177663472692934300002854445172960164
718901564120699430998616936685189833401054866295948994656903536055
415702937086950368322581323917400113357891228386438186621427639112
016762850917015801323940797165867875199335922606774097310151174226
890239632200130165011170089640856609159641996020206039985951675993
361646087251610537383060830138547011469178633538023410741772497712
969498238933474609781466633088906239419319707976848862203944896652
185530855371967667509635988051779747261793032691283182674862057809
265256529034280190882705901405466374700138330258893616017150154888
689359105694404497217202113924564847498885836600119303093340504248
190948084678987600382766921817190867696601829782035599207189778042
923618366306679457260518896053823472875932823011951586555180178283
133565830986137316525935030805823962559082865729213865472195779312
243359147323752403786908253602164629481320488457398705136724638246
505998731146037622534977822103010145429875113822448213673526737210
704666777974242250838584648872949096005218614774771519966024655226
069621270620854168787239515997826861207922328864955994712943920009
967608462614452966881819111809448899195588147137993148152932958251
607601071166249515565937202893034513965776120215825001792716582114
749398982521641313983316292159116787863114903503708046729113467566
457367760316704471187228697777493720498411552534228368936469948659
928163890293333295967050233310631864547159461989211746960440747930
112114166497492276966387934136055436280135652188591691916012650170
347349219857791215599655450788459028002419792836146886166968729406
732657944855141210293316476780504320302389291620949699409462681126
884776194192988872830204532548355595645610497507526105244255809386
273420635892776828442281295814647347367073622559728294372637748776
839928637632345393663445058464032220274973415024875765991021519544
839141489452822383268148398051997076559268898315447157695118315551
061873006768568040571230783243356862781303169868434085520815414852
556772088289519403587858372024544781686346084119703605994692042050
223895050999054746225247328128667550756059266570238196798544369738
430363475513530101422313185966598355017290912266356068396272443084
046523628652842323814234990867660915808115299856731882700013109382
157619132965931457997811998234263059141198338941256260215214745561
859783940816914555513000175131020838255631736162154590351291061800
153799212994811409282642152270031879995958336372414326471243780519
752445258629866091397653631205034855196870142616427373944255387041
040934011786902848317324446696438392741321758809800049498861502455
683932136997226039513159990952783701454801275952792565706687603394
301212911978505936574394130654178468202190033810503607149529696827
193408249954082421616396553900931007144638876203134913407756275562
058777480798439458119495188200713205259403344213400124368874611015
102666890106725161058423245264855139823924004357219566830736578634
636284713947718760514239870777535371198854467657293463584698847810
339146678478547087315150429087424592394613261089291950371011825492
318420721043794200626722449362643509595503375838171951054431168732
796056753298291613125754356825245646500812280522636814611597532119

9170660364359744808288562193226739368656062542938224900619956077533
3306524648443072734872088797672926968147974853263746082115171227 21
7434461213726243363240118432918898637112347583073897410591681818 81
6689559537182399583109158955865155107939110515371592823919727238 51
8934595024177790551515157264975708724287679440973145302040959076 91
7387500961326483707455953415351331344900038752803101337856441911 47
4235022452362008865534205354859562097776348591737878062122554402 25
9252738483077651799963738230090961975938017475257830796156323362 66
4637308389573846711167092750644157476328242109681866702142077632 68
3755260776111089889449646732775343901491089616361841443514027645 81
2228960506038155465315732310359157359227589113492569009356071479 77
6887007319541022834271748757490709187163047623887234096963025340 78
2474650972500272241452603350827917050952440893757333312319820302 15
4163507867782655093217137817123137161142123181244080633098153607 43
7639502654255747238777747951603707602548634894828153033520219413 46
4669637514327152808029100281629344182641082759195249518173693711 36
5151453769757463035503968815577039389834871549884013238769153330 88
6083961520387926598342627243177492768626963541310684656244843493 11
6508966874844693471034053482295484404249445480290150087120911679 17
6586065278724812579775347478803166890035108745856817454970704973 59
9571133983455436889482161005371526145300563991242445399625803132 80
2285781555675337051796143359354831260719900258511108667542907999 17
0353700606436838865760343284213467493632847981345995095244594136 66
8858863653580165643967245588975213805763615902148421583350868717 69
1213845760044375608187454847305378791606854309384081019497206105 99
3813537730874309360802543746183604369148741127222098901147672877 94
7895395173377894112656204674800771293805345840765561616367140328 13
6450673896217852090789222464391679860438040198487605953575729784 80
8053646541796474341632080188152262997279175361841901057253910235 26
1006661285793861284828721151144331217481644040056183601867286327 93
2539692823242601400072598995097051264681198513807028811692974703 65
1388278161801811431468727933233145431510250480273769735906929697 18
8889345453153536951518987596889246757887794347506970959483891870 91
9998567821390784326370316579878408076134700595423153306313562919 72
3476311123701263743716988364569939180204023601706548474104482716 84
9915119737619157080068754318896722949153519195619312478770104883 64
9003430712202169327164487378907486971688905566978934955748268599 45
3881593423799010669245538086603569309347485162719970008372666259 46
0916369119186683408760398160534571873044883787844599456410661946 49
2827902987144851382966227706977101867972627483623450552498684334 62
1758253519948935838926400082160425785815010148688691944139135668 69
6883144598621199233497225849337410553246237223178411540422579197 83
7762605724976861180888568657979800450074365599616849105084972307 35
3455998115616755131668419573344751329229644291365157996632553834 79
4507661032896848698762817246534181038300169434521758808549607478 49
0075673039704749799412435126184213715027756166827369026168815088 92
1349350732182693228066051823157630541607230367138987483779334050 15
8419807105831531091345171439567188012503059886950631165440619618 06
4708073612376753683950228243987528605105113518141919737956946936 38
6812745316528106350383468283573844055142293480079936682108044936 06
8621646006766344830319224958931559540458169497241368057496365679 33
0791963671525698071861874731197459621434447874538755676792302136 14
8597286303389418237450498917697400714288423976680628317290119085 74
0325033854522235403375989440089793296037412054603543841820076325 88
0936286978935955808509497565067995350334583706800572396726813294 62
1407540131282863688230745377375496644876706623705867452856052628 76
8437103120859783070774298894233319665993370672470968952524985445 82
0981439492120793934365568025694559226089370437968088305921735499 02
8081872394235008316672586298989188652170704858091843945174164560 09
0225973841145776221030576886909260019619975636498357231553711648 00

7804190340734995830844145512294281776021521049358131823966276787l5
7371499828414080368819714227388302087450157398585239725106689569996
2349628354927273450826891202714752570427050611184594647182853205045
4272334515940869862411990632707461826679560117012752583508647388849
2046027857128502347846753390313187862966495520706455076895843839l8
6767906678569477562130037760802451808273452521432055160633150403369
9415486061306759533659716800235921608947814046818533147106095468333
6916218480655870713410551936174510371015992161361995097086501377780
5338975939883669378739548227896833361381628700251093980230769216440
1666959917739312248390826447912809985780640532434091371862188532230
4910289011371610830868087486723811585974218156537092967446551849229
2875004065158071920282805299224441627354322382564952517424671577748
2689612161852563998936569445055835103281856641319976266974391111167
7809487179369657369037614319223834766554637308885177708844968323380
5818661049089021478787690731157126141234536496390084269944708025551
4624680875023203989773654607133043284170537344139038932348425031881
6883026913873884588479420355798916511772879206893386316827004321447
0084246757852941660469640375384119123764327438684183406337690865563
3424691994128446600486512177804327689855184022775180987901106967764
5819095323132112878909014976869469812633598854195455671757126766778
8371557631267027615259777699256164372103010849931303543718989924770
0939575282429872969224107111180096726415730726186239271371578280061
1414300201711142648258488927207225721220327713009982949992065164489
2245518836614215959589128237524836062172044495902485756809969155586
2344381651671463163310048739229322622194319536546576778120984486625
4203960830112776745283134067622943688413542209394960718259832600013
5575309969096916373496655974503738055417879293820300756984307669954
3903118727067442208400259867930924143662905227305487332037499318817
0389925641616744964935692665215348150771057177730318828452217536638
5509090287600520764445585217234669265970493470604553275629606790060
6632310267244205955949617383552205881466766722615253909909223734470
0140656139750063356944875096877152084832351897942123225929201006995
0720089427540980857268094505906415482184309235205988084931561998837
1348630863160817753099343135682611939113131975531178789183155992227
7502484615967066466405284880921192853256995495732701336628910201885
2959715102098731818463944280052695190904330022355676019778705309906
6426484472311654176854222119167486235082140555241633628561937291156
0265630374851963379831249371251258466854494417939893950361305635585
3814653497429452024282804730393196391966568679509781211945037151884
9483955346185707607532969762060421264450505727237362397565744000005
1885064382554728183969647559539802630009732975909676681125019203350
8629139643085638026878054242226912067084666956677938084288797590663
3338519183165807333128864107796998027738812163216461819722979938823
2792250343923207155706556369315292188293554619023650716907691665585
3411416202786881452063334351824445869277959804662797012743488199999
8367141615930040385490934771232162308539249668813677226572366504880
0742866450667231972813565442043144422054427955692892481651067906636
0543142276229820510603946839073598742744190252742980580057378424667
7214050758689327578238964933029539316754365582636829334227866799969
0862018808955961688981948336656830850488836176460312166876308659949
1983675260971893798508642961542780131573884226269097207549301238834
7693325994685064488503584484386598349300601794354979546847118805881
5318348388546700900036239016567509098519743826089176297051751626444
6321046822400453548606399543634998761793295439245093275322116718851
2553617107202565833354352696800851148963267718413948971015796822337
1232377799817045313497795344097553782240414687831031187320430287771
3984126674284308300996375651519942564082353249959052809366080177708
1548029774680469873018442817224891333669076425734983149530154917797
1860386848864164136682031527841507301603828760904785507046797051022
9723762400497326796540443757434614926309232993953102138573340394665

4643138039328475460166828945703985202898970561990500585663316810 25
4247961224979941619238080817186956176833555930820343291711186119 40
6614245930234168589283254022811223751448783838043753338600524598 37
7152198085748474091159656051012610213573908775874485223070727867 51
0269340595258400443876916608889983769297115767546444686686822582 16
3159384153340218454302004455678786165353877900684796481611546147 74
2567664346667861657143213956058051068524929302034863111876979067 57
3730613086580498053996249830885162974483234209187093248655663168 59
9888218076342633618038033093708068565521163083570426598784939627 74
2574272212686526087553770343242797213162471865621815021272100153 38
1435276404467438408179213985247176560645327166630534436065878850 20
0216200832224339754743884656908084822976109598909361512918143246 94
1901775429720168260292606936286775939441303998070048562472270746 16
3817080272609324491040716169431127216932459613466992507264935833 27
3692236372077527056795318598698939329745192340658032028977873471 60
2317472274608055716294488616376900498802876817834462006220327101 91
3512335770364900808455544255768267109148155967365538582594382219 51
3580156377119716793670206222456863485469059877803465897456584478 52
4088192688309227770546049463556158414097453554239477673427530500 83
9360542653385834292408867914093681442328587900922305291527999159 05
0090651924744141709100477084998890303385633941944104864392190202 25
6628773984626697129628687375722161881712782123563349047154994707 58
8680405946324980613245053389545238627255245644008130368634687268 41
3792193795785077498902782431583827323503310967089933015706641952 40
1640480259861958294666114657087896993126661948681911951688997857 13
8260889720165022115150000459167591831413795284292401626307590692 81
0259150476906872272115545836998472442221101278300842149489854275 98
9287579626814082842462027344811563776158858566660628707597984538 98
5888539735915067846667744073558896211764902638877304631228815008 24
1486403525126070075059042685515458730819944836142517500969198812 14
7177694290558463647557815938880662395420189374908403227510206348 92
3283093410282378940889895317257072781466983925467615050901133856 27
3474822826535359010089528178689238513054833708012163757061868763 78
5954802148810067207114027051724468180760760129942225757837851526 23
7298044375489744603759100293991487767534772424112309983814691187 95
7254447449604200948758632104967562261710980657037545797784528755 50
6706813330119403702836846318300506680753062470647522436185743826 97
7839833542129935793422513520349235503103226324224496188486719775 35
5803165214710619958410406221190835966907897963380812136398928437 31
0743158230935296944233518933301343708243264385327899082614976500 24
6622336013479717464642080798369546513329453775576622725244620507 85
1699672019899993401013335072075807710403826558364817000188252048 73
8626947279776868198412449713014367444617738360378450588677310415 52
1380295511482941381968111653016235598910147759480759411771570116 50
8692185411471004985307661544503263624343420505278561286837117886 98
6242284537112278047537319214048956991086183575809549838444566013 08
4746527651201522516404600863882540892101024615835361898855615679 54
5559434153937745029100661215587064016652981681454915048709104536 36
0233696267900742045245107874767111085816038833504907301984545965 75
4311516272250132882641327327200458647504003597538841150858712366 76
7330536716517667235923474108220556620738971458967361244286013184 48
0990099661941855126591403124482682150505096821172238621231152652 30
0713165865427360924785213735015263087364504209708686975277506519 53
8734683752316717031793864707833381254703056742160675957181244817 24
1549006779553950339497434406511014026688323398138407299525779426 86
0509803857100388472248482378758702492339217271606723237837596682 80
6558779053366211090973343419979784433485265324350722533603987194 60
9870643016788954090843383183273800955490568085092791321896161996 63
6262009622696371104592305859857933213945718121849704692397468471 19
4090316286548267278160233466412458675531537220698657075888456159 20

0392763767615955391438114106410712803664182738485702131664766755 24
0750094911376831891968759459457677975505054359139588476862792044 16
0738994386605970487557360320761893992907847325701218938635124345 04
0256111531106159816041062934721259033810339622107691013592064184 42
7275725636244992188419296928450488655716808147667896609363464271 93
7555630095802657166740606967045070055976452397530935669267213475 65
6322310521709797267882011756733844202585858563099582772237670124 26
1950140214124151701706257482391993757315398056518447478149788507 15
6871414235362443327302122681085470827797568225700932570140588369 63
6640436028018657355839449184790336263501554324008794445528858414 94
5115640942709224065884058157027469906282629123540380245799757493 27
0182391447626286719728006741510646157842608708921008843375777396 85
6008810813692857565080184359309963392248748227346979480784064776 77
5774350810648131138541202668180146216960634863869351822833302134 66
1336932791685950307992469114783325130820766910151785797169586601 85
7927299671940055236690498805765228834054038295723294956666106181 63
1097892263994073011570024576283747735763081837981616381190797360 31
5872121983138196203449769816206423985075228327733732583324372882 16
0597886109873551913778558814037298650838175116326674547594083452 96
9670926281699808448890104436399294171335504917218530444136127553 72
7404380196616706233382973802404906298258609513935027495898750528 07
2067318378647302489130579054815627366934203153365934803545221237 59
3231989288843748037324107862086056224621755669140664965603256270 15
2469394700985147116009940891283519475682748329672272176682993494 44
5340679073655254171748865839010393192874133368705592913800277273 14
7754869775541198401388960452885541646155295967306253288304118555 01
1888298415869115770818537363775060713350543268713538259132850979 58
5614230274360395764960678598010893795565430875945538732132350076 03
0077301079178964083799188708619632086790511588913741262048385411 57
8488220395923594332704524591411473507805455040335819033847064810 14
2486891972563811686319332164976298148495396460838748495439694585 15
2579518091162665452367335174501636083335297396558922109211569119 78
3167291844257925757550040307490466642270906643224285132454408076 05
0309972583021790257921821690823779438834808656545165803224926641 39
6247339605115247595839356366074438299366773118971243814345071442 63
4906683367462679651448757604216490046578045668108976237352466304 48
6513946482319660407267126392740537148060020288141194791417421096 45
0631305594241005639877803076831545495507157300582014792515959046 02
4661151783936785601612532406275242043711925061379648508919819095 87
7705809924908420856001038860239431557064092622965854619405990986 96
4765074089090371020410737732283300019434413131898982911460768793 47
9475637926076608714832586479309319426065037650312207896059737211 94
2645807433393229464562171529928698775723744217452435105937015224 48
6976130482977756125599017514547595430957297867274007217741044287 62
4195270575130818896669903902513418046187913963917519996106880395 79
4578140869943557929398861400711417249894605120231528627326923240 98
0270344039357213519034584028877988233814226609893318496674788926 69
8874274514772695849546580773589496632043196842272939054023420699 36
5934655175946440193569680887573651356552737827558456003178125785 47
2579739016890446296702126248612178766264775483706533502859187059 39
3901778046471759424323624082047979583793498520455967990254051594 04
9454774417608395779736867376905855647918279488713678562976470361 97
1927727368758174220619342121583922147169397052507247831658368690 92
1206606029778144229145154061195058652651412881871106491879697943 16
0479965128847403654083999670832363146792721324493626985707407047 13
0584348263293188454405105866194037558732502573156652753929021523 62
2074153014465759307227508883267063705821488431961565310418901791 25
5484578746340538187505614044231461197845130970565453691268255794 44
8780425882950076968232189862623811110723687449921424691504040400 31
3321866823059154359549671890135590314696913736224077614431031226 48

603764791939267717493540753416257102558871122830098045539403337048
732823588397650909521672656474725802054809063989279095949756542290
618460679476258129147809703755742924808981654174485509672708892033
514269360692215766563468441714251418841300734634211770913388497281
568269755648308409133263367172477250081903833257398187374366036429
341681541608528746458725565350762115073088506880345696823291535406
069272424136126383496243025222734822076674328244625195343816866329
833335123189264153753902689802092306902469188086616534259713703199
646563655178418522520774003775501336093586141637044909219989129808
172359620295384773165945159325457512762182658826965023083274877952
126416176015483903845869845831937117209368199083288932591601683152
378984175095542145657354244770307986890738854236551194035529997686
151218503691185811806196552576296458247439549463884952305229390431
920834700408595906247758692673900383856751959635718838147734081913
671101305078535558976019724131868873517693888960920970811996086393
237611436761070356756751954509856677260928307830333384947896302610
290498277851677349656630179240458141888901686110371492187075536854
421284230029436184629978447099023892090870282586775997932900240687
404128958781800155126238506698352076101525810292220691850589879780
761031752744058602314927111485381252502212065908659017820258780104
224742644030508149340088935536994215541242794024288330163556008454
806114251973600079468367674392891368037545225852503564337492304061
188134789864950179120395213927258935188503227479728304555377830648
563922152548181723320806672527665964316205418059448070937337627385
191779318699473024590811653170846477848979352443357203806146987009
232700653873512378118935558807382761431387104773213306585242921769
520098652215583227076240478674720185383578343770223504250814245712
843756571479689310363418089373299722019185677528387336013394417726
381562202849015960447422841069146815777966019357848536075667691643
346140295482150176278079402653275401698834354341953169825972572703
237672327104388502145755116078107849036727341375685054751283331828
168180687923483942357902830465325709099698933929319568594221510427
531613778589133026238399572492462565209238098216310022009938517838
786291284754647499738084609884915717838740446198137448390687340591
284238313992268355061730953776007733441551971134477801136367129304
953999001983705760561472107745833441235752258798197320154370849321
291768820404507449491093051786970567117701141965616954874695699554
579466490245988058182052267828055440063055171620109170645496657728
091231282730371179344888819275752509942568057204571560030883512548
354531821670031202098881756656024815643339856121033521803122203872
454617649277197607561639899925558844824712539754441995752875533816
075238289074957943408478409819050499547223491767808998973555428169
119866029105054819004663413715557369930816878792785736669646282662
826784498376781127049916168005880869983507642972740292518890639492
218318736923256039915873045117744833426791251685385329353340557406
954661639399223125662373328913082446605159607568186413772904955157
885328899061541234378136169948046390831109473541619189442527956102
391550363062024648582096751952056686309608898274241602664868431018
535792010934148995913294012970080979209338728524506836770635227193
756121070552995770056852165473956309340145995070906849439995261099
503701149114858356584035694439244018137587295066820507129554209918
508765071118127238305255094270970180836733246047964391637119624816
712878168808667228632754357219976027958550212499604293420723785566
103352134288354032472088407536227477076722657032216145985308480701
432711332327955896270335331133019138930987426335720748101442606041
221949987395209820431409400117396015001163746493739333742500935967
983549598081681749426411617589002974453790246451001157325681153660
550492182290718208490667306837347413540876864688036281053463660636
396370508400603225944423680684070109041479140807437243253754204529
454923205488540944727773308677289572844835199306240623336014894657

010295372769319239800791374246128988062094042510718216870035418271
782469358852896936838712339508180711265203231606942139435044164221
180458659728470198747058770491745236140621664718268422765043098722
130253292080624410135651901924297683194184224795323048872227619999
813059343435409634087341494009836113799290104049021651980016965345
105093201186528895001349855481579764869199753554001996239218303715
570495661114074906989061468803162745650430929296856492049391426632
560049095467246245060386702779065977825588642987245795155182788954
929379136186433549495607479606299394332898956071018500741297402790
275983298534453665473738254430506492187558490547253663137453707765
892998875453181707580339014469761261208012192364849601319145375873
842088703277363104544410317520421681702024924246854339384818323972
011733672714375914035732497421907662839518726209487736422890355550
709956806448138539121394944076998176571221767587769774137476930080
385309241470259267309724342514738979433308220709198444296349368273
455599927565430849214500589594985838897219490804800211031010774694
575030279867204560296682902433004901958656561523385066010860852470
512592510723689039144260448041910688569171156055467655775413133784
673435728191355792152125244163426728793514579872623606847687942449
245432959375932256803824124308040441517032330354680593025545980840
181419388391309913137803951658668856405344250459768630684647038529
304228125371288812406383719196825131550640458658212202703344525150
024555697185204494271266175570977907652201631409924345624965823463
274199966965919096303150772162295973794133044906912354662899976787
063964427543970530720101567866765146256209664985206977071028331992
535522210179071542554910668909890157143522523208824935483264058254
433228993388181433246077620211927635355605540181246640118064490748
656792493045753030540635899858103643050669178836044633760072521059
307210192292241895322382915890934128228750510980146316239573671434
576541180542227401565044111311050586337680869378330384195969453861
337328924716025322293697313224937997292800599267556724797579095349
634141700203866341961453441828590549528053409997763087934339975978
910568604133901260650786125608232043804545448631332510663723910133
243023185466526509293911805432574169027595407190841762886773529998
642546058514480703245585088002374921985388998257635690469402036938
827446681840139984177397803802254291492591957492773178379574501072
916189699932883137541980767264918001306438990549637448406914582846
426124204961678749190028707996979188534126248108795055420743526441
794719404034479651091027244817919032055597758773842727381310581436
032811962348249687706680871902988723417289527936418706406948463980
108956431535233422900314798101668431369479196147206097308580136150
705516651333914433244858694690120492477325571823058188574716991463
603187793301384759759861120961707162675773157297613346857048140979
691548600125124206029878855353376478465112312928998520040610540065
834250345163468563030940509789836252773934123544691012936261701989
971395671039397745310096305490105448365702167199187220346357563638
244111617093788893854939355612500904793637171542240806103438118860
330575561248673326845606941752793440949702599774350146701995027107
914478321097845715562188832741071097653063416812979334593467427567
072441346943145162167047337673582685317196054281712858870830159316
048841492190324363058050330721966018280900940432717917990576993235
443881050324067491860691578406289873447376709234225782244945434828
081265677173212580402386928936112556530820450653066340561490103696
865856206381088416211250724374687218924209263026533476485100648824
018753110775238799051914751301701155512593650950277663865604759932
677726955347806327049303948934897959809117789256537443265439374227
850627165326171004913012764765858878130048084071184414269029062542
006789764961699662037240749990183839249623080167971334236069975708
749062665937334634933117472389156734441286767762850073286742893474
298435416914069489814464185413445247285102226600079613809607527010

407727596892661516744436606657917119518927091206931157006078461310
486009590279729514654677233831975300392998202306775086147937831034
092325166793058858094449717802012406075320584269045332099732793580
656207789144551244404825526930353303513359014814445164701717409678
054134220952991809060291260715683392766168926744561155320928000933
552341934762481168750783337505214486412300469359127245516840949343
564359202084008663972887452644764168122243197900574037675204113145
935690829486365028866513866718709840191265208719382146104962917716
056112413262298472918197350192326469347606735917920473460195021468
502042227254990605003905271739830882393469613295460582355961688596
144385517732556825720040864066715726142874215865629365346667650305
399437264337771175524863334654686617471029474257074711452408406935
745933058106647910587257708703941215958349720801434732021667320029
592177831146547941567632358090159344983934360311394701960236806436
471015526548330332290324948488740174871625554178432345983583131736
856741194821648828321983039293782089006668641656356329990025891242
536746598742757842445313505681163336650379813616103342876913997790
939565375874699178205295126606543587480249531054620790828692382531
734870934885092202989974921677075930466511581133383047832465845377
999596422451105520528225985513579954331407804687382883091817168865
047464734200601615944581759276487831751006154057153340802777001733
934869159725448358499570311690890502347900418269611277438910111368
249836511243522173294127706038130263418165235751483500779868261068
935781083578681115816638025428639454882447431521714465318821226560
337168643885527949083722967271505859983902007370435204519621300668
261863897112457539798316748358028660902437533659703795530174286017
098228525434662822605029782281922967974950706846947014111471827123
771794543954247545582317637072002093952480305502486152919425838074
644561247566303293621119406438535126173363837578519909303377895635
070998487264756328815771858778297353705484562184061665163805211633
553595615713655488304023083904849905346402275363505322131262857984
748871208797423919712980651571562251453573762296496995785161894725
860193048018878884140770642778982111550389340417299078428877913960 3
190909475642774628234645049618558957186727089305050991750825906016
230356085410026150659958294094188223171117668561034310940901519556 0
359419762952715191446546570114627356476034166407335530107840661217
068804877676582960344592623864758557477341228559099455126197261503
356980467429465446524107479989467997846489274548144629270461024277
249451728542720251707513725879735089028835651237307514021621311702
640482513319750428220989513845528136268841773267008825254317243579
889892752698716039884633307640274102072542860753914632056334190051
780169548164179493173488781224447251861194100883513137555490494181
672864244172188026388165627539857333600411059599433600445109382525
788027664814425790955484257632566676861865912705148389804415975502
020223084423164817145782010230876136894006217159186369664756680115
058939506917948617938811069135739111929119476457163842439850676760
927015601387625473877555130821614917863311075676996932639836360199
843056398867930350363110146212592618232432920230504873973555103880
618396303383920224450218778063418013902925080016547655990603908806
917718524407509635151958193085485349436375269314283472601286321556
955893475903752173339569860535581813340404683458712039407449236354
697080135396702968920564153270576178507436941042162002813859740994
458039484371712237808591610625472912894185014337332011394192377699
272849879216795704857208482621178953745099590160573191451033015921
950477998616399735136343018127076636196256421829613557147414196825
197784512923995180948027615779051505299624564676859410800319655247
777844310184875368377693048120859493475149575363519083664510383481
178383040200872495432943598018399096116144252080810246154834377215
900747465469707895682559178102153564440601396893159844515933212019
827378778074605279848063188533935925532640568047587139273617127439

049444206400176046596009726741995011180194421994703076386808201891
521069608033731147927545046918070866330683047177127699388843497520
361508386403092367707966596240746653032058855795435358985947775420
846585446621311741732136381937611174526719845377107365956594981659
688759535272565530522586777874361969955452700888850431275909414330
236429519830928170463636710577004082355626345787874785234482399846
943780739800388210355197146779367439484397950422615555306393729577
597612139082829477616090698661599524434740720825487274741637905412
032043763264976757883944911594852617550814823643520144900684490375
525495045287112775902440268289660239913812266687287169439142423356
907167219748529854906502866938531390027800622281054659491949657677
340871738526222585319584765741013650016883548356236992354401223596
936006051229704848086706559828336254616249888405808056838747680592
416721489925466769707042797594707443992401921713587689294557714824
440483700282760938444366726557959205333286363821183436202774646087
176456018236920499752142614111949509141365939939598884968732539054
561689863096296277455693159627111291389068753371428581683265582291
531673412889027734335549344788683553410612823002184662365260252030
829905573599629412128403615848769828447672166506050843093323577916
341259867252410741162855560887417648349820714209069639040582853918
262162289982686959759493805904885753681523517451496466142696587956
201997664381005061504180068707658470453477147005963307233577907943
767064211961192058242544441864130889629668960333915001324327960992
277835339589184662575993194526690242146365986846158650593407148400
860403033855263822463815891581183633596643738185621040582013281656
985403167355638163019680564587348039675160571644904016838278201603
100326068032668396046855898129134031175368012912557689000970360499
259145265139775772983468530585536936351824757233378044007504755143
509075612721952284629606722106216074612377151537118688504003714786
281788426461390580536475028946907239289094722636256621257205691977
369329031393413587569782287912428335072502728595632347802504078961
201978921641323874369299169139774347271497800996496729789539148727
048958122750145899044623890586964294927230354129335323876189211564
588764429713638978164132213843945580346265579131440291412501168851
998922870799882033327458850878739620195842849169998809625666397846
140216095059729972870961243304576253129268156432918037383948191514
649529198853619766896498777534700409893333797271594905193918030312
440938121636064272059749937430095796162204706746117408573410974428
749024072224071920084911858181518124276338523114088091933869905247
375517969791533483698607788473417923759000206964547789804654420961
655824545657572601098292794621201603586459098001214611081297486526
766493775485550163800936391440387470440680741730711149120395595564
763786368725212586641996518155272682610249104716189727921996372881
405772954371894830012920612558250088095864823435031158427250447144
179924088583160443635426313119988381503447473273977326572582918374
248682532213362019148473697626755507600478474750713026331527914424
648458310542617927325595978995021636498056801672170239863642215138
491367894696651895996369818952892920910915814558041583029638779178
693541218300409986888887076505606757845234883714489299580313972269
250026344239337293778361219989460046080519291815736507140605213243
665711748651865109586655317669933181738303448325237239280960676905
236851464558272384358920906669573835462780112429104142056474580713
944479048166588098158783472998391031027522874694740469677382116151
097247127560918182160321327115448287990220915809954467179102398577
577600759370662369931528510617800162228001306895034828243805988974
280780978633732375367387515639962500202688917156087205681980381321
592713346498607978324698826325052172467732321585052767727690807395
180206332392022289351307434265978605937025106926387895048939556321
921166611355155598132690575754094401663689426009267552040653336553
951459594430336472986972522461302873983497304830196186945556575297

910677872775472113472308106665122026618370236590083531181275297824

4678994028211648920629930993950416269193632852505659071223682642913
3459750001143812662446396194029226124931396646008217838602422263340
2909882607071413101340225182292518114507453249611798278098090904055
9866888739465434533741529283527320684520374228670618018757744193088
4575684590083048668952181850546205836400727652064823160244792294577
6503502716102402360482760918929259141865443107973061585721689758133
0145997794166716858356701456279748137762877912019970773376009154888
5054854373491910724448878268507976727424749887750371695099645685066
6210523598133155973577096559064049995701376219792921438423190219344
0151337337146388569975602575260969199204167969823087835133893409722
1274136179671333180216106553351478401227180500056058996254410874299
1771059638614888712165342027420219400108982349163214334109664552366
4564157442547616280614994862262819794712099533265692883575707687422
3148256547621396657615870188608830873520634213818055080953871062644
3310979218340123910155873234497899286404340085664332440355206342944
5708350867459782220190720434918209816527415475561920532871637706699
8839126538932588300907859330973252798030071390325461116679061262200
9148495864246313746047429285121225840905884715319438431133107476800
4463295291014411788533608414724183078822879553889265428666448434677
4012601752783005323779504717394619894984126586178838997327667730922
5977236372511240936935715309934453343631595721100047780613195625666
4941902661002920527566702498156483747966409720938614287428218067177
7294446686422969898060104500552718204741935330365947648428619741888
1735991210918110517831717355723362048767977349797951642582972286100
8934350157998396311335671442077751224522159445888123539318317898422
7767907761957475125202725763459241059992691541859509460537709471533
6644233681603453774944782038031479945248541902415822547307801051099
2213830438887300974159589762439285168272417354024953352564978836177
4476519814621487379737335020138996317498404803141747331125357681088
7728205440275301579499212248228188315859903217642180857611795898300
5076310457939415167540135991645960889661120356360724099260713876877
0353530836023137161827587949437078802623545134999471005751616584088
3140181416096414848555695573048403239322052485420840917721499157966
6705053940949709130942603584424107356659675150594129765057268149533
1775654706723150313046360845483584572144624672088377626519460492300
7291085755171808704011926298599674373996670398429978562924491578366
7945605019382322891997842022914384619287710339811795327919640087066
4849999273641610192982828364419870228318235369601337295269640031433
2055042715716563003478017192464206518546075681103879480426458869199
2365485930336260644027694822097406835423424397801948531719202606333
6030218984998773957051431924279415742837146691717756536221538380399
5561258833625325561989888138394131519059407836144156978797339022022
6664366760566126034177238527338171700746543287622673577991734420644
0145957598560581198520436099074878620106330950503989497135317475811
8349436118333585257563921246465585146177331430099874708293493663055
0146531674574921491274225822088849460920942321143346282517160783188
2427482236806311975876268107227796387411914481207607961353984499877
8324587780855847079140358040322793321570138959365817735396784757755
3859198605907702571498519979291886207175540665044143674061959756900
2461075245136349660724935824938152862368659264139236327584459542355
1653026603370230664555840862306562445697110879197830061029764884611
1057424265295474176486625207870400490901790467103598496470060348644
7617110294936726514970098727032847990599934789281851306023690074933
0957379371813869516821395468129591464986234149183262075502638768244
8950956748676320264693455175510292818249839119646790918239352418711
5552522863268318942087699775967873611749834858899300898246311854477
8422410113101911458213306528058112412300535896490363692652436919366
4069404865160756328368948571924613377198958925336526525704820267200
6476980220983714151087480827271214552656540049463226137117556522555
7855785438620484397274512811246989303953851327557208738586136332844

515498099912162217608194229832953752884308497481526598950959603170
767549866453741376304678326072883851651589828190598366244240984123
976754338199564138877339025561910404340709254058733122719515004390
733257007402291089271063985702642339450723016625621780326505250808
879203903983023905630409308301813017261457073083950018428619529012
573812442180643661159699702227693367937704896765160022948925518417
169030129907212012965013335062700714227663549741111999219819664698
709566640066532421003947145178129100001780324540645368945014739497
490056690622425714606805692549462264794670488663628935046253209784
701286810903059627837913196010909078160372575988890915668049431931
958905969736237831810429437253396100728725746329776748022624482511
578553027500586014154190875372211315288767244349548893937126811823
576507975737559186226095475879390068550537922635207130175199884858
141373912082390955291049480886320773452653449560697377315653885478
357543068230985809033063451846343524211935900991772519327329122989
298239984803314307134208898676864918317664827645516485097831831275
719666859409654673991686667380311428772560547672156667644589756821
784995803697938800350918275358548373510238035096603225525565991415
554441736919449621569243311265081247949877523397160098964043204516
324156612432501455034316605675360644354019814710729774780115502323
050776586429235572979795505513976023219507014587792644147392121187
155759311788108567349467436775790869700486860076104855396740093966
826692529948537691346709983406583106232213642074997103676648809063
665818289088678365447656052399611687466435038854549657939336678299
942212390575467578961132002146388875142770428485161410379085362672
854329928261900912400426930018423089741947233718827707653645996344
376750730597244890946843733502536860175083172039515236001787907322
728885243637033300444409278129059345368663141470104659341883474689
282629988236301306013766926988217798851721245414573378488230382467
191665951105174632431279031560874148860708155483110213254013356868
540558834310188708893876139373250234088079659382014804830316448112
317620154024345025897217767005259876857529110799488761703346812320
199323113219287434184661259987018174656117914611868926837025201652
991198988874948829242061696496543089442346341753064626206632041270
524790465222259474852629882180166510377391520956925717676051391512
907908330630891313846707678071360829899189944905399843274940243889
710601762751648654324350417468217404772053579072978819030064762179
565605159378531746997543678504299622806859383605835065216371814375
812035946389801353857890087538637799944252751397164285764558538815
095998654259961111212635252183537375408938382994071476719479556565
333810335609209165135879604317564521490021087374521940701660790742
117146389209287184760160902492319110422671510290601789567464238340
951983591142408642645711070748530076249802206736383779844598841477
515071622932192031026050055150907697894319437834821122313171976968
730832874683832939868019319165370266382003482464988882800995308021
917638041975946273043423705049816862663146331381992449951350409336
852132648622166261430456380155416702997567018107991459837143013400
320349765295216438577834202480497460481356556278767001411676453276
570915946987857471095170775617589719547014691405289876238634466607
521691840515292037064341671434458101488124590410883667693696301612
214043030796233418792780707414554309612195098803307323271225143074
674379294908470001118157872176047256284368744402999903490723523364
779561482607275430475073383579416952085411858141421163366331884361
393046086404438120305008737474074303519812587955651210154379618540
181768351639553142978892109793350644218922063827926017080859661513
409231014455095980500497093334182603462822266136524578624368933828
748180808311663214088601896279333796917967023892600395108849232222
624879146995246944822132220716228187633754117440717644082563597774
910049844113158664565521693479469938534589527648029861584022640999
942100043342064493941644651586082274972790568046591058023199814041

8166646897107038158991782599052443794164767665313637038164955688 07
8417197066690888187111892963554097089449350838086720874087385891 67
8280578464638730133563290056081755657051868983518288538558189418 76
1846431885541883532205586551491960840135051091304296438673726701 76
9209462568404821695594224381628363176054907299398382901877071378 64
8219596279582737284384930210765170111412097127189513677811336345 22
5119432564060929092039892030311428693110299616289715741651353122 65
0976566387254150218818945769606338265402520174627484331378659366 83
5358927288944137222712232373031899762712187563590305524059334406 80
4067165885499108922339510318522804003163077793139388788124263739 94
5766173505780454864709713365612269105452680323351709465782235132 63
4711977541566480012164761891538394454382707413571109880273825243 58
1929452706387243028983887862373972699481019099564763398726779743 81
8824078646963720613457502040438651404814540848637229480891874953 33
6845383329185692611600136090526980748507788080971992207905493846 44
9129981160445105124820157681342303697584597931352507649917267189 78
3592046244135583539680204390112988082084879270599398452081514555 27
7160455545091663910861465981010943648552995834158940501132217591 89
1822740788585450573707541719807935765713476422566400785520271235 96
4984181478091852475405178298598358719450900926456203221456793600 32
0098036589140365924802970597042389340141784940898340588942082813 75
4108453271947659401578491808798841278671288346973044453463300113 40
7842446974676100521632523146960746179723522751888911366108472825 04
4733387698808997882496174571432653895931989193809453735620069779 56
6007329207375987877395334012242628246381176046655295493277601516 54
4433987977965759642130364849538029733629734054095365660271566620 95
6242040189725410026903088730688596758323634848608003136749337880 46
9881081792434870555858612604433511134155068347210280388630798842 48
6479599344269107098070530828950651392898724560947408991150499159 32
6607612639813504186421268398792438281063901902442716735076462402 45
7681752412977343770472115340861680417829499676506858062512747529 95
0655953249881866111872216992147209556065475521976145504910999069 75
6842367521533929735597122527571508766565966450271917178205293885 10
9369447210327912997299789495953721796541482204684847107971331529 24
2256581065964907688575121283151575700891568839077515923394970555 71
5543961203428758061751886703983086783340810134816839437033921934 19
7424316334687716755401028790595185546970244107483690998853159223 57
6836050185875678557363745857714841063401334897590877749058334553 97
7057953521359016826647738272508556557813548876359883200278577063 16
4224046839516165716965633117711645412249718086216525530845080263 56
1891326043596292009640323843546372129515947537029341355782056091 03
4650314827936141065660345442082853716002311366813190919641028730 49
2085004174370383374462810464620942776963785580934275787598784183 33
4039966019354202671488261281948862553950438151533608881983528174 94
7354252961305205889894745297898192765362302146492716408632029235 65
9299419175245477614408430602237931856760648303943416218753627041 47
4976139638429863915287083114593851766848536922452479133970185679 66
1898100702047221233180454192307994392215089918339722129466485426 69
1824780579878782653881338779174799929862716454333930424609112847 41
4100761105420089712585366728363148608986343464569341024174867567 64
8864999320167607691395117456163032737449804460907809064030467634 94
4431558869897372150230602240876896280899677720082954009728621969 36
9799908562863781892068734312434251912571665860848853313223426184 32
6055836735173575594624744942409189135202074248917184402318266702 0
7364676861018624736484927580147358881296157116453077773099187906 10
2988862871493020467922752516710370807163943912374316792866821934 44
6224765726040705459985968287895948181229609966449841895435505126 97
4622222840558216017815638489324156294294102354724474406529827595 65
0852308039881041767531095394508295668667009805968039723878307108 88
7309916708399098666703021614657172247840852262333384257208168100 73

396534603214984320697266393091865149254801370103838705478495805692
390809071470146803194411882916774100108676071463670346097016587747
938619865572514916032126199719973803490164842267544912596739312397
990074831055385068661830482906443355681392530449017556754977224586
553701311488545214557527650034001289474274223755834032167742658602
941502854059595734178734907098015908582653022046578069213686344182
383358550580440690789048769469523016824226895303019503849045740947
723785841308094244812638676254526179071856678494915944757525890432
985971556253916870664050033869114702527528774632307639477366220502
124317111976697554070733311267595581143076643508377661383937418821
198728140243019592577233992497745653599173737048234552569017468386
181605906850252368717229255820454717814319918580749491682119101061
410175466753076202891546321342918722601569145323392446783536092923
925956317992477364265588541429930289457142976436732322262923602401
555030564320283705186440270320700941330893074078971459341135466306
263658728571889770055691796392094089540494967577669166831282615198
053868579516388745693396126973669872220449857426520785733934500552
182495973648387278103946120544515637979612030291659476574699341543
271014074745772892654422996600802191430751632012114712233628868911
003141982697620811610237200462099132116432607069198868028640972266
780902380740359354214499157461979683557148136771420102843682700410
344318799421436138119770538705702515776750087453539287747201965450
490621594472377056510619675999908569487775939149115942015050991367
741964053191223539274975510275226212593290315929202063227431563163
988355989476949127802825984508358367998620353352020685460559216786
552835764981566953231585885723872988882219155944803787090891648567
299072137386053604371214396169103856951761602847570707412208855744
548038615549299960111090089529305615092834665028803983155291889086
590281766493385503602113010042614046121856202729086358517057052077
500603308295180906193350336573369268872311459864004662237348473629
802877988102147101924585493748777453115962897925405501780747491964
778406746552790393195565813896692543928611681270286078016492471757
947690040713838418710229217335189894076408089714318830892216393659
687537987014204003784913012750100361893552864648042380140726687789
499470242525139568329366720126727746887603228486942873013499735546
344984108290399024614311248528848255524681487627399427149890898964
065884653827774882015498940055948650851084658197861933024860833800
725503537057526726162627120895748385707810716790396321406114798575
892731652066513874141839901415240806942716415312484146575073671621
014372856615067280484820945901214115397057048462215390455053205451
408649083481693367506628520708504476168704764247062925198421823405
671193175977385071213843566161200541291487091099968133185503456755
250273948056094553332426165004974273699236895955712032345816444450
618398094463681201084189262133146656721599470819817686659148832682
318546016554172883453416704493091663748465689767634231201898326438
391034187584136241967457994649202221979834593056563692756849359777
671093103041411307312539564248638501455500757943604266544947470225
968985102663374383018153260704636104120350698291007740247523365758
424349259806781961067661254989366947457932038348011891804623993440
204860547400539729198870648908353273846254259781523770165393409066
396161418136993626227242206373381984306775264803874177190613456070
869512882942134188943261411559837419843096506180799248248599557473
975865979178350016251247911768205661124568789795467228944116120724
622182150361118719603867594046340815340520931954899452801363923920
455820705023281591771107908638599432662526833708351622186279069635
134610001892728789722396733421122488552537949623348050174564571416
968863601005387174928821497469289625347403249065911079477469955016
629027142984650883917957439011915442316633387279050548931573371400
843033387711793984550288105152253878558588527678672465468225260139
414212638002515110525362020285088336811671179131453518274582690793

621433828736367147855025406183150742638171351310767393576500651872
257966213558484525199814004650496644293694462643253534227048108735
843865153165747836934943817561843938910192099339207935917302351336
134333617409378894332436367662102057520640498600339476261177306597
900717338435086119046672830919191405487618249035409603611171758738
428295310712978874130067815729007187202852534737368305268388208851
900652888992067114141756148218048590301612699363022004245730365450
630834445212718140481106462655021833491808728134317000593894546477
780717800755411594479566368752313028096856384976646741642397940380
978024006822393043975148776185510146807492444313049368424027979663
806970107218594446946675695263158838285262613400278056513954164726
797847201873928734317431956342714686128687031868026805130778331133
364970514243458619433993760383134891953616522198571734006026268164
233315262753256152699866044674282100016307871335675641760570610365
397244034349964075523914459700042488278070090182478520476973060681
827286895011123040202596546463916882653440624513894380086858263099
263707383047836303898086010994899412575125614015344638442370874909
562441301959987563891046520966754587766008659039521526930724947593
463765524999573981368704682383578222135022751562771743922399554134
549014307806588887145132813370761485025768523236382933147428059668
809646209984224762074394269002794291723758974789327985624247296590
853215947205332369490434027966266307402731316432230471242896578160
810904602256804488197247067993494893743915075505173557882736746630
113365128062806763873894435107340477854284494581032402153026889267
092892734321622288665308079172552536648253192224860467190401188149
796691897238390489921449906378342247258297448757138716393766038353
195822125838995005317567009552936485078884042900036232460798510809
447041187766965698527002242365421484082307424965912899096508885363
087254327321514159891816287567811307051625685105581512671359344832
178026783508960472580054261710332895188363891032447371674832059178
733650962829745596943462409255652816656642813369025930758740440023
467313737677792486726102625840368808169386094183043542160512328994
311377533910651173174257919038774427555774666030406620099040630426
051492029870431846013273895090998152703064336944690410044571202235
451171011328756403959370242331710298393490082072739036495979673246
070117441657434325499611780691764675964746879791515572781516247306
058334526364851289816778469808818991132100393955511186968360232676
578194608392777588773560940755982917754280861145433013950045524655
124291004911372885966068671895355711890373330064908975683351650049
482437502013368515728499636967464259149536037394115496098234431435
109320221809709359780329549759598895081104350136062164200304054253
525182009155876233217544217588085941929940166160003634391015340094
039861381614185296591895827468622176004007540224052349144874115414
450603504256362329696036597208236492559421476520771374574795122002
325330757727354406667254606385566002002468570446003727540392329608
743253281392448927596263699974608198030761215869443681254346476005
823451709865886875789643460227054800708379004133051417219265941576
156879115019134029748585051714860817315609739898187117889639975438
593851481271228565920278693528607609610014500468628214330810028800
342379908031603885040608297629418230827838086035227249810236770590
604646347730952402490251187179864243391902530458957320390858507871
952255017770376521626642185281981740507340026663725152809340520811
671011269698677937225985693349519432693201259024230765182777135271
884472532778020551144835864447823011547118441835229325114932572698
861749122603284020727778843300201824351288952626434850401801176692
189400301384623039255957312898153724381695307731589478556460254890
123359844526030584211078366417704984380422727756181463614970822052
978940468419642105195952976344279449380087623752745873654043686032
392568120396815397806203184411751734063549646449468864312900565992
397103980260552719134441217649315767012502328215868291339917094347

218601990614994727041937223244811365777364784334202259996962798552
988234835813451982181425675924349886313315764355498522016187470094
484862457290141545591894888707730437495867207924838385743401098250
062896166079971094418369987478443956767929238886241602443690271546
527600224939349036905471674482965770830739242100152832723379609356
923990338824465601298007919176430314202194237399396437444250881398
720311047330446839944062988196979371975773532541936499970332980309
505730194490517681341165244535932990515291198614709570353745265578
742451856888960135130446546702707588099460903301835695366013279171
879444954101560343692286480222247044767586960903220968422563613405
634836829717434394913450350154562712113070691281968263867332213184
044441497703738450944461754830545368993606820580388987724741195238
929242163746784562498542798503144932995331585543002766715402629626
516695809146078810174714306991744199865847329040165535665857626308
050241495588477533489852364672238934163656532479436451005902522586
321364641258499846796161843552340352324721110521226636091573602713
021329448208976614103780709193655802622181784957122075851190422878
000874592867736276332300969043780313708952520766671757271829986143
936555118371669223725419466798082166668111039566043933750372807554
514848068166043674678943264045371156658637505315120812713275492053
068222000525692985014308858791838338588827226166775683455460042038
732166503756308540835999973834420318792535151098838338539003290965
874054873988529729683799722936601292312307160205509733930936050345
903955144350530779986167924716144327074762450851301978973869927099
332578952464554750676366826464527152552254333880535483627391626239
252966766458754894673447577273356013838273729005393896656592230598
571048482774398049720583821115538200989209661369468931771991114747
170373374826981059627061291313996060882187721485255788982496057151
197409955071399286692015456583834310142603080858688493271922984158
950926435718314092471047051845128758699884109287359028743120393437
627985164110324412262926311001109691495544503094533576921409803315
676548064212577277675625253662101808506368182957928716083982340214
720353625982063645520085231280580032671686683448151104637370484997
348399072102721190358008843242221164334445080022597795281797172269
973237438645179469844576480639489491833438525180428786932632752902
447890475937940428598452749922277972100023891121548938382391382872
989931731194761739061150447827928769110237647550252257173219481814
737063013088417889819598162999541083390244410692706737595956997119
535930938496110286574076506367694490893018558649870372897272343345
722492789153260922324770228772629642491769808030278236217239379885
400503625715548875361008901145686498282437678150512482820550492067
614725271465218966300496885795997677522593974060305110289858039626
218819712821705192632230895174681586477249400663476252399854173196
026161036924195715977601971694902399328727439746588043656593649688
016852863977515522475999764941859502680405006409698435113073797110
441197918005746465493078021521252981008731406046947356590646892418
148391263600007362471055648198258938088745764536277429937681358765
419179735722961270008929684713696493683678963525182303891310399263
375859652579616496449908909552435508658902553027859907755325901273
060023553112413722883395464048657778331615768298615178650924137474
237208870130880543952259278853023943092165956490984077060959426129
628247967788111335332629528747975409878835566787900429195451576744
148678404482363922335095660072754793914016971072318582441279892338
820023779406397575365725162501335163672644359159774750611925713016
230090937345100474527618016380709677370094376805966714229413589600
824755383245974803932060796044905017692070585123672619845895683093
796806254340250957462165951887975505779654919550494928671233251337
556738716057356380028942990248851218801240568679236189247556048248
749553282638731464641642059885385147743343317259129731711974000426
498722243810614211032749924136371337547432406296672518156579138643

7025620243039647904890050442985262446575662362188208540949423685052
7327273776228365529386421319461785260626049990625479688474585304441
3059373947277930775350781935576273441069215589407275736285969449666
3889092158513270610171061497976205385708528120957527632949857667777
1947593521524216768778681734370556742374024365096351799715330205711
4311146401358640282902451517326107671692022525006337624310741617877
4762431101802901331809722311238240044665270255791343338648233847822
4083641509142630321466554736617596256169665943312066598512767046144
5043556505676323192723803451402535421280961853640658606595686500900
0542984050046093548530620626770476584564323035557962139704012841455
0715513295891545516692865827838940339152992238823329025388857260588
4924330742050480774965818966106091810585454197932480203796556828033
9992614596920546380587713649031487744048091127428165482419174572111
1024497423161561692475479084730751663266098195237956764638767882533
4315088220817956674771470680163510596475683188983249712046092085566
9971337574144650469347830224327100384214768793221424857135656462833
4010324241282632765420816089448070169154954190788990858389973870700
6701541666533841958350716971451934192037445743820510407777297327366
0839324163745628589224133765386367495504954305663770843450836517700
0464664638153286744482262904960184686050368834407760844823970025677
7621323572137726913923930959252379422056676983704392607890348267377
3475452833285765991776101256955535019262055179939802157103124143111
4530230698589870103035894212885231515064441420652849534936220244211
5603285094454454628741407401845085733373435077630594261225019252555
3251299186342147658214038307979527387376105273026392418224264154211
5090646009883184415256430726001468614601161949130240366938247501711
4189422592020806707745491575953845423781388608702178664247860286822
4553825706070078528273322265105633445664908743615822952264506909600
8316956172605265253491502070413802190340057017883118312374199817866
8723882510105974751202349065416840157335014317837335248193861982877
1799710861170481956079258642819561977024967004211000953800473880399
2004724546787309062927968600542682022838886684029083133520768865055
2779186562901289213124031511478404650007571261779711587696003625911
7889958455320352877641847839786316650707375096690883613167391476688
3106804830017611360594125583902618497547666962172853403585921903455
2376715116431337260067105594143593321358059343196515463231783380900
8185782331957168023225636454354657396538915851269617268356652954522
9933665361650739802987340183886461244163651746666698938924827378266
4542631427203865011755309707615587334543102676089168151624212648700
5807750635927882007357177805690888160798433456597061009242403609844
1782625417202152788307191579766742885145058773813376144840008391266
4395689171356932276133528160479732561164800243647813394194939199811
4446345033897730483079017221897876114152675849137827671364048145222
2417009763802459275416672698590142034111588045151837936470769448999
2165195823326382816833363255130234263516944400844577342648919320744
1277155095643226103868910385700958521921628484184898827326865547044
2366752750752984312290873054198395044089420214166780821968098279766
7077492898497124238809335414495108294256297327826692300410116180644
7868542163393012745589223242478674916076157695411688302134542171599
6584609084801971964948722854229249133226957718991065219268235209733
4285293627988609211679170762948584749614997835983430872007004771022
1856897441261723109103558622624994683902497802482310610773890804300
3172905984770452243032100330495756965955759098089718773551327482966
3398864571877846910640355644896125273514486823105300277818843106766
8143634883686881519793591948058645183785865973102712078058781768288
3476422045804174854652725579259321275422093550670915217460741863455
0104795444847280432287590427853279892586453224298523386332572078544
9434410071304918160075095719817838095600028747582755714595912142377
9824103442011990429800083484667984779173667633916755981233073604499
9817833000271462079471539626074240190517782696828793073342737263555

455968205132147577968851655215785638215061003757442106878698175908
797231054718785979450934163531730971342755736848046549368460858932
795193878054835351838457955127888971075385264812591819795227144673
148897830668144129480904387647541720328836793153948731927842820614
083782111123855185925737202642344646616985206338453406008552668716
999882546853183684501164335422424676631974561346008496308560574537
359030332058584604742117198315800728930013561157562071742314893304
796447468064963812931642923523581139029669949468001450688385729504
988003174294755623676743764994243612959018878163634223194934072584
973173897184738742749355098506472696968441265206780502194204287610
736288893858850387324568556438816578846280988661820320357823033380
099305913007233341323450960259737460520043570998600298145509578462
832001513573592546027351596756441636530112264712786403244824007737
996917646650602387339665635679340398356568072219654048851193224882
054279809129711007700450022775461206617166915591398097656598227169
631737132380233081894643812813486645249599544573599602734037495319
810341373545859961495498360917612628539530787384570759463293037148
822519303817175115438350026708995826545263811037252548877439260135
406025221454919816995798737164535132550990520879677994407822530807
758169956027111277585448684402760529394514288800290953802848541101
226157784149158140774999841496292240198891308317859666915388229009
946947450247844902571367356972639792830403286063454681985901480867
741408921089040105765750311041922161494187431458784761367147739183
053531438322669545383299223940456133606017821411886509292207929496
640912160035905115388056492162705446419123651890820653277589199738
922293901200268232222369773672330039382172367465305265074391406830
947473212603208840098990148026780199482685855351480657053914005769
345471367320387577245130697596060567953900372658461138451132306458
337250580531679344725994305521750085317786363398194721774384983941
664621448550518877066168902788747419777507278594616784819648879238
392429701230219526438487691711692941913676453989753022131894427468
986445119523361135808699525657384995132272344858932311386797831195
178438771350648230787048299803447155070141882053104142668229481600
816095024682359788933239467695015594757502235926020424722638494100
311367044097453658610308012059308927527610728526394257529284362186
377642535427818993064800665696367275161697181990722601937571168925
947974476124876288821798650136747507500638323479883964977400488412
357566686571614215831108473609139345000273200513079812815702225616
906552683303083665638141347007081942216648482210415934349190820405
640859522403880037807349261650300231717999314825929118003774744659
501565939981386238692869062652382061233623674596407209835077011082
990790280690341091750963573145618231904447704954866187160692280303
501373595224123316964183487990807480804086899822172755131619587809
677521653989830962034894093683856539421196123081021103471051742416
434655171920779277138529506026751864243969265536723344784100681455
951149036782838817570535380038946002769070563127023230141413066316
801746797335097254146260959957881594107278065966542285301608309809
482798087779954151330634185197787230301266392253999559413949621100
419546078252067442508032881805033938921875652444516995541376477841
671637307558479723386593926352240182260803169276708468269071288406
191974911765628699969084970730823375647797687484667530526919298507
928036681821437679607305087380808301446429759825417007864397304961
083418619696619596322018403591635634118435818598205141363191530912
517440662404939092451358851907627068893662709905594646893766800692
046828363046250164021027437917854480248512861821612512114570003573
467406925367903689095025923989154817162254182524520806003906004061
554058929077320687309580061749971920364712097884192446667092044497
498748240886590526693588948775257516401354367423792014530722023535
768345446812068659513932726355927699659957377744110379091071568358
658465622085862107139549354539122567328062952751900754940904896394

3888064254557072622115936312439491645972564910184257540822004722888
8846634512803044831901784007401167647739561543647139523558199976933
5901084177521973362030832625761659684119366145853311420753211952922
7669717042067051859842499762834604123163908122790890056023914727622
5472304465613738919348291198454930609446294509615911536755252862611
0591271212204144684177497818630501112974003941119350818908357333299
0551144074304444675853303908198677458587064667531058733204448664388
1954737084809840190145711080151111444662950746065233051734594525777
2575893078637007195767928495422023913726568259931838496357371745544
0503873578054083223542866825098340742461917212410659284052811166200
0923282960301721363849285104773585298392087098926316984358857422066
3744579956105414437052488223358026756746099254402277684009359318177
7750785767334532073118530837973695738202460474500960452405560064155
6835540468641810641559159869257448903034714608636868420714152951955
3996888639944162985012621982654789950631292147960564718499931339244
4495297288337833552253066560811391115575999790713828924183735740900
5193241180832753210575834434078628766429488113359530078115142595788
2796409283781276316746885253232980285679247320453209385421015807144
7401809479461160486277678673437757511437592333049254994572062768422
3364394693270173361084440187565356931607880312701567743292110954600
3746698646305896432996195799083916388510735836553973586858039475622
9404022863520963472170394504703852571085313362447545420010525967122
1783578746333594165923235625703933128018819799348769808508853873799
0156788859249599338041045070956681978068909791304753127014469119900
8171380579382353672715797874399564789154906407693819236783667232188
1905821363990349731439811967421740486606919650658688315134834018766
8134679042643955738590065483758071528181289510741440960450170439655
4853590538278043481358307724451600378609737374314721794026495307722
9429552473216428585864193133904622555731428767902253344787868856377
9770932207047543824471370721081728072621619220345167663856985421466
0029371066131784467434949460342745909707794025711988737531399123811
3260009563206368236285830789874153227446212759179354631214921585633
1006889095807780605937282837406604517338147569406689687907446437288
9032404571746893162279915260767008749579463655298108006056320535933
2346149132211508186917115500655666554774549787559290607422761924900
1312867775801342108401628830872921226157765095221015080446637440322
9782265047958483949290880913783491105270189158666597815395224336300
2038194307797221007492952919014175775251699297714793500137189964488
8911520647362966761218218393084899260246004189915466997385219675677
2930964342169889806341929533111660152026890675526392510810172592944
7411597057246702083623791445765730763105504694796613415062949874766
1664184570782385557437047474057201870953392723123250003365765441822
1501626602351718472672153312107509640158510189813774914265452998666
6920870889036949102304930463034175089835146799025697287651150445100
2675835608349627733345414395387961968611228627183777026264999954377
8975661863845224244739492492150548510122167075552405102103873300288
4593613184584427867338231426176973563642708421202831884367381928344
7131950871731221910120316721141109395899922884674801741656760993788
7819687707634475970187870115363507042680620343222196248189679109055
6279926872063157344359507897852923069671951104333055667838495384099
6125277958389105487968484862086797174930084521443594253462001124100
8426656675868978082776276840134698294192958020330574004749139789711
0591226422104073255789131404774670952163373109546710714788243474699
7322536208971843414016895152093293728957961799009745313228076318188
2899433189695689530472370399538905839657483550150819470100336494600
7541568093909482754499811810031151431124371620602850821167716052900
1503038399817787498619635004890805220896906827949155038157223974666
5114420407121328005606536244601968573857325813809450794347406603600
5435911681038547455413901005210856826964174364592697573011123142766
1569164064382930414419125809700150147626045084302994739777044340600

2558483155183709862104371824449093244999094123969680727355749909 74
754392902557984797093482190328085059102331850565958856934103697521
787966167710423049423523510863007281287132147932780402066461426230
078561408403259834892557120851189853822385136209728791951877465064
186101050110001523921401988115501033319067153914966127363813534906
201898801186062648881416943529275130201207444850693949715656963700
528104436457965400855804416248425718544837208664333866575252285810
948289217257839158191476913646032684476202255833788430706626820136
562567060429166096739937396333725598175402369018835353007990159396
724928774572310017813388850629426776845236106426208547207080605367
376268476687684621043656625525457715582096848955125604270948386990
045370602363886713679104249114919963014756467260027940693936292085
268041593916556942831013701721500246134125553880321201748024661994
057160259811420538497330990958586477131121900577851682135465676925
436958683955395922697911981510567862427873863559696351596525780100
887775161394859476530289336591762402297065783698536071100495347567
572284079338746963969820527548854138638091280465567957867380247796
245580749357238874918172010300891988993237953392756249295143063917
541756523620565537533747840354751434991801696242127730575175317271
408992841799710543799766469304839985765697038891618026889482866498
396473822403052368385787917654987361628471601522751105553564227093
034129063412140503747065387611044057631277677687955828396936068797
492992473055757014507128648776037216713666399647951681218150895635
932214508085348626452441380423193763653355274835333215583412888866
477801396224946024358430223059175741552754477847166515158060159683
143469938602241167033961033143444142152378121270529004152968328358
142745720548076341739976854032114278702709946582145669614204935860
051783203074959984999453677596390154433298372959877021587984045304
241723688539565431132491280016688614321335901814598815345115649693
087226879981544016379036258474494027676223140583830246323278355589
704912287637551609935228638759482647092345489660404395528296934963
273296194539263412540443583064912727969941442577153786602121596283
848008077648600684421195128428111186065633816275879668504679093930
302438194147134504446109962381417080458893859796343824476120094314
750139145110290353458464233986653377503403288751178445621701907008
268753712348942548452679529059672899114162168717207252789541303662
531312161687184002908491401088247419290331003958533280903056898161
959584146403500881838354477661617640834335657628291603652785505334
292017344423999912982156065639233096831232606113498474590475348175
724793522899893500943495075396373482891154711017298440790711638488
229884179218542831749857560164435622264612259464028308647766387359
459884245047099086787716750091393003821175198111842564994499619250
193938047253373994593337731252524630640434299251006362772644042522
129335363983888712558650282148393519537829121923251329550479427077
479817573069098139817583642674915675638034024163503008997458846644
559510526377303887533487344021772585481657032600335620490417735579
097347598439475995845429765463674121075351507013851212617101709438
816386818003253445607801138931545723258763168759141418393365682229
624660091462055145978337911564647926663543627823302548582197820709
974731091603511064700974874000731522287664739629127786218446835550
020204307191420072846279018318639787025702772268782391036972445486
411058889166911105922029444932943627035413309880526880087934617095
630484602882766011907089407300282006643598669430991288386695237929
866628178898427269704888604473767609420261537717791790967751278719
747104408091559906791907723417208080859904286004545456751422771384
737823411005311824430632388715284408626875660506972347847736219620
237658441103372159043811894698293130692861159856453139893139948999
833404400924228379125175552174621891287605139468988472677187466504
785270664362574831916908491537125880541454036326747869539649103724
005746130220293199503101987750602880237975002552157499644642453349

885915909369543958084528045004936639830563782254105626241683217301
132374663650818321551390498019391996251482034852336035202979892243
773111150091658570103260035364444751774246989158935734705658751497
625632680396958169694903975994610639763432305422721308762466857346
704606223493784199198380130993928023652274191986054264249711792282
050370537587427136667271485530946080779629080935838546546834984036
355521684570343035006341023502853487766353047125068844087232667590
565579334784591133212607890192869809935963677578312895726970428837
993551303926951240589199844906046319277629905646039476875652776188
987807508202115485364253791970754729071126344281360599281191735709
921525555198027605603718090518902071857735055523271391396250159427
253930237186445017661783595005367424528353346296600400846807272853
318083527248634331602064968738739216160955927770747209186383619128
575571939484457227933909841306594059996512638479997333289827244713
523630011731945879729854695574966414860678319364121215726453407658
070668960253185401478248747972806312019166738072237763920872324754
210132174021931705246883119566130365670703052191237861779392569076
272238477050523927062222837494238143061034403779823821088774143963
139015107082031275456607954643371353459928062871969469725559248762
340560859976025423380535602919869909560761373682770704428667046412
247405699674920985983836128293650677449802452216780957009937928110
107393230867893546477556514877507479466500875692695049132556126428
060059883949951551625764082779816057275574439612018147497800451321
782129786374375109974767337631313444066932216989790648141522459605
796036374929385390580458098260355681952893952216695741564220430366
437229914696760438644194213013675900169324226934913049246702707782
481845523113461103453489273315060001230285383342303638247155025551
368745632166936656044414642455569818231927411945082796887046941767
029660195074502498516529806186805463813475251438433278991996092710
858122008935766222569799359869922149925464717682101276519959597824
700501422174754586194296039239459092882841814687748419136141898738
281264835534324101696493465526295345563461708335109501680694022867
505677634457147413217775167306207782187706492244447520828000983425
570457784919191688417677178688630332126895491976457394075370098837
140048702542926032963877928754377069560437339990100294852638150032
628997285511301036985819326744885052228421918054554082277475276074
653898905064374798169834717774907610376006282890619457639678129928
802002759672944986154770652047321954189029670858378060569502688599
152022861683177931813811133700846648282316429401940350166748929939
240870575647942513199958612783309735265384335938416752475309684246
977819186243437711155992528282731329513697878214074254516312686452
327578082174391542146889435909773181565802205796404419421225370147
991892788537903377743287340955117413783520191979152796500139386884
855693747482161292716729572785638473863246938584052924674904022413
438951883238010793146018342916216331965737001597942739004500063841
651314517655908597002647003221302219852249741391577952987929096349
728985117601811374469220942531031313834496135599318178835441647145
038785547166597698246724797440311660606198912250415690904476466245
712836382061667427564702775968974627841810514767013580425903857530
620365729378401649166948271359285692735430676917886700049220273231
626404070255027956209349621622733861948681106084493589560178708588
313384417288763890931537407240007280253256276428402648656501968697
974430425922584958047417922792534005525247449502340839265617239093
094230060936630323480202108678868089659181684792736833014327146956
844570493654212738523641976274894176037602975201615359389448762202
357391354683427259462829509057651431942095955160726127413535983319
184123578419642134288725668738970843831141046585600376882203246308
656515410799296469046577706523795053459602461494020615605448430643
787299452582262636091970063423456958121081018804294851368286739852
132534519851986806527920161753896561841182522425296893463498323878

6265738322488214671822123921614521633252756700170428939905246548 25
8777851241251856125788689455531665497546430475350319035590232143812
8581792753398401246082389071705460583596058677199021834652830571 86
8277510762506653709452988830211962730293185889270847570148568998 52
9665057338471038620599638943209413359577964476992214153786551124 64
8537943925407362192752468482382849973125718645765551508695824151 34
9798157017437827336637993430650906064980929838630333539425021822 56
6381273209743546622445887643499407355388635877067206336811113229 42
2983654052688215612702459628857235482642183145461433191254583311 81
2559791473648401291468622198673758189771951882327852080933278280 52
8503438813801952845546505139324690269115602676843585443935076285 66
7261266508394535898309320803700107893243658291550801322381298871 46
4809135644029247125244100245252544508023246157822063586871671105 56
9328543801624683461967492375522775131051001267760576438799157199 48
5970651760213891464063173502233846434583948354350279819027287973 03
2028508468840198759498703781461796686462875466703998963042483342 25
4904924467013293924725832362315311997123989446217658842719338254 66
6216103821400699023027742644385714175745879439789795948158049729 05
9777726218748279191542139015671040424987960383839873080715504253 03
9320113817262336691434188476626755032586344926729416355440616416 05
8126006897850489024654095367384485080441994812315226437778358928 01
0770528723579813191764225440790262977522329943162440568228240489 79
5858620420959030167530770098412550414395173705772057555508175512 60
1790181200735133417723724762208120008604407951239514265989643403 76
4245060829599666156088903857106846402914127173765715134887944642 68
9107694108953101190999299956309309050352227772332629147014017864 45
1463531187383784955438825008569273087839474528749201768864473117 83
1041101991600631498818929990610152778168708421621381839557079184 05
1198067597769599875313775772688789108864591654468983133474235479 29
8051910921514683071632385535103872718754467670829529749053459537 65
2593192516594514793368506381679734786636883270789543959667729832 70
9668006279053959998294577731682383260738801806541025146172162886 78
8358706619093677297966422255933690824586710321214530157614065638 48
8320462046551157310033106271776366327253551051140113729479742423 41
7996595373489421421400236584408113388319761752550589009245453137 75
6058842247628652387606272469903021267047078094512414716294955702 70
4018998666632017984230055070084407533279625699917718765426525703 31
2549513970864944719145272944883050946018415295562514740409525798 00
9901463383797769021293940853102488561567350606338634923684489507 52
8233401007520258283062071137190594267815521410921860570542096103 07
1329372555368225794735587462567776516453310929822876028379225930 25
1318516581337706052092108657561743012334289084699223497351511631 42
1745254267139789248050025172232090821245741107761163535916860465 23
7641185208310455600513909589498730970708723111425470231216733203 81
0854809201787391487934488837268545689214877830390016547741762281 26
0580728355415331369007931396300063769702007625350507261233441510 11
1428070936819402236989991308247424654012701940113222999932048332 87
4671355383494579635836899288623290439722584493817107725905803949 71
6259506636916042428812825483869715966530554742543545597343320165 01
7471694261408641380380466595322388060995968930493981398914417781 08
0440177680412631187307038032840781365152378659505510087403583849 73
7817232100166230527219947879907436057423140992833458661530302659 10
8802848943882627192860592688546252611811506554314391860473863832 01
4952014199240165101739767409226043254842945659258581776899771652 02
6749864198907493364258824303008229914088423037033492000321094764 23
5749370825153883596128554028571511999684121309513297601060622384 46
7853304303605283324594771517521109132184692968901359920399067517 46
6637717540893162635269159223166758528381513309573351829442340194 85
7599928875715896113735250073352994468645177277810729355506620011 16
6278640684583474212201535461842745627781395631003503800901852220 39

972627590546827269914375360065865512634531653422399403325698761990
327001829322904538021646980531553098829533761896730953445713037712
859925458180227261374655690582259578692098980461167400939173233575
445142418155942790416484050121752751116222484137648793952894876891
106208346787576323688199506508172349368185004920139539693115045084
063183316979565001151633008378271107497728604641519331149777186200
581721183571765889164635570184488733065674121671104599185285061221
968011073225482951877407666997960230384720072533276005946786952679
051431952573547714111157306283794871723879901011073719703379511138
790244228576611951347093824055168672986987094588552809896555090500
583947977681636213599589645466936774116795236559330196254317145982
816376377348304158535288710628200928673451317867057905586242287769
770380335867189664400760452105077801090263740143632780046286289324
312169848956969268126996557009611629781048808333226401158444986578
869198915511649877595008201165471079495476162725359744314069895014
347915521487018052440688805318244505486151055750824583348306015305
152714103401346158717620493273768228117936382237726367695089960600
576457607434908380867249533034011936473642216403187735017426283830
918160337130530819470054814566633422929439437912961361179742997959
789822201838204339375151390081879567578084988196711699577981480046
861111020299855976962841938868761232745152462773308044657336954636
549384040081977760970663913237654253918686820356685427661932684390
288591996788147248350231950588774756415910641899124069125309416312
561954109543530881464234340833160970495044930981167353983129373553
934118732008867086710676292802662313136660983836430756156824337100
324761286608742139189356752130595062633620498264655008206650187746
333184048109653726939935499250846093222363891818790058724923861078
321577979026003556222664391725444460628932945945429583100156730055
075437247426211846516371207702459968277475890212707746082328108777
465643762205089221176286259492333732230679917615024643599135638162
060740858439742513315938986338310272411438507532080538973380115912
508795623407291394530386270706817801468194772402893961722164417584
863020451648879583761092985067605371677640104122787817955001823319
726057461761188377946845473203989183811701977866220808018101648347
143140329254503142495220082111433074466401362422531925987509157512
173913243296534940120953928653470846315882150495516801442870649484
831563843727263048169479579203556684457786382972288953534411852061
006954504177044547449259708669886360993447006199388647273449927912
722231658528362329253648259342107355249952854844231273220467471078
064243669958423852863743227324420182834397340003224185901923803059
005872229289610551499388306141350064936910473902129154397749453605
108064872080131190490223110707230770624283391952893722091148778390
879044959631522298968270822053048965601639594558607553522222159573
834959609286492041366112049876816520941632691258940484528222903607
027727550910423476071510260847037204995330735661652016080315883563
879622431208900709419217345047787877409407146870679225942590522751
818094928229533182148904042084393337728589025366508426327725814394
860195937648754924471152085966166588308595533616071705852042479775
057905952120494899134627373339351797353749095540180502086242529471
556100879915414706965354572999224070932580384255389746776351480895
187698836463589425494284220731203645100502716078039833613170002276
335732205805047209990128777689353375985741664585200763921687804857
367539294950338409822939797065831425555392829591922969806877722796
639729390777908217851732476108735564189670849418232302926913249449
13403757697788000085212068994885195011870424308197047677656477051
666007382064988485717104832272345711925918065271167048969229098580
751536275170955052842903922436500482488074481318574364656698445218
053666467548379873567916422013296190351708641479733715775410615161
742404449579958031556111579103087313472099035301894999465821929921
964771056882282986141014201946390542328584438171240836332265624325

1238385947763567301206764410850147539814463428593104949686936382 64
0046416259646951490319611104854477591917065843927067602400311452 12
7176470833320094175688738759477706324099809206846305347743324194 52
2002176300046622820238082778041977949338939188985224408550686669 09
8726150999343275594219513614894603275485400282474638185574303867 22
4848145712041289402200141526884770962461222114999228876439191910 89
9400076450042673636033595644644270818978527417707745133958409576 04
4621143276559892571212464070497606068894752177888846753657731308 88
4831704130847083028117792594667012087718412865941990187787509632 00
2811023755143635612304865546153298828299904617451774858147760123 13
3434173138771090557709367065736550203175790043067229303144502419 91
9774280967622124251992863274025837040075297281743548041063934506 37
3267506843468818388748332354112166341880424123303403490967577941 65
3779084125868798288610323527885733215533815198830588045853153469 04
3130898096369406641813704154859314966671159813089944082545715355 23
0065250822849617287239674650825190045324558235748687720066747949 71
2163602820852354302783865361171124532148648794241321331700852315 43
3727746076806637669961889512288049108911176595515736498473886069 52
4716684752375144641521336548924672761225853936148416514385818691 73
8416754348278131766314291169378556461817166096634029127205365302 54
4476383065335504511464152247086512121312900999001968151695921524 30
3910229496964390635521990651394321630365345397471515735014459156 09
7003147953738250722286432679118022285454450510066868382649729074 81
3258480871020887495051426964293739258136771841690654521561087615 73
7802053527958004468491361369174682537172803536784350361890124577 77
5833864677004871875515418115037141294549114272696877208861952903 11
0006521480604793894304261211250474636222567539347681922221920063 51
6876682582150682798801607357061108055578616867049474864042027000 61
4400977944187614785497645823956249805444955125709106402708323908 14
4600925117778765206380393713571176447632922162141265648373947107 45
1322905073720554233262086352301211192300993282164753643692379063 25
0335682531355433034789629153304492311538091995755532944987052801 90
3351167407527636655981472206121804385730030729787921735685000125 62
3318067425988724010996896981385239730619195592833694861190323949 25
3594415836595816138391218541195151992655070437222451106336712668 96
2567275866773882387907913364509386511722013962859447865442962183 26
6784517002027818884192400936490366272357443728744856331087287895 845
8482352508201562742207923922033920450828194622615291844607061975 82
2852133877969632367864013313041099556453747740645777576849035137 91
6732532182650044015006462416364046311782779660535756676037161374 42
0266916172189142991639230484973825428942219985454786894825670545 77
1208306069664015175470113984382899319336352288857298115482869135 96
0324285116362192220766798190063884048427152608659071553704971859 33
5226057118104150457934735396327639988723256063689608410315441364 21
4878261192854183849957430442768683851459149189187424006619028314 47
9859226445963347995310286302780183115008930007657628088707768885 56
6711361061861689962499638799370291136195006215509591002663942980 58
4231778964965066275652978344151497338825523633644652036220132162 80
3213500493619597507026917278323701383715764323028881013296332873 93
8245738746245096895082238330844176192408476051027246860191447430 39
1510803777481923871052911279590551749882293907551274408036416932 82
9212553780088491928702854675425466697357397053653624540072223989 56
2013067604811339156349727760567144964090640451148094824868511796 21
6404428068971957629753562236181688850027285694336528800131844121 21
4112389838519527851194814679016652840688382186958683066129590397 74
5990561487036122898098411382006158591424712862298600417189064530 10
0820327940885803857608905122698760086424606482694850486186296517 22
1848751835565288146631275237687067466752691724416729735456956733 16
6771849284394313859957738504850610973138057829209449944463239430 60
6875958119003860261904921098398719699336474633114066294511147152 05

569480402798735824309185973826397713404114160166237752693577223614
775634790555275216648241460998148628132876631187524107417432987436
275385045777742542057576627393156984043856772914383783590182351736
877088048034374286323665907452288539522835778681347219537660500846
861989626330050330936040997822291481514752577183795281384891568049
192181238360412271358296116497247108026125459205952486511422783391
156497546662744867185218756181629471196471380668777153608541786941
838614660748536539552580901696623778000065583681884719769824445873
229844530886990299337887795265719728089915979394193436752271866343
782907936824440320624639601866990497231903150243625040813055353383
065316109237895273339143697925936907286974042623404247587033791700
221492583435241015718645398347845451758922412361367352913626017121
554410849303321644230075969711058854695869571172632037985137192940
144871195015371587916332125383079389694412746892273986101183720851
428693197150286469098732848172073873815201591163794512301010196666
203644541295629190355481051912534387131600152412478550452245480417
085800974416436084037596380188386074895352662695035328164809681679
448801761593992935630643145711148351667475654627759421672537822961
337952004829042288165999567050760734870429085908499684909529491046
326851763652246317013487998937688779842092948512962785230159883015
336126834299177661463925494770519302050031055605493677633916328395
389557886997769714313544610132496189019170570120182066702116577665
414605136853434511733028437410975267518355759247185151889091689894
865760416453321241702808114846759077301327254794609415509728678967
187961801220443350296879621964404832788637996040983882536293823039
583969837394961017123582184217743974270364691125810751594526635546
467514367886879782290229559947715764306712652597185561511035747661
042096417841247683015840339793601121187811200823174503714075700409
271083743540108919934594983756706127409717699213954110952101250839
813654956204515024366843113398973858736113065124745242321542571509
170983114140086026489053937071277441244066907683167085424057300361
178690524323205442682356865003270303065015077480473870024026729241
448002051530677327019111454898739634929248920628971290478304492685
380028314875358105997056148380692737300968661098886378902955732473
773218392968237265964099999476679557605307182161869394599277816445
253696965812245009356458994432191727916867639855789253996966098824
872270586902492001784902712148635395532805946828846993357856689685
299143803410528336938389808106541631250749494609447408886469083652
165710685290293790114001017104187582043926198243372615611135685841
730762865206310031274971446997819103881992609016646179754069102972
565847469045071925244946583352764174639951788616905673265931633412
458545178258082449007188501785142887176672083115995559292672621178
256119044595069348961757228325071147520441276776575050868936709803
366686786798668095854516356450456700098282130467124423758025533584
949678345502763107561618567611024200622908622178680112434591564775
661362731079617325234681409070011050097945863457244190266200577367
179046123274420853797609726268687700946422725868500716364595723606
381633847494349975206543190488268758253505156910742713458684179456
955827177098027528168620203131954435974916468654922876308046662143
131853417398650352264519025805451724237931971335479894431301843024
011898085682842876356115113592545051759006609029317534197237037316
626763104552677057284108266195395396768023500467639232238198895390
409926916785915668921976462053713869576979999088841317689151137434
627023755761356023595321292951339330688041066225809559753015227590
711430726120998040611204959544702529022458298103260460366610790784
614562477180721220945378224379608920847836988153399857843835847623
311114552944993163589565451707434941008645637568236524522552890279
717199986729963816213783471325388298076612871462553478352971463013
937978843229852958454395196768038647708119996215817080944398958038
250707113582707983347809856610300809248363340106643785171705008672

8560572566582490063038166592502760359401420724325335032907153406437
7209910495544172192961728518931878766754091358771099753068394228327
961708480658343497111814009227825302615934813947551736035584089426
644749330958461998620681292484299900690495309560199167359270034227
705807777257942989192483507500026253575382687483236342276724808711
441393032576445162636301415773729913585526476183106154750550543500
397887915345327702159604456635703067706610019201793214017147969716
738469733339707056058598922830925312952649427953618367607928799401
770860176084753039347911247886123969453298233627503274176462432178
205058631210032808102535309052281121335769067348278937719290836686
403502827994706248624768867044020859538534724137046928259372275289
596415597499167757872687009614379339091219386991136301973189710945
603730161110976662442440018178065055572462339859256865538611682612
704334070095180088689713989492131948076545616095446512264314966934
969743616983961687411240926925087916495101225186752483635616057123
486384689279645666764984846476716504656126699086548540370528105028
232541582319648245828614979004180345759695865716578935991202692404
754468625626567071441627711432070572623204570586425486485386428718
325923588272100501781925910321862102525429061064196493219738482292
467214508802767736310025106146589875281845672592050079006099263317
935029302633914975478998055915983874072282012111603184744607313092
642236057201406831874074143684735669302813859684496367816355466904
575253185482659911617918864750699221326838807888021781507987526270
959165282807676731436874076260554027715833284666790562252441503160
456864894181125999979503530707283995418800406218376904052860463782
206835537443655485694778361506263598993634787027909030997462772184
241100176482159012705671182087668782275764676994285411305424284697
967712936556371908112434752499188941044238998876558149098163133828
344398678830561422069948656437056345681695102097143423812653705290
231148917416269759846890675493815136882312553178553493746115050458
035667819443184768513482917267953046515495980756411689982379368626
545225447682319382165559881689756544989847223360804023621521263789
857002732047970983507338475588088526560046011136366410695357973449
086862143285777692977138838668754917368355359148530578245719109983
029831395137570525256209580954017897695413946151720261764966079521
063305486458118903323277535560804209288079548131044308314254117564
693796449370088051788439064650598699529934562288497813679005684246
906689823480376722839141414639383441970505255527456615243070311689
399586409521846800689011361913009089342682782883757056395195330125
180182350049293106972725805703196643197756434141864919570951944115
202257960157942174332998712495398481643215884016823180156768220588
903344340576906238372620605419470830269886808831940015177925067757
175174593722384717722050820930704159311736220200038813060788840091
117739664188836733320446529646445934419768596428126244512562577886
323153831909565428679230834512402761688835965251028829254701745885
087785467432335413143581398900523422703880060771431783425266802996
652515958052673968256629757854112732459999634827193710570217727679
088300584907363364013164799368378780942754761608277906353980263547
708948992177734451897291008461649056912644584004920708308526064556
605541887941017689160277283372571529263391248090560002823379201775
264068935118044977919973237802038054845153464214411215740926117175
317752534252312656527895654799495249996613418668561137172657535761
612467563936363465852902198835935831392192491393418642454135934428
166038405794303405858305951612584120866417970404500557090151031427
979014579958567197456136453537244757325971762416221665609815477651
079243328459730350221418019104377848724061746812837199614628391664
253480309667240241178483790511869883383917902679307649564913279665
781977169564574759333133134262607748971367197005879051641105756086
803903926865826348706345405515763139861676381077414451225941285507
544942159529485739898630568471553514877119332279431038600662876069

707269223883921101042205418231418783870028474888838905667506331222
092051480787061361084283744060089044614667973715826272029111684229
324748247891789685877780597760941818644316340028850264536445513550
671213401188690785557499410205012020584369359438338431421187984966
957966712318296941911718158049435257952406018375850997934371130880
264021542881644344306720286303061244985371567180909678367412752020
111345413499839171117253538517021424306732100031441372887105544078
958247023764904752320309705960620761202742331730176569032003677492
694227330322757762751700794150691302352338229522938042374299195531
100137570087357404896049301491001310514828563869984292941736475578
552941533379493920244023171942716029023127159436936461304778015704
697510260615433560235322727132552378164940552536518894649839034517
885744396354358013434976027147384385511984781089286682294577257535
978429545434990952690776186980501260973242575667396516641860943350
384149618387370350938070380101695366304616092407294362211337355372
256317992452086818271670641961004506900017835172681539217865847481
240698829943944692847539212047696704008917516980044735013401137800
552105630498825434932067996417341838113208226066190871983360217148
256562393710727708004426030257864375469141406467379988133306274980
434048844433937285851420929071406931327851505346968127345232046363
566630091702633597632388614244380188240491008510158252293256556727
930099661715167571103702279090057724322645193485395815336762018043
079066346938595228276348528073739266954153406812865943469956911804
724376608938315621924386564103131340589115080721932867391688323814
944776071992081035475388423453896732654849684408063510671575237120
307503288768536916612388601773535400910880395892751210025497166
370797871866429220140145588245623424144670313230350128103244201632
163057653771387099052725968494087829811861525888492527218603289522
182402628298323270081763455612997145774658378547242967461824664384
902978653007763159379196442547839488282680655017633162340101463270
947259720188233353881335302545653904634831051730084970426153736764
062033013790647873873712146452555336583558282531298690853960026366
890725505682714100041735228984821717599940268074649141888703063814
711532964678955931808651223026636997204711317478634905277669414273
422723279580870002598280525801378538783200311808721509846232270743
162776152941280404273173876699769554819153808427735709328137376056
176693707288061211955806890081599398264876451200332178564869843209
063760256299992888973076124774122838326961611075164891522825064454
626830641722718033834317376581971246395144787832000935133331865522
233895566025164708101900224467477939875010877461626988940950281310
748569751286370900657719141437702967548562314383251595038525173136
644265502859810576418370704824060732078711770552954530969818351972
929411541825195835308336347495599789876319942510417438087738564230
771733254051976361123906352198949174390525500247755923939446107776
141318676550924068922230286443171562375620553253594758883418841103
183260566160857078012412132972749166000048992747414021583437012481
574191298877094711693311104113046464573198787106957011354876601684
723955558088729089717469122036925118972468059171125745739439114565
180610608056378653089578477353911887809522439697800184582364439544
824465655627892290237229846083255470549406822187880347317899183416
054026859967487218008132077885533824305278895252897097708026085078
817526844197474750300894424270027730324729381969579912766676269025
359762295246233268788313894840039368170446872185101395713247675408
223230437822817504981212218492381106072004410173724029200225719476
280314994515478334470303346453163731315274916269277287196580757976
562490296241213427394749494996058045828871922218243736016280861644
682942178448664330819416549098050350619393537344184449884818559504
965026322264508622520870983941795161372926156316664116379086259966
195848326953820640610268251704049489883857919242168650982917047583
952932601194431057299970094882000646282506414298088578461198438509

317434993315875405684618443087248169038284969445491491211283899174
426980355442566720592375940150852875841205623818670543118901668180
971789190221229351887427909219551551808886890313447708457777145492
835784529617248746573332043166606413022240780940992408614861966164
617915731781241135208581516991824554105441256762164334410701735120
323683692247023947522319864680946657670084414776271127818203706739
477302725271299203114384513520199463470898105814668173287078775610
244204807475308420410443016348726332678834504450244842310917755167
367076052841051752145229349324802842648388484690020994452862646418
420347221657095686434779811103662204260528403203412153418624039613
679265397630572391767808239419738793739699311857904544687873150027
991647682588517407844000561270342803131241594006256008060316896796
077526780558515844477375732040986866150895683261795987193471910824
256221882689002334105397189176036305647134218859359916610040431195
689986685470952963076078686347518088766821399004676927370948474866
326257852632299652649029047557265564262817106736122779326818851162
138242414638514198006184825602021620796477460122499966967228685245
060285138006176482634185967083763616017717878758478721135242571274
834527649231762646257436709226621130773355520568338605430705415874
024492900357561116555571699857931310006819332853800182877747232509
141158198505769545095128707200576522663427177149957535199423758520
108327557255910134198306611780920840327015963024197359149660681090
192953878864962912091547913184092762346231311444102527801585364435
130263119592438461455078334368713210905114872712309587577971222071
836071360236141627933630276200661513014317558424364472527128448286
083347674941120679990018473193190469613014178604322552671008309502
966151612339140072324812740694337484813194585701844194851954609071
396254069592655653623192382949857221286126450946391949541107269221
906175681772129328239509816329423697312472408434620676415165837242
952236930174326841387410209413223159043112309008559178089809863981
147242343125977273072587496545079884608503649403556360642136024636
725029758258821423970906963894751585219601005670875761743422200688
184018678289640797134211987989424200542623226391091608083282217206
238321815660095637661311507035253943137043847640671257073659863704
705747299557705633292492870667671578426397484164818987464420627326
291809186345695140821112621118307784231880550483902301823855961986
897258663753836854851880890027567239148796757475871447704496390596
664763884055513983208511051808694673344214696438893651987429294500
796357933677630658354791344094374984874917811052595293494608869603
961792375636352705682866323356938754782849604914955943558112337629
627949110896272845630669590312923738949873906464548234526530112459
709369166368198429401975703961105018093963707677695746134167365949
186840715979940977492129514475364355705104049071822680477534689219
219223966559889264013833854256494287750824045655818033979875280750
093213251659556264896843264720950845726942676196203246524253611380
812855410809861388993231752761000593682748189193057268792705270668
165094738441124135225224621640589669773776626694722306047925937658
904054510890872719669296026156460569223470830776597249422251734490
049588103258711734985129334074828896282286845140658705958220885463
566222379692684577270800624286247083910001271322746693291077595784
116055523253942755096006076083705334480806961357479866100345694290
504874288654158520571824749343029266450201290152285085761374552109
727391108825404901954679022537325594370109330222334353367924791554
865089056103150920105329770033114909933191441582540393767103856151
258970841315151528321798116250944078384463599269824851477998262383
671542281850696667162662017616097056709486112509359420925767250273
704083583389316097505678303544284000039700202864233335323800308367
275769471670632072715632881451354026654528053705616337565756556156
045683973582112723349302665713737615780888148416954606951892450897
761458277305644711560367234013737512391133422213509952010356177643

077090804473048268999177976468760034480364441486413463468999507845
551020302988863338483281810726992000889828571936841389153981116763
523701359960477679432735219462494183398303417727528719732165352397
478366615988300018701354800725499677948156412225073198207773749493
693405159261512147252409133124328535226609509917886242062147076181
444365168205906693702697284844303506025219140497755126145044657256
971231595797642958217968313207204976676286570471311714659716899414
141941558552792132916553410803586453942360439763461695335289846339
014437097710317188526335297860098669308669843526393418436970318857
439062865471068519080023824792265970669579691292282779776008111989
619170518765770471548040762342014690147470123007236720063747941465
248848800218697254454637056860047232674220196980822142277847213930
550996393066658835120573420953623270683351905374323509642416928024
349246375291319682400703838920994682079708205085530265060841729064
678943292489042266623714939148718520453336050928192722002667835450
900672192934483571874004864525843619500945520255338530150193608275
455081483677629431734666870183989663273687066717388978381705851435
561662657530589349283799568837156619051174693401985358752506727461
577175427929766541124306616885792146630482653762362917863634478732
060481168564451331963377597452108914206426210773371687162905791090
473783763999340317610132958656601786861508413202599439184688026600
919412070156736705275210446025424647662225537968562211299822221366
194969278051234613589388009378700644588895530093096780802205671222
911732449621946663360850150959491680911944318831887557272880726049
204842257269502347772736256681742643079240727324305549238831405486
394592952167346120593473310812267074435854430639051354861245846923
527729555959508163391240344880846155748316511028056596912604738220
096242987861895952287301938329285962799349844728509583416182154386
610869136544064259089115896981298974427147086063734408895081120792
563243439121604867098037269298223248558249957089431108637654840373
752138369775403725350930868402408318659218947543425465681993319202
869736416876380780559427264909405431860868835870623993038093248937
760639588088169278821723284010080077874468552849300953561681336987
821881319879609157078006065875120413681055150138991407216054540732
098424457112407869027529556371764996922732097345339032749384224697
177560429121963794004392913939936963834312381057271231601654623818
608034169377923236080648416685167008845800707990539901913898692886
788685012546791682529572979509077814007758372919595259230778985290
095374969314464885604201830724836681645348889006164184872131401761
979206738425388528296023984285540130893392381411757012080830155418
887191011712203543960412588136888048929394096629476679405622656481
939225363716863010600798228698905371847071955248636144245298398605
497226673813992712323269791352678194750815424751582595707182151747
793330838053854225259358687900112017697150694846872323977569602190
530277291344179895332845717225695951393984500808185505028461731209
346332389767439668678411629825366441222235054206323638997861301160
460642764252472119953879776525470989913875733370958754446068818103
330791592335169400268050996900920168136950287589393771494933112157
241590212362251549726987858042362441274878998655931459382697569314
305549817950653144186683273288195130275199567217538237057152252291
788997389839063017399172994785964732882451480573157662397274681272
069283546859972049158200654932142637378536537776577631054256491563
772800189810994441267947276921150956072802362828488060198203017705
573603550343134769074127602842407027856245018676049368092179666630
506285791925690321609215503829815738436504956833388199142037563207
628943768460247661039435202294481010140411684096352222244652669840
429640253001700640703723317193522076178313500357425684523102015448
618474112946240496328898364055154538023000657624314766841533398052
677981987237595528463455943508759753081225407831152856459138266985
406198907598592026853727923008414753034616218457484881555487518028

075008701148602056630051107952626218165099970462460938200305624610
355311040342287433668786969896589571460526360133947402955027742886
004823589976160326074985704712218455866713227141006978846958171262
714993858982858592146253686919607865356133568450075766467433310863
247115800710250863570422004275510279692222982886795051603903278422
738873811183032977329682416042683236925334343948056151302774756556
422435386312834139392655972966202638496945337587293946902596287388
740148807094633806597996983165111929088025119256028581730499108412
164179968432523640204120266603390613564414013138932212028730629445
326131983133356541252058211952929321494053648823003371378130699337
526267525734272054718259851934397122847549742322825404076626173085
591797748712629887002266741047470611468698028702735148198879330690
780405185216982872231913175583775553832930641934332767058711857276
687145649647500467923706677199070691387000871163039442974822989518
150941074191583828498300089051563374997092344581268411890557203901
380937449267263259914733455221666514058384741593179377470138831092
920729725748072689274863625450102261803654579949694183630518520334
858306138860891537475768145068904830504743231041756725444567867754
056535324624426384501125401588113376287922791445769993245490207100
571938902433231581806774444726672317664560768234838627921390923872
430415110888337404826020756447675776852313457857843464984582933624
074648014159794645214350928554441465662367260070571074429471480899
305462524615053954667294574547752230988593834922732118140121819937
289727478363913024222954228322658127299397886975817429336440054623
339798479236619185224022625456201012629622742562381753005177632863
755395427686041957675848786829356580164847516468108506725307386935
018654431860678211748070671023860613289732571244782397944323926851
468558707175932678693358768547160344896167761171634129966733645058
979211075460183012363336069114496418838793412184219493537874996652
379751539176305915964610347152121465642747239185396502131632591123
081652835029486819565713588747677239629019169319916776864587305875
528874759709015918885841340231494453516371582046119392953865006309
019687811487252002463250058595509732656697594088092488527662674442
466726398494549409633358854494438550708277866043263766955889909423
392133453243745869236955358408441578541048678823088765914992585877
613493789393381723956612673264586058860998331302388177066929334834
048048944814411828434656375280816656029472988769848951911289727995
059763032773051776937678299759925957344752814862839444189362992099
002413580600242332685520325343646493589775270690343598809038877648
352811417289852206157665771897459969312690499427459585774890071501
771028005051021850874633374802818267238663761105936721215117891006
644603828092457244431417385808314417365876863724975750172418050556
481564588826944241362569737929225594590205061321039231722794686286
895619967419234007390131687938180418212831728509935919804705998908
531525506061112902960745527654160555432346261016708812851520318516
352330546845016309787686886251609553921820193843043220857880847407
848236511516852457920537636285830047248894990623220277150103893542
479206727218039032318085454935230021570322404830357516834614195045
183770461312945022064049232543372082330956689578982080018613350050
687537855173898229608645792613460122933642789412934723737724118347
105671994749881325566302417485511254461353073138250801775959002057
552568829353541033294058247633459548911914800263059411228562902099
198297089226752024511822200112557157924073365057461275883823812394
802411040449071889793901792134917798575028751711212449707103662889
052674505062509392601996539954670766856145659300467217310496756990
455624866338937724735088968724553086783819397974149839080870071248
444061484882489613102697330738591249879037418706260010514215839040
887612370365371352029294878765054888518285342824841003839855366231
337645767092370447705443448028249088623220965866449859194336311920
583162054531014457848223373995095568172734145085035650280593064829

2718529747212853238817532400077625654889901114846834623218046070717582378163621157379393336563514361265578824300183870597868274534862241033127098248694442254632051824297733063193782880524736277279010236575158387770445736380232431010591330252239746032544228425304763924993687412259412525344274571914357904261985598032355410755517179602225731007940379296322417785536177805088049496315873832128675554297068865951555521682850849181846715119760879072356978603646204109197206493004123150188837770458311397629187009238052681820978751665089521199378270494551399204447989433788484231222487627259892997895482574664348575579264603758622423085401606220231239583793967906186082020738486233385006386037167953946412827981719113119614782167000830808950785445813266954818166386256950925231648219178221346241417591335437979028341423778353888920595668461979810523192825766529383288091196687610481858896454424402205427489691120693335345523517307201395279545216123690563455727025608582660648538391808817916070760661386419533907534631042316314346145514954683921525457176523017627907134670298964119348104686248731091290588286930561548550109865716994317948320400204615028922428325398720403509193836454205680657981934923777973992361643392328441222912416131023681238412309400859555943921238902610148002411843673257218566928685211711743895773556713694403655341882663032196737122047784613967242423934382065575710146521083904110580254990574309270936597181213253729453276129255716033811599327295120079560078112053314636112722208931150147192517953524282097046383536281323733050395799214257143099602033906880057835187398188931411813030607371891553698731169760498551140763775109513049911398393241826775067861293093343419446004710929787141898483801103110274188437832920482839062201145924541976522126891453178721214513312677987845560445615959524975452985753522215468171489841451113842508141055013085489623424362849791041944000953541984782940988043650418337571950530816933625465486685067659486021084403208883697917857456235888145994833927128325817566478148930763018318845031751877025433815121721747380864741836917805118542713928305925515203696154426557927433409517408790292846894847675128182899369369638005209662580963095224478411416233470638867515420150413175353850008132877162808104700188346896555554432576568037656735020267265299682668844678106657495635099985961788943244307515831054977176345323806390582047731811620890740012401492008019238695449202136793024258024646517698310567148501978569587399755567875029661732867079490827566132163830257936527271172357649371977298818387650160046960198076260717297338719586498709909968724717494761114101478259018801182453610215220422049819761816353003398859997872605603757975986803073314752247564007571518792201644858905540902200692157100677635924985723995527632014441216849154357780055265954849998512479780901999090881425545314201117411693915483314820573828041454362718046468662629137358234966482875220896995836290036596212940685485088790079706097153615049303070971447935664014903112055308082409502443841987582416470860586489907394068754413110174450351946487233176746260249006611578886109716268850323904256421665793019714233077714453553878628432514336021250189909452614454005268521377177876674943223919259355906514401227995323657387859633667188679821005112248481754029247501366950050475967084418012637345880106622530400185066981810971904908813022918728763660112598163407302581325662620787942939377308834058169822940480343932468067552000853043214053837036811967449736426643299033781535255022524682542776448272604906490826977213886983755924420723772857806701948407548250245903136671777876794582809712007470914103345397923040702124704789597241630631679390426246365331538246802784629998492955829706777036736178091274486510961319478375542147347260977852214220697744173339302375889154517446218414658881740633219251066399862636936880015612905397748917869227522718660000064868860694384334169568976191047931550407379069948054142393140342772120564176101918465198310

622755248470937887500888830317863573072829187673035632713538749271
862784783688027045784857087073472818436550765235117062567559404561
475108174628886513889489019616918735866440178911396503312482862821
277323414956625703814366703949649642201742696525412503138667154925
779242582471839304062211931552939524729565961088349107731184650661
085378223722765072330072986433681676406634827126596611335519405462
150242795988260339343777851368966589207774770380912306198797675448
538884934886151790229895133551513178169447938984480551016044753872
934602081056423999956531329438181181794916820664342298614174888862
468891091040157838357890464703385062422545091526178581720960154959
041901980817249863332365323996203529983358128818444003123166844128
209215710365003177932767165548592678876429119443885218233896509449
510829929260775654351813998833350031659441874901573825151534911730
252921091190759492242574830715970710339463947729017711117954838753
245430821919571097116313655851113361677992674500225456746172702619
265822809693016765263536797856218150440685524250206327743120789245
928073083160954493228199057876042271412546989922037225580941931329
073979529846907496688497302828612768342445094025419733427838637133
216298271886802877048859039816542665131221746650688390343880540662
876132415147364980113225683524539644591778808774654570209538890575
598696204337257885828876643040148602881347856677752231677008528156
703135170869936872283959797761427043044338753674046103409626598140
079595373380376608206680710192988098346461125352172626474614809062
450843560918326623328614765717887367070432644964237558311181086135
320630452731355013389325846980396507589459952787098686773661665652
729409662709536189923808343523250645354065363667008123808431421291
608489392606475750424360773370076978010486226866973272061313087712
428838079513682325960493546269875478506976087090621394446709870504
353997170682855777324556183385967258415295843880954100363797690748
326392232269676310863039981067968923416082594660541196578250833791
005176430719600669142267780803108635894954912666019682168984872798
099736518826787773105328505919123036083903834063911136575293847387
327396475869511903909612921446578009656278230854852576498319237213
841985818804914914081220298366647625638953591530954244210238114009
422010543587336021765607515378419898361830584080950957923288723131
448256881159002930870419488419522251557714253601969600071163474474
393500568456344376900335741760282554910888521532392506087844859788
167278966902631720010672064720740459424890050807628233972035138346
041011685589515018945459228325869990993583184838883333495905712543
219713999285566983682627054269275987881498938895553277521957161988
467584092669237122724294525243982523836417638668895023936487670293
181515076725859767848492337458449430892319353106512504708445945982
293233904494552069195194753050359746278833569846132022212993897490
693428402335529626356027699332292725089430202063972785105589058443
007897205048804412923489474672886783891502622888529128742952750435
565020962942247367934640352551269544793314931432012374843865246657
866338104602907702516740675225470354471781686148529224587986189617
232446589528197151406141012192732756948471047837285769460924518169
168799535580404984124110491975743929251100959314280976592191588701
463865514029775960129535847007686116829226443748883090358961861126
606849828180729560094573218650739506343957012535482591503536895771
466916509576445043362651251199168204088534882183992149037468832063
892195839677180721260732788561951313557657524341345366570848659341
598443546453769453590903140796550810660494682247214518383466501317
890674110392803618900144192600451772699029465191226253027545038060
324885188360479364632249905482580495776019740854482383090288704159
731204703163934836548926547230251529080407727077303618518251961201
662424935513390875866910423295025219622274262425667159298289304043
119006795704120100840947826597883650327603103028484313256421105347
720758350314603861753293827376171032952138127566993973744418533716

325063558390500476440504318465550507304089903892699362886204694026
958443150631088978643382529879170065955281987833755417779176288761
977750252490672963806218479450140143711027157594365404088338258179
644194308333085998477598891768522529027457842168969003684371389240
369032563217458039652881882758186777509035040778567728215280374417
828553924639303017935575994696195281418099816035856227245541275974
536963753619557098053523451326657464468262355483975934275684583454
305809159838250894738928769210297688742998711895415173204358065191
585613271735168111490983541922118283470365728867448815599802621633
472873434300014617603878659001368802558127766026346001449208170959
073372666103607362423085988438525246934735966099379697569178349256
036933896156460246531209080086702727847741561036000878975336766394
492456229509234066383358361325146393239122021141047583736381538827
391201590659474884818049489836365636223485421468944007752508002307
778637642480862819102818203471183174373034933442617797543695377194
812821564298546505610964355938031147766430355133888829485169813786
387513074991074046317672875953236553329126594764048735628441175079
713904740055133239389619555128569785980204776976005252060680548352
054715812429473628012190883115120816936817092279617805040894557835
991309347632280801514996988913569688136111051402341987841705950776
564048246311888590148083377611155237681938306357143194096425742267
143549818473954077948135087788954885441300133174612510004307332540
107531424253624326777980106057834007304622567359488688561912669235
601232984355772650000647431975147022267052828038895005700215205390
805702685168817909665359775812636888591476941979748297001132585765
878572669679968003208967718995220502920349071802140169102005628654
772960086926380272911146940147119550677284396877248732715812748042
859781030245051328997441075754153570752061036910290943137069230002
758489532125119784688464230106804490373289192260583773886130912107
117705877528703187465304552555815403887856524173249573697748876076
701195049289418324591821807077006224950287899840599660972843531403
320074981937074803208342455636186316599741500158189254372358414756
584357119349433485975635464919175251174560830819180438633576468307
192414107500409488685010605996185014204586165368969551147587396066
060761951716262525023678143505929992743236542178715953380317592362
788987829491326901896017961588736995835363153030503048325861920935
222145942082074130397798738379090640621247797034395114163048800821
786819413639283924963789204424567103999952897567048617902880627342
384547397844728193551281160733812632791742199283209721893969611128
149769722842643702754075034764079013453331331324564963028811571355
381128154995238826309068009825704032522248214189545731194710504933
927455593513204206562153689294936646864090563109585365986127655029
652850490850254774598215669295127371133217455907531571802909943258
834053869948164099672325312246083210899317524899234438119482066431
676943205728014253352052621878287214890835065610874192721644374574
088327016759943094565014599538832556482404066112833332293469447382
298147582021317975355055545776242963255122256361396446854997894034
439749368161016591941235650173277012122574966526646311730711573483
666997513141825911584614328108578758134217376132983820767519555975
541957172396642226764547465200211986278228782024036452599026354617
705964647041183230009657954902487137117915631899562108167542835268
880911798918327001510089430933502265509880417268148908812291287082
952109766415444761833098113691278977477122980202133212746589852634
671926624555388319277144999140834101059524872569030654767321855578
141002838442058890414682109669054337555206532913423204111494441007
724598556415289012162258426352551147078595553213609880932895069644
837618776325259427108701314679076750276325987325766791190434282627
051475245364942311690421570359226975853210231171944589747868172321
561144409284498744812255972316167944415034458684482061781214268917
234825687477876627836168367743249408773244948988691063112600380478

8658181342462107208455447364215184728768745937138298428035092082752
2117689938459491096246243754536774918274654184673474592704974484255
4733962575419899408081139888096178870114520143244990958695292621404
2193397300316065173591893933235875413795465408213880912747306543545
5173566449093275849006172638897645842184591345904519770084034522596
9909618879193398402889543235627906082493689415463236116775294038267
8346235551942863309956512636968001156488804892946266193646523184348
0988345860273058541333874462705453538350203975715425221285252128219
8301302993326617904122269238706146828426457480684458555758248668871
2135025417309371260417969124276481319974611402653413800502024718139
9556939770266513648400947926201458975913818166904817723165938055051
2706907683977461845530991260231230083999798410760478293851415988781
7247984223909143764543073187654518909532650231094774263686363967951
6510279954330455019629951028984142909911558001888557617770337346741
4546784876147552509669944506590337393015003131608383205997298445701
3580164953993575687340656022199212181567045592086580305446081036531
6888051972130577603369779128213097605368580630079515176056476299641
1062473983496958999491685187097498944409345983593523263468128802591
8854253196513163595894431454200681572435605398018596809437149428651
5669441490034911155697973461530423686606894504700045389192164359451
6291222042045415548339781836115512898331262102507696743692985516831
2037854186774223763371695145553084726091429391925640068094877398781
7536390431328452109577870245721680367654253697556693376916893721591
6826427575374494974180054169944270856774686279433457412781934597501
8929237014499253445514353396620616846162869463188341163816873263561
6096684426618168508783583022017268272795159491962988946547141503001
6699417879085694450273240803777842715034138537355605050774296153831
7658200559422209594072775101931880464424558912948593645383784405011
5959209169180992093220851226729247492051440151722161097921221026911
5723023656934985512430923066030593657798502968717352913344997241621
9647348256737640787833029427750736521959651753951173284253848099931
4666697011854131164051894952655495008143931482664881444646402094071
8323539342361234953898624815016462628725140684415403232410303812921
1202843427583407715871458381042016886254561952959225028937503794381
2926040209740029765913066860659527553275106987944541433996555161941
9869209406591523820117276786661628344383124816662520388365762541261
6998454645663056269563005241453508164490795914799096477820024481301
2876707249446871007039715991137593470149710862440766515214719893301
6301860213050480860703451838006279564187122853624232806654123242591
2970910977002929721219947444262285433086841273379116269847520854821
3004156905721012202655469803567154815773525190469140430937889334071
9783576638924079458310538093398617146133213150026795797258189622901
5766151199162409991932632150599824681596120350861961621851409553831
5077370973816551296513520263189529392435623951453903175442236331301
6573901918412314589429905606842925375989779182457369869473304239361
9233735211154133584762038181426924586220681605170577372233329961191
2988887052130039696680004463367180969237088530503608758432040275571
5677296700500709344562921987559009851741611710104989587970844695211
9578481169471998915071084496263525467031605791774211693822077220931
2352600571823423623934394111679245840915260616864130025591430568111
1117797082777361518323078893856675090928097083693313274270041040191
0294614437259108134835491707410473230297562216932801692770491932891
3191411114908869724389042049221875825979970675643926559694021381141
6712898167295742804076468583369870354233990641206190892587349011661
4057030824007649122612850101872935100246046182225683153238261980691
9821183840107194822899896073720109075703401473266785003056258389981
0498071984977342319019174724659837227207421085576954325059034070331
4050482242226143087628088834201672994184495616288695892134723418571
7972108198054618158397333178314797813928850648258250881896576169711
7918714150170609154500399663989704484130921254691232004758442453751

1004184464771049347738441125798496196654994341689026437129512680056
2302820852708780439998811778775264384182314057616524661931188606690
4051324232395317331395144937095686946093074693141642761616609318559
7058895663525960237753074830431316525457281206579123672849821857553
4745553875476826027002266247481546710531782539114273717207458271665
0962764009915847504336343182654635440264040597328437116507225403326
5136655394981890509934793798198580697821865502181327039315360049881
5369763298650553658774363415217958775612451858034830994833708860225
4890915258282377983668348739557098706627632980572519218791453602885
5717737671378299615779605186852177462472797744589456125497437428331
9048153508095360334517620186222460126046248802268144890302086995540
5340681415438518493965990384591117458690409573581466833603032345564
4628063430524441222099497111347024145602396931181520775528928748878
9363961892837294870079331117133257969760228398317745577545861299931
1051810723969487657942820375588446207770717323413389041519555404664
7557632702765338010792659045019913999111486319557132221245993272998
5911849735013224173775276724983321615737118005690929970080181244471
8689665787726800545551153681979719882684807894522754243348703672231
8842103520350485308724115445938475496586200922220756979932033803669
3719701186206867854194952555633246609115865504217061767650666487772
0230673352128712295728646285932926867706130769255514137249340019227
6522485394327005956196410907039162084403283279898661939875924646776
8939114950318280834793998604665837250695021325692175649023887656615
2401852170122116212746858948178985028647447787288052235235682285520
3593722441279936637967428244839643780680849492301720946887777425518
6607959324537172908026139941096976765466340943127143436880658920669
9238896633992377814747893502809437366027590036462416130091873498559
5963428047847369567350496512427843588542222945033800113262003971558
4611455196041542091202354470533820147803874100072252486231838881993
7801921658210374416709758573537411340839395522857874706821842943774
5044891824751438878123345558634507762627021771657630862420917470050
0401708664012755923070392599025709615495474257433275765180189688833
8285495571322884859164029072281974743908432916254992336031309377225
9116244716487414226815761994432461605729560600777557271214775550028
2195708859876103086165269974345677368493453307531078550952036834421
5382026867636799048087551299768255483326900052195031300284825693668
8810115009007083340100905416054397050104488012412314251727926697780
9424662461608953113615416805309768800790622553127495864955698799991
8885362553006113245833548285750636948822557373040371925279780093224
0196575453942601949749977794696391673674187369879878250594371175506
1368451255835800714655979918322786715428353719341954906222489359556
2248723500159655159582036027828741745205135745484097432753825755552
1956807347778912724295252854753774163105437122739220305406631653994
6079295428011949722859868862620959705771365767457694642298585674404
0854993161468923354856786331441819221221368862997065403171115279779
2138934362829963788413277829395098920549556847867473011837384550556
1314781570541630118146051812583181526609932668565644749486427236611
1006399020153193412882598321073694949529160862702977939042236362551
5914082470343247036819246398275189526910227950314933730899837799927
9245439411604715911973315412320997178133722888601536303280053212883
4939228219427985955455416679258510853206403209848850627815661621448
8128466767270416201689843688069485991007452575301982376453842056604
7226797984563260150554934161892553326356677175294303411190187870556
8223554712015982950289360956336836118560837692702315069334026594423
0419562045967244077011364731694969106130497283217640846953353920664
8150058350182558510308549034880383374818319442188130958477422037769
5226471444172459939593411907054416363079721417685593828641120947716
5620194101307656939546975599640082976005354188661788231110201727715
5730225505952903350137402586928542771974669844636030298141183451883
2193293466211910497206119736836295670334194277916762383415463921666

558972067100211039085968668390528173719652781392134501547568786291
318332843345475807220124754674876828981892346880324971215786221858
465238181791603387622054450261053527730169177366478088241739088445
258913852404189170539301360562050253228909091314659975223046546496
264872705050427985635524999568943548465629053352838905240747682823
469442512422052432146049691151599502745119211568291361987775744299
750819945714978774047543664667121836718639985938647758480497379574
310313556106922648893323794188621034303009967129575625060330359032
217667494155356337239116889032366927392379605559478222318350257576
956904849957835534199270800453710290967308048719319218734905095783
279092933409790112305095355177878797425730259126615147330971950212
836644394579639594272143484791826563859652532019504389724159269468
392524242186038072871266166423738352176839344656894225000557581315
184030850597256194696235696507258485093481378292837221706822897942
641654257844542009284748645428513828372778381335135819408279535792
283988973991137735931487315643412685577389382827974403739403858089
054758537646920265681816610003762245923078253690283197605974266134
558262895200074717519866139348452285860670989229139860073767216427
450218418990687512821051640714206606389587802832431977581088443726
138355462961246061281033813110128147483064925001565512390649263760
563155724150594446447578971934930991026680957081484238104884185792
550051367684291351141125175793902226258740088453641633871277575302
581962372271590742555475734011936308352925466276945714811338665484
639021230369169058049540678417310559465918598303503065831399068316
976483876101199519366253613888976226616508466733759478466304203938
446589038464883472822845237953170699411613641081944696996724440746
928392364130567933923015291910836075357808954407226578423150840588
341954782356879973662184218680496876430753139516367036626375443913
518542939738639303504732241669528654384395492271047001209217380103
835760953115694497464875956857723939594612549508301794218645124976
069095855328481413039828332195744156994123083932663795175897709125
491779731184593992615345221399614109834910618405773674148244441335
724652915031005080446257502537452754598551539294860423302145828071
311737531913940893517121551804301704622055447973766966747893173096
271481780432052415373985016954090511688306812531486809043952323243
760231622525043883668986857066165306618190456852747466558716177265
851650734155065945175613667842590715951852649232661198941992769783
302883777941111750144741042290808902366083391940652111393237267613
597885389234282889008977305473363126803325171091298392614849700054
2686160299429609638488864440600491029455039665291702342363466065042
222960210987858800694421569857705366984484108686731050696302960906
193423160663874899001882894951256155911024044628205315937709684265
648034603378173148140538450449907592035509064459099090914452597256
714953028272645215273966122182604134614750102864922445726576575452
903240547143706012344312177520657776455271900115395334250541807539
121915059837985261573370516229544119703078887431739989145794825349
987158969437877343737675161566395464762435208186531597510366689707
775832838650575235805017140232362041820853877746798302950844233833
110374580653641907944749706284770654767948296218866925906821760067
313916066581607858328425138624683306260336679546791249223032388929
568772894761215153639603094062765311976690109113804874054937787515
860827573236354566858067490627165972159902992186708613896895137370
683173156800919554827792046505557777506688852118669297652110390778
318443369590672352028399996432396387686732036137916466867950311217
912679120494226863196952264941526031838460165370450925925788004244
059443494676228555085452556602069422687732189463339027671535820222
547033122347985668270282524598801234683953776355174689122536788123
818919954637844127033241873737633256130422332711844450749742422378
266197046104011122653275889557238498505763648049409248040111162770
871555279884079036125727883591241446081033368567697834958256973338

399561692398900085029353534299965740696377950214085190300644954777
473548411684055102877611086419856726622678722878593933583970287883
595451263588076265414634051480829780026991158114186054762951288199
430838665320484267405555510253322746134221993103619477720495243388
211785032250462292214245695555003313775842857102650520168844871279
318563741260727741141786989397154226727632286584861696775818739529
467092943452537335065005696013460731802577679099155134503484158398
467526505737423974714748125400935781953545973458470765007447097325
493931035952440878024276669846308426444638673638016286511939259851
334195630392655957116711230449799232117360684897591755826316223902
262248984622865793572796249103764038231040804819749428592702463212
739006905074988773173218854689364243894209649285664424617526423270
727279330815571558866484163195316141173690908132019027389528425154
996722430348902376328054372916139822725299083690889249738852299592
377545012678088732611954616362090049010456572723812186073402918544
779953528995921194551880521382956261774080412733037942090367807531
125676008042604950740619056487808050234373558916155389927465633076
200800996912907610063205373231269372796200739054334374622102589957
213978891909703175501973559378692404636111602720633833840903223989
418916722494065846038688359912725214200892792743098661635079572837
905143855138729527112983667896161918139486407368579422616671178599
051403823472914009009792249130249978704003805414564064290663790392
252304492171609589052028178161599011704358289134091358894393049509
659960511332429448250983651074985148901512823058472152580251850119
996729092301953415910466349751480976575854195444193866030102393289
408190947927848078304524045296572175086034722585941757724710712442
707798690720995580682225197899864793298473283077934323740885248180
241259936076280749955223104632199106829980811820415770202403786723
523630415869096428133036466253394949402426868625765918335222413541
020048878505699747168524067286575194342570625734736675473650312557
208374721707773173242611280307759065469239502290675828206127673498
471063519764466442716720938461560725568203791375209490395388168627
203084219274933011968906502185542429917425792226204508851936642892
877228775513009477364630006424109929900045932466773531374440548668
487587771578864754288251325710249958355230509904068164634131457314
484939386983313477742735215011666976795032349208702667063334267712
152648808795365929937351899242067225119480731326592334357720796452
977775486743842476892616068173391692812463591354946096450111565885
729253824469117197557285107865529845427871658302341211115530007466
352555048245234541048573187791003476233058840725783349844254988058
458762713484532692040225683831642322237097645471405091236413440636
195922050000387149001957833598078100859888605597284847911653207087
459343563080218716211148958962680089733082142060670637691930990581
223716105016338135993918359318713030449261801897108928204261003161
499659858596679590094337472123334438951788213921316896137345600884
721183405537041739088655022155389774248059789541723435365861490158
428369474900604308895256061113875543858496272691509108623975548059
013623804035826260053073574512487107741426347751250977397730939072
528233632100264802882297270641095201052883807867694620371563957604
766114500580804771764272878001313127741324430272340885129896856038
315246574743679823704601279075780608924227128322264403079900615323
141020797123800533820530512191173870930198385367908173470015597347
513283321602546122502724867125834953157390056206935329540235971715
394692464427438802759614864941292475277337413495071487803353778663
631185623061534867577670632549018682958003825878848517645563087087
772192083183889862253677915514040364912819332723464641041042088110
931260983961840185584637023543594672485749153090804859418312609672
994066748441944008425983217548033459861740020043137850828618329975
681776571031196315818659950490672379791787367219075156406534377644
763062170576698567087492270750280876724620422535389447414241343631

101664366396998808785733504534672454066921810426881156695438451339
19605697691307452133941219295087691112175255502502270789147173800
685423650303237374867787025583890598936305021008716646978571180516
617315670294795858844262719841035509462151000546726532666861744293
511621047567390241977309661472422087045241117074333885178666262283
897595052031288720189523544821739478219424439975899983500607804123
879219306567932572487287019768589246523250669611473973008800477104
433865437226884395682500885716481309468446127095654313955754758050
793514267563138193621702422973187848122776831895740704846233538362
165958684330857962853761603136764747847256586609266766292576087452
731246222355044158659706369989276817043499411681279792821296922692
766507086672448008802330978928203559308288859785353411978502118214
004684250546740254977141733336689523049168314443762977348272050599
618427960138243826409005405005054389956220325769403114107296693855
412386184534165135716337686204154882263119603753953515796511561579
168752008167453622412708438608227154950444416068767350715278673616
499068407910205043844601230826219496186924400308314293044784092563
11863207775126430594199549177170641308906867774638543917793819757
616446811106638932358361840915953211635978809063329517326102817101
486669486439611310171755365403322789044470100197631212341076463636
245830977326893259327741919571499244985596469761730467291526992474
055576981593496630773754704071040347974975517710849312135392429329
973675722029345975758802576403917756905121552802314521029313049965
333937302320092050540968566150405868034163793425219738612936589718
569331253741457848278270086059892165403956081731874297587191910693
275712179952087320826981863598460067276433876482068156113679122840
973794403556138714059739036867993047423692350310653421466641916361
401970239342325752694299027469339644081593015791879515442905334626
141049155315688450125585550009133220611127010184435006952174617306
595986416881093816304249760877061545783954493791871917977821405022
579049672212207781602380149238129400854632371404052972776933521421
226846185978211744358524205910970289419846246899952324223981655590
466771322876361960183848743194653729812296335274062864396104175916
247182063541974356857130071675436810628538358587361141488327923310
460061344514130864700024719564721679855282367690019636214043564985
333197688806488862002046177902558022709496834234610834925724753544
521339268873693931289850485958822328147510381188809460451439780369
235292336510900341393458467850412291741350494370619605866619482665
643182166566296456063733475093289553432517497273791362242708239356
455824432730660077315547130178084016931960752234418399227001189768
898484463505526607269164237837900804794161768433438322845853768413
811825116775638388925839402012061356744691967075752780470693445818
276915779568602324958841160289598378405115255979783881841029014784
762345089670289667288889647657977823069979881927088351349330445898
170864681797111283818200204419749911772154103420516542702703199984
663491469520761598650684885220316328732259038150648355010008451778
437545074361450592219424024187262824903563412652643119265503040632
025753660531509186269423040093331024829860919247004411577693505738
700428590486697364230705586127356402054048267764388090325802788508
769099480925732901733117165305467839238783985992084494944282354551
111075567141794156706197119864199564089819746965038359856000153776
319786594268470653207291301834658782449250781987830112350426129913
080412937786711714417436494170413095998427749615238523119521635415
716204185542617257732897542748964252455836900805206971989783405327
952496283264156934156139985728673098742262140288518128600190846032
317501333078074831236164178261380511779337144704148121189959190980
223746787772812890453035799593400567204305644044935478026963464639
719156600092636864217347411761939064145402317939063173828518903652
398629007099830986252248923437122606098581030409576388510924389509
763364947748584167476644141210442699677685198498165067537953954532

8708054990529826809162734102724026108419569462737591630570306936O4
9304955176029167714525673235033671309570781769610890255690131338 37
4511581734260872080919768962376158247232799696762659491769689035 00
0181087114738574349836409909279336945471815629034528700893317786 46
2600184845835027509394656574351979662469396278967133275300103362 16
7058028060203271745531773549327571281289722301694317565952958213 13
7736407650325824120958394227661748987572818484763028751860746198 15
9530914517767537614228781538324691582039685564713187068248641469 43
5543418642408986534022652979350425310530745564744585987765188270 85
8920942199651867033066055402432358530574124988971883964658269498 14
1403272968040098567409447220294441441026819291341109421874151328 28
7331079823292514506610782792101218010311197042776907694303544975 28
3057095089336353333318510969023890698062935716343038815074851498 98
2790171065936441270747611298518681777313704723445403745600286219 16
7913221365782707024079509967914180334821962558626695197436112488 46
5946582728765644989771594444211823492755174989682744838464215544 52
2543357771015711153126469088386801039213792718885796109842454401 76
0358927360092579861974341024609362898969559726019190217380700975 58
0237538083550621119923314740908846814351990335032977622554102622 47
6650244698571713535726528821856861123930221223530219051627735697 41
2863498354083903277354810508071163896557294476684579217411209448 40
1996556143553068983086120849486986451710667370769181572544604668 20
2820526485233586992499908059551927828814586941368229897692946966 65
7523038260343104885807605511708300919710119849253648072836156976 78
1877422150711037399536927661524524496535091003452889597770297427 78
8541533978588106607156894926213082779492654943621073456967878550 68
7385561133352065110009516722384444353315866717983535953576451196 68
0957452740004243401544004906266613796295747065274075783714609400 23
3265567720783707945010252698047934975995363121472488812065999504 47
3245405295694916113543765127592357126014280388914399713206284195 46
8196885884175292922668864426214340633843235449035871836990505347 09
4758449581539405452988391465186318150939736233214054509690894535 31
1623502316264542428788803218861917253625798092179692510697663155 34
8667212890255353427663211799541889440802311171241078910639117913 80
1116908415614710432641203243520194668781977732716307048851095190 04
3634508471386726771537892816556212509319933084617355227009185624 19
6261048152846404552681817698323603329448717990508744856244052584 66
7057078202967384386993693546543645644472300445362273752665314529 92
1962230988117645680676713978543791658473209504694430438488370771 86
5018432569270115171349496173698078242694080406450092250682393379 56
8371761215390570823858548291004571562854052309447709233679921158 48
8718861524422945904780396105235477529451843291821776470401267419 02
5562578477103968755033652996221448817935264058678133326215920913 49
0441894123125521539959779526570682574624076495486611392481467006 57
2277196024957345080584087022130787994543507255603602188951099248 37
0331300766185308525391274076920389698099676917560701484757577914 25
2713802209415938774884940496468312025721533555806488881999490244 91
2487443870269648190456178567151821532142145868896572634255779575 62
6527006292978459645061748964253000210922479818088894625167573273 50
0296771470503279987579899629127928746607578196479484752392035222 64
5594063126283248417539754817457010657092602259317232087409327491 40
0979781869702601437421478631793853130815571167180161841988500770 60
8288114464967535146217195521385239251104198410816414048220442494 17
8279538017357430963694436495063518748203960509107089209844314167 84
0644619109367713615057721430047516429278462760612587932649555864 47
1865902984818220160210049977198361803778211895956516892253934182 63
5010371363211577812146023709366910632191188391695270536319994253 58
4490860239808314298724363262584106915366179150117100345827398845 02
3001900255774774312143342156091021425630047292952168051282215647 98
7913148361230334611027752033829796984764875107530862096284647678 63

531202306860509871808751282265505281989169994450545825287427459706

218692435255860566081435007054636572825128990898652988276265682300
743770361058062226645479965700376271442571577258126868254662946872
399564065097283240776143891877042497676234221451309179368774606291
685183902468031364398974169613588291859736553890645775130811934551
982918149128457651522996407262983389641873938024632247073639276859
512913289625226756903128989820889247134957014294468682265559575277
458228284299728097773832127325305141699246552250666146559135759865
547489426015712380877942847279114372236711153038274775334142424071
794886020283405775938586047439950943326511364877543242214726631364
859057771943537278581043718337900951798179631135089599605570568421
753214407989559231848085248780836755006834594839342478328565635247
641894933649224929770885816242315020491398043590449810043149323301
059449024747184763989316316844434740475056811723746439216134318381
268547094021092795718799369313860000384685143684582116680021828201
299917480926398909895665394058295888600282744802699916980106424049
242658107592127246906309924560742166116941838972040284553170733152
315111420567850949657561203900768315674762721070457356617187840296
262487211591769263270635913876784655361999859831823045145540096974
268503775012008321332069588601973051218708541843880610883814334713
432566689792627702443419921807686310016485733840408240758539913655
790811783908542062933068122947293355971639367946203353915270906372
069467342338151383426947141024398224388308667689896244157150644747
905669323318085246429562923101600511186409568800680522593965491379
781356366627865848254046068731516751685658713053052115870559273837
534786890808148447224684033527700001191254671233038886156296696015
872181330247282478791621978491164332860672224463528831053208583604
580514784985209442235498471314113188173524407691698381700780317068
336361510531335515330958466236553926008021258336209667955544462962
234869224431908474639193517496015959286204453799127924439547619127
992304158443289127305216912408131923408866168091854338242402945446
101708827516088104274721924920945394697026860285263079403107069099
130922043115964504298191085799442609001524514242833415815488227675
820036415251050279035800480534280923023699820894145946331693593899
070015559835064469082244498619717044307628693201445951564848777012
594850115140539797963393010043840531906790743647129958471833213887
110909982356672212638054868387418940101075400137881018393159148808
747865878795001515539644076162577508186358217931011726144046668884
818219456044051379248831971545712438419343896724755144423665893647
185182260718836387507045929451981123641178097230743409552194140524
464220090222166686548356081018514431715550874520307066813582038843
521549879449603949472960654708063982456273947063974406405137892953
357285866899900859908690670394343487080081760714050432569032008815
369471670760999678083787526081073299247949817333213953183877832823
591673701258312428906473547421508878255149841414235013016726750821
791110025579725174276007393731921421039260329708107698190589880389
161813825799144434322105291569057878847458211103826605498946693764
305728200945740752925336116365750936006367349850284388726581710725
994107849303081301175864861158329066057327427060306999694824005860
864033250510745707713620352068864946234411905631680698924069541256
556398194247188892203522432260972317548885317282667739103757237101
067393376638089815158426760468520362036724078914901879273556180766
175587818153830714572203881772971875938956629614975056785345081345
976592828371823671924314009741054372978445101625754395876245790382
089029349315014810483645135388892803043860369016426589231622072189
666519355916274979550480092555159519046186067918808187226970297962
202088800248778717791258102117894250727613197954310962466401977209
723226100268637455300186190885982565656265279366085407822811525155
118261704821756956154162785139637782479952394359312469752436905921
867794263833307337392092318903473965575739664909820526187772708461
695587361455929521981268933164433823973142384726159453088525408871

886577640223851051087973101722522845299769476173758249952632471411
817301602018331119181122281350885698210048181611461676048518736999
561147171048969514528496967581258345361297803477323132965359652239
063357421420204990479779497140368721532807064357987712128372358671
861232848101428938668857037620723484479675929144219538642201210820
779887655110250311529371693291996515388780425162560257463240850422
884499776238946926963152865729374134301693600760353293697064178277
877377930650105697394561162192403366764030907835414551383164348894
499792375578158750144552064869347130864983300738980880568943460652
073487595248873814528563311886966371772606539290129962451213621618
212497585510924608606703292781986026525232632282648357227323918383
492582021275938940571530411273628188361027150253648154993700996249
826124488262917986728249764948743752377218823270232860787867414464
676075600182094890673465740757676455255636422430212091679637261321
178552432544516726617845496108737903746066329417692646345850239275
544630030638667795115643109766170095008053674662921490319228931546
134479522051756730507822406654121643097747251304495228849925423816
543796406991093037267686443698771596745583878817823699939072913629
511356585921262470605123799207098445306806751021923597625803820917
959940362293224160002144948306949888479840257115758866426014882617
247760922755278249318006124546804432703694942805199693247405676562
139868967945410457780679381898678743896031549308087544850870841396
937769738770431774286581696401871131875555139837434149480436738506
910996892834084554865883150782980444429217813519681652065459628859
248994721733329206073700725483852165986589889077098835465950445851
468112519578727298313561434878739357789016506310758644069444839738
465088854412407993571718927238760433926754142118240462413909054293
870612823904674491829046176385817767365973869331068507357006883922
614400496752244109439386794743104730175735221430687079113899275198
337431708032830179968893744273125215821356317063512194580243208618
521125215636094841086274928276882562501686289940598158930419958816
428678871076201109560759741287230522131712605071600536828028137772
342999917730050094327364174874089319317228940480334599855226410892
982215449118147136348851808329524371156096051075765109787038763128
124395958783094617349039834758336946605791545220589591440569186560
964276508524589570587748288120413261239285894873523560338104314000
357289123785627432502504636500743890095572740636949446188365286660
543726152454172205829830850965936482841958696169115725932419827358
324585383144016706816148734750861264875198978077618791749682700117
124818918466138987978076114957261378239841534622457347391337669061
778806054634749248021501000162411212171394543562120000272927378809
068638911983351608116287091044323730701597837680528428190952153900
899546814560480934772723899921077127088311999408311819022041478882
923964542865097988111642859821695566288129031070650000932023736562
567548443741799311021817623100802014046166684899134498942412244970
191755576492854239923972482065041525370392288105886341191972034439
414870165759984553384786876567773477091766714680382367313401639828
407880205349546832959001441780461553940129223593044699854458941497
443909752401223342354965425154758972141848937914350277894140168852
816498143955298295540112830729059554776122500088200251227256136937
374376926594900873746044344756874791717024790073562716781833766636
490104058900490891903746456201786773831536991028400082287598197485
352472502014372421047928487967599705577863311114044746980788275213
095399080803117091873922137847363226332007664951635051082589788722
053445147150516363923455862358747744662242736212811092579582876119
166254153684657318540677262662818074645612365270570261399929161653
055198046526503055454849917940375541108398913905394966914995624130
865765744020383965166355787306178906142079724617567147885358069361
700198445798435091165510200227365198453484798249644618744625830476
746482617361233386321767888312504912777920092668848423818185480897

739446180692274654904673210947494745911730963142655993105118144649
849164657348892990956236056918074537823430166274316235950034507637
186799869307186295069833110875567687675209574031434859002288112378
236242261019467416930842492958188229097115975301249041505839344052
802235065103086218445972740352939276989646953854696237284285171887
006227343371697645499882868235530232764350376352044233031219185947
358945604266835449612689909240130899833787013512452394879538459690
393424706092469339833594451428338166876839060145419707922473108628
216859276547233642121807873842997293257587252274196921100888994834
956422769640231142753912447443241958951046868251384157117226630817
803408346944469160547679329388942043396620864727227134058503469476
983784811165925615771535228404276482497291625573147864088200401471
973450965477703012847556814101632861813732440985906856266371605889
070719967656969369557771869700083478267984657239831280624856641195
835594668646336824101470663496905455558926516296221007684166189734
544232485587531576541157523508244197744050894099009451558682966610
670967090242188567263513022076946164741961012483500488324399099685
855418687667730961363628557499053167283427905552087494170066782095
830556996249477733433635071383166500916099445860307019912063620947
261628162815430505579730019787551337883522833593019170150243774923
829395637935896295495380106173507005062115379411613692454017793311
067313680790629158577115343529063417402733746525121883693915935520
571525480391410141160760734932551286532242006682870834932947027112
382304481910806367017055551681660516170852577538970942707296686930
226006489657414662072615047086137372372464532543782557590092567538
422619308420193014170554457973751975300470416861185897332422455389
379399588897257396558578662120421137705850100415363247338063484930
878170556606153341128860737674343207140406875176845301024918944788
228924670924764545357811472726834119812515793747938590136536319222
853772590745949489165008906353103732934604820812754766554480334689
750994173377227300800883513866121639608769508033277446327520211238
336638907570173658688340714324957376376131890231795720119331834684
075713003556003589101914426717948486409750703489157155788012167219
481317424387469848401936835506425753888595363540645784595258026348
940536848524566120713520282183609121072824486035709848598621499110
720560382459194859829823543664747724431874436259385244319349885976
950847699830301144277916640235362440694889364336665191206330022706
964314289141781565157624136606794086442773931508764532782000051431
144169384502136024538595273582412808228405148007249950595042158198
022032119117038060227262285315277822507982816018484804463884542381
877821710453476165937626072970888421769980440600360950716305937923
533727603256790842966377149031844698075924229306159288757880937545
566441609888103227332432611609552152055865572880841228200008754923
083828398024930370185292062238770987704278101256226828645825820748
937450657346805895735712702446993304075235454486384826117949774906
522988066396915491619456757341717414665666776155891302285172493749
891423154404203600837602319326891099755462658514424413069169998816
280890748596904830687724150091092482260722119536627835626888806669
171455147204065469867244613418392754666639492422275787260538619426
620379390926492695130808143167659282504876472104863583938056093091
373069208483881377562730641491551091108441252688428224477997658280
451670887896100155962325457841694603139229878054528721555967498040
850462270826259860992156066567760591964786619653501186103387301206
818626988983175553856349333496203625458890583539704996418141434400
220806029988614134685842391393401535642324721425301428591205657638
569356277624708771726378207859531814331466842886144057787948439418
544145539011896337566375370590242787878298698149149790489982181020
529068797424909942843227323929273792293589493756346044711741346181
187637755675531713533286944678866336852529977913388840625205355767
274522687590942502698802623029029591980071872715439050757092048947

4278808112161753705708177786065723273944368967597196132409349773380717748506768066110002497094831775850489613168171047157601328115997979669711796489374936580182829314688532667068635647384591938163006141247385388455900458292731183045319492375073949535971393532734157355851621085639294721898095939341482083584956933469183118947980144332181463352839107766288844960868696378265107375503636164492166918087904910333994848244220747450873791935474569615644102072323320090426503949670459479467217232231410461977817923227968911516033387085969994751284280501000750793666686448833626725037759025211026258813348489287313666404959347028020629670055707734062202975577334989184277808485032949241500065621022687299216940843023786907112148745940890504767609155597377014065431151364199391015322169319775060536264632456293786010408510259722532517309265096592347969499224833117681165948060880008261892370405949807704001739674582189242954895071687713310010397851533534531471068595709445060537335919536586171963149700601821601511678164458777993723274548437021671969832403521589516853551392478205591282796153491663015145805178884114809718670698427226473253962785688562186013575514802584119125786169815402760912705074195114039656379289828828522740860145039535211265389538838677939951729586292709478412739115243311292594640007261346492499726818109451514403360630052871288117634557474400496852423343398859029913064236650173092311725493223569364627082647365396147019361465648808236638568712743118146280242967084161021875899860964969235031298244682022862410158118338086958732157760182237896180157677998926335274840895731040846106853771869639844131858461150414828730502311806695986341793389531746981770668663525117787844575853111495225289209150428157492245559138471133042715891355341114234956673240438530735724622868469222840837937344847060291693601399304095065459619003081838025272825630822093726975275298952076633889581100393467050195502721525407078422203158690015995130826384841974877768499169239221965372316654475744076410100996506171262795901780988192588847792708101654593733253528412802007575104825911652513757834010089518476852491018622117355534863696984157401995560286512422361874058340908447687897154212595303559132707207606150897381979948118563835674506257294695134369167891826306650795243115582636437199760377444620187910161354244770062736476565491962676164446807721909229290808662281129598849247811486715342571553676031195245475615652369677038537047688660469802138524803056117638206875750675813641286287801377651406190726700233097845877669182283339165129078707608669375171168917416276908095517572796980520168210271626213606970604160915617887053054072097976849302663763896866273605011398898836733591351396031547428897471385416969392931830868002123289632959938127165372211852951450167108432074694204902097667007422827466722215683386341302328609110460240156123049845591409523921046097565436483444615085503749970595533666022134626048399601227327364191069494399224652457000523913622733338328497275573933564959431552309012332305634341523510569628228677882109308461215686611444387076095828406715187534980897143310274396702320728683010530558547406112071090359352224531897377489287212239388744316548020903900810810885266922772461931438252909725863112461577955027598220706166870804876950054241987556204669927466398863934848684014223352872821444039547842289174547658271945439737217167460006085368620665973430515242833272893912510779922817171405917223602073852789264208037379292786435578021158357573583590602073781354710814495049045918321175530154501983683585986992326799363224360435624602028470500065834538669263343147898299146785381491643329373377064728561197775471780210572065624167806204924960506810145055444000836915853863991964055830272863321210271592547804919890670890668715121943494416990158181216296916452965667288822617346469987438060666365012549193529951563426706148368629787919482858285181278413770269402216755806828356762152712510027225321755011753916761857082441000569786355201

5457177509609839035001282512873029138851759746097154637478515816291
1219002842149372840941016515570616862064622207366895549393145435182
2266250177371479799689206120653252754184139144761139221521346140693
2864193558216544796702536944885444171239433349986029802709850271414
8159541678025432450545151692226883222768070584168571088248940081085
0598243638806930494014003605405882514727455882582328529765543660066
6097614188174543950683518994306440767709734158274975433460741103267
8881973632510295986891271391832732394065467765205701268560215837388
5465875625128673719730520083545205711511563796715242285437561231939
6717685670090063735425030945510191851196229951403259743792093543741
2091184315511683498513254915865438192839955738312594536724825067114
4738962967299087888584888259970107422725250403548180496285225705201
8236348512269383156280672836714743505598392797326066842950726351381
2751041974688976767259136901730651236573171953243101286956107258051
2833631589009582669841735396384872016520049064906403549854492372291
4274183784110330807773869403934504663332200174222405363394075275051
9829357491086988185410522731299102223339766125332469073008027004901
2589119786609546141221334121389196263882666178655614634421081326331
0771760786638063634243190918325419432274732411523770487756138092791
6048357649969536874851130880706247612732575037665910783165878576851
5066198839794583026908602701964112202257366058640739291438772259891
0740735987644733155270684661916708199094210860851403328060178785141
3014996799473634236622229182069032445301525015578576015228847367151
1823494492654828857179769926316352753845576557644067754489066824891
9661345595218009781422086726886305642915401382965346857348996719721
4201717604145629991302514144475248848788595219222684372364532964331
8807885110699339769612778269162546309732353545146226413765213929751
0680992477659734726126909397872213928074558564709998158942966851551
6270403366058762305340310983459322900126983226920502201581434302801
8000223658015463288255290470682507363006307811895687198094076715851
1261033440193829627188086008611697072396703943181261309742471117171
9019857430123990754035471650628805126492009560551345333620292630661
4980915408758176340212996001619491110349375157655887524827214237671
9726425642697736819889088217226992655530498724790479810006504684341
2655193059548646351596583419325601995394272542463731715151763524391
5140380742442385772476565961524567466993162860282648550406859122461
3407696639769427013669388291856076758200866943833756314593294171451
5199666977282218147062090620349763171208646603060567561493310916731
5968692629980336515985213008880240461816833186087792966500277922131
4760116174813520006025989515021896326415385131177521071464107072571
7934971822527267900599337018659615793278006617691118316761471579641
6487410695224537611456887923115088630362384071769195998900356580751
4727010719916644775922773065889611193942758602466572916464778295951
1779252172840786074432951131565811663618629044736315551565582337341
1020541097055398105511858777484725531770169456197732740007627466291
1601557814989384991548006700158802872713964778855533405015257888461
7196480205246724244939551864372558440999600630630028981857811273531
1940034448275340042960655950892253518601554222891764294635309728391
0571552519220067182252044834569572830248581587778354371951268596541
2670816960798234661679259260735618939895590289542298200690113501191
9927833705761754071258348058278068123894285619311111413250493316421
6052802330398141690067988980373760320995164384890586993696068307101
1231796152669245304649237463228462799082423347983303740344501786441
8039881275592259020465366084691021379484236888145262969686621356641
7670201426725320564435031311714441377135146736716972654522654651061
1440382027435161022546011116219577553769090129814813688328624816031
6689927739083394051471433848747692011642619481923964494632004463841
7468847911151704484391938676530311008242387049815245204055739620581
1831624869450329535091985805645898908744256831229254345074737341511
9527423647641802819954873173772129012524214467540429458554024239061

471702257004464248759363876636706774796202442768094377854825766512
843776900931420986660710187029338593310437732853034371688951848025
477991273331396336672506976240044439998428715482735400213622800363
878357808619303281309994905965891889375075383442692557033208903758
324628467949947720161618492448067072606642394323219232071760037252
313600260079381178885240250457731492535024973994254405139909972427
789185118923895556724908833225321079886270815640003225278031510976
686622833467773834941746122589454209800002909329690743772601386909
102791406259851525059776681844010781670669340007514934828540555614
304755391105331437574642294862097446790844758764683631789277308598
851113550957947449542186298667749669615947444409273113200669786113
808590545317626494590167819697149861399492269722338452705143809389
513504644375512254861117089139668089366777973099438488086193319091
043578607208496730738259379239635993284751004072727938626271670447
540757192025039341919725451894831172790246140496689551790799869102
537648909648459816709017139351206782839579961226311973314913377818
343384193185236753866290190046334332853283434182492107191609276730
801323536947264848927644297987068112565462806117260460733219176304
741215064030201789320579568760510277525053043612227096046758453127
386616521424194086834083758914009511413392954577009473174811688536
409418352861099710341672355817860282349820203149986794017404171914
028393621051948060481901824518008170137104219745921279840402426896
300533553685494164008639217745676953445865088328629821658460164507
800003598985212901239590070420266074498878506271760776222550606390
745319477188925099058100936729891954099576633538658378098044793537
799187712142977461976409472721214023532655177723616341966074376391
538660194501776914006240684127316295860806350676293775125293436759
607342719967513520158008737395483897343990123825656829078591144258
828521366169201402990041314621368063235265086541121808474998758441
118362909790891983411875376649604809362648932910439059772563295581
388776744695461815797870419159755833500037728672460735185350885495
464202930971585636949785764048374150555809918840209343333512819551
455518573334888164916769442778240555433697731192014372254154192745
059760137984144373599420287605255571893780411489261257983036183801
077110050042392392644156922779005702794740136494229184793369253543
248404878023177744518417795835582575476184254957539587854945834308
480441737087984926741952893230314895899160068542287957892948159000
687353733333338638139084209948725511726171087294408886844785081163
455852692141540299672098869371588623222033148558174268263595068936
234481342247378693946092325660075472125674141034218490131189639676
547329167424718993424330280290926985075229490797094430092386728774
393625511131362876159197383241349167226826122826312779381175080740
895894397190025426412664947980176442016454158813176018972659624614
413913192067850352463830657764016522973204708920114691713372287863
037038453134194264414249664984474404861773851352937310809985947281
511173650719139881269307482690614039286422766278494329558828593837
214847507077835511989622491195588237045064582005610170205324844490
215022945617655618592145743990095548229413751544136132915043046914
179941224609338165136262790282788421381220775894240388406229433172
798925941836682936792596042241845941770653019548643948170335524102
874704473117150703477508343237333116325876727636834685844486562539
187239460827324713500448957086803150325038676401735315079400345572
855037001845602769961506156829141611706104616174082484626703351891
525518824821272600725957656788991256787020149786679084710663107487
646730989091471979879259859062573364973498235031260983098734686162
739358057907354908246830497284097732381167082491516373468087051052
191917620541698826254760544581771117993776778696542169925785577204
263442443042074495489703390434507206119007697363517401952656322139
282583120528240037466954590928045259687984608140870719534254761388
363353511911214414314850552012358138062649231353833876758091889237

975855157320365883176242411691675238145885920751640352366843726791
759063705392197981126597708113947351671962999970520901709075898569
163890664270423570074450277512010490394814832945744380974626035105
789819540763987060787581774072491184506978842994138342060812428390
148814872599854181480292949227878324356105549156410917488770670678
201198591095890983868839511718380134914825499274914269855259517765
361262421572662448896096148297970308420210516027967147856159406461
363824775890201102519923421532100601752302574212237542107495918728
675189552155329945322689425188409422826757744222275528207615607277
103947182566802471066067738312063031466284744338620474325956850568
928716265329083278784399650716724220613829453291660046380872563059
524153288120937009922989600698139627968627956763519874182401856293
198492262333643189930901704881995258827338807953265885144939381241
154327320589164578642294526841175188081840509569046913813443077848
902114879712116283977344305484614980793562435496714129473332666422
483050043644545470274917232078399565086801876173270331906565795475
395206929252015307064350471306881289032053854556398799210109566729
828730479466100543163584623448744155540713381432344131178842419601
903702868696242276246502400420813713504640159934720532755679503533
906712721617790603021623997804185763348100544838870317307162552564
799599998693531968130101562970978711673069649402749166572674943432
081323146138869255334949294118316387788990325940109341115727429801
331814578281687913514243955787342059156145877368988080791707114551
154762661682081777574724842787971298154823852036895916524054373052
466728731303019258295249876393209857312091610561357220176392716995
986861088676061338436496169518654848604616848482407438381180741734
222448394789399827801473422230578654102177292648209140948503501322
415155999901630714781485270516144322582547801434401095336602393626
424931385229405475364168364670415743005583729847040181455710029696
234698505997788557369980218223035492383187976298941569772123638440
889178927527752847144776218920574254531510374799777068623624218990
630309628221177321970823034774545506023858591140389896916662207787
683260123961741999762365506363266016990661168908868774133378091951
614977054921417118191101495434786938206209808278789573132789906002
086339112784715368430438149815097030477088688163597419253413412219
139628745781099342483271410917827631765420963125071366926365882135
751199875401157902802850780669833384183382667394553683196565717031
946293364109272667274244992747322913800983574450913407993085683604
846778665354210586680052115426486749723953793642156653587208185541
259819454742751611841693662556324193591585695088905353141218336623
998780221150424566001502364691081599741920254437873610226712941228
298888053367943950329404804961677110728788103161467730371502183528
902414648175430954905944887541042501680406999981967193798208277334
648558158591077617882849750546856791399040113845624360403574402461
912376944022007604214335733872603925372466408966491471465473007219
529273741767961356523306780426820002423074121866748669462805878878
738299523278050107066101385402880119138557309113805727558936819403
093807188637937582154443516265599120308784820523937493518955971581
551828048148078313105350968235671612355096316152866585785901952871
775464250641298494510573035332433489097997209457291700958784083221
404440501474114381709565771252671577981709767638478642064876136793 9
457844238586035649664463140131048667056134627690174928322900432711
208192295641589481528265584221926189025305138159118034231088514912
266539179448174339043227005068742888199670619606885006733283536146
804985960814028791196311274825466404370384782884007981579134452321
016686737411212944968134510122379842940219479469166481503124318739
691196021567121142279430682010408767568093738982054684214785601427
768820188071717414127493674678175132277109046730015309467773069223
290953495694491601169046818182723477816197512572785153556986162922
029188474530269830156638749177021947605094174866841197276604440854

832975049890782580615390200301035218027179209950817839121233970070
027832906193713368218336961540826520392716151802279152864076831503
299740609280483105062551572262871313276818247801169154937862483224
017238370727160886419294211817185646748118569400870529961131410594
582938703305286297918826493247420179551244232947629034883495272292
830804012226372276110275203800120937520885624064531125037264015399
643712337079037439512032028535025474827798093030202196632509329094
488190574510298521728306996224219547101651939329769370654576333432
433256433136391221083529135557700812650539793164681494513412075121
883505473968595553878091947374656627903186816171364161521554077453
543804147984545840634474745085680280862324126969399311229640560327
310927938491691879333596148535170018149698261648003440278228139858
790148628521286746175384850348068386520168074767440211476655696438
739675796644295886409577559154192615071966537341081706497482220419
135035223932036927792390736955880577997552601903081435508492475981
857797980298126412519269808310756574659469351128562797590578003419
323476001369611447290131137293265188773146721410741275221010515155
865713493912768855730064565566635935253545094573789688358002770721
080754685197902156776635596085899524492722049775299815458625359295
568858655219086203488574294435488340176616830553266024583599445433
095297362056428294745396641017593878078757904014319567264450256538
964052007148706853706562711746676157191810642280464382686780641781
701710145579987859492981028674877471679017435503993169683528592116
481487861286289116375992768471088743661617762393098294982340641378
280711217412378342224144069984863288239240656377438980846317043398
141901704177045856467859934941137671018510482883458475911298599113
261806311665209771093260254577766404781139798120273962790521780796
565933483031963863726360548172617544026268435726451474111436197474
885328135254323132104065537475356091405133576448451265031599499398
475912338676258998862826742421410656317028268420274277535478527849
806255477967309562135010751357010814376712097361065693389811287700
643950868226352419579899875244531513268435771252695511656842606249
795300564134236794032686943202212771552845229455906013166300233297
861842729369705425640895722473147960842279960643121155722898884134
069015706079169855397062706949869226131550595458162406654276265360
989882469228424022170510920884522641938004050647235141065446293973
629500626870691857435034689078702526688990310590307332020997707019
556267080078421417500402487764369382704966754069144895634000929852
354991296996046540283212995128817182931733802589343360888639561881
453054936332102246702371234907974068125687248833528018208796868376
748932865951563500158437345427148615342497125226151780864718350199
049932178199155353873785623455087143139050384328696513876903290534
015238428243963913256867292722487084779696809273656042151690402300
750173661949935854471440415221410647497242161523037246612553017965
334543540889800869016307189158808455522198431157422312945196703758
626058776263336684850752752847903442501653764916331792832073572043
631496293326217198412041496939002157898758405506883631318978280327
068182062011470970782464776027629635132451352251922427860447660178
455463586895641834408259553254334088710161510703674682452922046780
848531852956030260393369987912529602307327858469371627037491448388
916337500526216973323321524007087580984856462897791809848253427212
024812725655515050305700418119895186092167878092709372414804711203
209275216382196930053667750846835893865445281522353475575590763802
378521519460182724568236395490568125932747289545698934471141809813
153649597485154106854609786330324864298777018635531367450811076763
860473346402957688211528898135664493094931043589036451413175524147
809925350591481309531471226234135406460905980393007295409692136945
644985787813148498347106185885802583353800866348220745875475776920
674100675717787021480249068099354034049780869747523182136878867192
069420344186215299004686685357497787101475284582152153509827098635

2770357562938493139316042388716899073982395618988722188420611902770
0942990322757366871860797707077215592326418136016971727774070288411
3457177320625302988161726406498017801926964155038729328624874511566
6944009014691037146658952807690750630991658019040282491239634567988
3926956557159476136694387393330068373830818123094204415929595171877
1924926797929712950294915811852694465448881606448909108574738497222
5266256135983373917831949599150654399837939835090051743387881718299
5516184473257069422937536525551534711785761849774779733167716071499
4214526381704752272729557050017337440135602978121687188613072957200
0868270472815099449365576135300683820300724872389186045558234056766
3187626236258904340796023955291440818688735039163729934716281576588
6285346544476718977966400943420249016434108486305364084940912887711
1996506980457880713797795159120425380257091986045596738860190163444
1482900997297139228277863871263080176692137049349769043808195656188
8012979091465075440684531805169404962484549525186336324222226145866
9950092979045626886597039309839695602356438896863299233237659081144
2486035803545169782067694889248663833068791765942638200926377890311
6582705029113785729750974004938675358051632321698473633858419735200
4876339455394642739288524974516748990465145947388497787436575894700
7717794356270743257228553610149292967565026585100600321814615361299
2859106934321487868637434297702059825451095805417445562508116488199
5634432335550915407022873450617663489800492811148486033667358805222
2429802762450658064166164609330965832277412016870046186470873546077
5946002355373436366858463000829891159321746543217351175531575551011
8630965885602744732881743617645365592624617643877740379976886080188
4145764476430357129839955569156559423117453065948362502060364382211
7354409655353950904574369386510431293427166581052146477362856041044
2715237293978124871060598593201780757738436706563113506859305888600
8362023477806498797585317840167290597876570281387580260323333798833
2030389685399914520291291252264234896619763397182681060237095975966
6298091853481901250403158996252047170767663998683531531966086875299
1254231153750347550051536740686846995676773305775107923504903457788
7782633964738764290564016443331682245650903957006685680098251827333
0581904243226112894851849188221425396861310033713722430186839559644
4173467084178320400757151241680837554131482479240045243081253677299
6897044406796431797426815935920313582151463967892385331469168480199
2378561366570636094221329625671822214085376580706834616858349637566
5564815213278800208251696180798484047486754286481247189232457278488
8099517849200238132149505597686097804392272136566791432558387293966
2885557531898513390471237808455940718448328361153361578025705836433
8593371292347805105809160715792371735883271261645606567945034809900
7997205084227305474190778110649402160166666295094593246968082788588
7382689608487744561183798448657304543205368926840349142345088153511
0167857570666874956376066630729363649798409105284008454623326178188
1497976141218187286126865346071166509551354778323062741181148207177
1646652654270991484788077768928234579548611067150494736473997364800
6652995373677999340235327496480103446000856397697363373222947146977
3027764094077539628839012582466293969389877015862089379918551693300
8463815996539591339262924500564406760974231690307802715597007444188
3278386392005915041926664728752789795492770341508263915478969268833
3081660479564209112379312512452382628913239114259259248872353135344
1403716733799306171199648037407664440361082778150937198926678995888
3750525547609294200184307444389649349681425354244228754826346725999
3997879597972547224411728760077126088409395048119215967488739555866
2671065490302132402247707926524977694495520510805641048220680217299
2763561522377385106360209720313789483890876087730444433910703713877
1331637490928215492129660943559957654250506597023923980013397192544
3988353358193260423553346407090728580486521415339035222970604712200
1304941234553577895471248630004705562889455044608622266485238473100
7331722303856418653118021793512078836789316324319258064485005114522

8227697470288129755672304193896966911516840342521912666860561300038
452053893369112100812050252410879522034623660139062940958680638104
861567034918952889959443421807536331295702241260765662837857763105
841332497008021096395134916086420519405513798037382651472598999021
247513597282764870480302409576924624369255111392235317869482928421
855572437473618265779560035189015876875981442665762658258377735379
880116858111611885458719903282377257659747925555015170352252043295
945668950459779859313354603058046287121050992002653919990220328029
855134990558952962035081185191162393317684154510610655162478821980
694146953140216385429484650993057590184254772587685764147409170800
507658641633769358146607818722445058379424375762870854540335011053
709267102160168897425190172664771091187734019658761319238244016778
669447316036433235910530463926925486473405762211664842699383303050
481743973119350053676164505084476304732563764216661398181721671531
112891024558516207319700700311254050520823829089312875756421875416
786156917970097009380501429846668521200159151132720592321337362451
009271857273494135289481232311599234615896909789674454130627626872
563304682335313715965130004061533200562642138432231482703547358635
091988446533835684004841684653835147529872668521047590091051673159
246264853570708194303523598755049297733307531722035573470236517079
315932787444549816445932473938377943652780031092775354373492970112
030888508113851103629856205948834696156362320828310842502873761364
128467264503679574982163446945992440232038663609579652731250489120
123599962848087517002713559088212824459212365972636236261931717499
306027800672703852044386944202396265943071733875448439649357394016
544694254389183159395967500993298475531832019709586811147403411464
307749078732347323831843169775800695104759625347803929053122789720
283171030770441520409620275360661687750953874913564865489935285108
137546623023010441644060787433799388659434319739727628098872553596
421836886252528684292094076693531017467606143615040224106100657518
385781845943097381666527422822359523265631560043634606066179929543
426812782469802311078319221754882824844348942155905096249680955168
161417840810580681730090026315272179607472345797447534390082662384
080704887676620125669754226324768414436029961270632036424767255662
395841363346696342018339637825422544743063280535146449208028401169
350717192513434491759163446481547381600589645676084057980165902557
489767118772253952700017838346180768335742506196377939729071866416
577565549223989511605044361810205941685054187658471590296259403076
771869386054624379389529177382974148463926922111853547905990950972
997607473872962647276052104595112827435631270960595023755731806195
452598765319888191583707806094607301046153140796722525757786092730
919024691929884517398716315076857663518649379762973806603165031986
181720651187867335919765239567443188879533652290886520080140499811
495657664501357148699739221946031665890119202261370639549215000080
968080493651561790444139936547321194227076271680662326799317221812
574576091524551670509765492798757928496616737619368534354686042600
792782105050293510602699110772925833223313894239808716540504631465
861786721994997496972905979157918464803703518738864382027060980493
400455678609307653826192652631811202186385925165692586594832744831
643461459403696172358059717958882905838152369788533168230133145229
299915405923022740585503740628535904597657859645738065216002631591
774288812480183076664637707719985469471432460415430871067788218769
070796941313678460577018382839283094791609157762283512933081599452
697606840265942339288587110544086830636638581020473632094496534988
776275786269905353915532791188119263351069193127339766674091486139
745614525452756883805182285266087134963283884183684848013626458289
540073065079156074102889083454659625380869625526263711592359482638
454560872583686037619817067263374481287637268299887772294454040770
678994016438125002755420169830230695451162998313431071889909862541
016002935524415486259137615974787091851534025688881301989218844566

1116491063268883242344830962888049657974271034082237366738282557772
5076771530518606164830633559801934071098971630988408746725910445598
8875959605303292488993638521193949096828371086457135234560158043386
4297103538466830596898796808358734978576267855658883836495162723554
5207087795334676586720491617208798131491416989137566464545697421666
6338802887093115965529089096858324662094236872595520958765867639664
5258106276095395529149176518173767291898766779842511921680755258166
0046926728928376965028649208798782224421071404646730748519743713997
6053074322345155253212123587085161628521453800836861246295154803994
5332968377364248629645702435818923168622649949921863498324681214994
6737511994819504507449659704327176040133835522236081534000479598819
3685223092588145754597956696947562389495724732524848660706542882566
2876735928839761419619059132908399469163841005321889186943256572006
6776523238247316438079769604445729694465028343061665221698708026117
5757051241641110920735772620397041168885940376105843313029314448229
0659556842964872963771613219507321997164144170256546894610127030882
4597238418283604031166034891537160762328639666165618560009467155449
1519746730842325586767410973340298461696756421076322315367897998885
8068319892283085976337509294649038791074370774008463493623624008330
0849500735581649669167597778658081118230477074246964360473279351882
0384719889611703590083004556851252805095510667699602373878235376663
7278226774052051061532018998380611491985952875002662945542273526005
8148948809979407952381788622443301332364554325741038837042323980992
1416149632755395663617686752438176556625101337430464808207552851556
4911671828345413047238795984888999156275919082152195945358943987339
1987885447878558839301953170347124025007207286819666318891540923775
6298247737363589629303730274864925136919788906763582461536907572338
1188900038683408930397937519930653817228736677538511417161821464006
3005399340793672109509412332835057142652831949674694850212250586227
4045481109395874053728880966522799491313504114857375818994915227334
1352040220177174269756103240539002593855895784915494068759108510990
0445669877902963589995785804399594722284335544039138455157545905510
1223677094900429072516327250643891141494031439293381604921411482998
6961512607568119300488516042892565334373068623996218120083759114331
7308944198998029337723050652250270984972059596353606069301554054223
5809356222199901761551336947568289739010093518988689102305620334556
0674781595563737372431505131046388436846166022210580766055016338444
3951339275390504719811126778937842527429307171428737605543790415335
7814619485598470604040101633653118930683696593975950084585133272884
7308800484877403931718396492321212575915598639683100503344056052778
9887661147243089207390677171334489995904995565286687043138974556338
6419506525626338200725605325025449791258937286606936652747569545885
5493793654946690595626482216601109072227166433627147859946459999226
7490495496151264230852976404043695030783887567665223227853593755667
7217005441761522757890068849222464725810068548316761687053704714002
9329379429575971294561345245527545656824943971433138580495097372006
0753941257415629101102326051852161087629611346623796743611234251777
9934005960149443294796416460031088377668870592004886201801963376997
6145058292176891376685475541938116074706436461835509504278367638444
7274620716138197111917704444879751377889228995884738200829650704622
3127280621051269910394458936078904429066128912164886732932771245005
9557649995316456888885393740496576571688091303924234856937644501999
9120287840027354636310802804883903986446286631594078401029177968777
7418982862222702853291914550355495243566744611953366897039280307663
3613422784813008059024523229864536534759379247009771237251485597889
6223350550371408237388559899963572576815282498573230291020966336555
2980975186916429280761927498322965219448169604371548847590855272335
8644048020175814257540052934387946196431967349029347026961869732883
0560212662858359414291417643270438839971403798486296507440722652664
1634634289829191540694582238400532287197813012034284651150002141559

6938756059895846743378832151044581733491029314084926196254430106947
7558632673613396013154936002702882265375501691319481721677272774888
7979071308645912517689622702343482671737444762540360443612383426636
6852909793473026221774344093610047343832594705561796242470147957755
9938396128282186704046594736713467400380288689067343505606541962911
5439823233191663415772757772625566712728756776474035878251863240144
2935123099265241861053652623906898057679590093782672125122055111311
5834782392514171893266684869674104933862880589331412583648730855966
8523648709573522735515641731600057043568337512858648679877762687899
1197017419892629750373901696681145531056396389133491947849112600288
8727202243629554113302103288831252179038609153411678577623388013855
6364347123025313312758349214962681684346180565506437686484432169166
0099329793588697132634594804765801673028762362637540464177371171233
3375552907616845760984120314814906712654478813087496692652495072833
7633958248312795542416998444914156090821234201446635611514398786922
8367644038199996073613035658764068334110290878236852304517716218144
8049432624678420340375691218100204857133468386031640918904933187022
8256511334225965139518362851792326534003162530311776858304390585533
0314347000949954042899310620069093842985984946257642436427475502000
9295982199705371385675402423995822493614688183578390529256276625788
1476282549052153118845167267925851062996411218904742903268982903000
1953919556490734818124668433899387652291244231198145746620093780800
7965110820809202500372217656466226546285167806975616512298469040288
7638196536023135636136497663890221979236172338854918198095735229700
1423204549139476002030983118265134708319579082742177973229110014988
1104209291997270793913105416884305647668068288143263931229248475288
0351556328279527326560834108816169796102396306652310043702682309155
3399901101851784085347966645769639956438623259072566307560394705511
3589758512702593763532523454546071157876567775171323140719849308700
7274172599038347990837752226623850161890001369665331022529573865199
3690993625896333791041177586051878192070877765609994109805155176055
2433838149857884415802148300377380729422205761142218734191201738099
7419160390896945708128691961868771823441333977805975939917040852577
4024595279535895516836710461224141484882350704209894946405334610299
8148181498384962874854695004074324843010042370237702693594977809099
3900955516428125416837951222634081034024006017318562283671178791288
6350576512210523464875470892286547579799198663491343367457317808000
0101592280324580415606204058814973369054688383056831118856426927444
6668256282605693182711497110790802221674273725205608523980970519288
7617281829491707968108495634209221568005222657659050270810105964688
9600419159413971344320797487520061970362143653107681949231466574688
3330194256177258029656287105746356679361964293350904175915476056433
7228482315205448832642676308711147460636034732834323009419042086744
8123219633559808929813901374321723190294403380213835037846658247844
9282371602845709018509399863087689746361213922287446437282223068988
1442710808767398474519868597356568324758502379022904387433865650166
3543092049497513946517120423996380485152404382714004998736609221599
5167943665520971624671902878497234306879414622093306540351514653333
5343817621214097499529081334366887421960854630056294187185719897966
5490389226099400645813457698989029375252603159479352051728738371666
7007215479619563757407012855926075633358043611785695703271510860977
3326600211008827123199163759340997123032026138109889964222097317555
2741425536341306159729484372048567305363345356618321960256972367744
3766404198553908458665477313344243061721260086297605296720785932255
6229235584626284633318929283198361000259218711370399715055774932044
8759783197671362863201844282336539347163637945712771588409841768777
7705511446946524042208853820282498929639508467046570193475974601088
2109002237981389393889173661995870235322219629414991396048429927933
4116586704877857111337265349285665368928875089626084058604973081188
0779650060100681097962304559548011897685661967624238931275652416555

983194566147167582205720515073318743864995920772921715411527070251
573742932740603038899701817639249284449614498921199600874145592011
971106191781356008311793943700218567880801261181157994641471730354
790676703916264480369152300163809750954986478577153019332075870767
280738241627299798565721981668444519311512147215394626062415474788
449253147452223428981444393566896520817283520184910446850123635346
659443910177128605907892320369817781441406576579531416934275662744
275647924957225617711224415082059057260848147140459239530795970604
271724592752165506005137153967772426318259343164959994084881348962
944398019280504469903074332958696420234779944060855529802601687627
459481652470013204750956993158251056595655451124681216741044189201
497129170591132046486929952189360787257198954332687027642112079711
125806343717907028536568681881306493152903586491231366257190281160
804499253317309331886197389137211839634887920380921481773975151215
550607142123784782495146494932858500089951732313341794491957195493
738102251620433558509640442999506549482181749182982098028501613576
469799306791322247849851295874198976234020482642870620205113048454
320745643630546829858997903588405564610067458997230028648958952414
533037922186076757219603000199840534610423696739484659819890332264
471364177828858318615641089981063332566958801490875489118552944475
487777070332542816540487011452902591625351980123874140104360363092
052813996081857821750591992044407167990153384458640154205422766039
495098525317146476566588668145884224627681547177489770602016193969
477385529779517920639342593819635523803884248395810392756705640051
774584154536477920170734268207895378424193187181125134001913549075
223018853664245615188640302650415206225875269746448305960600086648
084673975874694031004430507110080328575618526003370683321783410069
730737036403212982503954591566451625180163585488925018864904176713
086234741645120009780526716591409458666952971943266261362755466627
639747988313242076600247082565551686346541573227303798463349743541
760533911805549584851710030650471465709174000822022033342084271621
025506998295166962322792052067901249991059790172386421758536906421
361877237109133881499560018522736296536092063731683978473714984116
231404795457163102850830964929465614289077736030956891413757372422
008431953676737207516723402117432726467077757072056644653817086104
304913019933047479859635164887964619449295289058257309790409506277
206668356944279880549619837512732746507601821215205334922080851917
626617083613572333425100696831041782079718606502797325776115716507
240273651199086137670389886650327557743894227581566173076972183643
680194219584768114175757657802259412293693762854837615011371209444
777267883907263765061893274494741092640586931989590585599696009720
463567109558642594222507134228108316107878545620838655268622496877
558956742840096517078974399836452194028789699296768855225099245481
131679811960958449994512830174395658645542534924673319276992922114
986442884274282189623437770714914385776080580848564273037171353764
245306793786945790575233507643881521810656607927075157252883991851
571052600561883391085362212756884261536867998180736017087567364217
013332426353061934635454360172603885525567745806213146382054889977
943799486592528073247712770153356672430512874551113052270769226215
106526147981396130120548259553984982903822165854000278718281794527
593457598160626825669353591091970253175878958507864251238169022868
440885550462338617680937438712550030627677911446042717502369048260
534968220034680627979397528237235197310708566623247325548156691201
846615653934486047540357405735326497356594491899073616081176313352
491857472402949142219105534669423028663739063083795795265229165823
026099765074091873340013305234310103037778507875206351658346277844
835368366559027055834947961298350561239433902475739693050522951308
110467091324988204831537894226132235566343098114183098668476810282
571550286827483833975719258734740115366467168262937015526822442127
711052390917969319239127737977176880154224688349620140099732275759

3293917724086463489283646444353876181138341439888235343530623717836037727092220679014913157494612352486498036806094484885719893841191968471524836899608147222418754317335333742369490081762643689316367885345454285713963603275099228957125803241463056342872931869971175945658363103616835157351924115291745856865483974709206998158899997133603670512517832216587046941565206271294188303672861697327759547489832700933761709103805515938607797518316479113151091832801275251593651504886079398848586099308119349380127789670910847840847094315489455770550455036182181154602650233359866262119075457284333340654655923652677967900972402255903766627701571787453010678368459746242411941460927025518165357449640803707635921820480703170780049503051527919804684148029262375914410938821175845422300258710509897434053801960809670600172944613159435393190215524986391770306032510939596603820623564441379417884276524064389978721528985487390825419481126849740034138058770293316002349752331437832506834683239029486296128917710704498770623085845558300725385819369995627494731655208956179446276477688277511157614704990194822843238680273470746738628147526753337201210107164668619616006337713521378211388572121554773972169330440194716653483026828509805531003676041798533591083991213560094604211825482838260805945116333374599933098540090956755312822504067646007341266354406248261660563576912527998130161592594268648699500472477533277064999384644411392955896914652204299081224390628600046503573812695217022563921682177336732020915867504500478898168703646096151846004855741439881726097384472127464419545019833559323176882955783064580208982952763154907355005465411111371947630436261732978590284651319161466655167663506411933457586671378181098415646592962365769083627160722338147885085506388631774907872349191987679896746362545471260440954168197799220710427640251548433196477390558104961000164705989515785294399191798519780608939567864719736389009852422340005442237631164031518642793802179526568429978142883832138959824393958877015579907839448920670917065520349676998605415590210576514771578737867513712547304466033499423963787796271176836236896244596776440199697869302789570435167443150980228986501287745403934073972426716050025587854988889409938420910016817387489835845628935275170791170549000543621962170642940432780627987378667673022285201837041592135242224275962837503729973495914312511292396853190129753561162967230848617432317638929881754024703915228062546847910309796282934304213394022884129310475940434608356683432324956136475425798625445544988963516713644459379357350070277317673488451748870996682508104389915567709984887401788299074948442331678830180605973715188996429503241991398806477821402001041117774789688395551080742111648042275079877931031511511084338317728872525585366801323192752339690786930159258085241915908837680453626089750834211044419117285563214646123720291167406146603573964319013326735113831808685442753061156822006420507762762431630907633957468027315291779908101253549436125914719887523866639937485253979788879307769281320874570272961219939081254625546254109008343052040387108383857226421767563029049301769295115288579085478954134272967908455152662497710743422153765699549216931190035675588797196959360894440560279853228297459230057292902250191869049960515196346658738457662861655837092622954905255871509887801915359854417167213573070063569746236645069994385958653045816955766814151886375167295828551947025681486752161213458539326242521744695255070076927008328053505369516383702482620563452119086436094550878637455568841651474777446606868027320905274568175395157132037546217069826261484759071069250556887184036300053051386810957538874806334632999487695537434810824541310981083736907075104526381461571373620350563741206115436983956431136731850971749634340583229072358340161829060871658710160130421591917139023645897059027348156810722898671953025796837645639897187692251759331558679733407737330432167556539107557542389161607021227173759207005630713684374782121352889897986

682177628325725333451832303927476186540391920879656525892860819307
040357396420809893210894322008519941676117175273539788820266187445
622820220531528314278483033868602799651751797558198833310256254382
304160189423391703863378357921032037786682180618908632648674196620
083453772672138030048353496696010662241386427252925300053729177370
611623486543873603335731512271393004752577030921799026910568336986
814700700466807131900900638769068942035418676510749733938247585986
386289190118498516056762720635681836412579224498280289965361861777
668677814102903988473476271790234863835367198841815377642843579068
363587905670058581213427848601734299273114985258294263813065849793
217196027188839888813672103025293737306872842842526768184950327932
957470704537523032086408891882046920257811437470677421043931464527
865896380704085307448240780539431479682354362054098652425446130960
956897299253200046937227651926452523471043868061628441502632729061
257192725776763140224201856235148905903061312244081943896347125981
067222308073624874038823446428048391759971189069304948686931188157
335894633373137830646307582206036072722165120394083173607712722910
894553099727713041310614156773024875503030331197459367823569692069
290086840655178435506990979613012085913420825236538319721640025784
386531552685180455950652762182978072927001626238075398453178749321
457176744284224049806304873363455955714192165559906931601168545680
475785694458258146525410569094213041518607874243640505075700116978
451599285143636331419198562203928363637698073696424802317505295501
373358979603598744425903636907172462752084031212380308926131880232
071030140461195590396734783221472762103942851915451503469923928686
060878948272040131551785488924211858750326012076622758794866107806
199431669460231246670036640694569880337894191692790930563800771255
696111385511106823071862635087813016591596657199561663926952401328
193712268673839971023130237186061442402816750002785237013297428005
731412337710767305263002918854321849520377262517251966548985863027
520198580555286556701741242478139844114794561403613372359291002402
880016954282527637001726055817408445343080511456901070920068537510
749800562299567939370360942165585240126826086201398966399798182668
381464268876294549868698695601835872133246870517519561716040850360
702192659349072702510994757252219108424455952078308514342748979583
140906113813687321865624780519973309894011004757071818985229378443
814143454127508270984979196457929208023550364363535096012517177168
056554998278836687203057953323354892273581439095605122292942545110
596156659899801588064005422943187694927076222111028476180826159644
660270430972905492918095775775902696247824342719684252106673708953
912879269571039131701552419895665937962888409428690519523491907549
396833743385108678868311297484077425614288802420254564707508574033
953987674644706472412244050841574598773169274280657938451080829334
713697457317170780121504655607730879875787050244201825130662513284
579379669342674659176754473212872979925532293956541582868358625639
296227016169581436104796463370168169038370025573649440139581902290
259043029179330141319851960060539395930151180348550630214863817390
059278659377962839746005016600245619242505593516523938993857858329
225917116476018331586739589226917986771992642677072280445165745545
012821713074850073677934454702487148837188476688243781859855683230
039182925072221247233954381450812495920572738582163867174121455444
072000774625667799993033885814383952246841860609946505511749493126
247475454114900899298880244751171439414717156204843166161483490190
460011909296255685162877604368512092217653725203066326102792604571
211234638430897691005760760382050626948945183133681297570084946503
627830445034242988558033635619845445054185239483989082514808667971
595308723718732952461752619649890592054696908404522519746654776340
655367050839612952694377982971982255074008724675796073755929885119
227004014089922309976925072908243725293025365545849629334370195169
448316009981695382175397508939318308818349025619452689772640110604

134908045313145010713937697105463476654293873327884965077889115704
433899875968620677669411702353257219697006335598012767963217354057
017373873456002788461555755391888881901579378055441731521247110485
252795976660872618979299145615755209797040480867560544694283122745
402563321911571044554296315225230436082636308442210335683371003474
828646197343120322024724439322933802978839273166096657341966481397
117329057631860775941914189828747832911366843302535292524964792110
196464906521782428021658444801194148375608706264682217052788555866
609397308492117248898807055295004138866907636839943008188779348037
755411804546951933743693074015004386915629027469361458814570456637
297627949440616093119931117418045204492835456146997128768235017514
453738928383768007204168069639536492505786930809325864323795839791
850836678526870939433960987834815131423664526254152492755877990653
256163320812718635364405049101813148648797280648360849666502489207
356975362171904757205540792696638443542621309943524325188309713530
823407873141549480966574879196207042981321762437810817966000036278
059616864585833110248343312510293526638577653971473510052211816165
672635135384136775558921388335613754616690150611753776496372976412
757297961854600653058815433746646375024676618736828601359389979661
048870373212998988077189303455828424798632586508329716478813687836
934043158699441584056073105170080740906242322983421483645937540666
898879902452967750380630886424623540006792050169402576684226733377
623470073850861041947110699435804534455704891685726842546490009371
256247610593669638899731278465862443799144139951569466810839263252
231819117286400745587634104562885751255056808152522939279259781486
174754526947763804476995955050607030405723074802347057423446724103
122965349505065170116543132428521975922325039634918024654316346612
918022256977140890212339328788604173941013526311520369111453920038
754109001217400800370764068065824627805087557204105425815704573154
793095847220829190461794537539554705589553490462381008166373194550
235848101992227192912016177520244466860590096640142655724768436533
186703522065580145891365214214884279565586627059338874918786393912
310949856121262994129219570550982159041459138611252665621879456917
858641408418466291812312771701856076429841403475924859795364139295
700295399600044765241741180636090891070329935760123567450289489667
243683113234827356381370078481809220454448786971363944071406838108
537502379067925491990743545391118754416978797744588070612794679102
610597267850687549686191026642898726604155400035593706209614687774
802119559012974434756190369015032298765074421165940749484642116358
360774214267964398310275681555461210571679153107221777930254573228
745372929891949546444430214743494433991526199764617560500446876141
445197137848176211789772414355467354670242507347836422189788430240
648952846314388163435075296533334782074398744784424394834378621580
005295941201695844997595662195314594638517065744940644541377088385
322747539546226747217816410785971506263948291174373316912308779475
584016245243467316076527923038336108403393227859230437069614233618
515120201630037106473392360159409348761413931578014737552099930571
439690936141780868692008127299950126894063381545942618042524870705
529369512012093385006182670089611255740262928428939779819953658533
467689013525133165447848621138975793953376384770437896000543746315
267922612655403500132944795933203899504403691234100895651264183332
718963511651306511767120225793729061014842352467437854740469612582
211063998326045158125475467792932216010039689183516686733683039313
629853299887287731336514009920077181159495852996478186606788956873
041297968193338686403654299825024897608389872787996832247994861290
621538119527811750653500768127034638069985321345239607040850382203
113837312467354408540035498055988976284821825502984175192421381995
295183553440312578431076669819823628904985956993976147201950407415
341828849716367955572998115769289902945365175441526532860972531124
706097743100642810215723199143928724718284093996741383269759137019

2060393452424462818209416205366883589174586151994610289297586116332
2625393634857916508954974755610887043082657833533954872060436193131
8168742118417529818004502462401321388921541354063163302382161565461
4533991219188665880282830367309947128978081654878897206258768190141
7486576432647455435864796605054419314007833058157665753933917660141
9690172511013519303276412543790817246689999810787074329882860632101
5428729230684618965421625785755601612552340300580197329431255534421
1488652069980970043014298345079053809234458243679438749162814834011
5294287829919084621132239087623502463789187701226754763087919453241
1491141091253487734704529022285676973757021670272351520368322814491
8653030193362473582464002265301781786230613182673475745562719183131
8593703869423224060783415856173750148103203795100191326222685916201
7583999928414258360755023703675143734725006108456521231782069026931
2327170717018071750076671070243830088213495621142096666279257629471
5353656122311963034872979923961295610014411768430991443598065566841
7331837711114898251668605288243158296681577367429301750530961966351
1587675538641288368646401680329010209836414539013618201231060000071
7579660767714453237449036664538190330356596405377484863770568919521
1436067964328702651141982058714099621884954127590552896627174371631
7870154631182349958080516726387898690116970574332525233066881141021
3090637160965393382917542474057228131824852865622014084294835890301
5433176866938862725299013743012988285332041492596472487084288708681
1215621556590555201187669920995349288586951293492562058852997594591
8147350552550331514573498130249635666005715621294128820162299984811
4529158027274529433671346133989549925197261429546713411065508748681
7356789905052618418649467003626154556517859007474346830220335306211
2633198282054810388329437727848015435298542340690991512207114081911
6532842162868282636635610834323566621845834965842435114082527134181
4467043885460564089153311183112391186053987811676276761370365842841
8180731392005624904716232823299108066060664706264035428591900796971
3473018870585654299212914106508310502492118115256100637422924329391
0473242858590436910997808736870161271565760862527256304137946186851
3271590894846828027643878196883034690139863099353489043993961413131
8596462884385448545178614698948363593025023338886138660578825349381
2042975420534819660539437264347797913552987090440975167142565491731
4186574028331056378689930376561815662351820475549941943497152154891
1214252064707929043762128454036356540042644388587991544652650458841
4150220834818998082523762637834939192990877418633119502333553507951
0955019850442946460037920770326472316538371677976322551046150834471
0572786498431040691955211902908981909550664375400366598915712966901
3738260586886220943158567621416946277003446146558837096145418383671
8165326467179887047516242002769841056810499347974174742755566238341
4821872394925598724808179028869791780821130782667388227175699536811
5810068349441770141103531411070982796796045742155734677372931318351
7429009881725107070010270568161059092561977387252629549670643826971
4876315270996332315389780214195846283702358552280297758021406191251
0393900095497206896922935154870995796216818651729414300236510071411
0275558943126234999452621742518340731495182266541367071120543595041
7705298405516414408231604009414859322767183356104103195233484846071
9523646610699869631765885028193317090927754380975029691292829028711
8271868676560565601038836259747689933191815086846351020204443191411
5907723646830255391680889137742672332139947128849775979539773479221
9678936219309925112006630115661739065757368376763659371892114223681
4991202147557197223055741005725452572453855565056864605371122682261
7950192963103945844174558065212238893467377781174877110853585636511
0480400702351384140839434491495873363170337452474420769031046589401
2807065204049010261018063071440950890118365282910010426311261217231
0160730391427829982605482593748719707894559086334217056537691155991
1337169641525291258655071927483459371130756268223314419307505994001
6735363650372935500767980421512143519725325605622643945414113167471

298778368714099675896563070199695608246280145049119912407121857480
537069396403892123464697871225506696069651615068130060629410740080
470757013091617350773347556487725473691225215098135033192993383343
821078855438332361873569071608054558098436700574350850753199409765
965336872104349332228061883499200482787381125275030492088881748464
283190165396006304665029156208905322947319996678910429991774534128
768910309099767188148030932716269812365720604331596496493420535930
974995546353415998438238620494250693932014266637836894812021997614
179860830589838293900673951455175735499971707538924803152941090118
514926140875944737211593932892637050695832991810086208404102864899
234632603456423704248242570639091293808017046596536307241449281837
553304794862335063366363758865610589066033531629111765979002365301
217285753662018901016498159777247290540226707862683387773011170094
318514035776219454816762064375319687841485184258934481405295839963
849702539597621263597859456691106370601332279533419105303795404259
783041376675167497687874652996491783423364270007454754819494713598
668069156666458532914903082320598902812058781268157674309307210176
135822631899928879732309320101492321263732671517964955489689247766
118431545671617574939384016165229078440894231508766870546652757932
388055491266616937775989539255610804069381182248000513508093720466
860200390550091411653944819959417321871903409718825590726295842837
197700858179418507010239247599882896135737787564358854963425611467
807833405187109513125759999318051909219022665615695039282619479016
017023122433057544312606544646250086866227480438667441944201539426
038115578275400004040207121819013157464010934273357483361014694036
854512564432034707528448389317545617646315722092878102799120290218
922382824703505463383094194477974691308829245720502922062498555235
510565416430457629886417680620174113480892342272883474543201198072
660689569258822932702454477534721765528390806174300254282815982876
747135983139248677545318468446083804815081566354194625658132963595
505948290763301068156449665178803283777234426495734762093975759557
930638671004777439340064983405507236218119894844821271727778513899
568490447627008613126978157757229546476033592735563430185152565958
292013820915022620088003174972853899821503906535593312828283530229
104248499101040960080812922737134515814582959625143817175466341676
306580012467619302739397496828271609649437231135575629078101961242
402981117679826186714048395466852385580727594056093297312405555373
044799293256493279811483183320213731115623240409254441936217129357
321551955582693070362086939103095626257928849446571817529163361050
844013855636792071157188857988513496298042756138550082816695303908
698962080290303553800625563214036681779081802116484387794827851293
781711519531292060253499397876175464080018854911265094773779403380
813851658217736547421223193282082698080401490534839550396438927820
292472373482716964374678135415623079293493072403367516992521889224
056696146996814738788518603142897635379762432426981910159665618186
293922048809589153523367722568736438466816976741773574492402773244
271852172458249037944402883067384456400185365607465417560537108254
681792569364696441802072207679501529746750838413523113561625499529
176351416883845818879384276920770036330816674413405717150430764455
055708620196218750902138849321558849314636118516681921933331068710
415721922258451362322199002670838022234873215757971191139682680384
884040281459269592328395964188662679614930515982037118628310945019
769133557938815895114153272504224953588864505295251885697664767754
064198964612563278225970170233375585208862221826002853592814463086
109070674171612612300225306229432694397803268357300881624868449638
061833812906317206669825392733974004947585695873513934547695113481
873226417526311905776885921980237320935229881724959823218020514164
654233174602677104795738569517467260280709681525043733589820550474
008030133017558152271695309675197201612009205662308775428710696458
634713742806675167831937351325652214838331736723081198165342239802

624743765589476756921634368776691564947998944908953335482608637982

325394916672689941674998347704699021464089968375824950582908145331

422006226370265889085675892630506217725045902749909993279197623786

666529191863955876879356638777647427669516078960839316235252927832

503641558467802461815988051429269144069896524719481933963231368546

341865090928413827172521695383620063230092109962062494250608111814

867512981608654863784916838914202440746125373499118074444680045657

807234762101130684460779794221320441751848161601019084311857783736

923028533939927561111606255009383801593115111359078521625604853869

143238122459042997729469643222737151895258029733660453560070753438

041266967058679143693280921830411392517937860772590433010536938605

645312282575394317372233585221168154304436358497427720836342278796

178301536250280185857848442597198671328342485127694810821482898998

745431722097792403608326198732536158595601419384136517625882323166

497136618714988209130428155101622439116045249633842565407862054039

684759841372950931581487773712401871797783804789899494365429776732

570157053812637852227469724678742413007936423284978184783841870950

009202723276546498176971856311594683012099715472735317355702526409

742948625381481400785942093756263839468673716324465006694756705315

994726878112561704600640744455807429019997012621053694428071409221

661518213079348698972837001195293081073666728548798578714822353168

796747873575266193854236240007139113056755503388529014237718541648

922941556716384588614111063333831204110852764582840261025555845472

259375961872346364309939638012344489255652989827202990036784391510

418687495824429546262126155525198674509444652902219649632955400007

038521056321967658248422650733125362054626026868452266096888043838

047437262323316166601591279368819959405025719999329176733931027100

125953609469437966385968083266431931649658496339772919441451837316

675736885364518202302381482637706530113911289136913462491327912603

253534591991632345277581424766602795479540704330509573058571051219

829120944316533594324084681380748875387297085375441682806609884935

066699637289794431656792687636706605922664955035210430834357140335

183877561742096308666225048152511378485882570025040515838618361645

076359197566456471215061989852062746107207788534090089741333788845

290560643246783723784423811624539607897311433337060960525973019965

093743954562466866281243275277881785764509786865491389233961453938

720160995472773168875997332167711844199589484861426103891518757536

353139008447216715931361056590552306882270163900604646542371934043

098508250773501548519931747183573730449150694975724800790842693598

291438309313898554875494232274494916279219117441681762258515329230

906270288626273271727137367472885363862123221521565981401434617442

086412238248701842176211379848001289184611502913407235104009968281

635515588496259347022842452965644631458122087796414813974052131898

287854284269657822434892186212453402142291873824879831283655208388

110223504587132896511975297239395600114252964021960676967957581479

359799931418498120411115428221651323925590709874816323371019161139

791981311334362875608519136823562637758111952015928301098024561701

102225736721118075378393997056197834785899801039586427329468431331

010946879646342978777226821944480569992455368546016753353994086181

176225929427764715341240000276901027411761923992248717212932198828

213214581558330810327676656821576223286102357888866495575706551976

714230950420576201061600927036420023404509720835648577181668241511

926944850681518629351905611712803659267821369850750877498220731933

486197900725897758266414280631975955986314537097065477664768007258

785006309940108789455470972063803894836930369700269745829254188935

682769767592328677671016980350973276936027288312103987040472950733

573175722327139128868230896977588125791454937934298535944730061655

931505590245069290180294939653193727641307597943503018619518284940

068279455659277338106214901644988342847501530408357214322458926520

002752148468861352026832020123565045190191187232355916703723297903

4597875506946927721571147182379966807463907229451229908534653261746
679733821683940916461117621210756826473382614614878022120885461094
1607249501461647180175574523157572564916552016964627970618347370466
19611947071931661127537770751989446486891611246406779934062221965O
686591370531036233918759281965741610783982987951386477074064514224
493029252407623686643359498661139330968200431501561171744028457058
929342504889972302803590243885579715131545883284619046631488813005
446165010619163392539632499566891885581207683296137502319540263309
630469405124798684956587276452876970991565736177473391905312486844
946258722691209550207072170716218796791877607055804810151922950743
263378200279183115536826437678875799119811679688739631778145299544
256657730927567143291248470230227864752245335402514079094918254625
352910143935228966648242984559934255755917775857582423523389737474
844633400472593135729262448398487770176548131880669706150228893096
106568820300579282477684565057591640181294558696880326458117051128
812605060822201102948137886762347888324825282503946688656047914724
349593624085753393149412855950658025762800089063568814923209519216
400318809729991980254670328632185674487704766797400805244494123019
257706168607933337726166795237231022560304560734945720635603131707
037596272146490194250879542596683656734967847796401786277500941708
392596517921137188850269605808592871546564185389115112448280957513
693327438297878402591292425270152380183942827764230778659980071499
001127186267256977974935585858827620784419210115012275557417797638
627058527065459889378332964951877011526441421644875208632942410854
193186111409682762851290143784802343912480472466682815277274311548
964625567080291229410470366544127961945872451600591100008959934764
826857346824604969511368019113143213023072466341637342509019213619
905879348610301168491367031251593211223143289163231551486390389204
907304675379060333848146223790476336372022317683354114329733331141
893942473793198755133365951923692060556418153629274571724953820445
747470974338111998252069390559257390707774360691544834954645439455
506517513046593883516308482474634109905199496236797103589927135620
109785056162499523189050215581468446772463615546978316832482756963
135717558314707897091728778337180485198954598438285966997768692505
943828099531163809644381799776035011308707394485192851625490589031
108723329631488255920742740143440238814712545595907001193665470967
389125872702735685273077751939688620387064305373419963678594085215
789772443560955383209737122234993636234092989901253196033994721429
578747514768554321732167127462276803323300056382327072275452949421
725751941251053916721864335859445349268769220823873314300392613546
630057296367331556490979598048992472669386456437462022496833800005
055789826856676967114280187672621778655766491577003524611009327946
825636771615396243792771294838137972344729096852205312331820157895
844795748404966542625020395674682354733532589667464821188622077302
441641396400574395899344512407081002310766672834298600575549363747
498649085556304880457349808974578492631977514473595857773563077254
678529823332546870200957197489619002324974468772535045331727309242
308890578830620727285549856746790484861180492665365738111300318254
729987787422632245052354172183013256341795439649838679382945641196
752277218079707950556444508380435789200441015991008710562086545753
586198813375442552127302894241653075803033080796360397960666424281
579324486052872495607487409036181364062430201765226239558683682892
096274924609118894291902212698768197461064344788994633549049367584
304851434998064609544967328877300152215440295681234534489469325923
497985578607921934790424873864420679228419251327300496390538838157
937479116299593373471044258657372191835913423118924681215100564175
537835673127527720339420845773309322939337741474629120414336423758
453227800104181991754841646907988966638034903140420857975127670234
369730901782041202312016332370681609809619376238353166428146780856
607220894937814058508265825612064156690803913301450378737470086191

6342078689658413132733633143633823725986924785670108198872061494310
0116009326430205345194366867309888936587361852746283046848650865890
3166284417428158134399120583431847933143825136125768653093775747730
7196608082413879789095686319242787821365341453517151201241563214550
7726125717115423757523043561118558919663144423086936670511991381530
4032262106215943974271207654652317651989664244752620471519096989170
4455118437433125604112060004810628341774495189990610221341264453400
0653485761580063364046688273922022619214475711159414547570565243530
8867082174995562889089016770823973102051948388718354983432880888600
7110361769033231078137963055727389811291277038682799321659040531460
8963259863919429152076441218374053356689581994265209152060722347870
0111507849459926379425827381004560937340373847005260432400476515100
3397442629158978594216190276546124371007314153313395606701209923570
0558935555864373324662393682733813766609885613860817560855257518810
8229823656205930398480268468925648315727203819634275024490538138710
2272836538138174118903818629370668796552740183516011067772154427480
7631866938516652689190966932412414576525175477138616790707468769050
0286308364149318965595623542786245515875993374048688805936350947600
4046404226690237394346938131980945539830596379527850040281880171510
8968731583106825414735475048320937668798878682016249772079654622960
5998697092863444271187840432634846582416724416037900486290633522730
9626326436896952186374585547737927708108320998006560378549786179280
1682380184437377739659675829132206012553928697061311830757497364980
2101473139995137801195836304657845862188194414978493700984027560060
8549802633573502769035013349159994106340615470787332906037072311610
2403418705507883790008981769470259740812636634023320523475949462860
4772027962521136864483778421277547089060751025530145464807254596270
6113743167930832271444495182515532025306889930585319483180619097620
8180166772303612166067813695171764875979064176720782749004474566710
1439030261848117098822188891664963938685131934691125989498624773410
9222103929318565373462824471898957875867961128151109965937010037830
4603669908366054995393142099942349260195172005600349859404096353990
1054727739469799041357870226320692025454984165726774279463961297430
9136852179485034061807728509874281227690114136816402846752887542760
6483471728545123898591571606211062103861150414532497879130121380680
8937808878574113569402360108611727474907686345867962597361001991170
0298696396753605633035859850590240448570523144308227985585804210660
7606978466858561399205325248703555458537010107735008864951963541190
1453995475570655262775843576574584612584156310747495367701904508840
6045178961035630096449832567980305263711009034833683273800925855780
3963976978875745504097761666099027954291885893089179509868123115630
0538921168142337958131082941913018538766498384326660489096880186070
8698996946395195235541223544449510914904279326593168916538452464760
1210297732380494910269720631973144576872230188864547231035203360880
0327345189251460428378272357373813799044513964614587724157800991820
9452769114892564495544578208112585497462991227232646490397507964230
0600261945260981238603894172852569764474274292893781644102259782780
0808093811884898286656450750469903550368236404570287861926400784600
8310625668967210515107875998062605331021001223580899087864525527730
9274544838949424609773097681032881810483775584905357543698547824870
2097962396028564633703672244472560265313928132432260277494460178010
1800643538046561772418288441537932797330316564262549644575247852250
1514033329218029943636689200450280879301458362655927453036932085810
9923685824058244928679704700489293410367432496807871678052871557150
2697953873176161393561325930030985187458526074604280714530295334440
2483635278630915145811167703384349810903471380868798951289092704710
0360333677107781408348446246860614725498836547671435078971650144520
7699386002279228873124616118886865145487571245875831948668196071350
1297809734289009348299609161372171840805688912848320307378043990290
8011977674459526087245017878848275822031416079664684533840137300360

3393522391326174642283971469201272934108032240148629789074135636204355195830151240608782357990545993705598339963964272542888444321935083739604441268034988549867801424120139847994694742672513457504328416115283189343362578255557624860446989208108295158121308074724848831737971440657552370929620468722922975057390432552935848119802663290934039894973580929027356502652096862827876692654166187793651464999633518918591982811237177058085129088914798950229698022775369781832643658030659460809240080176890723258414412971928242472038004865907624832984326661253026851033499026576578579963305728578158044815065341472910340118651075275759146213859575557984653317465242124797035629657648497169968778459841432813641506265880323735372672051002039187208654889404916333923844805717563887250930123137906973034464028369489145321874796890368908009191076964875226793196883973083136328551644284854543895511923516267055241661011619193956232121540447458844931776033264586483326999953276131156081986730317987770968854732069736111069687352300866613257328235545132889270735840381580895934095400477668633738822098999477588872525139289471025761158113058137307925695089111060363374714300481807454470712358569670187616304402485928102941244816533043001976781251848873242914654653747653084078562990904537378476391634106971349483164149431772592573598987741410425852565064699225753338667022937999299024833844979636165826017703760240428543525146892938266773788401005040778149801065156552974765023025304818482902235166349070894498768111961215106508070884528940298303191343694788607197230910879065454559290442696210241265089620800237754863792190058221375417994513677375502934421394783438454088249683005596980722742714752346186384496330037201105848844426282284718356695105783641807090871181197634134679230482799919294233444343374526571185195827581724295569753655476535585715371587886731558237317912035819433685902461168954935845484381021820980564566711522781111528663148797912241046715034541226359174023105072675781565169079497535456954661023435063517892628200738767157841844853233126474816964104500932952639391072551402638097234507421452663467912487992195042495063983505756316700242220978888450142354933264477085420732956420064799904567282882730897363424016355981512716558570876026319347603574797113673228442544954614124103144112136532959073184466267811106274019900800574085133602171132919101914817238581103597632336215944590686068858174582721066360783247211055398822853111623083077224932071876031428355497239999095438674791190412064095816350306921536539525593982910836444057789476865590642695907855589278014811531296052829739637830522396568797932913415829562315501056197500574788258435068389480272013168005449241765541341553672296781867226297521935729676215974572929982784576999581857012470410652755234709316760210887462018949830999056268035473239191743880352852394519685590226299123405562366816842026140659460166142689816364896322670567145452761552084031997755218112222830694640282754583090788009525538267001174808944008582442234484090144393099507604587499296092919448678728424465529426035504015366304857278457506789033420637548565180260586465453504923154636606721495597923199612838925660686245382196621379095614180948196268023483737048644539098579604117131070124331472277069438162426160779174735893060403221611731902362901081241463468239091014747845348126473693937803450866902011785409226918907211390842736264008402256095279536622268780363107499295189633493724780784246207738545646297469856781877946413327755959495919858741916684478301866887582598506335809530473059262795878826628135669574185663518366296779633536616256900065883452847893261230794253332120934313098617001394022451593986301533002758857448261555201163216558305401109024799131744318609478889442471917656585739383361529389164631578777520692609899223778427210762267547136296772652833826045803154881842918345790562055852313846748688098747574182995143608952757114896969846591330551571824901726406346947383162248457029568821347832186005

219757949327957537140194691987103391921503460117489549350057648311
848003832107045510003197299460626690817032846523263802422485817403
542298510813693111624820378156824026705402650609276295741300394590
674452791979966472993327500323878534455218203096952772541183313194
929837454299674345083494569207945583308957219416697425544682533864
656106651416194740273233068918055488714423970148248814130243332211
602822892880315913275460406393144756504510247078478270031008306239
833790350592085387823674384874690715910716613835270975585158434913
210350122255865928574296051076914689252902235938279127110071779878
737897902060104053792712655426027857235385066544466670386663145087
099165571537120692078442628725803234558565314378543259039018168386
005327549657925726069037995759888134730688880747447547111932240148
505713258006452814851064945062178797173665367581241855617818186509
256591508967858838537346006935149766940200854142411958615773819902
618019957555810622548361640410620763090175856074573884732645071333
857565460417325337113028013789407938579364339953362780923121083970
023302836469423386202991033137697450725192819304481060536148898127
237275534536451517984386997375729723447961754122638543250152317808
397255726878502256871216813534253902834781019191542034324259346091
331136425107319399433703843238861375880568271561648549365380237850
903934833622482273182074099684532966420066268037268782026486705782
985119284503022158150530356417568937754210631387943008169086192587
428698754675509234944739615670759250191683691129303774804955199097
039823363826364891350584303996481957236211574077257682336990702374
463935429270205346044803831023144481145913795384749239157294312780
741204406080309758729669731071819844106693340826049698415157716592
955194865581648675779423393689882775900357894212761604704734211672
187920488769423319638405449947511159325479617623938498538240196477
081852094864855924228773249668730030102462610446676908525456097605
252767542609722175804231532157673532907534815364111375640334493764
477315701074417762358231865170035472053759404317824599133598339181
781909632989815139125754319138983372544052815081545703102289680299
577227508331211659770422199826896583246941224511283294989872970025
288692782008856127159949775135621524144621201185726015252469722909
151404640753192199281734280327618599645702580211560174620906358907
518617575300004249196720092148567640159697615970405736942590356827
057621726980826125845805961670618866332840263385648286426103859307
490073261464768345904157879793049982050590432130023886393302978738
736196275533218595801266221632584664077546476579363380854496495709
655491946816120511556943910807968135393846059750067179506310256122
479527199604657086253843127219194520031050931912369479545856122379
295846744832208038385192663153238284507062223554163557520160484585
957877279643566407928977315177892543246016374195165332485486621259
981179724635762805617849167583923257722366843923139046362506364023
028317230013785538397844059603568332684279926654616067211095960638
834242950430023363651087339459142466082468786791422410972599551213
534391932339520885700159038044698266311069545853638464299547406804
067960963340089659647612335011815471822156520259380056259062150272
901222426040414726158403427816260545987338572456371477792160474827
443344111296731237676119862978669863080241795004730990548680786839
290099752578360568423252734512493884646426117437845901765446954096
515947087299765071127626661175786960190328974286263834806460258351
836519591472871025416090341710762667758150465169462544957993828996
178666609857273572606855066958690375723054995572090626217139470396
850395236312944870874152476422506065216697079552830412810868604973
922953659243154172599393270748607956674145938706841232750041669086
025761487588798762359367347546293045968347057818243392374739992499
318213776303837529903851510492138626855948622828980290986040984011
665073222899953224056223484778426908827773330025209570716387891337
572836111316150828240586774806128378099765881224500975070984791439

9252401416224053285985178406026775338192282678495278866724568933375945160731956862168560635120350246309928374185078076042047738430532548387635924125575316364522931635117865222823289644483191026924741636339992805353093665926179864424954948846174813289956813731394830959499581124735554883738711252190337005154680402367783261544240656690622404363579199589191618731985304828006197422232098836693647084018123214174762767322394733060040517262859354854118824613991225459936046289697141341652030935025735593612611451396476466490210627544573749771447155080588826860313596615759788880825134084175124084231421887595702639616666768421788501511665029595597861841596054792017855481164654185831131412091278284596904448081819980631438903805220749709996445926804268473445415578103344932059501563201963053976214180739908627084806430321780024760901439771564231200722635434932737991573155185911006524727748519971019847797665568944919671648616867079037571706648356280803259648676734045842056865018193702426952536481695581459090936590780768681243863993425655353304650567850655486555712821183817396599836335767803088710405729720638481947048233307935220906084398628018386708952979494559033980397505682344935367837444146988538880452810081360625583295193112119347517762845206651922225273866969263002566560571379874677472263219110395446393846121845585775692692112744696565407157141418197949229614464039021523936521713197016823791016253905630796286769037036699987201010551972758839049026661939716483481149742391173870422714295049803918440920353535056464826470908831627172704391412142384229216009271291236006701029524904826889528581360849432035380413569645159309243382773010698290740036378191072142201091906924187216027755580459326490152150594142335313528627788269126850570087709441767082111178033916132310778845476958923562860626769063681154808619448865059856349824207852248210273557171168286043742793001905324214732698076035933663485592468191202394714809212332841860500625853791085553950069351432572141821734241696582891687104773831105970509981349409693995533517245346454725301945250021970423672563394199259591390300437260389765339723331018927319980366786966546139807538001500749940589639656960444463410488891018772540175813648299270189893187435147571951190164326245651420062310747654521955306220940907622656396770318223285959360902816252306279768529106713880771274641902570560244612378307890264854860064900878587772245828110243449387066147744535679373207145334080832496103686003164871160455763852964000928899056590388078720153816868605784536026239537615843658764131568954201845166804253112509061280575860518512612612637270196042362190166991290755289148425500020316639433680320405711411604237579803585659563124749946956984951358676171716148613421187649219985740236045258155314008760929919647446288133829073216882269131573555149018421727816778521303836603763561290076854453156388109058718069408177819078957451433595938390351399592322158154787478672620334227303779525481013433488701126988252706945729704429254738586395894031625241817680103388373892597828563795133490722566439821360408060769512299054794220774558697799330344439044199973576079750280203525292863656227166375301043481541454332706533916509959467358711349333821669894856705573807822002173120939153007826526128684514242907265999057095825486043035452329999651555781461768952857780536654894859263172911706262038297980160841215931881886962902828715797871793688490402576691969478911970166423079447116300479691660296336654116567141292665838641676558425834662650669041699510798199041563897096165783606780345803858875490439836681107946259228094843989003473574576572212780205076636124247453027283277919753687094602692110264128505204647715113195909759784752009540677372174118439959013507272930599636253552751836512584260472280813050170163645829887952963874735239442289840412742307669265753891912937927022735871589067800740485921648396309083923403988400951287322298306185307149444124552897445431895856118740001809527520962851371172568457

219543878785925627372240011892859210973591774453090991376018571051
336552689960979827966913016647136456697073237081484653493878889810
099483298222045461002017204361275120315381165829910151186943049114
475937441511992148277698846672390919809215085158244561052008871854
606987301372553634632995644554638726445232695578243816895531108965
313406984204121863850069053799029011296556029730496460548219601849
771499587160160186321879285776555148260986889146641786743554863988
576721640798099307846447004158925298121200807754694044486902285347
709395086821323407338738152117640444760483455529305299958930207165
021318455760851637824162907159794086617952632265090870625000097852
945988034121108255776072014188772749071012838936324373447553276610
994629820292478457279595995866906046000101825538486745656582757507
158587296867716751114872652122065893051470298169911459357597062405
238204272016760908971936440310471427018901122919727832816021135597
563255486999922433885045198582826291038182261226559925915970829197
862331931668810629752541068411710862598703071440860838890816173401
839452178676169102178400070572151153318183463981090485505984190806
537984039319676526182549014496282638131368683019053727762902214082
282532050315758144911052149693400800591718428867474232818892082210
987075100960942227179606118687523108651305487940730324755855158572
712956851667115026585753721524970207356655428748048188381689438092
947193924970783426911981621047130830957027914404488752944652228809
164269322120891437353263434701894141865498758085443897837542761116
048219449857339919464163451058827596415074970868687065333087674685
517086367220041335506908982270336380872483247736238427671272998279
000472375033656913596485058948711797177358953752351727045329880897
687060371716893813114926117990763868175722778250303799481053099714
133210679111769390824978575950173473432748633566843154997425554342
879813872888588408286655506303116923034262400651924618208512940513
841094383383099433732356118408341561095254744542667874415394527438
085478157481718055429230172577082542155145523116898159841576303310
410248678593445139563372056885889069057119083999697995213344839522
875922839778656931697054502755249860375938138006589525705654871539
925942499971731716797625183078071800651730515295633826327932127180
626959480634164969102111602364643235890477243477665172504370188262
115843764422666620475127825235188702178980272672802771182277315210
303587264208245289884331683157916664992568216114499034246695153246
391357047807685268998489320525337210124674485594511686982516508б
315065590233506089461332596475857404743071645102198896466685765093
083300456818727572416807670592160435546810092925593956489533295027
971567218920273257081506277090717387103132384249600991967666572621
248871349920569723586933240738111770557323460902157984722345213827
715795803472205402589664415390534121374470050890338715383493907836
511458079202721014790629798992357303403249969762406078897321843108
824493082661908026220499901128597492955627721746461146899392940105
949420973381759438287802504440996875340190388601771701245912276768
846757152369655212200577242450365397376969028517858272010843359833
984544568178406257490431917087743824104031867141420417203681142989
503677256546071050128601831884330590267041359144689996884717833470
408291468124154743093009981538425850563276047390876890492793224924
095349919034162115446082138983645436273452554213715789152132060376
564346128773346423265279490788381923864447557705950091194441422576
047487273346424607959246298170464153460651330840957147648715521286
086578470735295517681275823209533816373144290474179840268935951138
362336190365221936869489539292986105606543505797027155112426086430
859272820573203824528633753600405371597766322099134912226229821552
464413415294565515770151918986924072986258052706984831289548079625
435319741712858425766114028200953496918021677875090640963889389104
845046640865750372940522104112800095473196600465004394421684859422
090144524292722255849059366382440277332836264503030533539930969877

70343090712332576249414960161079242873166852638845275126706030057 0
76410952614298966488181203960638734084985550094173219877966753274 9
96201186977256904144690206247765655350656642375914691733307274891 5
43405830080707221480983167748193021736845370021228649151994480864 3
91860713650673852662802901568680073865848269567625421052986411659 3
38692482538337878752134922296988954977033420478617409807162101844 1
51617722148191100437333711693674308773266973085990103719739779496 1
02842916186841275756991398649211424787814353108830701287103774766 4
52424063043283708377315256119447305575523791098461773531290644241 0
44708945166904880695091460731826894492787888493093950009950702290 3
53435392133255894765250328071052854241242946878306631082799514039 9
26485381943346180295601431124328564846965317170173912538789746660 9
71453942277274101144239387958959878910545664104268147891162685728 0
35996783039870978666344440474495023780537494089169791738537209747 0
73452739794605724927590824927825833506825690837808354569363668173 9
55915005489117122945893425019397020896398720423360813109299527818 8
50402771287385744354705819714490571304159192507557151185687124513 8
61708461376219948138815550829388483756914525902356397006311126012 2
11800437038477707067215788291447250470385711950858809347550637483 8
29353177753808855894117419263293749543000850722248392228754394422 6
26269598191189695630525279099346294615360936163549447879175037771 3
74159070623175967245583685325998421558810316256244427655499025327 5
01763136294312779601191643050971695953211299204527177449654633602 6
51536565828841936387933775355221000752330624993891708860305513498 2
45420332860149882251892444978971365438878760732583968694123983880 8
20433462661172204379981330742351367849908458648166662862011101678 7
72854932272589731796290083893809378368862243092816036269180732135 6
46537153505048869164778779185842773790818861314754357370438396416 1
08668454477860518569883643545539414674488362256907582297656680517 7
77748487429731521740717222408996252027134463802893843314525169836 3
80731179921467836533342174788805977284261602035843082892445143907 9
54874192059946703109376776927346001157263547865330378705088255862 6
16916954752736042627652426280382477111290356531092061375501041535 1
63500294773602803042651560687044503456586532737488831388713636012 8
08339131268504056973058262367506066185397615704174217427594094047 7
76629585609930464445369693571312353313901844731016702853668941803 5
02361632619326787257731214972498245087303034204762585225658713844 1
71927986481349699003368236635925882060107514213059935405118239822 1
39359584242128868015569496013163426588392290351702963854931431202 6
85751720924341677167595367385459589156304151543408885004160670533 4
66540828130700832897761488249696289240160421141615103617977793210 2
97134762657997940215469978038778479401598816085214213535304149794 3
48531891952830115750065558526423618771644236083078973458250523293 2
43640264375924591800563290872305076297036484355086967621331082877 0
17716349377640015740770619290997731183271570537209205365402970776 7
86726653277933085996580010922173623890413584279519335088822145436 5
19113434014342809428932147888483073872577049742533246466094835351 6
65781767074465378364802847096926101318645029312296165994373555820 2
92882023445072827713813735310873868156668468058416553952406315115 7
36792154911263247750126529807086865320787180461286792428807755570 6
52927825941943007588427801209591016637750414014314456516093920421 3
99550727498787244571094135555045015722897094705928715478578423754 9
55553068827716278606818246476471999729800367332877207475226535910 3
97549640886425476524143137886190662271392033748303555382843444764 4
59824363406532781363195780834389918402072956331227424040632911369 7
62268565400010623898604781668629777784031279489991707396723067522 1
62950965287896315037828467679161096745584887359347549108669196172 2
46037943326536717532667964275759439960499766806612040016533028504 9
49972860704275425093720773858637004154410260595244937075850036378 4
13818607795676066806461723429500752397765145943294896719001839450 8

535071152508262845453452737577969122483337192342761582030801462801
767562825024071460250971605630931767245930760486882487900538471580
520750744820305264966898199940251579494232115902784104325425835337
177788899239517463665743261372851811005292757346641848185181569944
340408818037687535197406636304783372844055818192994312492820699574
561423826653050981344664300969883579889993336482496472266767866094
838218200691764477995154100648314950923402313298555020760129765976
548251432214277265806665755782452114351183573372377304924371425957
029585515871156388807799567099240416783945078541847459790898158041
308296754681520346603969878439383081839237477162789771382844434051
340951168427734092176907252476310892244466478911687943251322200736
515345623118550138742152335445030893885398610146110690748910956635
966294815046854675622928941510892372943193195614918231825611290602
583642878172194929175345388235279936285889636367951806699435539473
796067883863943299218278556841255867799549795461330287862146465157
139916591402845873487027052610698170625680635866012816449797246668
164161969879886773684747096351963496757677241171938898911618410167
572490652812301639681693150030825201489745797388900152682402377798
309724004631085064997410591209501570775841414891805283246730618351
409517491370788512597534824769265004236854623584360159707296182804
430916802637005785921511372201216585722336541374444765941395496439
553132516160965801809920877908352579037577267506223225185883060756
932318956337473318071536686998849863869143703937913796902175096258
692842571691290542002081554697777269088469155248117449993657072604
850439508091894328530447493989630060318518772745821052465577410812
254858746139841024552315469728605615990049197301338745304316023246
449926512501704259895981825565238875877954291090967219088355357772
498686136615280495876215441732619304117924969971423648039456363099
307208351692249539620200838815119183724445227526366889209929576677
095667383518896619596160537535008602323364828721267279457182592717
871773248430958282735739819410794665642841537352097892288900210373
172027586642901183835024010382622694185545174623600553905336844479
903780231493500910433515559836118650126049569602591345769365876222
655770632075180259102970974492951788854202119297169126631041420914
010786425238613208134763454729775317440856732210322546073930167741
895602027299203162479753768627807845971052132685726453736242255319
250951861718760134511243376299053555461959175254804303890441737617
913169627434487853115501952536997807793447126384248899343581917195
672961221652053462230855341045461753516028530353170601408812136373
334586374744900712868341362130746643149919626458766238324794568554
952649366465017373025269911908734889383808220490313999050562754439
889044634722325658585987911886688740806970103202682039916459653939
827631397675758675630661191248528924856994955452747582595838059266
980566909315279118773020597897063137870893388322070950897673353008
555615294578493640663912452296012669596009626249236235435006717356
575093246211009787638785940003781112255481862865919130265466121607
498035325602344356367631241181589646973856150829519318006571541263
062289942986318094470882999697782360083731932759312453730293080319
708391679211238220377593869128205704012577244486157978289703237209
824314199521913569339907013764865723794090189731026773146477049154
312463353149231164982846119122320443297987988654550488550281722412
719641296214255244081433833184835548531648915655594728454941595183
299317885179785723333498219716745220939822794703894830938700688809
500950017601865107568261901821225987911067357657410237188662724699
351075758553148758506068892653011018387189835211172154353512759382
643296902223394938045976378558090731716349568750327089865704509163
882052480794235222753568708256026031828129257727003799185301263523
799010619425957035219797869460379340909076816903937424032942224485
649062429240690413555579781762809939784678087508737889272173505415
721686106252435312971752870170021713892652686261966868712382220018

081998105567112872178866928665140868573073142030260294175800614754
339699614454195780173471307453251846650248739186631226591260156602
363786266520161741609131567212837043023831858011836035956376114402
196341988517773587153802798083923962306959289445028812707711326597
922053836475249006386505384673526547127960139270574253357239928439
256682119007592076122827272386085621382765349933921722883132892944
445541855911852332513183003512791379252076038822932907683177572843
476710568432799744762007968785459609023037060154744372426114673976
376141025089181934278782304188311556795804541243119210344135149026
909550179999604207232260994274936196212594458470157994267384082691
680703420037334281735882422048034577619180553844186706109278647544
687110904276564909613367896693206186509904811679659860550340492059
617415840318373662444987889103504706165000925499423394566216562460
486362752367571958462127097101035867837376285945519035694807841844
204611642743268607874808440542518712273222200262143479895429528267
493240381500981848046570078416191838634925747769264605691767553183
675482278920331802726653109312711643679338196228009595413304787068
427586157839815966786353122126491074162834036375848986732387826613
769035930136232429615603116634579503348069604146809599985141673315
641663661063813593337029105580951861002596596933585381337026672093
038574257421678642906364254627773712451614250089638653859527580132
228918653790607932844115312395719443330597111674626649023894326671
796113079458231044119190079783881715223000670094400240063875922694
362285108398908252287558339675045354327424126564539480106648018793
370264779678643563015419592850256243936980244407004148981012850384
761255766532196799894997511651665525680354364260473149980694157671
149571790870619144799725227147952932796307353587611207582906805645
927075287717611731266294567603663357133534836225749231609088499733
950008239080227083401844218602397156226894697590112111641763528196
178800201355089860699803555039550769601752355717349136765805036634
809891766237472777944388920986795169389361595325081576104264980771
878858319166602587545585580207124960203569014360241160676509441751
163995525117604635545835455868373332737835385586657651755653238466
588986398386295793497986580783912028837322165418055101504518391046
892095056442926187130727188975971985224621314295193673784547251284
191391728084319502081487214486818091226214195079624858367872512008
495905249253663525575397130128252226663193126747271170874016874019
182053009569012107994936932404638634100522606283359784777509936197
411021609915334124174563222729142898453154604467932463165850820599
008444304452923568356130595857276984976510035763738094889043789814
971338944112155340478285383410251586273452209298137895801512526795
905016883811079779373785231407545364238326775372591139723168587926
879041195675255583255894326247463169595932379328077397215234131651
023326955510042567134781656878944325901020307612993187061171311147
244684738098761661329821589523733673235671671545614175551623880797
120001523453111994541783387246086759196531569649459754343526241471
737702735162352186908458816943326495436096306903278636782721734337
872342122012779145307361528442917645937575452766551173616624937762
583412326694703866180109952641614144694368666554121465355725108823
132604443020594782957064696420840506639720639317365073513173003880
445262259603654848636596942695148372191940537488664822469551380014
166175344131094397669630489259497232083175309962614307845299331801
650845208032363582644210162743101366129855870542291846918585358000
259657093610688867074083687084907612579947164130996388859772806057
254383677775945949487903959265587631921103227650583873043998704354
154077217081533712281697253470848046067848153033982742535460673613
310625536480782351719373197638292319760687931863997393970932923584
652592525487847560669587367260250749646865932053476033302670225878
939971559384670734638222108716543115987110832363590150691704625433
514220561500233993163621226931614164516346722487008908575597842867

209087050350595391102855612564991351759644938784685362718801645021
502346566085754400621293280842456354780667137045656851925933592247
464344496813893964095728803007741566740902382614245016397148992671
505880621404736388771776520916125774301134751954522037490896163122
104904353465180190009099352151964047145886477356021465122479417805
900423518207667965078580026385108261666788485589507491586451266193
098383058348262969071317067310717197280807768484805796587544413799
294491070474718297280178725901703403330009230392538061041675484669
889573135068038686174263992443690005077832346982406924270331223442
533816869554568542413174368857672121852339245514519543662928877490
400439455946655074084270251388154225801277993624948276125530109575
941070155752457017401978850976999525956172086894340915972589634928
359294917641877073511887557335239097533861390461174419754910858237
894535948817340978863945061700922735583569004058562272378064911621
799257526358767717337825450819281108102159023883118495295970302890
454635523927760376697180464550093663893952712937566183649877213557
432275835211796176974028937456777117102096019708609988891974822781
834064514963240191341985954666751863043821782298053647680859641348
784882765133590607031616600807385645023674086326510479565555523905
693241365906176731915774394061383800816228694214783660581227966013
786881036422393449289901558277560476721452887526965184984097572531
141269697999683583131116362301667967637406820847352207648198751988
229863052801822887374008463358398398351191797700578244819958671237
440728854255425882067330386593512348849979702623134280932584612061
873144905739334295261855568315864723465082335631116899039298074623
730185896175127462011024135025301650473598739129966877316578879331
468114620930068822230887206158330968583647938117175872322118804407
563604562665101608344367723134148461871266939435580944729922205809
540034174771169249485722497611316668715094906013042427878611700218
095472391317944418416770245763014022975018319380448844816047770140
408137418939545475965527353961460351911339301223133299133292565079
896523080905985857406951069192032793347339726614955417056166160815
429521787924208501892615890842770899908154102051635179645981575455
968806942601800130355785547027159876006807331451816194078367221223
851733177317836585699996221593848758839224899291106871277741693137
472569565133430063065227379245510562669218880807811832586731369601
209077146657944366288330014408158630986317264190633304404450805822
811281548891619832293273181879995885127378387293850969905006909581
505599686237771294231761972940408139418136027240514820820737951363
148433542279393342776536861035254077258399965486187460681108544159
937826344218383938448584852903530456971510991250442313825249252954
008960027765387386635741563882743141102359953392227466142808950302
357630184738996956968785796476148133852746260001728400766103533599
700110742958861790934485688238614022120262810098784194778556695767
060208297297284932172835947885074785626883541396045205032733900115
976899759234882378960037047435094401262181010948157151330500526967
347505159579302414192467718837799078970967419856206206033657762606
620039347514589512123138896768052158583214858756210049398274337792
910008563459608478727443346055618482163033872291055643309346721926
478665631468981442003818721109343897389863038172129579092991127430
767197772915783767485462892852180820396714378507933637369500772766
426675585419995885697258889417188547324570412654538727929383555423
041284137013213116316861676495031820781233528078670360575316926111
114131927428779044645590745310830304595611994778892976495070646397
168145146294531242943635554886863612488265612400644093270462720991
938024993538960597443351284906593630428301040581746061232043944596
786199437588182107887055290972403150885180446976720704932193264273
274749474657352706314008460022706069559676968769935816122080876142
890824382822508271626545101507650711225487767831271048985812589031
480801153234822354857562501636134324457554897084018525624878558411

615590629157064001861938267871916714542297842701318556353007592339
174371504225236871430802869738972306594087472615583200288560564305
436754730126975992391214093078205163473056839443576608050549539129
145864564189519842126675570326140401652646471819168255617805000436
626398681263260515677037375763228255723722403373265634399261010727
774913476271761697800242024174542196335423683421089982050983996930
900966833517291556051800329123750279741383363465570545278348537476
157707297860282642316989566162153641506119169118695850763008877398
413314433235221610864807537627562795357326192768075059179197538220
805055360859214370642558820407949945680532099845216195290348747172
915878804337898027199175755284124951645538973669036679774585106049
237316474933485138913107670478168931509280056525080740033602625587
974658733895886504554910594418711510789894764277239141320085902731
348230514711471086256844244305561264573131797594669083041340349698
418952641280813039237953542339551451643685832971767270338799660705
027538088446666132495208470595623603513288763569283104042351423073
689830225761893982210451471164975086495793133102305164007027404187
229255253125550507519626309014190428815837860801872268853303342603
241887419947430948709809007796896221521278204036387184986911556892
852678851436920811198966991991759394422276598585296073161102727719
303922875037352767460313649872860148590878010890276964810178419250
513768363944327798589783499670751064591608079978149867462129594299
294951034556123952851899664838931513416634256253872290420785700310
050576672387824994229304331876293310759921633410348818530789457862
130438446990225971510953784248396404519561395264994091054193480278
333814105054975038632521344166525325783462410543137242051343656100
709750264749750601879329897004952635108038488001221708113442311592
330182506552329000805329609505296747617827764990338046492756424607
844006224775102298409044645760882840084383965375725163309086936595
011316680590317606539941304678318604500629809546411793222760643945
450974640311900040461013636375665251476339220564085394881156566515
641449954699979896155170851923896417350486164401960282283702310531
954944557157779195675885975303666098822024968864962402373769741490
896227826267171647090545458964342513581072155099312787001810947933
780019428811697138455978130343759117449830503972720050883851002048
645276691759729131715166904145869909482996397885788471241582151819
151311936465926550224699522520658612371086170777529724800962855738
111726435043977239915913533372794371214939748639792624792457463092
688060161268332810801373076067896388530352476247957729623303632060
797531311700321563157739611414172670968457919889678233174980250090
409276983988948694658406197088371187171626789505980379928186879083
596767443867394110895371969861829767384589543924411217443260728143
441568333778396580093324162653119758863863145759699162822606077903
337395378068615499543343966625340413723933605837613571366314849602
284656753473188333959769406024258503338228269671602514882648376703
139366150304655694403590997958808653064775272076181214153941068185
531517358800563179789508106998207123263571467145311627582525008062
009835302998598765345615877265590577677705235068007347211604498064
883912344314969945662968838109923179375961515198326501205987814416
179328900586332095639044967327409677561565792169512569575734306501
117727944676997548463963676474095197874698574050025666304304969303
782864673088907406762172081629100092708410880219803664690320066048
982952654419736165080870899913997268065256227964180494645415644876
701280058394443003877713557078046564329913218706063220815142750622
404635739633230334171292053079551861594221891341743934642698600396
304005080020428704157295937353099577166776152516245240929006876484
094452448708296372347946634083467678892429045159840508607169534168
927276857026100718961752877525160511457579234875828968827250058296
434832572501948870491673293274144146938616110082120730148945094220
915611353196601506009515300421518796800500925670277461697526917366

335884789531048751627925415229157364741848801293707600826420065741
850241704070543171728758494534967559692560581068000917355323392465
539765805611506266857145888623136877825027075077938929852212898376
757339444061238960194625480149686695371667569202794500414657284567
068530994311959103987237024927090104353255259805011571212263284707
450745903405964385528208729191184983955166804404872154753233912561
994593028105975250334168546567651849453998885243277578350372083477
741274638187405458639292544711505554322799818208681879698647010465
613411868005396513134672323812494414047414596471311007233355202812
338522140507238615369316608946059307567586266790750537016110407034
090926282674887750285975237510238545267796205530602752777436781940
577953384076593719123390416122993896587754050420933165780695965341
258929276900210583534723405610651455542932009170745043947019956698
366277022470228830426650690455121943837056846708382357301181632285
434001843049497985826217684156199179199351241530949158010079374774
040392763688826938414993758057175171344755815931032745774187576371
187757132246892272242493377771139575584843469314320561935228175997
645633844635236679326941663652938292994731554160262278104340459712
825822426701976096925423356800253834894656311249517014689940046400
911880740870773299643030944043581834084141758018478995026247389569
075478192665221993496740541728819110503325279002158545943175734588
732769586397741338302654225157488127285818892732849776969110852593
856521723918404258258231447031064760464814502022210286533308656374
402259588047132186945014436681753853073158920051906575480158234491
548443177708176712520461196493945018862567637414537686456006014215
126129242464596730642846488510497611191884672049866454759999268017
756643379003400568470375447562878249348984087140077023629650417075
010454030069683112353172934030263172213170861762029604344548209543
486763695249394153847667538095773551214637499080503829564670902052
304673985564355823807120013405179535817759266117929746014869213202
630600393179956484944444731611937253694206234756374504782675939732
127033728057813431266211173872224928063336398345193036803892593096
889952092520352785719809923805762361228496065232769709707647903913
942314021333686903948086876847433080122688699462034708237163097247
047250281060331416470144741205421382403081283471910093086202697490
915360722527512865977495195070144683595703426614602530281533848272
776449790077688980744583010805807625802826525398467121849904439425
891880218806297599563142816384851120947134995242272909662562131057
200278602521302716524357302013219950531711204193338562432181159685
353143642809886601095854368526010852934463784118853718262721650745
414154290924125763428168346424803581833399866073577309409498606570
661584407016735064684551083448304103407143306886135064816123133500
844233624141744252203847162068581577800344074422408997737952507722
722425221632527079828648342393603199360077015781454854997327914957
152420477718325986255747117217600047591868613465766800747913882388
825260595036961456375550948364552494331849375795834470825651120297
713054890598588936049041984366155680280639101693150794123984426141
463145272074906342167466656220820733874054410275552773264257266626
032543414164518064646201359107463690481409139488173491501909058878
658865756080546331911539579519922691510175261135535365480449153805
235243092095683913392366418602184865740565313865858918038882901004
954410539504281908521709568970985222660491497703442563415201133543
595601620804833457056785828475182886943264572847094155070663900420
218474284148150729321142555253848768239840596403694675585587065077
805288811843705437076685394020436679087947275769976742717439082411
422515170231955326014929205324852331644303361410581348081211878445
401680049841863719537750791225098168839594398437434905009276907430
497219732166826907868189429886554326039347996027915286663167424520
499357683219759829614090609600277500754116118234136595195436476826
597435387250343355756076030942645937176844352565845618941330436265

854933396448813667814189940353781251863618098614310938046860842389
417657170919837530273529460531821774849806764100727806893539487785
620807660764628864349757813849167549694801333616458553592342187444
390487282202327482790004380974372224090556657982792540792018271917
640731568687889908698234433324298461713480779415792607894378693787
932181927623832088562198256262053706157053365099866604373352780043
029785385825777258208143493068950997469028421232148054362521441099
265845132086983569503793412192787701548376684625884851480353282100
576225953123843954998455977183661774696948771337360294902432014008
936954352464284670390628296129253331756090545801524153362697046334
156094771470387833114080455327202669851691655054580885262347227009
185683811529132516075575147329831048174511690118544738905002707966
281357373328915219473513171507142118196223950640360662507937661011
410909757198751950627907671992084156183831262327870536779495872093
480853103370037079676981443339865319473005539550361373716903540441
227441848250897255434113291414099210105027940607813434527454574891
039787039592557677197303266292058500218412430561101471172665885887
585811098013622427191783601505630084506126095803511462218689703926
560067677522712781150869182409312639832388951433073092080618183670
533272221996712213824392494133845030855374291395100606121406401527
729920472162474690601996875361612930959443531967021387026224274713
425295198346411502152585217190733435287605089694898596618737246471
484457540042632111691306610800075901992768527723122943384537537344
556192707318420770035251888198510000910588697024636141339463736403
629167648502431395922261089143124584310802491853376636547379542810
198006394675491656738822093720679550224539749527936043218760416737
125294186890416787560507158191846283974995177618984701201417284922
531659976424913961553463045596737003669827139244746172240537756388
452506057383117220633099522461382751543842624841830545461614239767
958075757928929553582315837910599881000136355835802538193049608748
484062324421301967312857279756963808915891141510626829367132533904
432204439351225627134258357193758075555470995280586509274891485606
150149058672218630181453955271543377441157484301460454210472371065
909374589455601850747065551250496207976349526296285857419106119868
433743595990276751351242842162787382704073617901822642116190565452
355982134650098443468474989342551941906125685394712155093835778399
733985359799208044091401401301969205884816241657792074385061659298
842954287592676532576461278658136538693023064324951487229156834194
893397732577238311018607285992138274399553167071797786946310241209
656299251563690707097976574622302248111836993379540037289040035528
138387916696451463050174466783026773391565848513133733221345559120
169428199446355869119901046702572488630391431318926902723427880765
595671435508100852332873676188833143306258402854461381790916491511
389868861020424410969493039946188156434692259238227154237325561865
763731911138393508298447375787630908881906697487503462616077362010
561476491958588895261757302986600028449208833098693563896669357365
831543219805114630291803035328239125122651457960451129136204814160
742634836890487253477414604979289686654718043110963702069366180038
156492646017632282354675257725100634810833246049639745818948562507
159279851400688234565876643286169649944702876172786074016278793760
031340305365372001633610673119735402165742745526613772464146797016
342322109483927352053992161846684431657805148578748738995611735615
742292710799789378304117463423317231236870629887993956379693234381
409307730316673855875833658948792192292991702925321953131063137516
995648955562792077326334439956069913401234556618660027238644091295
776817456745562042696966397914924854631761555583478849112031329808
109382020016670821426195383939135194943324558741577258369481163492
140484733546704852527626699095914448570908316042386634335523479952
419332174312708264275715015373811447046489614779234323918836597604
173276069183964760678663226749291933231611318776739191327131564491

305693705855153395058229226297936692800988901273744011072991307584
839194837251638752515268120935615506896612815652785043774385673706
596865712904074504021396786409805016287163242664226733761382152956
236522040211884309169244962016703983772402290077519119901733887256
549451670248842314466733016979564931389538586123981116683082572022
333724698573778725176730167468852701156427758200593935709812258690
125889277275347751245969545250389826116680212877573805636856315644
421994581874028106568017531855645652955822886169552862742002819640
306143910590032153797953969302185194232688079468527914072587719484
690411764169152274721106824390965834936817407243912567260141392055
375044387785097186906128308954214450904545348523815226121360913632
796256187136414316494221393554422060053382734515307986723066880135
629301316501765553770471630091506247921237391937057541387260377844
094217302591125049238615493819007039732269827084459330938371631480
611283411794863130846199594307896849641116870843379334405700795264
780255324299882702122395890715726215449188311989117964922556872579
518737643726521041961886235970807637082519160197482234482099443332
365004015103308033450987342082127921412004204801805010797985617232
164735044013698114855410588119726087395394254908628737839037468098
832081722147968307431302693815436368453784576155752019947911774123
367085935717692095928402888000062917208716273797741535129580502970
994424191380762872308506357855702200290134327092777298737515761662
474840473928515508631642153028208352650155756311959083682307340304
392715181050027526500337086894984288132356849650072493988474010569
473433805637338402382436072538873309111373884076450003773447847091
001864804554117110025614054087836992886952741392619379085138522929
789581062839805904499241387273763985719482912844834765974014041432
598188502453910670591768324622694839736115718148985287706502379213
217892695361163793044646771025399165684431444320202981168593661665
925520655979568482691676299777340317373780308748208117848767254586
837334246334524199414107801536921241598778339974669973954295186818
200906496976103678215280989529876069957103569096028371008599789898
946334872095708021792336657487071467773673609724639922157532194023
698804256015000075840411757319574984167403330352603948097378856539
028866590990135840319648037329389860459420398689661622275489436550
760002345814107089615093946926452773942351146940111277191491369254
378585394835272648575521602087204812491691018527179951837560732844
266771847679540711162180153539879182477498161858356464522803086323
997713849928359209270555307866515564527689591621869203470156455573
402876692638413257703601605964596904032255123102029559970989164180
907129145748986244302977071138941462836484848715767856779487814312
512432935502476872684689469338789309686193721724524216873927185950
326411718319813570892707560107929918514562750286621924369798417811
414045403196091642478439214390278338683726417115549439630419405888
067523818774291085517880020788117679147787731136388027728566969401
182727554750200093592740494837691964174174743764309935882811490241
585671721186545181954032744630850849001867213652717887423627513368
543825843572609765763398593536487906202036888810270158500580830280
052905250059204099540095599338281560551578080569277503764059324228
538216945892473083726933480345155440890818030000971359031387603695
064629525581193233191042017397696851107854510205884117474295667426
408627622606677216076333832609244311716326610442814595860625069986
860747754290412444646328607846279208041631617188773654072051469312
121432516923429453543324728241729604332479029063540574426435510165
761886887575528924905830732266885794063610726347131451280390967940
936849793368148757132986978132119247305994960140277818648319506098
399949029248482264519690766949366809185292465402548007721990891772
919609315660548678027148447837660439060031471464522967233738210187
250391731552458699554238861364979298934057309118689822968756922198
783526788848165620121799323557181193394789972941131625038237716074

7601225078909139136007369816164496155077115624751848671864274187522
2209836992625110794587674427102605491018377141493953846017308993344
4936047697330192877913802703135070732109818820990421774795824467599
9020083571168178448830478739147534493519381401175208813705984398466
5495570550101894746331785135447806050024532228986959561098127445377
2003405068433161951983630318170374789862663270724406537943927775066
1173843773910037015604508542441718294622323098741599261379231030633
9797519629062149549367514934829553425573267340573662545638782087722
4780170125191080613807632941910483768620615503990171057754937943711
9814986022745743276873586654721193724736483688847386369550472304588
6168757789926241799192428880868466327656215489453775846426936601700
5490410696791396585650472314269792668892085692962878423316515400877
9707948404460626602059142071572641491184272577254451851792252299222
8998925524179313295561629333876104160849199666317442308779405887355
0839478730728309916977398349794368477463448015790691042083874953544
9261759171854122935975189900892226217219144593067886197603562218811
2780638813224563555606806941525529789749690521025558711666880394622
5316581559026470171799000399024833401918474186111779142508795783222
0037431338999438878790174932178328570913622593452398799211941358299
6486042387182406741709862281219018573336815685703235943091990841311
0032742416308560704018396764542197565982152583422886796490617533288
8038337592518802135578893511916333635912565307619634468859555567900
3193134267533833066316434060769725033746120456578575427494456057733
1809473490446364211529985330435369838466098461376693430846170005499
0836101239165487402155201807438320463746783904999935185678107922899
7258746903677495791338535035133607550732132560029191031551310728311
7711625077255153125730496232722086022521464840220284279859329283666
8879907714081923988378503562205294533615680282037531395403317643155
8940563253112358682394728921042814777090452957049128759352412051355
8687603284514258273469448854564319334456061039277195821292194131088
7466667665924574913853915794463552398869067679969535565940340083922
6630948915637051551833293940005032264170884889946017449665907668688
4722866810183423473358074816786082569926361457941434157737969727611
9536251481604750464457139352852592175783952785644120276963185951511
9925370647385437507348419804585231099524566402639452567114830535966
8678311138004081619234069234032609897041045680379348360105449292066
9273132391092894894161225287725417258807157698002902327692992653966
7222231259542378978187961729736923126986290413294069304779269034077
9608593696955308287063349885358980631703790655102345550359811047222
6307843243788750268086652866619701235843107548719344699613511024655
3823076326385989468574353065605827530017359129830695156395419433788
1212111804407015361531438457987316667203618404665922914000728615700
4709231838888371259011377511015467281568312617313584544495556934044
0160625159122144520263040073167862421234739841566360615700229575799
5125960678909491807148721992011513386033420124903343269019031524711
1111770537674903792507047710800078072437972199974867805127054386588
0977383660845571415922313112507699438505749572084470616176464289700
1673424853130726531131411329692244997325898693793362053823104304688
8116727029678179353151479252622771508731784134720117508291991814000
2438516518729332192236713933021839371801828431923462068612248771244
8161446437262384667227387169270434322667628213359572086575925299333
5704693016713770629372316184028128146654033939299764799450835563522
9313404481499746082157314367827706020903620002365614794817961669533
3898203303643151976058938824031310458646245390394575637688705927944
1914463513165656385303413805511607383011523496501602628983311752666
5408951427645487394364290003104649756341864670633839370264043271999
9344450176536211941839809140543543120466110710229491479572822300488
8815098928800520298222195603137155531918072367580873515739494158633
8634659242649298271246874287378871072117796093428528221850751761200
3163287865050956785978469694397066857436394417334190563835044072944

386217526100606739944657144525650821851108112347349770923533060731
560343833666812802897283552949783468612079306536662298488684458973
023686950573180717092710488020936988600525942346855824214663237148
360334708879050834675141631859978731821377113609337967922671304808
400635712740447619016990212805036249551464937562857255534722015529
162736004842071745078807950761845913606957788248618747949602794821
468325536369648055794751958042265961817575455372575780063850078828
942880154045147286645076936364292616561464092376099194423025307177
606647646097489013007128320670095834441486795964288442656533480626
985008900143585979343204954700739790197624021831864502251873557681
953846695713070062888292637561603278764215965593125292492422161329
574504065382201672623986186616485814342988831519203159057960073366
305926447801768242805793775192549911613874081655519618008061914487
729485116625699772451508213714632819036518087733473753221390179569
455469855894609950994481976623160582738973924308531049444078708472
699064031783593529046138482240608140130673921194035926589229119690
168304343622797153048445980731590371353990852305554135850303305994
263075300844749731213292281390041493729257315810390367157343929813
723660967707037239975647113138365036061040548871609861903961849936
105390323056035908952716521688244120760002937772054200549345059959
328476579144513894804179203585085252993874450064907705032042624603
929134791860529641815140735430834587703620162613635647536716676059
747800859031429361333792933191750084855096043897181104098877520049
212223706955858124962571331447606650693367882768887310324454243982
890773510726773326678439323322019262193656446632205485521963628598
869821245905948414538983552431719342491299006181463959235638285940
616902975647631126229146674653662658235758329722166170996892121526
322495409725300927609096890929815398547781047546039704805640970194
386112437832161330172173520169538667789380518472999961133017530953
639202007972943843344271324196298010719595118940802076078542247534
707659726795708604373801337156148493023257101981328749438961494854
878373297094278163362544363330826939905579688104948920375875078545
376405053657575719555719402413921082687609088769052263686540301870
822701883547584723999228940340790795136796379635072634422455419128
095770590315877255589220778969111186865369280723830240389236271049
807288831287553507175113342480969287697201586675189142171434255763
904895946985807500609279810043909249452408176625095274172741560161
454315945185221718557495526847527727167389139029014720235059895496
157417316989042855399440283027838377623650108590936919201540276948
681440882683921593425318596862968867707355681783603419705184191167
919396618337297000193822980150272483083508010971773091110587089489
467230542892715118246415440910664532953239354505193052789909317281
149964927253060347021598719613456500206310713361365178616544164970
357368209762583749438630392248773435717559667110116693127919204620
889828753887107153631368815546679590155314546236533727710941929274
840416913145419700177540191661941927952326018882537303377523360121
961711612555388978356176708377387852607563134205865681970192980420
505034509501358373027020583244706964639692236906385933110811220139
677100067477245536145173982465787334364145518521246858040728801878
105976487177630797893325464580093215613548419484217791755933093578
596719469919505619129316799344119459729424346000102857975899404969
436566619097579329566805424670138374499909488656972175297862499944
403863256488733167600407677690717691102171332461667136933577677517
966874823798119741641389329665109832191318891230612883213061753473
064594326312369021942487650442656800640372373565200124319482373191
116415861199401623456107055588036662603162216687847134896499772571
443635703187500753298600633308289970512791458197779206078069420505
494926820444046342562971575340949274355797251601572079797266070199
691870098612224188969224783312230698835193026800133351582348097469
113783697448676320781546648812639240828418651602491495497986442720

986605182035717645689499356020430710489295815865063951917305638559
382217514301314348075986693326504874799038056468350956561639841602
315510479659885931684745229784532711563022567963824580570873833598
486159426999235303174720562022037261527089760668460260887447119518
675285250056178297288871967524660489541310791051300257310392626908
884742371565183099163546737457239943835000925165391918101842370641
827844631996490552888569939325282656262824286907604695912293388882
636789052588962979926004365835129285916601681627115850385950992004
502382880525787160799914857795117410714587892789285944554229757489
266391490606122559018467424204898306960326099241605373198039930958
031845874187561196551694103025884274613267715286041675625997166890
091974462057078876061938247144306820078699951582186915234809462059
947336728416187438018376244684311462271997183540419908572126700675
220557081779080207642238770083023145963243769724843022813747480149
945967829765245111164756284494882391126580223207233939672487353483
796834709037217278071821993045796170874846683226075483119464636316
295504614289181870344025516066109960439682279760085105109039362910
919942119388266551364311045937739823375470223489709893823833496062
224144588181571744869858007680176809831354488908073098010459829884
067101286138185559779131126585794627976344020932540464256523214487
854998370452126786486295967723599386702875890628269927949214888088
902597529717747890672029936712367876345198659570801187477179864845
108982519553391404526404027575286220156098390974367883923433686902
937949023880629769925569202312504277051089435097832023702609078772
210288838691730652029707426870592354303768898474913311508457272408
927276852932025683038229026985498309266427981696215482643789646128
368380420732092446348106248237628678481958108547337889172165033709
317162300827835446095355000157087325853718296069755081704358349922
043478239737270858232696362370176097674845003041090604011687748131
236415722492541367350659699997435146831130004790437633894683811507
504479836224977568918706331215982573656934306098101058107512832028
464444444669225835877645410765424544616023777827884230143241483760
752722866645863176868757284362034638726464703378104558038408699001
847001329490672016291067320866560152720035703770087723639337084619
152832048823114035058253541286718497691898740183701119711247408166
154018970145776023023745038112311099710264661414041857261089563696
058312446625103344217698695531230691835330056188518487114675653747
128425378375360270025404781526769638680028149067082684714366270449
383420886829795605591530914319592305379389709091235016831752315693
892208172366779477179713627192414555888086019038040749460151095518
157321992631630815367277863953398265037693509319621749307103605468
274638519238401085893804821537960570375541363419453179102144027724
400228595051052507885300563625487962039630514167505389028154839893
826056184605969254309230501184482024440573533399486462324698616427
152552041418394545883390645070021120281626903764372367863270923848
083570492855665422565700417166434679427056693169465903559002500981
102046159970692226960430393134150112385202084330783492768521280232
291152519737913751743284056717195786548200968348394935498706334104
510911558023997896555372867167199806356218822908985971359456599565
839007199084113529007032127984868173787637691975015965034762104926
792800297988281614426247045499318735873796114461220750417737680384
233088995124892738217191170599517713453429945729725215214038343046
073402932129297183599023367167551902048367988934857854281307409171
121274913518896650388059503648866001930517747973772006038594794431
466501041077192351722447258169876135731553947360636102260817195494
774873346575307697623829299706659381130355666982838308327669547610
966886531811220411325508888982062797980648030112172279233418196079
841299972072008841839387221139034724731085153277483669837824867965
448539605467332451782821837371290684884322609750319063553017941264
823895351147387863995054860224600033576913603183825695223930439416

276778650226367159054260821794162606278653413781787284203815659300
744636406739896675492687649395718490313212113656202390261522984062
873095648128169303501869685037131095472329376747222478572964170819
858940521696598105253378892335031987258494889372864076832966453384
003413973368465664299812962074532556516610754825373816739692277169
563653668258137853929592804863934624068004561289736777656499264445
275561622239943174891109978681413003408786160964068909193446601068
578173996496691929407151979770619673556327808303748676242818953299
379935017437703304126784639410742390004075198605918156465947758609
699994125596896228698815789024265778977792045289457268597880151203
918786449716049993622264612495868772143477181778272154033157908743
833318094502935381915728145418326821124819723259721432234940262895
469574762101080787425847657147801608833404962554650632414744423711
596789923705898277665685897719457925992692904083389327233247930254
203274120827944369363547913979579720396366395782104958416314403965
424093860475283325924343500781306594917949907703881670567144856475
901470819362884606343870830873013999253725298366891041033135943943
477132545251112552111092798727785951382708916366590952074170927525
129902620455410308034810322700046208199313497741033969935705200813
490694208037872203790464382890249902401221380463397980242182106839
346850884930167918289662130425493338799654874386109320851491053327
587732269026724129296625673645906875591489631205017424394526389397
902442323703264903596852578213780965150454498931866068559097566323
944226182229519656421572541809032099804496613813953120985347967114
699342694938245149667475159852900475180527661226007197757224967081
515058039143461824012521809293563442697690775936654520908202506027
804671493363267787205816815970250481840076454284365495003371942335
655317061100284423030042053052952933086763760286456546110382753741
547484910093128725956442056976109993020881040353186694892623960995
356572233574757431587861845904831966429563222726105271648198398546
337943708365729640939488820397486960694333315145791639720748072343
344270697628656850889473094981597190683110612001028675230952011106
399785970418819427843873191795483746036719035569303839940154837381
862624892618158175467230946628362055651216917470327887284570315345
444858522369606979868892249345328209693435676167926010847238262589
759905263792325916415032763625594607746274170433254493457444889477
216876271827727072947967992940703725682106129508999370246217199889
894467876686273457941352264033498177530833993906702966521338034698
372728905324760066193925458206592897014152612950727426292279324657
917043837162693207536501119601557525946940619181818487377713426834
444240529306600573344588869058880393177484511774102397358775282284
385958672028239874374352959211556243224389289630027291056872887268
161611773035695272316977436959291424844621189894575011690312957425
148284517441987133717486576746353974745761595416087815219493803821
906317197854636480687724886181039189448975073053855804909207963214
830893523184803790906668134527178233532246612521949926765291427590
890922621175108174670500059568093135195284008043900757261786657751
257452884330535531748414291753374248775094899335437358359554578827
060373973912922693703012439656897123773945167318596704193173930742
310205394492793725566951434978805545703305908340113045524208837745
301823471483685405703839803008349014666157562782972454384494736538
947399853428754328227478538137311632469929383670295832152967629316
901577016376459707311545568276634901948250420327162355437616062896
101031778920813007133134968338654865407252699942438188746548272867
272278105469899924363853838917100915927170823049066727659616237816
864044108587574547936667543859698670955474999659120236471863025134
234286603123083288725426148465049133391408455713489742121332627956
375141588593834370232883676361427210910916326438119930711805813705
320521818716890340408422833149561397141000910171509937355016250498
698021280775524186200458708968444383063445989495551440098765192200

443482688701270198303940692242853914434437692525690603785633163635
916959756362855116855631624525027754537619629428904366194589680239
185158067914386065545763066653855089791671967227739752076358291905
766479671803885645388188660350645431683355124532052382832782772109
259629794743650827334190694841174771358669416235515154189766502736
524377829273750109051093082586789846241868494722187945092867305656
472937265721055693249737530172030034298462939903576040553269480197
521260030669803843503995362245864967571735364486622960867665022114
761971906683670007878619525727724960774953015827040191563034896276
315535912935217020929815099957118977712469085446761448508350541333
397848261343953149537191502413214925257011457627010326835919788551
641036147376475962509762230288111889540471348042461791153854163232
840054371084642690950362186833728775644555584451321260709365088896
899626104066097271490158259265168477635062365733527671953832978920
009067298565323545222748165410194800740749839188230279326391449423
695735288995277041099533947552827010819433573369718431950816575181
773136178920372220046232022502571019599757952402244477732146208376
008348553877306273902091886835251019639767078418503278393034561640
141876545693800041666721878598301833249780430668413708789977806097
087513122453733179210477653219632269292062444118602403823939582693
848769438647992158275076780160750653635601924781632884895067393170
475081966462719511896879259504855981422537353491882022522322545270
640311004505864934019626832439967502709419772579999621126315498180
662935407155836102749719065184274065659372545125747421356527406125
514208736831953589153401830056437614755600059018875594324899873423
544185362988977246414291129851849531060905307036852909517474704662
175927821270284427202763242218865003628293273448127781908247371971
787331228262452933903310566123136943767215970190562786251023149650
838505178495474625792863354846764750561938956048712724763153542713
060257324619707305889144995762866108051940160877383993594759687934
206306164976101628938474378762708398093652868909362413539742230974
044012337734528350622583007681949535057372712472914630242934201182
055942858754096729982477433299525328938891028826238500291868606622
306007695414534401415437802743546527798112480595010881568865390958
105517925178926168594761989018512885485330019719136580509343086513
733915671442531069334558535936906805731112135220901489843226163964
326307761140249595727575518017958941940131977457342289223309973919
624542378153163739920532476645534806101436730683257957605166743647
366202346212054883257962067779465896153466662849622512559988373663
561545738099423982234139778573181185266945092193334002783956605221
904343907952187695286295362583451142883374188013897668334834519923
543727595099724884754998534821287541602121420007167425273228186584
713024374038012472127577155173543806869321781709846930477213869343
623935185177209438091902476791912350163419749830019434925143922732
839989527528454309800613975570079141708167825793398258034505303504
355997163018455281682926422796379517399826256972139310348886952365
033887672353459179213883115787976624404445856862661187618660778544
234578255621751391515121750699702826712148235376167533902997247943
869400984398033723926082575914971225249699909162516822418830277064
831538112236871275612260858402325217728238991975461696687100468066
683951394054683014706632437280971730852617500405405846357996438713
060250466532450985137113504784066696740812062280849524708273677848
967506686806656952046159359064032782602281023655208379777490999881
339305724930668665438786938362894312535175161385304765696084834268
921637953176445418916273051752216789720804110223722838862096566304
326937505381260580743571556442520301536065982737244631942002726368
400072903913523216097806820898002503971154135638074184333838437755
945688993432757328763589953934333013215225900120838600512520109318
668826735672604998799535122658646076878454488418338341366254221969
714632518921172825009741219838894379964774246111828756492740080109

5806810716319090555440663768419924830303824453861204763918078777 47
840955329367731266650623046349154209455030131869928385870404977694
987623086816011982250603784077829331371486931955769041248096002894
285901471563003599521187511349609284646438827763668164442908723542
365626241849131109707115881107599568488241862765942931155326435533
657810786249366068097352567283282438804714953365163044632204199356
237763659235469498248612224043693305064454708669838194561327173167
062872112922330882782287685661129367040431097366815821566525309531
927357606575536633813081141261504182742591979158468609756617111553
592650472452890139797307483656845667637660750300080388682744809256
019525018228778677511683518513900923990735105970327066961915407328
728911684660750520909200607145646383935659156554266871106258607999
663404577588827698230347449917712787416589237797961170443306654990
881949703719928121853092042455010101872809707443290433948270288632
007292968230071606130096726729562697918386254192392746603900071210
997349610532335584725675941583353650389695788836122277161020990818
078499423562309210965202007496819097023368204647962109385232105587
621508865676768483543211634698215738765508378320373381431990074202
634978428101168489575401021897545070983266542762146933390803990467
531115202415024832005665615806359792361819323007628827294668878379
078853974048969533931470031131324493093227705326130028850543429077
890063403191002285599374199590545341982948388657641910838216642991
461141910541040721718375771550615135153927714008775520012284097818
725816627089312739645464772598088949046387444120338340398470547482
648434216601506040978703871976045332968159456039741792770386611691
754030605604275947492737317580608753112966079880717230218830918163
103554699678999676814113223840584872150451109777541309273348085613
994313891956459179137461296122743264902894505828696018397663266768
184863672978442961082457532735323785581012799169576075366163284457
154796775700222592039479012456471885952733235380132049867071615509
158782889567274613439615495902481052675789916395615629228002473414
729092945654241442384279751348945730605833955546620662702100141027
670794584352116489088168624369796568234197708223331301580282187684
116710285191137349625550441565003220132187807208363215672758328941
194293009420176277343107493222163016969037110211968178145961129850
803567824717557225952337646404023992449941171332270648140922089039
340677416590793358224796176127195757906232160753334804425925247216
637653281249173787913554545318283886538707564763973408162444498793
361431231856965340138644220930574391287276338158138712550673712242
883009985818632101563534940227831056311703310767124990400513200129
348970272130995215492391507859042140268931300460986561523614052530
392725431314097867037236715981350870414441556847409342428580682669
188705870133146463205081915056248476004435207080754087821149494621
150927923356416767368335016422842786529339283279284533215152892040
943012000817086185841075044157621681026060833568283697384319713651
082936212468002579767991155399907648403804992817180375653459518384
595099340093392603110508797537641335490529395708765991342899729770
181614294760801328372843715905906287968664004706149178465951433808
979790174722888221305314151452675047969517343623347261533030009304
974265653945794747407885636678194708758120346048621221197326839850
319839880675123556072123142248397682069335797025454114267856882868
576218146166824675502952377526614089492621794102342151635411775702
690729443076957090896064414965881671742121668318114963709144779139
340867791720363604718337590738200996909450123084402978243198983074
299124747509659505402432113462983344156393868466638451130417168804
680082835017990969544557428581327744030140033636837871236116275322
391852009315108695478540406038514296753370514492285816823175467578
599332489704331947481163136568762244209211961639847807493990632550
658610472649946278570911848293076400523023957169404530229774843375
344969347910427880464975509168928481102733559380944046934895784831

9661916191568767866474420917676961460159614300711876371159818435 70
9487634197399138085628617818195168335660513197809453225854265525 16
5340525641898360419180987756475470093335456463863745881837071930 89
9277747477765194007121001602129242904288437751885569693798413746 19
5948786640495288517970299440341709225712698364347792342000445089 72
4019564277684357400046918068857882963825556857695524334810592353 69
6323776654121361365941658964893601269083039121890796693463878269 94
6256898943238426947900195449176490799259672833320150204055056395 82
2883229865421520127390385712551158338946014788267961307059368446 27
1407317663585074877351536087854710599450815737503768721757586689 74
7637142045085859347552037159289414490384555188824778224888605676 81
7948448850542482711765602041275625108169873029478991692904177807 32
0820294539123872885057804711502794340678197206798706677346899175 96
8570170964221498843862131723330140364840906229633661397312051267 85
4801975140106876149786782238295155301447754388009420919581119084 55
9317284191284475424593024043441560468496036522322070391819795473 90
2374792889430628755879895504346332729229426581981899384964339039 01
7485919007454985194324377468897151635061784044765817263836980897 97
5093316068670902736290679673652827703154632011642375553779929847 46
4033232739853551610977778107521262296894986051351716560241028710 37
7241294082780755589199253507584971547702149091468336554322310865 47
4877713862288757608100792717858979025987591886351963060456666333 63
1921740794453033459277301240490432328916988631072549085903950130 66
6659273011702603766298106832918880154007740068222930213859576454 23
5684172436497530339103424759546679776970800273759435800647152486 83
5066819946207850017810354281282583528653403952123279660353632408 22
3180898254477105204750370425226479722869915914522430007083320007 42
9597732272579503765299376768720265918931466788798396187665084089 72
1207162147080505329655306838233758647809970173621775251826622594 48
8975554791079002943280737776954120378881938575336245355575553862 15
1372157904856451955247827238390439225555860854598378324204224899 60
5866221584236888878281887503287720578409778708991012397962235928 13
0415428146206709469072943044276373570795194638240638535397538932 51
4553204039865813187666506718012855292092902813884649449913148962 15
1109657353827367110519461256070483211206288125968749690533254651 66
0985515328470502072184489791513038599618270755253508309417881533 07
3713333483247287774790518106099400650621846957914160902586333765 37
0269503363251590124006107726551850408574372050402869641903450601 54
3414825874821359489668051697162204129218909013651942661633491015 17
7709354187823411594434257301845846047967497734112396736746076937 58
4906354299939745453007174309149674014521858837580790841009395282 51
2399394188780009800085298325011797155246966298052393594260533425 66
8348417106596468996024067593181873007607716569646002749184784539 28
3759773956101054362297228330796712427595819133817907834096214082 77
3026094598302411681339242540210247908295842719227209123104987777 43
6008228204047939823835763173244317194831569713300108285253401780 91
7584652294174735919734937221873348650377566376945451734805841274 19
2964806237884746960032363296456071875008561994006290196361814327 69
6107910102484774499481774730369751899228135576935750144684547038 17
9643560419274820296641148426475538846160928431736673260951171414 55
1466420877593721160664005713187183194037824930356602642114555465 50
9638156171759883263066063541502910121381757407054603475894377765 73
4334744331361457069549958552068159687192079552646702350322893258 86
9265521158374045717679269786983093658441605217539839796914164692 13
0528871247348215268404863354416036667164545205728789206539039689 65
7009883303927822831246398832259368184889730076202950191392217469 63
9190081298224475781030178407124137118133347420691538063731963420 37
2270013531282315612820927307873336065731882243303526775361685144 01
2848142160469279280062614904237264752955289806723868980112463526 17
0892236094195142983185054938776422055983978423549606838430804446 30

918738982811032326174942490245929687054290959893277188672788181490
220518594249649786437220191508458725241513773308659016343738990369
096183941846604804764128577485733960243288848561594816539130995078
432615276124274373041981321913109713823323536521962565656841321009
977934658671253098091631236945456552408670990257957373786907357079
576233304152045776015138834558474196237479266731639431708110461614
928063588389189301292776504366428922229524865961964742501563936513
045554221841369811550560226456922426884427092190824913879746046884
262153522223215969529720460035628448018051430923514649064831558147
073373909909403306351628476364524307039902289069103226906335776036
486055194090278268031593780882659283867885892833398144312107432421
057444077972553048758075438271808973816058294605104830293838632112
044063237985310181200968004784013121041931723115880198941289995094
490518235202855017478454727620598636970700962150536736780071040186
618081413859627807691530330859735979222742977968064432368930843822
216161344502909244442413428682045989239144100586494855598206028492
271624778702699558974228142701436725836202019104692411143248113656
782388531661678230591013029577237394942182206285322925329662810562
789429374661505175320710232540395606954202499821431539771325543297
586855252724801325259204962363918642824022950565291717349820738772
748645347449926663833468080472843102113780927195036693983708889807
928735328153398474260645007408084432945021048660235279258531331296
531322453687733089541670661483631106827794190105286544385525475882
138943087838755469743892676454966213807228842572393450520834542156
644577393590327231975817176591609149922300536477728381273341666225
338414722426299424119246224009785447297982912784403926399816969824
983199881028202402018949606067126365661007469397089206468940335704
923809270107051053509385611794273021697988253541628015272720389796
835160423690238188359887210402920190710560875100167903711110517939
171375466236838325414471785938653029705646262609481596059731112820
725571828111332460761042177477596454839111797136188734748786825398
458668974921061770350321736670657082169855598660531527270236429296
210603327629512934921752142974883617498973053872979523177137651695
656076009410257209652641367228047189019484536577305232471845768564
345313341809126025754013903941163886109277630735614771042982037148
558809988280770118207688604358180555697428951349392085027036099852
913656672420004093406815626648000477503692670100671875654983026784
039497790284984080411286490427373187873235749233515777926654640587
552701973317415255343693433358781774394766769865341090342418288560
046824427173558919562996250797908273745606776538490242262424341394
441051476683286260981169869629957329189480313093836578772030544063
568880873921733643168563019749588240778565646911005844850632217485
602786987082544923435009462428781142479255709287588160371333704989
444793554135786176777425930035019948788189354645706998980238842859
434023529395735903638779955485801844435598231690842488353550065678
400248622885397790591902101008326643914042378583471415392112521196
644127196798500140377737816113954694556263934396372291698397034431
618022638018535077274790383583877603813757838647012136315206550285
043820926854716048049446724877051115295639919846196607048019909225
438759193604899417764243237878245127509762457528554900919496634300
563250421582478503943865657347030265069800272249653816227554125812
383002246685055927019280952766320805532391360748859854952576989950
792761407664345764642909718181527040843411686487519529152425069868
697209121972727641663998948035293815572061036528542998042279339909
846309262878679188844745822818384915413790257576173055737219098917
335808706095211813913922837017330476881808509917109050444013024907
362722374529981247942216588118589638088129678928602717350247906136
422666697096556330601017905052265542575044259197988430962928103065
781734716370568213331695467538525704127557040755862586832496666639
996077175071424542434763807349935092557265250192876408649276184971

730458976251487164885915989512553752282229553578092755157717734942
544940646365328643887343342175307027972107888439357840805194777569
825417393212928035281904328304226608115277615033728093222216146272
802255172759402589140495678040276685368356006483751211956556037929
089017497056882892495376800055117044514709040276477095266126178911
643527084947663336330375047626681813493831684698386036717861807570
903840999441668188850885715673375085945238160582885059497191411577
351946916382663291000936319693762626563399714388590830624050022106
856248393754516645389779526455014543848991742196831219314013729951
184100975097941992374688409542501321236476707532895687164905935102
896844431703315138814848447542911565514954932398604734701430994530
959296573299640696179056571891557139592252223779966163349292409269
002121723513543080937580132161231377545123487290335614609148164275
810499520023608713598549648012759693337261148782204827141654286109
728738531498106973275369685591326889312465886397377860527964731457
744387037551291438363101480880102554975018505634383742326494288403
807981432555780016392499296908528458983639132925179370625401502266
817359646575985941633224415157573672662192304256955666018622138261
908801925812037238815460077600385904490388617664212001571276624408
763052928397860029377083531090043918658812000874319507410289980656
593798887012309731006970179557992604473869636116078651598376486501
679432859334319628128655516084529190591426779204939904118967887787
866743039299757616764655468134247356325818313412266269003748336985
031872001174603213572511554875102276922014334441704147593650389209
545499769900214280493035695458920060089088122898084805497614642398
124170653574543043763040631682499554358976779787290679404769481126
790951355743782017524164675346132975800098129577909972707119039363
809449713956296258726823835894718541656384732924275869509842767377
721923321752765396866061772823715965708211303558103638151827913256
944611930915881335319427340665428840741599708194924029183884976257
483153393752546673650828439655401138966301676390463017835475369478
652393655479832094346814763378984065784724561420759944989774128751
744945814534657383789979602559586269280739502699277569907760849202
215589743467392637791753036664387053071485251947022095708928286369
504935855848932090955868667023345755431925451442518128800784991514
185003301380182835829191679510151350632589157356879487674191838233
061591376859223498332250831999552784862550590848674550469516024205
215252356676382666432062440113462461848355382319190307897904891564
928816756949512976060226185159575090914427722463313568357223509941
125528091622824240694113223256899532000390302021969682173861309879
698007213116386203903272971919955577059189465177709310867334359701
908675463750777494181642136624587122836257130969042522142409274144
442862946764111157333902606899283995914207344591821012987893827130
475037383316679578727390062834881721234327931679007801792778205762
794247419639511777509457395274438958633533473679660705505270121425
442994790804913464473573810923689307860356623664611507441594192307
991226358053752635962493588388549945357860888234906479016662455720
947882310387009991721086516270017412776478931430636070317268396116
681796735997405243721801206234819404677351511011501357530393553613
5039838765404636303172924040004439345422288665043755952167963855990
474148107366357622269326643306422466225136196475599479394475167428
303938849538786086663136566087608674016868254243859509309839009508
247414611518279715147925387823632311603910159790837053267613356530
501089255973694782566935222898154208014466204855019765323210218161
662195303465718412880165026448317775303785757210757216727037351922
240314148705332812556025237909652855171060447447911806731970710020
686033490952336928994351734601699910718450704909528695777413179412
053056639315825980800945415945684740167337619934446441859524845857
806791846718267214579330271628648423325497020868147406915857052483
014262513491301317931897383824525493171754034351063059441518585179

933228918463985687661286780829821411290668500392562077476960056653
243485162514854282704856142333971063396132693140524821184022802087
649328246007079295186711877074641645736456342222618471812428438354
882660565417559049879536936295956649725411837193356979846993998266
970823283120991093412559948081987322038686457497615007315013080359
405040673405601232570978746962918829946496700955322993288831623762
277023446084161786295841810033059517722906006608958130305831313955
885880482762259625175518394264980631200451271810019222194970576697
488445965926929976916207972664234143396980960850145452991168678452
787722580150857428597643180504071622549465121526895079761409835692
430941746765451817195667472044498428603269680371841082593827335584
974386855805135952284552875963613860275898194531001707608944273324
746872429589116478218853620984582946830304075110083054667661213169
494465638662336973149053630487890788328740420726733833969258348281
353332462611966397276729576987444036547136001659167477142386181991
645306272289815577356622922661089717797715008346279464409360584315
732063783476195170000165810602100928784044356820652019452702856826
432217607135816017522219734672233277802743989435971155978038127627
806526046703857508556025560810516667781838263691621120275954763575
092735610337565179769946577949596114491162131167916004607234256813
482210917470416102540842483992404235096219691263681209164349037926
693492225463510174034101546543752831620706105390821226693539714144
670163871339195724562013513920405091861473232182936195189123645492
088239049722488287914257299133977822247818652101339141437160107780
810007161296620936804672633770301940591847858596557308893645078579
360008786286866338079763689028078061985701002322447725140393303221
195720569671864238802321863347761125994354864992447475166117836031
669526375416043600635663238710592793579217568711999822811110891424
646101546553565962127042099944031975873515343983331956098941730938
654745465140999389397693553922458643035887623157615625861587462872
818781337112351345878837855804216977643985259927890499624290653889
621582122218978878116258382965907363248496977987612007130681883372
519003703774034872250429734960993476607284864000163199296066954370
714271183192140992442394695825665420541914512045536142364884148160
260537748661498641102837595162909996220912329819216783392396425613
907277536570773639372511982297369678692468915137165264869759651344
357671228268583753144012628041840462286935889735824637378784844748
164121073381675877592282230791549822108047959043483193387634330733
994992519424337213632119153658108725527549390349701179531056527436
888894408547466647272707809098080469973094052028161295824460656291
655076968023561451397859995356144918568579496089902281540993189622
735210747582448567245261951004826725615270172300934394302906880530
192645535304297709997828918871272977567312250801215690898921046206
103032654195355883084346331184232432667935024698940574739104932355
738728624978680751440498738143435118385255825859650848619765348305
165577465354849251847062358463611289612310634756134878291962080802
902154188956716954705784126360651280509700448653394569212676107464
890218260151360021764042075934304251549604712165606382690726688106
032814204741220088866734941517997246444314878523028195667730092434
525278035472371332498112111447527196051728526390932400074100850410
135349534043775070868269290958964505677769755051816997654774249074
987137689708054222310307369986214421344497048083338862903619246209
941700659527552349945608408883527711995125641178874877554269069537
890166583717050597606881779084911618570218746070392004112101273866
342584584512364593848810490498891712468573926962218064811341034779
991028533450433635293559946999107974838607309383222418565543650497
649458385709575475892418107954937764316896260734364589130152744656
521145786141557709921049334371327654855020781975775613019026316273
124397224267414660169404353621126647620668955718147149979122203905
936045317129530955540122855108112121026572969756546972317828275358

932526338331110696576581556117359486795475942419029558201244575090
7537337046035362261549710395443112933407783239085701809046135796028
848552716340269965063129190994269695966225589497975628721287757198
542419673475301587463470733050737845796145354542520644230878240841
408078462796736873887889585204470927908101071211987798727835924233
933557556193713249979593876098414779898213818265034322401306385745
448854935897070486251427872429652100656649787070156838838645399590
365080171111436410426627869672414199832654733411128487933093439580 8
667890754340702026793784774345535265665129290134337234628978010782
011552218872393731201609370970406863255367709261919003989418841145
926153701166686589563673150522163304107798488677211494160046621106
586052485041079547948381425140499636824970739689414424666717487367
463168517045635775424231051505809864764641739106287459904737924888
107274308142629524890931985495762898324171908961998384100181546644
378082375332840225441604148959931908730084724728557488183769758189
534793908801984580628942112361133354632540040466535717316673238652
078450308016619577080902713241189165462019807089554609187238543726
113874966299766658252314714818800323795003806670118598942195994821
840489226045885487688802337594014215791542952871235682271939416595
000624391183593426781640483541623849679242080877099637573387339727
138570051017216390102814006199640295555109205148237278889395862 25
063582005762355860460670033354514888308803206990796123184492379733
390033115058829483802068767102409164859588883944324656344667574633
584953224141651880328254882089918241029406831822065117122105635810
950805267608243003755064833828150365835077439401630802437480979848
295664872770213417005589113966218009352304353954888255902667090006
571188533595233013070087619042828655767907621690733940856070615889
361930134878025952499670315914362442199778519830043798444145486551
659082820414113937673181040877195965789360890060092985718784824543
162180245386116837858586234510782849182169145864330972476771131495
903082734618524789221595763617619415803413031319184160775944101215
743941774531300010795056442252510930673752322368854324279121353055
759262100311221186203829750275381784254173117337551711968165240928
436766301402843312361032923452318918370223034445497414188639739865
083728606861694362513165598064294041596095582815279474489407960067
040156066354233056608882241092462255818735880428279346966420627411
245975215220276131826209673609273703418630680429620948015190112156
463233546199496049740834443545314211500672682516687795066725418216
964868333082337244585492412921673190981802291517170276395390765960
845015945874597607378223637182049117249030372172847521476818938282
858524186664014070914099177883713956921617076979010060192305266297 8
421951009921840123220629140060482178194901561947902646631312875029
083244483715546624849403861524853532736635483810240007269503753672
481333156495813195298329582489456994701540983863588375105274450387
542374163505345484390591298010160337024065091419654406408930992874
563503612249158486023751328733731306177764383349114167974279563535
826432656509343897438769712540489099543976103094470122301704959677
916134546024092072149464971044874803825509647557923378408501570469
654092609937529297506575632445478640178182086899760355012046052898
752372284096564154010430487466276071995929003518139082264656278006
917499381889757550412455262811876953735750525012728015922292778267
737194613719216516400180711103260665465764572568399041112655103269
898477620049452573207633661187946685468075655577881616833650598047
997528938859344621827274827697573534811670385110008812060026845121
931613498729227973543514525162066264467550435130099588759986591144
348733027605783273860610819603256783353625213985372146327137143733
668525942897840927984778786647466449578835896680820451477672719070
312628807710771780875944659287949105828127513178451193902192043621
739992710417481747355300551496807137461376682610245822978890268640
706208716918408059066840210711797550731636097123210429979833192165

994641187673904738358239727102066913868675822234076837140251287860
243360137545695612101211186685695275760983876242013180600973001510
948770418647501460347190956001644591325816011088700342409510860065
966824661861370034045403056501560321089611195643279401133232062441
296852718973390029304387526826413252372811818734183772668317079822
366819849255173111404842922636004972983664647174703203589251119031
455263782036974827376444746579634703436277452109556074920999706859
663108318811970526754076084185209907452641268309014347673429855065
555504958367106871903849244388501716241895924159706438955179197612
480105118326621083951809191931686471500762285491546332100294923138
434804057097770139827445193483922197130608237016546337256801393503
481012122660511497687829462858623206434741211262663352782157747324
524831241354286604414019190563714456193361673409966378271496009780
576875416953445440599479396181489149477288393444938623785445710715
026668290496140379849969979904177314534985205251546802967974626481
966870228616423121477629241242965831276366150132159956875563032138
349578504195023669392820440838149111506865684280960304485296973825
380024172676987094580558823876675088046999123811364649817803232713
886275399981430647461240477541717786963338613965617885964831756351
902365389428609879813243105964107502022049060393598709159547794213
809864179132509391514302291823591945291150294344931341236215198182
158312032029486003940276690126632207066257065165460052747522401019
923873469029975061163166192818509767792260931005135445649361164596
5660284911284552622247857268747061159462603273049260387319098427270
223022793637175671192685836471857815155133520340200942557325702413
567497929832606616892374772379092315644836993982219062239598351292
774874049218848651486180067646836474766349043546852270441815032947
346688059802599704514719086726975420909271463724793987242908001465
960306126644166022286040507213318150829460988850709805662279815499
892792431405323990348617380802149334102633155051103722338875148162
043988162961449937118414730654397256358037320605374193767157215516
252026287912434751769566274504051833871608859843704646720497692571
862630681746111178965071273389413431264004219002284268846322192496
026992853768096158931948902304258339012860852902135855253522872936
927725731124839805870962208930684664626363416474317898670004740615
668576378571075842749474296485796676254876979594106944926811657656
925791063739128091743329342766008234744512264681724479134541128328
974457551465078695658990528246653499093871511116967951536432826151
198278986688971093101695910417845024882873523192384486242263629734
975768439282263112020004713218720170178371097575668553713938247585
338118980568055245617589253290124104460613862625297201449551884592
486107615753201952379210693182246551772858642266047786938398442151
913918849477120401248032226146171138594797565685911745747244418275
564366755031861737105312840615915488212497193717302126743920082041
117549854683639841356774608838167338674171004703304512237269963296
753350355683742559327885052848439709953415176590329384028506921996
426091089906842903712845293454949079349840370395015943656344631399
512982458133353138964830395468537774238675823879959507312791666339
121357622930082381374995088042414367706341186794579020222525197702
359954488429230463287549234967220873007422618532623944158468650826
153186560577857699729253351807440463828973043612131248741664955773
205830319852649228400338212296198294000357218896092227607689217373
213756128171401278947680860184617347613358304779955557011084658991
846526471602906243268230972137919999502600200767792842812801021890
465503686449406851637469474009796705228717466533465347668328529930
583917529192568422946133303350299266147490355309970592944301756633
438343223044154343703476466404927395026581091264882415178063849558
473212925984863914337804053563760280606861278168889215248356454361
916584590511206537019448479242546205587901558333354325586591018391
532755634325304791374070246658885855173264155785108271162140919115

0201876161758170251311700794414086348631483190552961554113186777747
6030955399998608079384374976227303703716974916229200218300013533391
8129991829604023592948162240375734996478981565262226824692246618226
6003346563155444069190919446133592294764761753098401445696494985541
7874172123136077955700462315757407016476128273409638979769774019987
6160194157601529109109253122761838347867951852419370607979165590070
5751518051295428310185359173186365292029130842057807392675741155631
3456410600481485906597772775589233973047601761186109466683938317705
1367676598060864546532753844171933248210350034614387006425749998821
7425218212189204246983459694601714541080967173547847902896490057709
3695658507360279962669616846431118237198194995401755550793724878801
9693376504513474123702327858171705272875406768086778657331919188065
4146507023469304107602604380764983984187762433538838135818313966332
2978304519273542000124434770143914102028058351376152486834654009922
4148555589073720292194609496783093804725225427153971564461393207717
5620510574794738255630340449984090551893122525815170644691359945549
4107897660528393799502191260261204772051458836877277420393934927746
6174231696612724488814202863914202278124193533297421694509467954452
0673956977382806280091534195572092962087021781623595731539858049940
5991309645978436746168803327624713133218716363946718093667473440033
5755526219772548442024999633931748616681168580024161019357181587763
9139371591531076342504338406774911006239888597954611355539755839965
3053924251133851519729571507256719493159144543886748094127009297742
5772211701976780777554115314644415888135464046100343675463395443881
3657379417552022983704633781240452763115958787429154142041620662248
9126162385007770392863484726233343506441746226554888964328960844716
9212331084463333505337147173330331901721153077481815975318740322065
2065466630383402472404436419295851566207720195731935194885916298815
3300551052799525400109233465679859706454051429106571050430262847793
7593593880541200846812071657259589682779436299311192290462874989933
8151616124180754183887659727170003193889665336565273596570472988370
5556510026802792385167950336520665309178435468005322211811784568832
4368004432665902546285945991038547579652091234389503251059583028845
1450194530989232771984892807878455467496436275646169662618364866662
0367155784981383986825287619563857360852041933202576410865853088207
8346093735426744174587917981650977606748034235879437881661119989959
5666794464838215477158445223575130963086132598323044566468192099725
0293449035786589888840520552887864065938982709410986621527371611752
4492691264722285626744317906706605132503314572067834404637951422601
7333495920626461812732873779400130153571573662376126852832110399112
0166194811558779550403940865122360419497579357189797408115563733467
2074274241577377404441091238485558451967364835048886830993138988234
4212485495620233919819006035489851804406713580331408724132658155880
8563355292356505562434062217386358710059109166690201106008519211062
0615217298898708361337945882584198929728135937846386408146209733215
7488764585454529056485693476254092899106691922560246425452910011498
2009451475388690585078215749901642383258266123330308423601713311330
1974026436592810516974600611297413499543611415077890155231616366275
8211607345219385511127230089600339937108736340084744585828116922917
2840147159292712719738225355396398764592473836932611280374299401138
7580817617506936047380882591607654996602854941583979429130441788937
4134981285129943317567582440767341769510242443311732080541981225503
1554764825787016508657667023097852712134326096082828084722273555161
2798021794324863898906029251915448088529449249132385753214896411284
4565058336515343983943537063223690868184748916340829302685671977857
9660416012152288340986449503006136379847527887901953417743484444672
7480043634827618082339916100874051122351659677445178308192167022751
2514354946996687266873708278491919916820259037114776598260684642297
1682887151964827056579379456630484995342582827100202874575142533134
8788698880801239182527547486293592025797500281821975100994629177837

851103466716091576507689424057643488232454106255171455768523557408
154552326601776743209479015645205466875325651052514797632011122660
267524833213955089931268326349301368519242840309426023879053232047
876793848815781799120758839989511824201625492439937529250292683380
891296512472328149902698230237888614435318987992150720017872694765
932161051852405076863648912351751671937073774216243588562940623594
770431200526606256976250968421781211488829880026616044059222329331
624176122908743379022287804561701357723750619521603426862806290537
864968871393385712562416964079324475831369885918272999275782949295
751304825043666028532371402054964473380738245775558257092700759153
582136224878739519806447536509228338732197378945098948812224316665
010698739616672989920964420596817569619231839866191793408474257868
154615941458938640602296132950038120038389767450208633855782667988
106569036999081567827785163782934599361943366980652979221522153666
288839940268038621838784138954997920072289371169507757061724002344
872898683808889469325821863378234356912074028956871885668709606127
386219349873263224096065960699176020054536038165896602143871771287
553098370990207133084712303917975574483810050683280951189329272191
231654940906640214568359874463216265575739792837308702860612939772
368385814919939258415742549146335154820414128505256116414384738621
579485025909591694016701922227152051592446384786736844034101976022
548505859620374520210340195867216081712701926460704607959928713121
074803511882506823353044969812655209567080884541941022535199131368
352911597222819779651917510914125749066752719879928439903727410645
886716981183509101205683498176773100954846991006642170375101296402
795266807926201346490826570837312730887703498538168830180415910735
087802789781444525165407708127488473796550331829893602610515170900
920110222071001669479948606498841609925577821033292542220238243161
693794552445077116612781957202899490592371787630713791620773280519
004359506302783720524286071686319756831994495359654617582379331954
922183557140638217262170118990624363016468349879943067324897484029
900626756368663934498668702957463295592763582274173904767366468327
098725400825658274079373013421250157872246935933602320278802133447
547116925472442788234788572020478481096682495732594650693818393289
944085629329548452346954732470720957681550003136286818305873597665
524456292333709800392024465397081980880975167759000829452339338253
873797516636684848199061917189230530293275282052288738997779857757
464433066738428466834238197778223941515224363898742495170106566785
302676664370854624061450751098238265082329219231169465936055216243
701274300239492460008464419137134537390881710543297199625921785958
368900227535469344199270563544994464648463569211473954542342093035
095619125962942760332314028381564195812399216843570592611552186436
729390811404988429954013503045826166856151191924704248067778748838
713189871896738261924739749089221696564899815767170428901744966620
596800868199091956648398712799600060660098336650850131726705066780
738105362533240436156109801108476755494877494236585163719465279328
497990577018451049091701533568613632443894879659034367590349560021
664265581524443928278722717359459483078938720248473420322290052133
606846053129294097497598893201349050155466399788069991700873715889
175956776894727061811503019647289132576784816190919388459773052888
173913796341910139122828818689576669158175066401906642575911857638
875482934362992117191271054977385373015577838101884441860657830592
410452724319669227643946881902302936603689392914352790067834549205
228896117886051875408310491808917759260962571182883270864363467278
181627472557148502535750935601944533705704297279316518324369707363
874856092728216957075593521798282931763040398854389505725017946553
411966438406118328171225805809313865366901632341550423553948803977
100712507041056787741620258599084007176820989414486746229922762892
025508580816217315083897553884053494279190567344876604830970791086
659225293101759747853825571471946452962908784519565174095947894396

337685688784133633407353907274376637220528022445916053457375406618
371695805242171800321860228583753225978883501880423178875689402319
751974374446133525974578974005546624424324975934404953762682364015
057347269539801101002565825131195753891584938212512967996772536212
764607639106722691844111059166671823174812066194772280535025793861
898710732931143196219558359007573254549265440534485876237997048696
398212906230465260237154569746398218504024061606472122473862853691
454227582815893032578671920038152313070301231450016203835585597084
636288728568661829588038151412597924271222800658072175375995609753
028168132431908826758112139786458977991567077123341300614050720737
874775422713347772318791387780604116028338928073229462986109438994
804268776309041382820082493276437844569466685596913509728092965602
968378424831906376648975894022974765233737070759029573229676410744
477902854220571083318641606283483284039376713381480941530810038363
462098674092314162577259260164241310768383853609677439389645388121
987184708783576028465758500662643013183563775983439423256319567388
921786474251153914648306105617618522661484986211735299300394196267
978351154324719792100999023599501018504522633621366295417587904115
529116300595092988709372051119953209519197611911117856568563145823
742527336348744262178943734255594438827210995525834404807815336301
231817250476112098586213911950381276857684222706022880857922802278
992701354502689828981286708469480858690773687310488241352092533779
928151782807224730432956057066223456189965692940799043010318005588
385154956003710153628833932963083886118375725134429296237436256902
862399081808966747840721541648215364669852511183560937695388382477
926820540355622931033982346172177499287611431071126186981767165101
021328174843226860492899962137442648917874708005217789914597936832
576908254470499557365460738332954455037605455616938462993526955598
254814369522745135159635012844381657623878219028344778419434849167
543322089886572510721638012574559205006261383235333100174635632696
788299795223122133592295598777147842562152819660095824803979607418
806864814622218467350238464996209482900237216747151301761618348664
856900958044527129241361077448550164540165882100946953185167094965
320283685563439427552586762309399026264688025210023483988108103139
591567221675210364031168276980204470846827510216007652912859618123
289239199898376154654015288476402389564008009111707771686632584715
188865213418100963097892468142777674442490984819462072099118606178
378827256060277489202507756549609224153721848981913999493043561686
936215964291771095256950970699006323100610856485554482317681694918
920335382593839797795520178060026150453846602234805842806680800540
972724248870988991814030172108374085197168446555068686682595762131
761853474144377640981168974620203712113186150318053481637099280510
057939395818396053815727990531735646204725646756465733752324960442
866627542283341194771011586148225132905747233696454593507786302813
970350269335586720254206532019113645684278522271130499308474015508
320553450220711151829250378245841515954238572909205590931555270937
157304365071391970662707208366050653592578075387996624278296260271
908636785842034261794272927838720742270392586478996988852017285437
329638914179856495498712313174210781117458478347148101130220066918
811713906332237746391442787135013391013614654758235473132163877978
594229259092873266039806170514510518935261384635649007582348632915
202586551031103413814049101573516178860757643964618834101756544414
874774396958712593182068392921811680883559712722653711952674639135
472889090102527777429906681680053198706232475569631647941994318772
899895890737174479138221069168303144302108832718736937223637159824
851127773765854395220664987630276981234613453697621047397548443980
664968551500182428724139629300207842390407701717530874006211038869
812751613311076710422656095342065627964803091959171222256860508660
697491958719528511720186301457223111255958058030059590451780162091
560033927158135619396152450582940942383067522310487602756833193139

5370615940569008254671634076885187380620283937649414169522478976448
8274159243938907385870336831106474829591656363194075978797738936851
6825365656798119405558294689075620974863970515862806160495538019921
9879010726988526406869489610033232728420340618845421289794321886891
7072738273627785013727011496387088466407860794265555255548566482531
6726238855301957008990944181411968192782252147436730237577264790631
0213627009294351935375202448246504450281774735303130558784042890521
9565361669557574603044684002013025834728578786034796429662285633831
9093850405959963382052013134597759495495915282491367582655773708631
0985343103165699186477493523558769856167640256943679496508265951641
9361856390677613408634494961092308528159575947324469299784378750691
5779652340662703489343992200393314202215964047530798772485471928991
0319033113606753874099262658761458295245462962744782530607137086101
0932565610910629015937032345784651094254156584863367597171410368241
6906821364595022593823586898034205214584241562109771259419886051741
1846098105218023309134915930553236402118013539938273907609601881271
0857002216149942023522853011978515148254092669518565676534104044451
4854881776606291533342393558830409770803826294318944385077023904081
4750171040932368683097904497849323892155985002143587007713428715841
7006930247167663122853028391120296158483322876218731270254402750981
8697775241867197258039845678345286723372626819425913768922373279861
9636995719475082805749299080160929638564887577436681305993300301061
5165671686433116003817843318094769824924266082639256472210856302821
1228584359129114203603272060182523237946293109254102512454170051661
4917496978501765868001286325445737872529326712774516243343601273401
3978593022215996177517361486667939676563322195149342983767903749301
8251701618528493383442425041832303026410055781883185442893640874031
2039660088923438710023409268523884967322844566873657042343156698931
8113117085498055633424110903902940206987883668650096416369170528151
6585835647747550488319116484306459899663270339800109706271431548711
7437048112170062091860841624596321962758189168759471508236368927611
7174851631458451807054356379707232789574505387584471007564558747371
2456716260758755826316241638301758948123727346583284264334984211991
0679033276995061878866730634490328278376485909168680653984403931711
3825696659592365734822356876095046002069573673695394353734489287891
4541429944924229654199206870717179908202751123228830206374093324301
8284076802365996223074507239548291325100146231522838566996364648161
1993061080350119340985512877308159545015497909832610070008435163221
0914097131668390509307770678257938489159213209928659807516647762741
0421022870695803169101976906658492941163014490417552415284079855841
1920459422247224085795452489966149963129567459931787449783413501971
4760024855830935569788153697313632144525114082928418128045024919921
9598456172978864983652967173740653502757578465341870784213098057351
7585098708923218338602766809687867445876739370425061052945593448001
0033794844118691034384898199272178004569840882561800277402469715561
9634535370581771324966543170795487952577664211206856943407407369411
6521104530170777514495029664201508567341856133087936907990859888811
9541774261880314414174869352930128628687697963497164412421773800191
6909748627996089460936425306791041745935712831904029831131550593031
8611206192754003474299601297698456728568007574786825685265588805501
4465028247234062122672309876509524679555116757607551897367108186641
8733913555473038717714825992498209065563624636888744281635475973801
2009270337279723575620585201948873117573641520856887998396255395061
7204576563708667868496167399289905166395473480646884163216126962321
1404300430349787937658955255912612733494431374931875585152203504881
7715420612832321554250103695842011777060581131085740672176884473921
4121518906742976799528434604620851042298929559015388617177785962591
6590245374799644805737542590339557173690179397516001998758369909401
3534602006006114570812972728649244155588597502427490101997527856951
8345334494325002578020434444086828907507743961736705538376157878631

8538700095357333590259466811975123738983872665368795543001841504448
072052764944570257994686803499492941686747104745236313650471152698
278105520599626500224544073428713991949802538333850588539364994173
363696431899803695321146317461717020388070866349064786340422458469
135590424245140281425972094336803940426469576220351976052537466919
686468405748522732221411263468200732680991283596804337124898651248
471333865999581557036241284311923713805206985546305223962860016932
609247618752321257009959416454501759791304831585226900924405531186
581531978459314051354967975019715913056364079678742743886974318121
596332024245369509081085401074867453223366948874174475845601897763
958449021749345971047703154197947217559031048955150713033750922642
894743661501146171128540489836287823217755403355815130890086002311
190892831719794615273396398147557956104816547218228209282412622440
866173161182953146270119621366199594108793583564320932964189356289
507521834160949562866054760820233943903693829441070690737842159371
100843550809934951258480556142602794888117357782314109215630977556
334356892809062401470430406809674541428500105312911014407193181060
055619529375994409816126454374436773978928455823616806573056868188
932905552483777388697883384821269003385525577296329485036257241617
945606880625056743983435840688586527984713205682033268015840118612
253710729945929721983140398249546430136414120937944647846329673080
412403157916714681071721546579759508437906546392689441643670202671
733332142868727930006752568089594724605400773921436623774703669370
647989280683436306662357354918836306740896905345419625492185959482
963529914425068124219578493976249362699766843201171783094789764534
282159211054419253956738906802587429523470246253627205862445299161
425787499201547834925160434238534924384341030380727377077657014743
734358079845112149890213877261130749312518484971289917459095003932
190625680772393254545546917673500211427825159153713922475215102619
575181255589919223775605562518625777871520402423564300801544064737
868647177454853375685133039577305055429841027452084882456380181174
324411508866694172029225138714052593329218903930234849521783732353
344653262693777473250410920550827627013601076268805734928341061501
432117912584109328122674911529496919441405798335403820079492052726
207312385833278588756477905672110416544166147076128836100062438413
053105014008101079875557731522504246358724208134651707819681326647
305265266870097539010235484005431910303058505073284856662189230736
101609798730109604578786272596971821497774593191217242085520383223
097743733627260091079170854159065400695404757694645269352738958908
946566093553216942712942611401893368175582123366092880936868361084
129593136897668254634161807973379931143491994506197674140383673959
104332508378960976546321634429684475047180877538796601159469105846
985693463154671519673105401894347253273510123305556649244625308979
855259889634444538294144883825709671236053389198293136490349913321
228421966087365757136943286363383874965694154477107061380343673939
543299455488946044328621170422810297576490108461303625809885204445
652889253865618355437466905075794821106981116094362272781719468844
223901364355582252224330140937115484011366213884108247980900542972 4
928690877078639433835697580891344855483753767771965895936587515432
750294934011636286284193306048171093923998791900884203487294343721
494612397017034303370791698316245766050613624590549183588052452030
731298424258801870960784918163583376321417765526484660862674494777
513116337460985326156771682160131478190445605770892030801852154088
126888224610854206843331279758480921954444388966711314446178931474
129366512819879025932919456527368734483639889338998436121168068986
579756748851654888633769003537529198775769308105735517395144379527
270380044704900728573092526263167309907400068490459975878713209353
348147998072978030685925274921540325080620629679368029096365711965
545474983265755760946724722924089206137105621700979339927932066567
094589212083904984604758648011445523278136028145344579543873365991

8540295506010018789625823206446714509639808919967566146598237014128736646880385940326652224087508860528841067197999140854487007293022017220260304786380710886172631415313923748994778191781040775452555369360545903637816192863942002266964803975868226345375812853550796206064636202276341001562539119946325786788360870252437252628303301021044894326222627532207366765291091628199888719161678669769861721068950090236405929175721859458476306892124704365027536328350650043346183189703050828391535850605251722344229331896294372577616315222687395005813591563799500907045720072609689883738753698242621863149512139883571673563880630056290325475145199661817267782078962727991656377480299102250947244094198014686901886252851004233665906643076501671002367873518980417508647603805560882711984788639116966057125758111614332203162398619539960810644891151299038321892449671151819857985027704469785184162807329531875221707375427807836745060608436887769304983023041436468913983700826939640606945628816416952916654437390847572819696146411957158066368813124848782960051923653816696914413164378212808037745822319142506653727318660158555763100054588191460863415120134066056861830539910928422209722277276664200709987582315907629439129515634967208380989724723042038732783508601474116048285204200743959607793967665745457415734381437629295610953115848209200019968349222746222332034922978797720932593734589318530363220021852332922660432632777386992952544003746065480447629498272404229146560052904598661490530533034118423277471347528763241774686005103519680259504893354161773876502389319108406652138046674665296435771960522892728790582333626717180104787074150978653274415552281550979015314325699141091329952502769916412184798903534173418028880785943704747003746871669807291369878105191348231743199718175697324716934112404219323832375815834075050325121024232721599976225595360817163965955459215200626349383277938717450987669553428787897746644363855170650265044857714758789516639052612618767173875404593877592449369724687022198468051519182603434146351533751735439834658403665007800825133761958111253960595894171880472178746360466850775595608766461497997590725725466930950181226605975633832045120846386446499477556747110488258186245181148216024173113511553376394180161986082932584828502972156412493543549370147221837149093135274651614042298840347258735848047100304971036786199690396640031890270141021874714397393047966712714696745248582196159044358857504747116108355827618601159886799252327767007791348806270678430582303768443224083728557775850821627326777552157538549313918894433113709718797654930990630437083812107972731604146887410442732940307277743637828844239775948723462917328964323648950423030339525477232852922518209786329412792277610699764839644615498030391036874763670074420720134868042097834465670780850085124892609127081572378968179538971471665316354179274132493745551049067708830538291046609861801335492736471578823175170229529255747672943807184323528278938787305850717216987840870936084891275829673184503523300910082450089460001683728969855347815677089860663702437991818712713748359424429636432094727572711041804433460130510702217782472919884095444291559247296793147664168646799094563770460369988700796128573467050871763579926726419077586482979580150961497179864393231187059023097451683435712523358744257165025130783843967812489541028789968672155583518182197672923726750882719132592890457053921699623157341359810162606343841974111595598712194855707915404099126084315344947293618259714666352094030430179436126307970778095387707949828645366676326353342206894534303062697485729601880846564902097499552566734013380282307886298068187052054125204011999043042891991240154630648960755234800192945487528805570650554523548791789559874402509130074164191809399729468221035701898118676721549044950284462599683767825168872707929533499355139851172380491169556661244188049351821195423145457932954973290115497632797004257252928851676055670695788818916668926496278266068428178885513568220105986486442

689731040420642038862021415931334335650607977648372861174785410131
819538820963263739781867501567020103516138276223554990781670817625
800632651909072309731132612645394806127461576397469729038199157580
630745875385173348334686076088964622701214040165795597908155136431
792697143278116000395092953053015664053854401446819567416891439500
506012989953252062425640256999735405633568511706263129378820965576
305578326756161629221703945185899593927795463337352050168898464364
888207314613992856015764619060882700521838829449052835018564065043
364175350139349857051006350044232775532805166325015553600168558606
321618016788228898592777398070823443012187649829882195076487937452
732497757164679437682597865380777090931582686989321856754102218113
706628915050719169240557175153729798546795477169440460872858340200
716825587850350258068980279430946184672580186255717699914366692567
766247888256367102390508929757982489522270941846744341466441191197
624863088675226917379560846434163676355883085129548653711250744903
732288271992572715199660002166693895605038279519066233710710296452
611253548201808162340593161238338327872154509090544271980320064422
532360012498934484363675937191423227785159626576845253075848553735
830841651524777849983556099679145290553712899338041735803322331380
434826019161910280534759866238541512038956061132700556496689281316
755512979967633665355404709079398886689530685781017330266056885368
956021180772162258921919924311730489252249712553122821175882252826
509235822912252041383700828638795994087533142292025537883192590178
881759789430772711316048915678508678373881223628875585526611865733
674460226117363328802255620686149584672266053779357525558360934098
916382963659980073078450013699458821205197427166295188936366178872
451938798839149850746367011614623559091808914648782476983237759787
096345593154570680055282070629464310763848171836412428448832224163
453064177764928060031678970019137344145995290818130082735712024454
178146061237267144018753822527453515155242450079079753687991871156
710284530318732656311281918735814205042307746297225403696352335748
306562048561086409342738331833463432735127159264239390049127973028
883783463744236046441965815843840531910829032323939150063705253777
010659429219076639318081087876557596907078407317323973235506344135
855674600292812281944826263869185813672160413954633187907256169308
154099694376002147684823666895958338644584339139734195773954458947
379964993965019731801875821543881858049244015386570718876787890605
894343970572439680676623307775021542477708237790441269041207606617
175145832906568124019088806520592144597223687602261730245554637405
620748081399377467009412522215327344884170636815244358256118696626
136383402928664497006603799675017937631676391806943767843386214908
962356182010564061401237788509883566708473114371688891394268479485
387646650984117195433702892158483507258601976515246041543560676274
641178103795805511058527509424472965571294588954450204682256720106
209862067718216674868855967781333673048941388830396566121918933058
714047784551328767280301432209927052902106177139212773759052612468
035783233612231672451314301832827898769529904655069884850334348398
335992274164810683359631797050404801716357581169611089887526505039
455450818904578203339888055273361740589066076256788760234489965581
821950713067982798437470147130567036780400279088826260968751798433
062161683649757733948961813441882416886502289967808162797562569227
498087402088768810359436929920395726561305068128838761441195918624
002236445248003947999424405825317268246513520948959665872693663488
401509928375984646475342403056155906510544916912421860787811768003
899307609069048350672795121403003404594882920845356727163295012007
112146837654494140706925962143328567874574683801853930454624313698
559873264207073373620952682533002246595654211021883163555532210223
258354198699266649135319296318782349014915870014774992191089465012
801726186584241199577478446380888179235896723654961582275353549969
841302939493205679621375776989665420961561839357548510610187366314

0267325061995658143840958843545927104275247448553201536290028879027363715117097611575104474448575002325858148560788985128350955612212441353238781623331816561192925762099918516879242862423080170586007655853464509921222138629193200629166710405344413253099405031484201600328999231910328401724803603264117395877373643931580547563446116674421959053416946656368004997460891763261639369972680056711919008111646000296009990629766649508010850800515867038581971813055231732463017352876930349789853304607612670691519805210418792169386199911313682841025843874830863102275566524082814123688895195062447293752240366903159218186432340269192932376887151770807674952389899214924574176299185804334862960608936311062581001413806306012314943627930687332687687714744549611824196603717301173226721154889414471580764346364476457590703340858879379388551175194674235340453941225240645707121446590466567348092426153884175026364996764039796403950645360330584671065916086949364276706384187525076396896156031731192926863383238674463351811330830743913035433722790714103079528227165884110344434857882180908028208295544281220038019526602186359524610566606314957612702515823033352249470789046610507885186132600708705312521009241881403331109803432544721875356433943220404659540269285044885564614251052654795847216630572994563578827156077280214821750447870011247793657070567309892113872193059290580864978398631943466325792242834020275207962010766746046940717056095351333399376074927130117650602222407844780821493839639881200547789380056657803599043114871016372770352144947284480659802102462962863743293337500534210984024858609771594603462650708927576848032018361905498852289280953768213151504355825172037286016959609587642513950138220984049612226242281734043402808939972622577393303661029868199221337757916373560345378075501813255961569355010328329942384997475152433810011519501213178050138796465628491543324891943371832694701926816767596061591878897636526032086512658522642452411995901898187884508287694437676631849223848799241374007672294068073105280395354023660352099842055043059212038827556559304808391165973062450177252527879079885468508425855517383833851994344288915912253644118669644171242400135887960721910613494230833029789663443088271107467000523629974326102318027142266222618750572543969077381474263522155244832400804375696699071029472640517803015161891026800926358769818418013034526647105519950731606432675504048745317728164797498493168163518881132546149964031831401208499997545056544056651148358387174381071044446819957363462868930027137176430696041478322732756789030508095769143478308670354016162028184911441232008439992821318184843322881342551248886686544852708423042840098831385549010037940264844762363637536465110550081029406609915248147926317308774406420709539199916755639316762475890832242707294829544328151229529031647506098107151709493216616813022200848999073351928484090014332369886937917599779238728056448586363560471696443660204452597048682215144197815912322747578772163986575276098408998893737775089374040658456115404534488982635679449628642247071613265874995955834400802449400525647531127582945824555238339938861602167095409039509622984369753605794438167782815663517171901560867850102297106693787721490988919368454386725973007974938110342945358118921302910485720499673562211673336635007643262740588295448615756961432047896330591725250029655954680487653626281549757676580277875590236787348162504245315702741835390649972371430862395364283337985258809365635808787587211416735820002378585791714654161211202603427255738422155180158746305776779395293678912532977700508226250081937416451141684737365725226777890874579968237345277327360629946429241699671550862292806080316787715019020416166302049350758837769066186746162964701677056344183089676266188744032970517788145243401251222679410412177617218288850815972164208384793333982956699403495937907282033978008796049701378070294014570618322752960348530283719222610059395644991241509277875461366823146128946998167258824711898544

7614664135974724040011672646403383299904015026352712185799138187518382154225304799215388902846165379294723637963334793127084664272273704354107685379121319034331192450634520767333438091681290392671092987571771480282227330708585902259139290525897400243757102169955326576133351851876638602761997003980523930527428933709016910236752074517701696404723753863828765431904302903579819304468286320454301891421607505169966851233644518831394315814046520685035597675284062096864840014632988026383254956272132582757344853558300022255133185962288649772494481966641528190407028797109505677755838364707508929280129921465508984652700726965716889740132432879571982172311902810990922494210691151942704477358752026602177872997393804329178321634672128872843369790316934859245577217598633216922910131299649345656945683126728480958429250935515615358682033736722013612851719579917906788879489778741557950785828040051987951437931024097351375424452291066587300786546251418820808073071926898391350492537754374420265701651485490390378491533578352391950918422941007958179462613046216881844121746806220722871046251493876491783338925853594154399135800585902429854085572504489429103113066841061052521529436405894282256195150902988534967011852089646433204187932153336684750090937947458624405009441979525930580847057304417142280778565703712794758093456290877047988346971693235516960591551290394654649194697695658010447721221152971788542420630144935999036470488168696394545987395664956844680082797406485939762888615420634495952047787647960222248140451871122057621282895120964242624397691077791875989150916967488496901404178146248821899204721539789701004100445191637463548493777672404896305617608574901906641992085649882441665925913641149797211057092004834635621911259205315949520772857285350227717869113431709507474177404611259771054406639288875718393323600024450260387599951742135949797649404000414409398680931932864233231380731072605234702226995502975336413333637683830769912223911477705585997784287425696452597304589798916184400911875473810469804380559517006296303294337501124376916592072295301512543213940544337789162781914062155168208847363453419799988795161172610284106323369853456622714089825020691286704441169025820479657650680608338935449086211438738256599464349788032327217582926945169986312673587510954845587846314075971720196243370852199677928830820417083628218867104294024260058440043773587533107041888142219209246071491335029636905846644883203194741017346112878673517942209414546604185340301551815562321431657473326661079898031090681700826887321019364595617858517345054728589800787287211541725674024419790288432253154101921401350912386711103232137314594051156147067212895932638196758037690723130321615824730407013885893346366335976771547070197732495488145171495615889159727040316443495121859747041467171509731132947384808502107073004895212374842154038998185951322490144185729193570943752415921554569296311501449384703394893076243553834235439507857917705875887328687263613772313179576318811917493997364582955995596168471447844151898543077414559430091627277706400678452622218860633810672484726902440264267413390721935300584244062259464253948368565478450534349052967430589748649564389293525069687282557307388653479795697379637394163125122113572366124201402646831987523491375325919651580619387266619391605104935926527132169220962246396992453394941681487697594502275693160173729782522593211392279726446990787079721129270100728931641413289755405112986071300454244972199825592301733559399196662588628489028016102977414728147217996074304686368394358376209663705921780035815169912947673154832624347225298003800959587555545136352485292336603666133452157849202685061519492034529021461785142032423310422848635208968797421845400387349417283201176273782264796397846777136587351119302070722256003750749407810394633895199845441663143229731608084404982813543030383363163531454052991483164256012510682085656900160302972916584678918322105869948910040780107692477825728067218658664493575923770660199

7260659525543327336425038947983366014319930730848093451615088804807

6463666752908667169362062492873981488799043653338716396911672736 97

0273126537428408609734869729325527885419930190416842823213958579 66

0248737540654392608495318634134694686789235833606803394455761856 48

7011325964277558202631925680997158944893454073545166932384492149 91

1855493382824457707668823052546979612822440415996689237159295093 92

3732119547894507408067744489003806244345752246115557238942268385 93

0515277549765454318083490238729198467486931626088717921512482924 76

1589351414914158904235105073534967969487491863344304793625203651 05

5672156988823952034980523015312238521251326166449473704612481860 99

0143956546372710175562161122110472247926506088187921878564564770 20

1918708174098274263885178517823195293419048193157156404001782600 80

4746415453642585796882213147120219506870737039312153332239429647 10

1433881763991811507421555422604821990245008205203155158803107676 56

8812198575038451204473602796923884894398504077669391919178038513 11

7904637264578728005664995015957625302767342474903557787303206946 69

7620679371095314087874660907190900547871502275738615622840311999 79

3601481740181407268559346424708186513726761279734277641240894070 24

1225057591283320448767508382482335490062243196257292826480566009 67

7509285325730388834182425044101944383749082928907704415181513432 79

0126318627093441028058333197183938084511247877577905287996142480 96

8537580976667637015694843487431747574899146388916335043383627398 85

1102955909972689955904715112917945559126983594293067385743048698 98

9855944326198964253434921711717619498688138115373601192528376348 12

2187771094392593220573709562698164645264593052541308176804768491 79

9670945909756270994574641668731299851777131558862076554331510263 02

3608492235320184002464426949822200938856198141742352942110120448 88

7865176204772310072355773711756964540267737869878293238488465868 54

8243072513224599718195176378206516770173496390729119732315211045 08

3889636900343634564977138841805680298414053230978368787887332357 45

8437167785962319311821299654426422746033116562189958073857091407 48

1709077707206012582553725598818255400017096790909741338551791505 03

4624136279629433752798039212161244942285734805540929961742218675 52

6706638715401971649592580419828457272339435872738491298062505229 90

8230414417964201863239335975640856264721140987102756842328471054 42

0476927372279586934325516237287061306248948317683005950316273539 27

2221555960371912609270563209001688446422399745990762836038614515 60

1146790867195227442253415373563043636807658209294481681575624407 58

3542094450414818369400724787199371608074714370480527241227205762 00

1482655673842585276152042257561677566344890835515904034755970552 78

1149851302508741216556160585427292302899331654735499079156121786 64

7178134339282499415905014092363201698408680599677236463118003230 91

7231449065960183944335732467994721363667143093322687259227699597 86

6342198486047640383312151598246334815753891362137470506267760949 39

1565434449665030715756019052561493434123986500863349768772582014 26

1603587642188657530917405182417491784121530322238300418806639385 45

5889178762006878814048766927605976263885084187671723906882151375 34

4690742052796875938629657498654417762942518703009114961352844389 20

5145007155110873094664959499070899793052340129573493866881785927 24

4230815215906606499607550272376081272387058512137274552888617735 44

5449593851589568775195180268779856482520266240944486188286727054 20

7475043536799845846802118161245119179164083882209778864182756810 58

5076775657286484828360370249328715819806043555879980375757476331 72

0000544959849872516688565706303352876068093081590181410593721378 56

0788103151292531750411050960975165425371030855174854899280792792 16

5082670247752463749983785047234114872240388787796856216589184157 35

6593968703031935075029813828952996830357304306071207546629980584 79

5107732290419143068162870295090071881413421458284156116327645897 97

7943185244670333572201518300806773009843428145985559436573897199 03

2628610071674691150902659464279237556249374235121744508031213499 87

4102105040262541157631141230640337384023024844739361327771431778 32
6487227872000031324379911584541073200832547176553357788419738811 19
8783081161282533435001379109732645804567535626928483455102531756 97
6137831443682524778543069370631432550964076224942709697276210616 79
8163074586477313621029169131901935053917363387720959307728802113 84
9522530852335642009147582113215081416345593732766381646209964150 41
8142792614784856112250969744180739940121864957617087742985390839 41
9901188858773363731131301710135777903347562044395262607677976568 53
8504151780028622026017398315357894904544427165705596492052223188 35
4474283111934696037119412186093964743696835216300841130921221376 12
3619315550911877534644560429373792151668962024254716803778182746 38
5907968207356409342994334271792080288752211254331790114149116004 79
6389603318772204714551925930589486933504992233576520706393366578 61
0808592005775957357706056346934576038849108050669551609381069436 62
1287588273316132286483143147176721157046192356146500377405387217 62
7411136601782358558451731002982077899936468177687598057719690442 93
2656414928889506161743273954534823316663997917484984027478354053 59
1200222609439905312070766019667274321466731325059919615374919120 61
0926487819537779061425351892234661396095319606252617842571586992 43
7826609161717464971634720477389613148671942948249029198941916758 30
8889233973117415554172680947533102737797997098175650450547360227 67
8621069754045059261438837781516179253790106064022916738026962573 43
4304645300421104252766230305520724757393067927263937131887228801 26
9585549042486632283070227740155528034220557317260915929275132872 04
4337772363815466022426272279552426404790691285346647439567039015 36
6644825118623402780402537808866611353566441069137697238823654053 70
5720326485133071180018862177768059795321806543675321022250428000 43
9940618518128895361407337239506631151707000571386315302132936855 38
0184898696963028510893012021795064707248775032099948367568717247 00
2905581456984051446746945071887173763680287347355619685317530756 61
2015693057034430987614972306895286644415640748345880898652566166 43
7972028958684422039218194317151275641117761475637140593686400010 35
8802638912596923817062276371676287480628381602275941051146269228 88
0912943302776649594724973844730933763274600371084359078599766718 00
5586870287301832296672925665119592610059415810036508929062603999 78
9107646931019522717446451994436169991555641564121510871438208088 68
0752297850814802286234135318439205666397115246089048131844519231 49
2910632815402792248937822825154576827162459611763956688646174239 53
7158657446266439961554789051637325218257833325356445898929059519 26
0586597986713448274478262666789841919627360593520221496681570436 55
6904167082575274458817572811609561481857224369546475050830284430 75
3170779235571329348761178390813029105991835522622374686711575705 93
7749093797579381952473316322662359826956998047343344026168796547 51
3042934616242661346074732526957031148814696916429336907194815454 81
7908292910720694297318759719731015426199335646153283618228701515 59
0331070614653042170066882533797013234495060714168352686098813122 72
2054090309466460661858579999141539781448477415640822589035406449 06
4635106154337194004013861603507145597360142786234514865734796217 97
8467570218989951333364438192919053008577399504523493495718968461 27
1137688957597933234953320895381453984677028512410913999962409428 61
5356154952015641889962125930051264420968659725289941843503668188 04
8075291059723360083654823570191986855092603500487657378829516292 37
4183271323676865849464000596709506778345361003674425949188581955 95
9269025123931107259512121156338241589606737480071832468778413078 09
6938241482915189560427550175420651744208813401454360707135560267 63
4995975759600410361609612137736218202235639801014559249360156897 14
8979333658549918634973041034950079055097103732948921976405886995 32
0189664933508204310048852305942984868017855565645389715296386871 39
8239389278862831305388987044163387485323665505625430238286131768 31
4743993446156093107653849475846489316215158358898933919567329443 34

790390909645002015254529742236093348737748570906018648070516991257
559332518203044120573389116924949793744441817210180048695274815824
860757712217241382985252976703526885042133034637032059011127692708
423122473740399034467618957001025917858966147045611886905543180001
357411454538480916238456019398214576980154036744730933242141647275
552190877396917417373506414595184607851240181377454588376298517906
609425179969503658723513291154069411855800405756107804357919105154
389529301786070568857811721742139155095320721197089841522154253164
791930461604981176009994043413190991189215513651226115501813110735
194067489641860940284869283055022119924343866309661229983761658981
274730669004071331315325819303202814967455702892711980502308342949
072461054910957995507893660263469846566281880554901043878989574409
314152964143377690260506436409832682176336287098826272397430230055
063851675289226483750950886137219833353460698489068556859024446788
863364396043781823649316075069795253661777044807862852104682093268
266828972207159109800819778019264952538304724636079589391737003693
289663580220506598028533870299680922286754271291338699940266335773
608637540472021149927333995596386713941415995063555038162271317992
876143298924595866321022805072720176632829028139513624639259879408
411977424214784974887928534813292261758042969536056849641633358836
124647760471766303398537726717373232324351929797334237646067007259
056978477822590102247186184955108700414015527634922430585064979174
699941224701667003101044327626530993015284206842468595235910530969
681058431185510376080853681033317095349081348831311722359377438741
462183926501715609032794028189935612694496396714332078290473191666
678085182551977172880062773545399159278903401078628896366115708075
792637125157532125643458797675822798605621785390463443878260224769
831644730911677313769865439441397481344800381829810375495058853983
542914632275329122606239178293199621398691881771111842441962771878
992305735044724577538311943385179322128576603521216877901140477658
976778435696351365329151493096380391047545011699675878027999795538
955855005904553329793563702640770333481120559679109660880465445819
911756967335381794020297742084467140554762538001665796195719912620
080781668202885915862485723615599401625547770791411160067640782608
077107894734372899115676130685073224963159123163419758846276472881
920236762716375194766953325420490891610249164837334965917270800147
115271012908902961211040472462065622820963283626670888972846484919
450548524147558133923773626921276628090107039603299462627250947141
176912142913353975130151431774671685840290596862221708011103666071
4630206206422073967367402754444511153186803573711970612632143552346
855544382456532551949622309244222627616181076353271218486711038748
633241670789046885223329211115019790098723766740155491675344748589
116281268686736042229943560768269783317351763941137568187311853109
391473316134714642957480258866120984333362644789232779921718938110
490257508983329575231138511638411810192449913293008778472536273658
801679273239119566773773460292311671472527543877323954096440741744
930881033569016899447326506293568124074685916892546509211091423164
339664349653553999052260304711487117501951086036214378879284074498
252703324251691779534323933805375341542863344920057275796819187421
842721885884666266028133915912265087032955629743121006084764623824
061202097408858510971345024453456269674845217493795199836601359599
598044210553393057994635412156592603739545481307090026816164735807
530907005794698595121857669282043359313336580210439358016107908279
426644878203528015749847777187536663886871469284922335979702018592
163752637064707239232807117749755236536241706263154632700590266304
024739804533530204093931304973971307917181514886323851603514091871
517272596320603977518189877379429833548962149298830651687972617323
342951860291979123542091466176185808120657850975540518126245478535
871423498722824507628021855541643937355728734131770795331826410695
802318126782729262172479047867331323026028790147648543358099932443

723491884995859948625830676000122047336344668680030217744283089567
321206573109092985212685308293535203316260961238719270474910316941
151648388474797456771234335574429812684461432753371060377023811587
306886288969394132363006060504289965200451060374867696136491725117
214171045397236983765748250928625319917610379605050700474527519870
692438307972081336510745808625339870452950365773947943751943255366
001421055646414822436061646770791716585117656108592356346094854976
447796211655113187009699029140731514839039089918159185783326502779
539578418251970561524675181074563304570829594428891506667159297604
128033547451551004399493399113574003681082145201003716633376952121
337532395906445150652333790747504285781596952756961817847042381784
203159924171121572817531382552899083172227080319334018499746246615
068641371786793594805932728519643357368802741431586900765208723454
663736398318691202096562075413488741155043517945705202192086628621
570465012959513127937440724676204192266556744533344472968171487354
493873384801665428264237833848317565438333617440873218792199714309
719390756152899799193348168456648698943157601438028626335331361857
237931672366063675494380052529671399740350994071219337375857120455
594960284445640461306033622263621629341224576151165419387916848132
809624695244456954621250879118935398322196378999498705755174877188
610510452587091200155027181112140083303394599977286587045234191667
304068557004717286117263358849682710717450035389033631066658091122
161122795352059735631542387862792211740027929927660272309100878896
448671977510644852854236760680678328702716021491220890738359867916
779079846546847654432886332754592689976471361182191936371970943091
897609589330741950915357899815945626817403109118621361123870326632
874592512380172218592375964203971780119733013545486303115628764539
733301035351993689089171658211844720253940470931783306012396416727
093121636937919332391842597730527614792293021230131636529561376233
305284546377449667838557241630555328610532755207843894044247233087
001494007564853949389708563666247235115549684263707422419853407218
843317118086247851099998176232258058120204907270236751559960385584
667283973473259596127104496948996928070408723556135501883486098273
344942119279511596389142170133713625405959158400657637103362185943
540907214950797192642474168788661350962013130319398165644318423191
036741420512556863328098552077093239955742204583728924383094811084
233008764153663084724168976375194193998480863927695317901643727802
977688806162490841933764103645096126040651273694733432136475166867
454187542353324904525140012619910255049422060899086534891218519778
520803538297935164736163639485284975628497148856270364254376152530
348567914218138341546765630362935943271568888511396453417550113555
234226609517738178180389386443090830539927386531988392370825144349
766957951254066405582132495347608244642379595204674037169104022865
060164401188212816887278392342736929260620640964091959614590431451
723416161791510706177671741511297009743626357169179809791310760755
444007274823165853639170769125919005551128507328081677051347490741
450119502481084276777357730810360845003755565026865827089490664096
114629969042922698380843496813891492479886224871671281240892627970
065093741291428012018819220654215938973633819322591270713038489421
629319110049071492253628218620356176446854469959430764190727133878
182633847902690514134885240883415970409316671764584851653904600109
634729323170245268608078649180077024542605338592009166331507927787
324832590160442171566874940579151896771159131892750178044518249937
438743299329143554374680946834026083464252681707351360267844117117
547680302578284327412712955509267108574023047469600264457118930180
581121892575725002417910664730201129469375495333839271076783815855
808875670613299964991589394990408749778235503921051363016467163408
622693653940345676951865277526856031286808815689169916046013679356
000288784865017387036118613661682337006376249017187035483916530088
806575237376799068155478888938646233804336788144738626369751444635

331513645033652509877954130939941467601122228501278273455755159561
984487267288862169113912786444182650107159343331816055288098093137
576021954484236689181404876129698357403680117551891330057226994759
192287243969471072449770404732967513384853728989198514487912693399
562727628630157178270573552384501936652886942503015712886490989930
558977451480649740071081376020676606100283353983207243594567205949
451216844025305614161150472376796871252693156319309816082329795042
589816674800878152648677364144935695842879538795111120900413882435
069998882091565554032892502288051416967879299266268622246705254906
674953625013269700318245101140735192981527091168287631615254533623
132422680452228896149709173971135352554401236086188154541470853204
672299469390714881886033268282617228269647851698409755613280910904
929942058902099758680270118297143811306166501656069405094174470841
365931729460368323148867837834015846665262779381103471856527342901
126469689951352204381388359254084508757429340483048052570263674681
999971113924994308238094814731925760115285382473572083149105271608
169922281418675329911795524477487920246982478357701790581768433766
677768902177649062193699589654676599694287218010978136921367446220
974783004092718190513763561232548612721452226168051802932568183109
314139665924531034423688433970673528726638300045419514644230326230
190718975985612470235865005420759825248981990750316538032495026016
937230583148173147524304359424989148791890628026340912272673533448
537779853276889704761672615852883514060352527088519929217133070578
576387493937455594009676153752177828011626903772652898962034412615
988106321682532064438164061291711721200955674738391672229623555746
124390155990544883226264416256871268704850034492114157576143154878
838226244938257190720528224356540306686433949527866391978261966212
889029317080915069335476093630695038779648380650097087712584207442
114997169855615899897478765137505785362724536521780662897775073271
570349854774716789029566639583511119977254308821083008387197030016
360375482320318110345196341997195708016263754256069696618343629726
907066223061431318636181161133168418495161296479946354081551662886
453122010561796238101443846201413252468510264137934116621666604435
554339672608390029334249856059230477254301604859689878161532425234
889479927499568040575087859615846563996882770505824808037526244409
922842655810719653139621474222234153507700313618665229024242427339
752232201197300895968910498540544742769756380596262269087884764367
655193756819519963044228090247196597798141122997611309966894840654
703043061615428405289846055561052774316709454797654256999443256151
512704117768402472629905184687393844031749092277867137465048775654
003526182336135822096915951653100302994702612137983269955154794300
452825040411617899229947911176412173992693774165820202835024261155
795357710192869502646054359241180066807823341749833422352511940395
786903578680997957355566463481841092353566380532162505873396127301
651792091526963077416035393436148765086569589441668759310281972270
842130060698903276812481364340882914506935350078426900283389692890
036766306519621256911370825149526413073002057234260061434794784184
662076337424740196523490639302966223377308206402287040880954039448
926023755930275783818672711195559036264381803694410269895609970224
026851892905705634115763456634535309178364491270655146521452745160
957092696019819351482504230830933240208569382325737324655619783805
079823678391489644132121190325383719305126121435120543467213802491
720844572406756078389118361442061721960932418878715390653119345624
231430505959758138968001459327268036990315314858981784218414086270
354132340571406372423344162305201146005372433545440858047849152738
356053700832984194419408785772894289429890556411184890127988174242
713094173250224649989776184995844482431963338771360641700505758811
206260189035461258593451545618175684097314733842014951893758158996
012087525756276033295003011831880956429108679299364914087426322667
213868491522412990329146293202682373490956625790320642804533851675

572566335964328298369067971544894914414428445736613121471652577292
832283872251912278185033318457537523118138891046873011202533293433
033228176744479092066563250188388749917831245277956878032518570878
771082132181754229913702999034634082431982200181814301695015867564
772318455173516019353974118068162554986334692974279363836831228620
901500847632960271542055409234721977487555773727712535843792997336
755041353900962607546017704783200920900004370304772062396931123619
969230694519212280751280626109033960808551199393625766456058454748
929845661051643776323020476293348833136645533457348047357156744499
773471782198157392629435661485332563525738007537342458569627322644
329253912185483500847187261537611935992117554494687517220953402171
496733230085430312773430084421703922356580523746997811952384744493
338373857748511427462252203934675721232785066105269132797730634628
873726222419584671667202215168082910005267022364151265227407760046
197949668504424149290330375261532475565300931531455774156078548884
372041571406008765128076133114000215176092898248986294506264798639
727812087334479298478545315123293340514068472557469284862631503547
709257191442014221858878025727912833117798221233680779311687586547
771399946239543986001782171404451158779337645825217591991088192383
005166331028283723613412721407224623795391293388364187931553299328
948798748615386139152307468917410066261860777226791348713632214751
656850844199178069486195460193408937081923214192638277533759194570
326450236304347568717345295839955367097394731137451394332819779112
222693972545912493837982312660709638222596701900838145328629046106
065868563209780150854223348481105906173852298620528178960495007325
704272220203936136382479583103543259855072621403409859627786017216
895598750303288281768040946852093886403363652364944285765333810979
533420258752306609947377791748340996405620837330431676710875929826
666843546700959970485895374841511522145022499454415283865780292853
017658562910138814417266938379020705003419101213867913463546522874
814071533820290191923514672126838275100017394805179223575910310629
411782671583818637819546488431229736302075907294961313226423551084
910264998474188701812740398720306793583123154828787803868672076345
498495199113445099124424731050522725276683206603485380567348512636
931946652992516290262646589416341396091509721872364027550026970108
838683249414212571204886964565829636160986536859883788390280207060
702963996208929169242011756462921271784144386609444841530713275382
741805124756047008456141960786049544859255813071615271768187109610
417028646244510638699279903132980239383229230786002461112125625374
929920696236055497397793370905509150615995807462647693070614654733
657295388010846593077370926439327096173358979875513329851735335805
761982037560717396495121026056824215353943220657878065433368166837
918392543102962997862558313815084290234604146428506331820780266740
857504296549353954494865185275647088143513231959734978991714151693
732568833893316283389645184887032263989305568945183919124308293251
565402367538500430945522752298621936349993079956068968446618745989
474882341366408518853219367311437589463565702142223037174148120127
262829105733185783922733479526068004131224044446906957003432657910
956173422846551383028777081709280043703275264455762009029489870172
647182289327617882346799595389668011402866870526336706006304261299
460849499563827559906026477765219702537583064118146128754387609857
828996342210595022534150439826096187609835216523165433169772144125
177003803902159813797489132029292775543871170339116322480752465724
972962312476509351794356748381143152864133302908912377714661246904
486455116492679934634155621188228175642302405169489544428168314140
490438057886059010737006718298499365040749470278557386272032710842
602732695690064120155580946913710129842552905449576450645756003740
314945879082105473559113639906727806481459191706433870697147736652
477844338630255698388102589879309501971312840708918719696749394002
657194057221592958688345786698103181835949381027193116152515301740

9040319451723832245963305267862642100074573633679726461435297149888
846055291907822957213456926463834792175940578051303673488795449473
344645606796676912782679904942003628806990026035221665252664880972
246721212946167822822474271783410535858490938180843820769671226221
556492524464101160066383911818308730856354226721501721889134911144
340742316720185801544096839417218455292470306663317439699203209991
372307939208706332681495027024183632373935575659483558643427585271
530364753467460118162312180861113799324835451482289863062536933279
374737264046931267375653401997300907614262122865011585689448208037
142836120485831617475039077128760465033612361352243121420491140962
045858292255435749009027171143100562027796642732820368408835142189
973676612851541741701550559669295433553384988687023249020610644580
716922863343391855394434659741831033154532910259130360646226668797
794557349045467488232753173759959372322731037104452113311533828930
424773972419572744011654184843155648940489213580557085576275584955
348891913856437916383424089396022097880195875047614164578733843443
198087351575166749682003791537961029734944321094760732700463633436
612590711792603829657765048983399682005284642342068544946993038712
496466424858116044200046669339857416855517298369829263584910447179
338446832504338447175872526993668623375707985863799511764743787742
210295932621738817179921125649607665490503647530112846059719986422
397278433919677740389582319175573259941937900854928259806607678949
854843333553305204429781468642262154639070566780479389131776519220
499357616638821963223572241387580488187287554778343055337141624291
591814407249101833736072586131305858393796369137316050463865378761
619976568352789603916541221197123163706463843508750588046575531967
200804810632083118215379561380098353559526093637000645317080644202
888377266908268009424750615773653069536999464734442641799088072365
856916238996365175780762373186136628030006775952545698303593502093
103401066548823876059063096671525803190270180565107741796599641778
895066406027884717068077927555703510222371473067950065096075380534
263982026154071272137856032274328861680241733894597905050321379748
466149030953017402300954957526179588969836097031429140848045838420
177059333087278988292106539860854978417702268001994317231256072796
693509378461673808145347108132937634521964744163193311786906499824
823727616205615024443944723233791069608396885603267436594476132436
686239105834352637258702655272723546810973613675379988543402247829
732195864738470798498514172853867527792306584091743206050109910223
892981893864572160416894923402085594048059798887199075389944836245
759181795872647854824368717842805118165701035999489616756458144117
743599941557415640541980940777060781817873278088392351665272981172
947045182489488694025397849704040125785017085252294800326448553982
933954102504934105444614356130453712369616822024270875468032257772
246764538690691735846329099659789270857241360685294722841899888111
976949257775673473149204541882499353860754485383273493160249445830
184005201100597121122488189926014090339058430141050559807188444154
763356093389295582703356383918920724411566241363467937554167389089
309186860803126378923091291660755009898084043087717386876849306238
533350915041060003830601639488536879210612389410574394034606240163
718548425217716754516397600255050226439611525994294308693498690746
297837599701612950308438036606600589226585293056378866958466784875
726002532918393071854726101201435318123008262824539075652638481662
843067124140915353230173735777223170545453318573303986361162909280
796514000762580295868325211303562521349985400678329057981002626637
678051720624754016353702521682187355287204019963596188736069347306
728409608128864989228165452185240832827912818493863635272203008598
275445998989995835111574368787888127048557173814857403078036294204
859420644334157901693839596815335852775087815743971924322779883170
605463400533096961159954373203941299551771974092493728193869104247
191680745755805413172816833655379652759510402582937660069379484763

0502436866930874986129115155790299089147511471436165509778108916 89
1593890432286116309808961601543654239707131733987625561383933492 78
9060574714538169156926488201510262147218325034091656245429353117 32
8396837417555069788772460439855626108533737402877099728804761149 15
7785765104752908911381780654692220721713254159467978055595740544 95
3255877928432324750482025729610721193054272034454311190184326515 99
8329511924254995688662924512061554435485187784337602284573185525 53
0203857806799642333473943283255079768143174935290365355235708336 22
7295402976036224596787022467961087290065369158110329772411271968 71
8463171201531087202282912167851368328682889984100630830596997329 51
2401834379280807586687788984960437727540275895229293668539226751 39
9282371615964473732982701750908375680274466691591111497799446671 13
5691088924379199309424721308073081984262593144347965790856700825 62
8858836114463307069019106360685995185387041710623856804324112299 40
6997697652171894899349718804503864321759828643313402327317350344 87
5527937834864131041994965955257706690456718435502156201896727939 73
4268216256860859224881131666473414298910138757127570483051459436 63
6099246610627201124409872399971042075654391506863102013575984601 46
7302651199034298650639676000696687958282892433978259058748567826 26
9263303468372332124066157760295156537226106822903836613368341504 99
9895934280932018654247036073590765608162195997593438201724618076 95
8178347221271503991239373308059816434946231367174959999463042117 63
8181478301910213344735692656258805710164468798455661720375874281 49
0998433930465239312200035644248650280200221038723815085543608061 08
5953817427853246549792311015101812667413846629462674003407290924 30
6775649178579342775165295098460009862821986519350148631413113382 34
0818641810195988872295935856034372242367239601514627896565485335 33
1740074198424260136066735529840754402573177714954021927548762566 36
6320979513483892323984730934282729939095492262868525828037625710 40
8140414070921533779824712193346482520718387853744500723852593605 67
6595762204021945192479291241307585464859181278455595125339485377 32
7439546532520168622505372850013045372400046474447907459782510294 44
7904759726899493753746928089331155435505142051612363683441007349 84
2994707086534872826168261194995444598888503596079143671119639139 32
0911200954133512885508992493392853794766561641592545275885347906 80
3485930421014317785771172451137418462432155337224056541214942322 34
6734100328640923722757147317038093058466611410528665349292157043 84
3719387582548918498944658974892112398043559253649190865890669173 90
8088675009132330542665482077157364025208162483016589873036086598 08
3796157673641177362734669761566653921348293456423991292807859979 87
8815204292215190914169078549736187251693099991322700067499723351 55
7657951436647470237487661496440492613486082997609783626049278231 73
8894979224685209775995080498826972392495765987223064695118767799 16
0549567269969085152582265295227385885439302173427475574391874411 37
6633994128594831234384848812794576013671006676165974395896325545 30
6708168429451211409122120091086669899891500102055692484852372255 42
1310716613919828276574298188291751833720841752386967682805910231 51
9925312801445377221647436825950860888636443467208040799574561042 90
1019656088083930982871606160491216360458690862228973756455741357 43
0715910893672423316644773328296824188314921716494972514011949369 05
6709529615270432919617564101018514059608395422101125300432032447 72
9045095686728686928379789944533473254078320054283548804513088741 36
3193695581682874607904656694590040744288418738123256769967164692 67
9986955886052080637298383211238624681202881704348155814062949883 06
2634593344998884038652605737422307385786640002377415312885909455 12
5753539336940869444293940752218284710010776658095127567020147754 08
2982594365539007779061803003710403019109218529328478241165518909 22
8702901240416004521493170935775360816342085655233201443845388958 34
2206841713882399532270635638724261133021723608875319692482011790 65
2227508481546536063468432083525195108332160684317334365846805913 01

574087870182295987658228300204252835566932045019819881714582611715
984000117232324846223680233784983905719584208339418833025000410026
003788342211483673054749609677924297044999837994790440543497108962
658967669130028499096038606304624009333797909203575516255166640057
112187717239030015039609540518458169993864304498040103991612865934
744955827606683482489093373386292669896469705317415608922966624289
143819273723567260303050110341597015039075941159915617925116562289
244176755772026392710897852605994713153357004590483012453586022457
077160582123321852958758220305193728902001773432061942873421475237
886083007029979653155681030112879925893918338779647006752027036887
724058406643691909028743876338820971458010174951013464584028127801
131681398978065090074076746422096389980453326207651496082597745227
584239041345026846186168145795337175946226830306366614536599202803
008432528514981788177127257386753550285133836792305674324368696202
727569049569472142242467988436041192263169155678827648422239119627
403671459897414454318006168862933763562397525481610920180628944206
508650886517438844517440293615708910665305181913440835241738539089
529473312690900228814761735924054727557410087221186024807065527347
854646708100332528804948728188464766451387194846470027398366396786
911087224906894452544993013613598230210096649662658249790741793302
604479616467896121763047354709410590547677874362769811146481959467
653953313260216045188056852012381853835993525090558673048169589393
126688887107245163758078691852980464437598493901498640886729121561
514693505446800392775377162800284446170887283461332016027846935141
710371898135928565444047388935336434225299535630671486435758226615
070847224212139574905881236472608079566539182107806975919196272996
137682505271901680135018259365039043148923742221829972943591050476
651019843549677158363903560509027440945473762000866255189537989739
869552494420945283689372916225586445881857232200509734021124202427
013381380975063870736878622413461626607614186589036757567280494685
139294924694749767044828627850379939428327879122033297139754384364
472277941952483005331330832659412681654814318367241851907164537118
394561885376718611463451009876355610396882403469322743163868563893
669207826287866646316230586562320803446703322414896584429086201191
797751836078981178470876262961531940034781546405063456598584539593
367839204717781619611519781599153348323975611162122210452896830871
383545998806585780135485937490426395602017295786811549407988789989
527859449531291247582481713710885909691407061933036180030332389191
321684024237117855941479381751226153735529282048462011908783557824
107679589872826483801883630605162587458132380717021270703116015993
195665321105590868446372301121939352882993284356956065971989301484
189419246965141950471310036209138468408714367868832381248718738058
221779691668726770528694917232969297574129371576503104861498264996
394254251535522789265581765932812281351990499862833891769509864987
093885286522464162414980091336048094161672069334242500172533359024
122452069662742838060791570974610193234327442284279030092197167819
796597905954912721055386447240760083100058808181907244787034365745
427947504666021168615328207936704228315767741097870656528899580921
512079009106248893864651748603366304880883858583654754195906352901
696079598667197919515472675399988477621888478510736605567922374551
580096127346370372954709964144895440357070050979597124970791498940
575042016503073921008375739413281657808571980285113042479613451450
427776366605487057390164979963880067492763356999017421424708604276
336870153889542554486051966156011457074311012678360618976337654085
955844167396998989917146866648409024190014931111734620629582307787
057948676463855675872109951364683099777160945465572016812285393776
737409942830395155749453169206582037145204582775357833798271161575
355475475959880902888250015132690306218375355881522800804994621992
631395147590076715044412010286404223234675721465222554333746454076
955442963733651832944081148165531123178885685344936256510923382232

508875197006402178562624050439203931155127424198127866118045752037
903135226382150021077213050240662418300286247765591111413089474976
417044276328777473666951415296279729847362290196362231543631914184
179969689628035927750615513987557853672663537814008171531831879331
479803166307354183824985477461434758212203503303949134626725084373
973133134613497187865221548479521132806558974510020324872979223925
689275374902704259866856149040537528450466261442642599122957699498
459561688661293427415216860453695085827710553806842470639686077813
289931062855112879954394336700991915208886144555645744227925330947
510327863999828608664778246977669364695968209330630483252302728616
288409185402107585750595233549174517563505589431674912911708620738
469600487897826391090562573959948749249597901109019161465908020748
496263935827926505836476767083830119688555050518615798097218529807
820275467907773528459488554864209571848095773550264183796622010560
620176724101647596182317714441988100961027947776081962562468208545
749937593917557725550439016442709090994033368202101818918809431446
872511944883976072610642894763770508381680928472870453085471610727
866631012203668875829064624965329442150404260896079559602848376811
583310656398188715410222918563637554680861467680606261759125475132
626589633416570626511726817054930109406586302669220422989483023764
432367142194636490032001891029510553731974203939930380942870786655
291476928813856458781496647798082331482664021665548467134062401859
714121754244097871277182877853413438373825809953777455566863903097
000614928407730247009172019952462062453919858592371345074239998517
182249542889513234350318233448378831929595533487901099211718992253
652942936533625825953909465529635813744972936997465118753385374870
942177080817457017422516040904388461215741244528502023798390369991
138969673477880497042088863931284389157986861499535720637694821492
093062812513122808049966626255322428383991735202566745252299084099
463258646834111304208458988032414287824148608262105774947533003770
602151682554216858882552052891371938772498690820253933629404730475
050099704407094693589196990053347830446358119649104831638160680743
239747518873774504853932080118920921762003254128590019212850780087
801080961218699721567278787836037834285050223359104738610037900336
819582153479531242033219237911869797381093285010367827880608127452
828831039183157044148037271526911195891382735020626616788136738930
058943498719262754217586783775861692911564196954978050050271744148
214225317716645648976255943758267643094912605529285775355652731149
295608791108215961940175702492044626207794680537769554416379023844
428627076001335882937229058956135310992448792377397001263801039062
103629710054009023326620528685512923889365400766396639839257245082
449689892624599243943845087655789090281898568343345109961963840911
643767059605484195253505687872305206791620579739800869587500465611
961545040162976777009654701852843349776446794960280372242292312092
581552380645150731758263978489716595610762944958737945685198459060
936913497322702428238293584834762009727957320397390824404902652459
373962572954491177296085988591097983191619192371557431477730561327
586503018671287922333999409221062679094625850811692827966923817237
985512762993523860883177146897285715591047969113529008536773754899
551247186890395744660004847954014478028822320824256701845114754583
859463997760412123218294512072077908176823315161845542195987497445
589015119927062360518963407353934875640953156034070693595825760816
676955874920982404806665275624551923220032514529417553964682719023
521957637963789759417505215867542019285365596662014504563385527835
712567120512822751960929539092457841885540127128286062203184030416
252304573349919862033683941854919174431281417027468348053312363654
640800952279867998081678614387670229917642042193577030302889240633
823371188316668923472566531471542619736924881856774442368306762858
080355776670852493943272675918271305802820474498683109238845183965
692912826914135802285087920263815575944588577839176304153824777450

2736300479676856895905742907753282403183887419532847250575823699 89
8418557360973793479262107564800127606600568485628952962703650334 07
2849924570768216606004308519214499399461592740186790670249250918 80
8425497538250005736411527656278820683168374561361164661059452960 98
7647876178106573256994413006960404412757484805908154315252191475 93
0781041409918043677066395667263443535624561935640751356546727167 90
9411879488480868092309383287382250042851308615564673823134489119 76
5303305903494885070904364085511708968159681885355596836776708287 59
2695900122268130634079052180831417534288387501316529218766333357 43
1437101016347796658883618869883499832898116400702596550204761199 06
8845930641188013743352809379510983052205865755190255331324739355 18
4215726088231016831817640972417966428217055392357331823599721055 91
4675809909601571254536259146573583451080849769670807172669437183 08
1249664139285293242058148352262744693758585695716870345022377577 77
8359815858095456674554627297947307975693205085626405035283025567 22
8667754448284086209981389793037092532642596403853499617054638608 37
2303148948100137199901319701262801084969868327908059952507493775 42
3599997878374465778371237535757852677710638143561367890794737247 92
4261815992801915542363584092241092695194986758370140080691259459 44
5559254670473203928004701116001559541702028795035929201770396860 11
3456304449233397743545571654572714951735345290462215877669321039 72
5654053386823913058096600212123248311387049072616349881777525063 39
8803735283044137885040535291419573448626221480332949544888908545 07
9248054268374194066918855516757216622110920899731852667678293526 61
3290427617120717343300234525891953735574750926874315293634284496 40
7717856739958438148942104628518103849643427735519244385401105600 36
4091860906598300233736845914995840144499012936937258939528898348 11
5564558106103079454580475664650489357678527521118340799459874420 56
7550698461628297481692743403195744811212692198913243550319837054 66
4442496096363374848655871436934240008426830694664726867821605430 76
0555551571130105499636942141201452860567154928145035636088579354 20
4498831255719599558707858336533055121083928499841126847905712972 20
2465501387082052447492723419195036030393946034767708515347254338 07
6913543021032331182709941052543731637179189960813384440367350920 91
1106317337658740160001869730425298420244888527033172514692497475 39
3198235035252261761609438480970535124570875131868926737005074427 74
1207097904073463122620529000639189290990331964353335337782773033 80
0956435520237281189341422221316384124662187626562926213165374744 09
5230545401691905912102983325487384431499690081791766624445625710 55
0014060366800133249580906410283487716419356471430409550576380385 73
8522098716167959104852220807083954438166529535008774606811360273 08
2488566261392866772837170303237832334671640641865105991624817670 70
6345653146764074492658990400249294338203476654827303415226579042 35
1013109297567830484813632976397632274673272990989392744963857214 41
2908487064480704661630671832626973018955052261750367044376560638 60
8975474809199526394403536046543998237735619024650269312958914022 21
0598873408816322256258686174453244115894930355509977482474151507 37
3411947573337355652762741851916424514620104987826294536895088446 23
2117635800351184183592675986429712813985384144690969171907995167 40
4678189358750274435035511807996777624987062847592913272616884488 84
9391411287453205724835916236067416163446388013123511612633214157 35
0735873789089864603319101047904951088053276243634380195320531364 13
4355459364704198439973273192818302576008576753025832169671464683 43
5884003914203707242670826017616253390298986715267562219813060352 95
9484464640403968856006481766109033056079065038768968446731694854 34
3891836893537933416898764610405060241093598555326643129997593902 63
6796969251376936926159102285117216541488921572622359773667701463 98
4585521047074763889722549022179557834738536300819334378988748156 80
2769759994951212544157027137649027751507877994910956148957426227 39
8794033221282575324578456195527149717737489231107175800448526106 75

339714409334236416700073947476053387663802542958635529369130347698
689906133362459084735380529991695237406505765703934901547390655652
892580819446962840122139245511198760380740566099410523116436019256
847220532851072587588370887878354074617797601531730495005829381247
505250302170023610957367090784022351162225972381301444079847918133
032105443244311027197910059137380934837758636139977194367200655924
569938147027619184666121180429617186652831069577660924377161598315
124593617280103901636552046619370925251253631396559201177821427680
194280476586534858158747031199267709791335049110720516524324623125
383157448751295415603552750263679614546109344416853578102731389969
995468673435181034432552595169300233005059257279978159048202235890
526047920348250750421717345546642531252852594784406842133378979724
559983814529024913412772434245097179511864461506281528392865023721
292643684081326894231693151888189538526818004763103077803899244121
518719858272225449899967787514587916023970766660441333059400177251
968288276181389025401421411540322218807522149313873039438948386348
804885872573129605440226754011944434427123955690237907150071386106
419858388879568805486335172808444644724813277238595610521301309101
510626429327631624722285985257102637159462999401322655051880446573
989800377544218462997919330400605176161879860265557607689149567962
403302092035338230064198575121280549087681264999866296820216008393
577425692390014509676551896830011498580395006624633861680225506687
075912748319753000145540601541198078411349482946568060170741821944
826942029145919311797294425352351393310112186883167800232663769195
193898930495655963644304998263623322221317379586337527290159802676
243820849089436428312496796216250016352996689304462584580416724907
109041427954474322776405586064497993774815979061292220293061983352
618004261179665496758054829018106894737221612026571626304363530228
212933724508394353437096785432438058312889505278663565717128803698
528454871495079856246655577931705079028998685971436459307797350701
401522754476693419823926389892945353431902180169387585028778687970
204616823197351992807669758651276064682383916960148671115009603845
938820051061526646256272708637399471502577181072308962043626415525
571521279045835429590591012051850860519983358295202764452425123577
351536145132912213357834119671870758566063500029766458721899656846
809835422555679769978615295831620657432073721099684406194608527521
399720774602837961829406778265980996983586608974386510365624255625
084235435456301512197111167328336550705832479172735651427694109849
863570666188025284345361197742349000160410913598065825325104777234
873758588466697858029999224197366504115511962816004732157650700516
628984539963791941447196127536849638484184078353921949516076075298
476708413827460440301770757999666767568612536105140039171681725678
050138978371865837968976150172098480602272151208763671116355293561
961304020927396418528693604726513966875563040087535856868313141286
860922825551242269595679930350249011366770936403499037484587419891
089018945705198578124784403575786713931970855498938099970654105791
690209598897498738447272613724351806561649931638973511197033103939
780409280947997343377265021224971434098237823651965892886279223277
990394182050685698376711662377215144120227663379491737437342283179
727940119374539049057971446171836025673221405521946218628591454389
656234024894537981195596496870707302186078051319309467852848444202
128432499307154135644230793862725265852084922694843993948530535272
706823358639486081705774075169738521202106289594177160792541306991
346081438246328669352312659073430366809538595608450167393229096542
828854097863778722182590727434195646611659593408713448120299579604
000576414684856384192084025832685521237954962489115862600940098765
413585870619251136537194814860857107708376020972374659553114403073
394942348448615252372266625317209081622694000211227591834255298281
689971968761014385191901289880742428052835555332523257154858756144
775201194680111550944054296573101936215959187582194822074756153078

334803008549943308739821340270700031128588792796739627366092071269
711513819537715546410633745558491963169175525559918922408979783312
427354538417960278459589864706009528418086646771109464159843150009
597494702207595874936960934892351315530879522675319228875193269056
992695901124280084378089758022372721112814277158092157861903143823
282221584311973638679727227684958136328147018276523616998703831654
805714617520177978010749005200986222538671343789879848810445030271
773860682106718234856661032815984091857149084770741257737215296236
289514281939493449231002475529468768814228268826338199210705003148
229690781270685023609679524561563176253784439086838854547176625054
868861453885894019065091841015885208833696129877316727526919756238
642760951369458384261852183389570518641326320252293139134838082128
796433881362984553904237312857385590062328719791590912181710334920
882873657259600675103451691730348406647731247285364986970322550580
285121031458139716550054021999125846712475229623304794762041748357
339651293388462598605466902068727431079892009360086299625852649556
926342244349075889871207540557239177888983747400628311035989363975
368314316379155350844599499815179035719166459579726405356357962285
223232099956252907295659686256664761182174368893655265842097358804
838235632703846291741042746340327640442472179196338923330045235292
002875730135630382111728971331694363722061750858152029084972463690
556676289218426265178197651953852464303642562032129591608958533598
154070650245252165708822643889695532003307123860177199426979987427
119660353048528358184414608549134506444317130866665673247447943228
054733913760627581890428365658659895466488561709859023357189364711
022191554480141608108632865265720250373477965869802896975687596956
655171572997817414912551945083377949744669806026864318152342292431
677632651015505374677709204156476462475124967230114288483953970606
056072465314227321889583835501398502247980616382349453661289940409
355917809265868236064198494786394927392551467596218556484340287163
998424165640792243204992151935270942749255097209837640554799507636
962370089615853142082854978064406575694610740124283011677091754088
048806266575048744970010064481728170337185716876990520504312691267
589423546424263219268161260713525593779984687684876663746373708483
091302303187597551925243991782626402799661636709436911253008628435
029788667148387735570095408509510925426723708716285087204991001466
660693435254396813242277505204120843117783620864259137414037018939
058491308853076718033777597798154504060045084281692653954942424173
439682579794296332233121321810780129321979360275038885263104587257
887904993301724937169929033635452907496514640560912754875288157487
485046656478815713364324270157712065088264725709115452935541510645
510350947107201788001792464135972138429948710459775527984274506977
426564148834068300809230546462603894832672239604062464659457420252
210842881282668896752789802434682655789626562663797453689109293468
920924841097023571316275330238902076986731432584276094818388124585
758734014097068671895618131122294700219784482415815445098198891529
424289069346605626079565664394339342799835882357116757511632925562
149947095183522331245810913158655773591758470369414848815038632640
986605244160899442142372446731857685405261645960803590461604594774
723205628789108869923420195755264555491518628810370985562898184920
845362817607417557822466638790726046775548345174434818904968805637
650325035359262713745149886240548295624736933344962330902739113708
105840712372655403944406661654666981279401611743803144254583611313
870018005106422250474212674953997075909715271031416553633477320054
963549146671949925664377111351964712248442133833448299147401916929
709782733048209657023657441662164041385975719940110755054813835675
097536770208621480224769057593128457961205201060652722159599745589
563929274161013544777148660272222807878919031049330486064234888941
265365091980468047266792907970770229050202576713844368458156348290
022266587224538924207586781264807425984310372314483507393491632856

870879893530898303553843839500797078015089931667721215355785047682
448066812060081609252490055065606882005394397529404297779977739095
481218233882815997862843934489379186155563845847942592989490543845
037369764733322568524240216019590447240163994449258915452220947381
972857356081416294420120829692342136751905692105337359237781600665
668763641463665790435737824436651668510493519577657907919335490054
245374836258264105168437864450295918358983964405685936888263686371
050276878385312777705665995603001572358237147154721905671426014336
879664684364914394999572722150580428992181009895079934494421419902
144689255392867691751039824675824637343805239735083028068718734460
641876299320312170407048304612916426319820862850786951729018997001
434289682624417807819162644171950445075766685632424567458175518591
360435999585745988250355384667413282045253701080509023511484048195
305888064160408235523512941281404845448810370856942626000271639230
100860372142424842912649571956987321905242756339490162246454625934
745670300567283750846724982527983673495617708983651654782788942618
610518327692085036036217800339152493371484445501415791162505068909
107138275802244650509860986883276779711832579391871621676788356224
198867538683931575658977686520163945282738867440651787566006894982
173557480744432557759069273637848180513357096270189715205890970811
986200522767934991330405828456720358566472410588945530875223646183
843964025960112548528766088662848307636012870066672280267000361494
230261254165504582961699316384370582967507053229269109161196749361
273729163120586368847905250952735154380622219327300289599240793907
443857366909352949258689440107342217802437077152816124253190882271
732715433823740147454362184333256802959940771301498332370451096996
545320274533507021770370706113819105163588030747477081980826531951
055240343461890804087728558871026191299109229595088225181920585188
744198634862518824566545078032953634810263484330308372418113655627
830193910161835174032238450979146875216238771442392232324557636410
797470012553983247122601905304886666493332284863290538086835170964
354044025686679116884443421694025177269167200542365879524586487291
931941963983705910834659556545737455427472252563872049196484680456
121634675557800183911458050720291040917746197882965048612355528726
975520004238203818320764255364096320893392454496759815230921518947
305019785351001529957353054281128364842365947435959609595698016202
753023959419953344628208264979236079421886804110602415874150857519
458061568880834301854125378195459697414236778741870667215842752231
935277070188776280303233740286266042073050523785203542104257724425
591404270087490764352482693868107163766930730372723741717542458522
477357582702959966498541023115101387432370479915917879029944855016
825586545153881254857425414604291201232285561488953271771724012262
799441082686913997298743825568158111262387326261042642491914673031
393240789967378614329041420844114674153516742689733703219069028747
706020088422190321251655289117173856747773113661537343917519627079
549216170937800543404578737896895794065840260922267066639747064746
191485114465244380741520552128686202006717232636847179672315491533
594924534289288748593176642699362096734074977450530705684314101332
632877759213057623147008743738450762603058757749787324207140665136
179949569456010819284319373673284179893518959542351970228934729769
771049753586499567318504695098739662801395315247336067459574653673
422509659501098766962373414060683935034819838271821186844060176157
656025470113953735726783452694559607917709449717272346947334367803
872237757479168689555204136215380142825486737769528370384142793400
440013056897835562279860713607059660446853343332247081996051727615
220108066710652379501907097493741821633529938651891700778898834763
609236188052690600640828079713434978942759592887202610785155541123
973730460975923178834688072538351059080021866044902897911896725936
755213964729068579735073675718216974036670698961345787450610971203
501479565375164166153121647325441678927750724594362819238256233629

810375653289132823923222725067941709469131856699622676300847493329
492377248202516805506663161990345780050296216095097127831349754974
849708075014692861779720539208773557354263446540469175078783629783
037122212634499537604587068254665673292775397228603678192473260758
753750363960555755152470447904689279007417440809916215353523795515
931682503917084115733894721483377058789369541534827316071703023202
492909454665531205525012632253174142737294089358232313041403596709
104925718383520195357751110303018937387366729568834759002804669015
028041569220627941078976828096269661012137488119556311967779804681
249306478374053162747606283458684716459438243677534276082695576532
344276053399712987080520898985614420659347221575351357313531509643
256863269976011816768872330904784738782610883002718765026082629252
331944769099404167002640065555971369918146697911356778065745105729
647119638264380698960233881135307214985853687086285871789268796297
801608941639363012094163552302777342996301526343577512504135198341
187362058334547311853807457268433720690522085625501050610093794285
614047418455921179339272708597251152880056940280536141144924020924
620879487418362248544537016734793590201500699089471119500954771699
606451569340980957608723061167985930544742494585592763754265507909
850782622745241428056419619579470161814101885939670292884088175071
326949126451479245871388347220957012545376287115461358447101311323
201495490944640147600030237632857171395365471490013555869633069258
112640479200531728092117912870096788138937329594906876916230917822
286435333405933967916024289327484446631559457485611320451783064649
166224181324629576750918590298833323065514502362940434740549255611
764221609388471173418957407199850352736698693386698517025739380660
230279106280853525493531661945852938854013476198182979019270269975
539762709721332077521428883136382794037795481043639684621695249482
298443229689692085335553085317409539710027448732528352757362479458
012780445503610606455857803573626252556360647734905686383246005882
645729967286706470688197188048995918209538769867241261058123133718
832815387305324063517160488373186348319448785524534021310596054326
978736278990273623581526866772864841376321754066899897348826118601
800293600223626158849590389381838347815021647310891383695373808683
164369908798085930128373528762206005362275872876794657916805763581
432409253055023886548294925725127609771043084142413271492230145550
249153801165157010725991966088910334458778020184201986872557983485
892794115791654898418079655981652924400286000892833089959846125154
134736412475537056580724960733728968639565510344975858300171880139
293408159346577407491687314019903828427712262333244605887567398385
935007695131185563168457383865551229294080306842203625672459181138
606350480155226167063564964286732345965669379924358729329116688498
393642069797039019159319455970361259262706370837171360797222924483
897365994926322185943095293445517054009459274870328435199388140267
085915289496359507636380732347053462309324415095756918504808919571
739191653100024157142935668690970675538485026108040743406457426342
832522110207103450374538340721719272860930797090878640274037560341
962032609518023331944660470439348005406358691029418314381980766263
692292015196267454788905487300853342208815974032892535678247804572
344855566388429936517859381542871473470540776250407980710868325712
720965952470280931298490597903061967508059944421798850698316109638
043185757349320897027921443393913428290098389029276009981034971675
340055350266575485135820698171894317365218737272703866524342059269
683995858771658075362930491745821027533012670236222733052137092747
575492754032248665363239284288788071811943447754439431574633737742
190514462638401483845223060132636502788451471704790583180583489408
569494249944151554838633423772040699601933580313753449760284449951
541090113815606641323294310535403566334982500900534136214959747529
802823984619728367006210584613977815827467657982601784729657646395
894187742496331695884228391191590565640228193496801758163840139429

2081420882045469029946376520599881978317544801271199655622131732442
716080219316644607184506702451604612011797638272392113483394387989
62905840179686360943255300650628889732392513616327023907523959826
5348939946806580594876864627514109406499311534198732172991431259100
977718868694557124444935828613812597646375511342798457376202343562
568983122530420590214907099967416032154670753881650296586399155315
134290551333165324830885034701954905567448410103218765899567583945
582382868831081418628354731947552527471157540254348046617748038786
859837871569491342785308294728873541204319023209059529543286106613
269760762669266113521146625276984127734085241913826858280955075837
578751829441953816699647593380581097441970408876883252573743856182
591108975019643147937257207080940589605539709828580044556307859986
110829784519803998823094162509868026351628228075608165070483489644
168361836594632976919733266450443327026529644073326083594871297205
636803629992269220555502193613130943929256168982589380953115434813
289518491654287254628635197810302373003490379917930768861220453265
131810138168987919567846678661443310580143812599127914158876671702
906759990712229281727452785443191763775186488544690552141829475460
755373456060855634642039617667095752874549490120466035196463687357
729297428234750549678654459273606276089892469782418907136691030092
667819130305591951169569317831975407962403384211046644652404581868
639326096463530334711292131543695714422067237270190321612831636606
835353591402798852609531474419767057640109075306047213865706766549
972656139956259081850853030455592840761412465221809965435307163185
074886478933137159804019105801024255417135661896120601106976120338
712176953627748147024046287959447965689291666561516291177369461849
461776831663594528511716414008796109655867194211638165457893559437
474165960191040265069965376089108849054090880766242236244525313285
217856872117107507287258024370274958356646245635139772059647787347
672137096977874372222228544415051625814759001600103498734216428737
941520917280874385287068745299675850634623615656838065684685866591
288392993987491928045097599357621915303453396402416281637564573379
859690128292741879627625038064030579982239393509589219952785102916
463804783293620919278040771504187300689178573817825379312653226956
429848057505704338593699343393456044962325937243304357667147711664
262056671619377737577018204936159782065517759604455742714015958506
242086143202210279470032864409749853119493397220525601724380678398
080630198033038714010823737020217802399919659484742081004162463139
998938726781296983713965334369780639466764286002415282487378563941
292793538360770760830075008546883668496834473813800019480999463927
939725480926175571232307228799147294996278293181211799953119139336
829142170800391710839203996253246571242671148076218732388866302732
632605102274855876858248299627378563037502052629488316960894901291
631372634885804981924875455352488732623943936750450165476893402068
214585655661710507751194373805894134256960413139475819197066823026
324234090244505409588341087688988058360019058008561994910332388450
133139604194546882835906148062791702742550569836303868190408076986
074650884423677617054622608454397222194035542026520331044552690070
468827745821456966366744699942884173471148070234795179430778361527
574001167542381049782265169967932701790991325359692564131021203176
759602636795510869259891936051529316116399937906052216218262573447
363342026307505726425225525500696250372133805324484465377149717057
771217385550214036410911783897214179763547317648609973237020876571
662328627364066666525224448442370474312602701940529325392038812456
116783922607147800119571847504556116152503844822082691866745295001
945479554742670311953388463367504753411924305172890558306396064273
009317899033971343931584059161008586393822138202271708192475778210
015039163848666017090813909135953340619014626904240956805262401070
564777661840736519965983120159148619124791045328208490037696235790
452049281474814484658172687429160111256780098117726912220907023778

514866112437144591984668576309473751209424335200446505329739125167
083018255429713022606746609800526039196275579838950906924319004737
564018360745493485910179447557716286315055488761028672918186758647
664447865962782729403999320990533549691384757430422035802668200501
835248565151703420994311072603747508216434958854143210457355741980
118294006516384590778313094730099299395418271818059977319955225376
562352261687988048284720314958906256968944242784076171974785212111
708675294460367053355570333619526994064352330819095743708046560784
123500619341564951004973317383620400422734437891578965349586115919
181358972444956070703223227828015791485580886632670092404234203139
271646896301370562218550399034622946791769783297015241275735845801
308975952586398550215463677050900703329079755832652569733099251994
233523426743245262878343487803932099014786974131728112549644590427
779736912668770753379381052959792195600945196472452145664478112940
888425973995022893156732048900359565314881818133524884486986948006
125364742775500050420404621034425555880866214425237932464586130867
091526143968878163367734969512409007739167264140941242164561853646
208583805219480898873774634285140004397923506702424670667069730792
355322976556684570476290256322597831961833397249154695255251435143
479730725058985393503441430103727693308287010755526122132379489153
242485015478457009774568367395706462453231678342716059951325335038
447646180452988910089257614236456892093712162335777919010169852746
507433133940386055838356051252991146475251049740083923818804095246
656978219067500774512734041374694859890324303842177375760809258836
398494285249166123974213403066399683994573153145921895618542973694
163929127458660214919325606290835478894538705890991028776842634490
924275819538227715445507550828207848836009388575040713380643144643
510663577254200107215128214873801278325521947726666964351963995138
809766453243327235576842641531380978229804632131537746252354042906
035801705619274468848477598491780867455498329658519534616200108125
422426766724465919850037372467000945314183285138022443386726425015
956759211414749624518491204720646756094059335988791797905900136748
853864506869620656149908349682257856811345564839572728890376856473
485870278747092443784170154003374569827482324692217767073805998507
558616687137871868309680967655837021661114077220785221064026826988
873072896051684378352036740225003301294220879972807335520332084982
518794763661742905528375912856416497413728193651143325413215966544
797508896637844058341384482455733859312236750877569174580777066637
614313837033604334586746501571999949357092631498313539476010997460
000053765814494573326745861063304932150297383939354427370993864150
604817313381076058253094394198785753236572332304795924957505802346
554857601740783004076489467682586409510388043743992695534150692609
552099668496362196097541990256689273001830398841155263548758410191
862585651958949917543670137752629621235562608907598144724510634531
684374203926963412512254942553244660392238541492180254748828765753
640669566568544990494814915280503825352855646720044252289431463574
597056054132111347761834591435006804097516578939671178548516522920
677835710752551395314528231222460774326485780214710696712582490549
532520029801187432980385609820847498781051624257385362174946834560
794401386804272597372177995976134849268369259049454472854534855547
672855092626966333515439531919926209022290117916503540532053541557
323962865877885010012105094483643693554565652987025104273373112703
686432701853930462298639018498497790852704663810074106064199346768
348792149018237926231535776760045253983094883499531297315673811035
767138095060268988103260660443176435502995330743512178353637422630
730894118909833411963860551522024968443939425305314272823845197724
460166040399583547279137257994876905630996389204706293760505652182
054213457997735548935383680336528207608125148943624690017425014836
948910324978639419114600540230621618556990861024673154864609880202
781073473737770491883439815296069606171715477091558045391472137944

886307027510625910079537399951394861744903022978921815233955882101
576496402094591940900160611658741111198073433510338190204012029929
324031443298771647219418758925676345923219909229015572393372888607
136940617761645093456715228049982747509278302635993198163991685562
604495679935194832038447039650098998538011265861333379477552130328
891619787933732768447413283162153821350502232982479519855842530644
062732756704048542157953717334383013657922716976581525422725319026
917215835634790655014339322211845457743373186545271855941021062294
882520434730878381222298316872357783733734451559948232923392695789
294479982420094939266427073943232747132009716034757074410728503079
630390757270283805020959161755070005016627792429318124505238672399
685851931779590388404675565133255758214943153517959498790175939954
018699586162066971538933325756001809207795785012715852501324370267
983815321683151058802737455893982251650796556806740552933580416458
692852316528925062441034507254751746696957664759912065568479831778
838624441646954191913411663831359509426984078970554946580729459831
838654621775210631145510433633536617757305037406342920891277502236
209418309382037942049430183256488151462174731495312272496651940332
666946548174825341725229124749705114616160054281880540354198947234
572559079014198518298148145990271405143266071026229634919481259342
145337898724583097604861888669585130390729173392077225689609836520
912793114821797475064465597613403875759224022396034735708491833781
121498925829532335444378531833361017437217127075561619143805327266
024494866847503438075251839224592395717830234714190223503503807941
127277487289504002308047407224556001247620731599212504578861913386
499033912685147243309106085594366056248486764753301033636598577489
631546413465281763741261581100781736701249544796541160122490093946
034993309994023927494381350400802944899168793936676108675503546923
865708941470394616477845589307011895036016968430078158866532913562
055689169725157812754395541621519521053001313362218719381457197443
546784636798831874133330551292210015747304782227473543623380608200
983366453685586892563315746920243151683123406729773141705079853683
002114655362735781206338697324687906485958758167228676488743765465
044904838056518022973211179540565437944615042021563406645608062174
908344929657888829537930350472608621682320154984933606588503695960
666607613634125466771426576696693825333353829686677801855476375874
137561497408516836293864444543728252821275965733418806978040386375
624321359353338276914364031872205194448826998986780437905031726551
953332428847616800651629802990750232478834434240656782881288607696
374064960256307156567675052037053083913616628392164184509828446743
051228444239833464130153027392175042011926614572750828139037673363
576392544605297160176537577389894691397706717184212302966812872049
713645325528993086401233052322605408161138788925319487861723276315
274802047699701084142223997929110102895691963294280332770835352538
903514318588286319374292654222129276285260042254539799810059553667
839998923929180915038777361400928153081940786066474842382259576352
851784924147444843684342520668215659669197697288057366703621563551
249944361226689330580394804546277509788735672716123758257138391394
108724319551951605337651555589253551826979714756066893173531053191
521229835917302302675839274164931422439389744310087449119622244807
371585249475527582841371687338856845139719357174351376651048952390
290170630927122646840669278348399886285959423967936456417355871840
199018757254634606762070626278962322034805371836351794691087763851
991107837936690226478961426528198994989440958364692651443165658212
471792078920335140593667828494017798965297981505475435803177585622
558690610123023401093612955353576358432997463079288408167023366788
970128145958847428199428749866143771185970104607861183122285674946
913190044825643028262007248787525394397901252220351799067010886444
173332942703850477762959484381499099891262534888002247011268538660
594376622270365082672212322235157255037650385409525310175758687338

353119969360241660039650928072743807137547048484456886848919687212
310981990987307479532054140103959736196967523052442164056190052674
275993979137268686278535430551791257504715766018492371822393484939
196929539449988380196572662503651757494033119695979411721257623713
831651147962605579178440278188122553834089639827049789072574304430
334117910810905995054171220773737974775030368125820309958441194867
999857940111713933242395262703619927063772417033978111333238271568
277342014790547261654340193226714421801961053370502633374273190455
187948713485249862668222211111318914455762210422898347390349981259
778110809013186425670889103674298030491363651421324982033989238262
331145775400763163825126866684850315841111141155886426790721346040
922170507459824720702455243140352011956531392458331009142536349587
89790743937136597095527255566600702420283910074594624663130745446
751130599377751204119280556497291512349150553278102298643060840537
644098917444310769987172760038151634428606521830692100917992794170
931936294247745806817335335970175989328603148532015687697915652124
189670040309591727757081603018694597140799824436333287543192214073
599695262683038565958452089565549778101327453943408643865269541406
604205250151308378086645729974925690376170930028161622503187003032
737144860512516407239007008823823906811473995804355590351241221823
298274366777890385385862391814781588353258137893191305164723901590
515007329258274620428914392667534952154942924092785612941425869372
951468931427054442270009324161093344478176261888491644169256081359
077579447386206015924040120633749989542529116340952448531423182474
586867921351026966287517052106460784704974666154518814151035167349
815783088805062902524727849132883585857196877031633009755390490488
456644897468888248422504227410769069154782415861985184219579094591
392694553934970741708260129913613729331990899612447611270277043889
271701723488617631963685024672082669876084819752651511784683974330
831726048785403033294278644360911489762879741302033675392689318594
580161832917944010095832498058750645836641276952928598265770333006
234582654955532316653230563737351219528492148963929423810595598227
092759973032994737505687449872812934702606624477615834666170491626
975717975872429291141879750748782171533419974526805573225600314170
463422031897578207730237386246978504165097975844527164585220435513
975928752950895465228066269694344990148802004181186420397742204042
702669554460329909254959435202527964887345800543458468494529753539
158379291130570376177366337579523977108739337954733211854879061926
854224008395361036877899152210452106502003800518083477093161510544
129726850899664228246448977642323194767560243809769463100168877605
725679893692800865024874467608245459575013283810001229747305653999
137661127606785834512958030384050253041663117398222113792207474393
966300340704960764328821987339877333802859793609821535465591007243
170971570609710596868869066479067951508101151970513635751636112075
963738637573858499983786453057903044394301295041097437837274732158
210702226767570396614186087744396909624777614298268125725518207382
106291429179289825779700233074929888582353993193563942526806194864
206708332451046817067040554213418765164192197761886802958921872436
739129792967021700260470795407599880696538294706826294750079920917
805450108721318367103021403412399398867410140472913176444209080110
919803524432113336535828527182843262367250370024116259482255974488
083176067370154856289118665446550456305213779045057328185120197966
540943027004974463254612122414112832936643794032198447927665610927
170763559401220553590244673070737840681089160484022631613165378822
613062347649322815522919522340925183960171495570625339301919067459
718990077654358539453730570858767339377522556188759086266557260714
813602684304809463378108948705332533469315286522818485015039938003
366387897338934112884345773523321999762575438761947829060841049231
708697927266856501771784535760144406871716869009528068034318933563
042709727787065088633337297031001593202232479700410181494676461336

9688447909453611490174462989749323003758025319176955052416250065524
8426114373076222654208268221345946753703366218421816566443477572096
3001368851514596794720360121393994632611454144468275264866158675666
8160232392170474512570134865906164308600588556879208478336062463044
1958464174708303366065330053420620428368631888832426681603517521404
0746402690075876108947946351508449596170005018277089668242632747555
2939134464826875600962762224250729627218837874695585396808698731266
8923748126981350128702594852987093853722712995055630159371662858211
8865916052074038057260330451319721679291477186756305293557276882399
0292266219730580487311401175308133892170118618011733725143663530877
5657342089417048072193359887479736426861987941028542129529410436544
8061666466560953506812679860837723426852206158774774504544085972411
2357281362939502487721322918144746035282409050040101773662698641700
2181670351818974670512042796054366627945217494148564864034233759599
0549060136096930916841062916367946892321891209127401951706180387211
2284307087960773113725441306054172989950548378827727046663864191133
7798869740632776799960810327556562870906770161485811851671525572066
7310925943266024855593887184124304225616774615108389728834242258911
4850508472905176061899777583007065652520847408208842173373910767399
8114880773332201658891141005158542238840636728656725089712885038455
2940316291883714453787866130540009170501111547185436355831033207211
1981334858631153423601920293718304352616908440195500481450658937688
7152384712418582070564413530487420515614512086668096886553647307011
4517115558399645835678003490949039327445144117799163796310338254455
0612672966298207689283473834827563761713839607939250893828751938899
0837424828395334225664013005888776657917835977404067075017710871933
9114578468254250012110401156781381295662572551091764603659677805799
9613086282001150125167924849476048498842037333939543468668590235455
7523095407381530411675919196403395008232212122031948582192443475522
9337530173935181814669205300676835498326089762673603011784585548755
2703073220035324122391029670664816719559254532213478249740250027022
7480599816837621411818338760834879258098138151661604146420807520200
5374549580130513552975387831795560660953452750289995284305259958633
1497799031259959268523867599757644136022576047065119871932352626499
1081301935915996762477542005468332913608093323184530910326642695700
2736368861586841986355898696621612636942346269870652951646036590888
9776309436953289214971802597126310791986342343368337985427815924377
5361059523136767058842514726866925962255623338825444915338951480788
0353160096236272362629321093838121344292596168977607129610965328588
1263856352840691870726909508719908487588059768061543438498330786222
3732995053859544652872580091738482163952476186691942844092020325288
5863597342736521084177924065337699487091904006536284002657991027800
8588169428112419867803212676611908212068769439025689831855029507355
8136283325881329349787561199657064770323354601359330157371869985277
5952788401552313044666467007044570167374730294477842583797133957988
1023419274301141663356310472002062303466720043473633620918607406377
9387410837798372659102262266281668368174614508881058679402091696233
7070267227078556702466966215235923248906556541142321653001230668311
5813709501175164974741770771047867114423127030825964970280652309722
6522595350260937603204641810401282570297152909966301797287496716077
8187386434604365603126009130801990559134496982430598104481214223233
9198832330517487617761060380242248693360782698348799053187120193655
6571881137988285470003661803376461641808005621106566571354457380355
5721627020669870665961163026692813351285972342273474043550450301844
3661570597586025918972971762937820758515214366300584413754353015288
7363863937559202494019912296147831205339020402152495716237517713922
0740481216320695616878374406751427661181935704092622544281257244677
4793566990224000161627935699977379362229328899510966718814725472444
7442332450832816113588506261778134752263774166893067961890698173855
4262071168345202086617225540215131520301426153635292417624887240199

384328470314533568553211634603241191096900498066163653704830044010
118129186561089746980695576919135851555938337915890679818785736968
733491665317029348327448262349678936713440726772268408403907850447
337091690161948341749284476857660558238949976266570726095917281026
112370882204240489674179817610597121652434189876973254051835763906
896752464304945981403996019833681862821705860733720146993569728500
023185154135769994130028979845463872060925991656750042574557721385
582160662381881843260855908648842305772902458375483327194659221890
608225577193031024428450880238041182458745459540599118793898665243
467776067162411186100101040907349130306713696907321594348481297454
532146506161170158707923782677675224366356639191960427312642890214
401873475928547074256703449969176752335984781388655657058999833186
012346150364759381711586038569704789249935904441279760418898209130
348330214953067826196903024060825099184094962411171475019366825471
966844473398515303878500511069790200649735354559385757078833367688
924611079346271444198027290305966709465426946680003655724825053853
726570034645529843754856057664365484689591987032555090859093742098
048624130992674323728635611761809716368736588525875429289986840706
674091310523331169139017590611779084055504104097301267508771676860
043264047173173087489445795368280651668288418809763876877516772254
015070039336937988371358231367550158528752403375539868709478397561
579463085259914621207238560952292201024194226436550096437281621236
592956492120341931085580480579252070560970733110036108725733655124
436397417268775153220654225639339142498791922029924304015135326183
042516398217599879940327177063065296019659466033166091932252139785
174202756045328225580091107055701608519778065710143163012118809125
580649860309480491466761077207455026345069561581532830704419644626
444019789530416738083329238465451537251333168403315256389658947110
087988118295323646800461339453767014912177042821942828505066221884
630508804097835701153266549162552495263850962757967494757716034923
473596280176155626743906233034700445381194095286975509385806797026
611456848448463089914943151524881780244169740998906039084394418502
530473572469373056161853793406882946014254022114233731397240857449
458623776193225518556891103646376840705160036061406435708118477977
704059956412001046014130008907880893775952957450476550390531835991
468545540757025419445358817282302171840873401560659477066982172966
386591321277165192516662912421600260824045564181828242071555930414
128479212381485951448399656715057646027136104073454888170722718008
329681401203966223752409176259305011964574375389928646189021874107
501694155173074879655579434122134018619457111141451434767911050873
858437954322814623925103215251780610220029850611715115229246844062
336709270892264532410781786234930020364861529930701368469705066369
587621303871918496736262861287731353077213166220888069011784522319
949365322724431774790440805210124268282757760576852072110323533635
517332228465853855790725929976584978688690119345292746422752555850
487824174159627743927269508630037391972324328096423320985806746974
551157236703879559324457584531226002395645186342413700109861502651
950965012763338281967365976435594000089837050721922683756253424579
642152081415381403528342327457452821886539984540277441222545229422
654145010246288388525706463919904127385863747237719701816615015593
065525804024490929824495350132778095325642634262634327989951686692
296919787694623076382134287918534016638265861389810556650674010634
208285394781800204536422696790163479917796814269701962431418370179
332392082069639114568653435751789370246642695952596006543260916042
709032773341248793762208978545694318474194345106203974665551472056
170610194612226866815969048383942904309928316773541444293722192576
392177792342237733971484881819101699820182786211318128453632639843
862156550967765319885417831855867415823900430534511707373728672801
882335457853069599677880674179643009793841325405448123808319030586
540851532278542313542837423537587216882363220550706527064952513569

636752121046320641843223935637795209989654547200169683510743077019
398841978707094769498748642008554707457267060217127409566926654314
383377690240131427899977567787241795713572230606323052385635147631
325572644675977337769862841750940339381216921426735638646235434020
669430635075139402744288976582370030756493010657345186982126947578
850411919613610460934316440741533743957724358852565023137809475431
957730545187852072098638611622730433453295875474855127338327972219
185035047871897884249287106896182108994171586776120838015161888651
454001285859716463013644965160551493822792834449083767432819892114
291043106111086869216552792079820164932937458134215076551187848927
673825487935117832351611208551784108376211752815007851854778186076
794286414843233231910972668500329341289140458582044315576107787 85
762577423838489931572373959838110607812467786358556899652736884524
094252870459643592076057934668432414532559635624874882117912081839
703478464175492914224861988169835836819129231902407171295700076874
633450585460536189741365291148748788266701276631750412100720315781
088924376640367730911755309040928171196136210539234138733422593767
876852625713512243413482449243786331885276827537431049035445524214
357136931385640290400065699362536817799187855871844730770582529743
505748664127084654426038472744533183529848936838988978082890186230
744840470844908528494030394342955463852740854759015268816000374772
522811781161157423713981950740674175343184146350544342438357451924
861158088003960668343940190898737819244040021983228452076515479211
369255074787416583660242218546219464307751521861355815198875404635
517614095905437385700525013580939048596721620216069844161569078771
684068127414376614091118139631085599151661481079544515324959921366
825499632712373562568414745414312312060488195654935028235797994376
777571835665900690204179933690917282410490623132712442494160142851
609628077906360383358414199270915422768425817749922199305725803259
512377120129944248407012279686794447341806792582657934958914767888
378915440932631656700608894731093256105619880308605486520877456454
524748535315405011168124284749579043721594155394367029071257786536
897542289496401161850244371314084346303543580647721271143504313625
484386609243615500319651085500509071583370415025568891024584004181
933520252124498457167679255682218023266396231570964589079686994941
373432621181495473897856248821720105582789845333331365484894508887
856751904044595926531952158119244898113529022134550383565982719369
493176565781867600470077316918164550341947667743801815903330993025
665956668060102509265301151501606224686163897193090214321417040021
914577268584078652097221680980634034097430869072988223097519519831
002986126704890817788276877579611783302232901846001907160874768423
152240507743607793306997142082661884079404692580632742472750415657
425467147233099626039572865385905528880059112225774689762192823890
406555213719749452232127683384515514576846611277668820788347588586
006488657357631652755699941191083466144561867068127494633928642736
615115589122408685970789270075033942198758365359734300410695592267
610355330599310591763127935116297140796065012532936194013665063079
415700502111880435814945337913208587325484304636596357544534702368
957640754770441557149317686793022777531198821848373019117862893069
401115893599512748299120530681295519298249382721477955410129443773
451756425117165262161669991858356468746493579240977245513328023629
366757099076978525142266411911935854345013740960793760050865528342
280657264780220420613079516996395332476166228915466846940969145152
525634154269767270965428923669684031925350949067384509020297243180
912312701825519513834600293788217620776766147017910569870953277066
003084161810592065874865600514839521848249925432548561325085851974
364170725538031964069280715632213221733454518766155755263903183393
965684200294607011191290037403223439767010625918954941108166177756
219216231211370903139719951093000601030071533334529015978893587985
958847841800525379600879834711092657875489541907538610662201899597

895405934378739470638423676775021833692887286605278345445220240580
571136296007597466519777111126309694695034238465105314336670951107
606862905878290788220871334642003643903663329809885008513378149631
661885771080663125580443242076986475122165823616208346814841408315
252753960506270666965263019025938487440341266063574737719247252151
652293940669552453422481299918326565944237591205598820047286420420
670742228727590740971398215723796321454991672967308028648644840683
221903368490269899297102009204118657870251785918357505527033476887
756385854627396075099761474005721928981829667262012031145826081585
538269222510138256110254294430679624364008997810054400678021342767
076425499259367101022846748662259411752940516675558186269417505939
971153767539966509833016157369709227005573096959556492723851825757
875534178887526397885559646244749232640748216285423380363359493748
995268060167541421978835090237310576875032819182590521253318493183
061007022026785805278515630243241955539385657113306225224623414797
114479325789937362652202228457992303460117710415744094124681972950
029114139867615503525998194807352391545285811182229818156494479275
635533223506290496237602188857729408189351450563943338935339776554
563408665552826581360008164633345254494845059555667051631077088725
052066260225605736292144516747211388601691629300542051242064155552
724019455873595097526255337290938999075288085242342552687896232612
745355757808171530910245963535539481476277196916419842611182758862
589058043661548756206816374340800476001644198438029373414682867771
761604142854126064256415809374396159129242713631367317761244589933
859177730611332988466552457482834925231194587069989123810600838202
270265985625763339190336729400012642906996683842381794361274698665
931896190453222232936031663296014943687182809327430491523893225625
519111473007531481288072064268422269811361855201544798087601072876
094502692494540614879525977809863600696691013778141234900206869198
389264153767225517687495152040148830312041130202278064596458948058
713779967688734939187037982143916720645908696518972256916985099903
102030966573633018772157910787814264457256174115841858776996356352
915766115171611755619121463772138011365226362712785035214533306584
240427193465708056180564286269988319327273724685080806372534586774
314356471343299136108458711456701768060241563987452403858336379398
356339349445950307144276942139216593351516100280682600186217108027
589909163454624602269858671745423109772973060195045575021217866729
268633665125807105050017472133692072698071927790633012919033429182
201301171302068612463736153617639480556112267903595998345820736803
032156050836640166915464026087260506651984907574962129633119204608
642470105996627520406799085211118873939526222171718394567435843662
502594075677874552068831770210182263928929333199461895562143393987
537774182334907763855993540087193532155781063434926469216680197306
958779347172225448079118111196392639276480012351772571927478830578
397113669060645525433191903222891936095497184324910090454066272923
850274056338385485901882681494358436458439802626111161717658428160
979576525067876117951163239926351700326195341509297500553404886640
965835191659794919350863488219261598144843692437545565112204194805
526823075332476974088472778743545235927210880405262583536868919931
984460989716084467426367359168005528478634062691271721731717560616
771714634755616198078843903113584777164260510474745766361438320854
993672197457399797866522775035398061891408888385909321374375272033
623025787795610472928563860851309157784649600087363339203104897781
691990454837211576932614722101693733956770865691376111086915327835
405568948605071082295424809180558080958528406673528781480386538021
466467571438965475808604345129553935513095869321108629931110605839
939424965760106574952402644946365524442407305990365284908966648040
467945517605689027631717191876872772574890336567177856382321653056
921291150503264128157327075011383551978930940891074880342610908827
414137119409123094371678696136360724776571046234861504060685470464

577187891660382140143475097305369103110844079695504562377538119827
552159521365018775633970735439580120471966019512882510545033173051
621634109051819226052554631226435532259295747572882001626270808236
042444590358136199045960449167540375537272061819889995147771614932
760797999354053231793037435275849954268171872137473000259335615361
921111292616389162184695669562033564970596509332371688551878420333
041807503066505556062517416050526233166409192522382588709552189028 8
129575052171165597917130825340460843307977465476881666919681447689
732848391792177677642710321517452447950735880763289054167316031811
926102417003817756596118256541525180967987602616343017278370327961
732925081347047654857656059010727673521385459827689298733297583299
446853656599192720272312841968966632593594772667223500113719502646
730844926286095985262052240952182235920031470698269779266722504236
559291924920543503544423909408805762010504653092697731349410857279
976380113049279739865584198988765833201593343961046875079635201784
729873173044084272669658406096180546546563193025050149598884019250
855963188092332801473038791291957958251012920437765334741089180758
072471272402761666296862622222316607044875229214715071461596077335
123827216691545527291307887613670400334477105207700594289972711773
659192429913212080970648963125588439119442642483455502072746152267
209925644565283467989949066034174136847615577313440734698003798042
141226713203724653210732173573760491932062755646766549039130286899
780152779120272475105329245955273986420662452957180086809157335553
970196512931004832314704135049429359651182657240498204431397567031
470537098506131461559915459679080382063327112705397643894613068335
246691567644480584790531856264957839354546836297097508864072557823
669299065081270643207674253904368857138109407458556596741811348102
672978012876597705816267284575615932812660645753286983567541694373
351718691544942980395328095625329671764742784192171054963853414283
219862148618952679148304004542302437244624942769588188513047879480
515092402218472726874326028962048598568318074375214862909921339139
921806953807443634711062302102023990801664283121979039310889890286
812774491398778160123696349353837904833738861649739886424085640388
600121735603712566302824193284413937152603550255365006846913799512
533015708816931761980595766096113281453624863814374708137609973392
793407138710218356044379465595763210859726380561131738627799618662
828106580006360605669651605002754632000642838339900470686106215897
801359187080238837576895579111713270218719138612446092285094662178
800912356646714252845813168832334386170263454531063573268617141732
682521099271958324907832321928980485122982303379378592697226931958
950333541260677636845192027990112943513290085258960490613481768461
244818586345267324944123950337024289552856674557637765483130391544
907241744699033348963010326960851264053688782221214621521942382509
078188940264353675156891044885683292128360258157480099845832054876
530840824256135089359722960318588388580383581856644121538670876760
124831010463084474432188014479093367474688447856414817445909124539
810323008859206371015635875651643095961127396401586176978131408795
073714288317760436689819626413475006971940565195045505167742397940
196899862527890085237445807328867069741773963572545060985423456789
852042507322860709420263948418286692566061665444072045775683939323
122654078124783166688018030184225045200535518686848505584530852538
497542612057943053533080747750826496088529445572785003441395589379
335051184030225298706162915059642259996005856489572336531798691366
969944278665789125256846260414798110865685571739072133078933108525
903333113718587728703492627902715673291686627166749081993182583166
832828500157570780161119316922193151475493775515980465409283999109 4
937420103717085608605881785449005704104136040435137642468998152680
609255401123465329504349180537477356166667104692983095678920316482
063931739221248405512034780632111316813373224063216455415588237846
091942738088502838312362266549744300558099898299574258432353764298

631465635055283560477090757473282636770439630979234656297949344566
413960851464371303932136774212470904452721540687921542630642597260
292018994655298115142612604900763867141730235727276839041559723450
666693866460588292012471144178831782234821533891876058363276181819
433227695553112581904847517462905620013468996440716198232054347184
611020511315550930226825107491990149608178562605108859036584745150
376384915134000329516399106219240557283008103521761979616832213981
692408357639556211657126112192905087163255258558649616638254193591
482181876195923292056995506376458182685575221152787011802994335467
415362762077497854054133303136335423682410108464763749063885279841
490076464697648540094796358954975461448137636970591635699836811987
525054793069353207570766780148447701424716241908166822490074207111
864881547728917186535967765395799335033427282146054169649600984706
979585592643042870363664713071314782330611576419913222420646099898
830762685836055527409904784676107604241784215062851755735299964786
255295428367429870664579433758010140740211618614484329765744263428
528704778556308309631435278783041945019702946575777732816746858087
453931603937253315899280579434631408735860861778826334927746151184
911655130681846713677348823341085136403947939208876886336339461382
358344794081569610914293877347138934237736191096460564244474779082
076049660271356168954106444832136598082938909729618912118342914906
163896386106937520895346883983344467189821243478072387407457697554
507436846747135024858818399665568196344528811941833172636825050611
864900394125520574571203603557802514190435267183721921384829905803
224695842432315898443251039654435350535432292167470407786146848597
625574461535118800314305699549278471674544972697612839332518381972
223283607075227812928130106569412629487306342688373381817421706086
475482763942423914027532180429519034116351704698074233515560578575
624509992532017874996366404734770389855873065076038709977318431281
098978988208543559550943253902371895216820233442455725753078792633
985509016455942373396625223351648750589556942172972448959988250892
321120347958941546546030378786175915716613988693268737496847305496
532937821475648105793808285300532447080506569294223400109593482946
145390788906616264021501307353300331920745637263770770999399922886
212243248802062634850888530360107234368901360642758142528398785949
179979611219637975765192452186709608809213711197750008781593043072
934488393095757415924137528597779729189345385050803831986774590025
186579172370808574164297153807884060713068680361982419715774763895
072534684045691927595319372237022290155800656076047385473599044779
967487499697694271376686955331951253377640985870966838632639261649
456086841403745684207194059507017430354691821509004664939985517413
893851975731215682616228622318810967297476060130283311937161140874
727067625585677751199566674861519649129701933180849941096181392964
927893609021253544332737506426062429941203273625582441749834509473
094534366159072841631936830757197980682315357371555718161221567879
364250138871170232755557793022667858031999308108305763076523320507
400139390958079016377176292592837648747901772741256781905555621805
048767469911408399779193765423206233747173247033697633579258915152
603156140333212728491944184371506965520875424505989567879613033116
462839963464604220901061057794581 51

www.ingramcontent.com/pod-product-compliance
Lightning Source LLC
LaVergne TN
LVHW052308200926
848481LV00002B/496
9781632702159